해기사 자격시험 **6급**

기관사

이론정리 + 기출예상문제

서울고시각

**Stand by
Strategy
Satisfaction**

새로운 출제경향에 맞춘 수험서의 완벽서

Preface

6급 기관사
책을 내면서

　그동안 우리나라에 해기사 시험의 6급 기관사 면허시험에 응시하는 수험생들을 위한 전문지식을 체계적이고 종합적으로 정리한 교재가 없는 까닭에, 해운산업 현장에 근무하시는 분들이 짧은 시간에 학습효과를 올릴 수 없는 것이 오늘날의 현실입니다.

　이 교재는 오랜 기간 동안 선박업무에 종사했음에도 불구하고, 이론적인 부분이 부족한 선원들을 위하여 이론을 바탕으로 하여 실제 실무에 필요한 부분과 해기사 시험에 출제될 확률이 높은 문제들로 구성되어 있습니다.

　각 과목마다 이론과 문제, 모의고사를 설정하였고, 현재의 출제경향을 면밀히 분석하여 문제를 출제하였습니다. 그리고 짧은 시간에 학습효과를 낼 수 있도록 구성하였습니다. 수험생들은 해기사 시험과 관련된 기본과목의 용어 및 기본 개념을 충분히 숙지한 다음에는 반복적으로 문제들을 풀어 보시기 바랍니다. 이 교재의 모의고사 문제는 그동안 출제된 문제들도 많이 포함되어 있으므로 수험생들에게 많은 도움이 될 것입니다.

　아무쪼록 수험생 여러분들은 효율적인 학습을 위해 이 교재를 적극 활용하여 실력을 향상시키고 해기사 시험에 모두 합격하는 영광의 기회가 주어지기를 바랍니다.

　본서가 출간되기까지 많은 도움을 주신 서울고시각 김용관 회장님, 김용성 사장님, 편집국장님을 비롯한 편집부 여러분께 감사를 드립니다.

　끝으로 이 교재를 활용하는 모든 수험생 여러분에게 좋은 일만 가득하길 간절히 바랍니다.

편저자 씀

6급 기관사 시험안내

해기사란?

해기사는 선박의 운항, 선박엔진의 운항, 선박통신에 관한 전문지식을 습득하고 국가자격 시험에 합격하여 소정의 면허를 취득한 자로서, 해기사에는 항해사, 기관사, 전자기관사, 통신사, 운항사, 수면비행선박조종사, 소형선박조종사로 구분됩니다(선박직원법 제4조). 해기사는 한국해양수산연수원에서 시행하는 해기사 시험에 합격하고 해양수산부장관의 면허를 취득한 자를 말합니다.

6급 기관사란?

해기사 중 기관사는 "선박의 기관실에 근무하면서 선박의 각종 동력이나 기관을 운전하거나 관리·수리" 하는 업무를 담당하는 선박직원입니다. 기관사는 등급별로 1급 기관사부터 6급 기관사까지 있습니다.

해기사의 결격사유는?

다음의 어느 하나에 해당하는 사람은 해기사가 될 수 없습니다.
- 18세 미만인 사람
- 면허가 취소된 날부터 2년(「수산업법」 제71조 제1항에 따라 면허가 취소된 경우에는 1년) 이 지나지 아니한 사람

6급 기관사 시험 과목·방법·시간 및 합격기준은?

(1) 시험과목과 시험방법
 - 기관(1), 기관(2), 기관(3), 직무일반 4과목입니다.
 - 객관식 4지선다형으로 과목당 25문항입니다.

(2) 시험시간
 - 1문항당 1분씩 총 100분입니다.

(3) 합격기준
 - 과목당 100점을 만점으로 매 과목 40점 이상, 평균 60점 이상이어야 합격합니다.

기관사 시험과목

시험과목	과목내용	시험응시대상 면허등급
1. 기관 (1)	1. 내연기관 2. 외연기관 3. 추진장치 및 동력전달장치 4. 연료 및 윤활제	6급 기관사 이상 6급 기관사 이상 6급 기관사 이상 6급 기관사 이상
2. 기관 (2)	1. 유체기계 및 환경오염방지기기 2. 냉동공학 및 공기조화장치 3. 기계공작법 4. 열역학 및 열전달 5. 기계역학 및 유체역학 6. 재료역학 및 금속재료학 7. 조선학(5급 기관사의 경우는 선체구조에 한한다) 8. 설계제도	6급 기관사 이상 6급 기관사 이상 3급 기관사 이하 5급 기관사 이상 3급 기관사 이상 3급 기관사 이상 3급 기관사 이상 2급 기관사 이하 5급 기관사 이상 3급 기관사 이하 5급 기관사 이상
3. 기관 (3)	1. 전기공학 및 전기기기 2. 전자공학 및 전자회로 3. 공업계측 및 전기·전자계측 4. 제어공학 및 제어기기	6급 기관사 이상 6급 기관사 이상 3급 기관사 이상 3급 기관사 이상
4. 직무일반	1. 당직근무 및 직무일반 2. 선박에 의한 환경오염방지 3. 응급의료 4. 비상조치 및 손상제어 5. 방화 및 소화요령 6. 해사관계법령 7. 기관관리 8. 승무원 관리 및 훈련 9. 해사관련 국제협약 10. 기관영어	3급 기관사 이하 3급 기관사 이하 3급 기관사 이하 6급 기관사 이상 3급 기관사 이하 3급 기관사 이하 2급 기관사 이상 3급 기관사 이상 3급 기관사 이상 5급 기관사(국내항 한정)
5. 영어	1. 기관영어 2. 해사영어	5급 기관사 이상 　[5급기관사(국내항 한정)를 제외] 3급 기관사 이상

Information

6급 기관사
연간 시험안내

 선박직원법시행령 제10조에 의거 해양수산부장관이 해양수산부령이 정하는 바에 의하여 정기시험, 임시시험, 상시시험으로 구분하여 시행하고 있습니다.

정기시험
Regular Examination

직종별 등급 · 시험장소 그 밖에 필요한 사항을 매년 1월 10일까지 관보 및 주요 일간지에 이를 공고 시행합니다.

상시시험
Normal Examination

상시시험을 시행하고자 하는 경우 그 직종별 등급 · 시험일시 · 시험장소 그 밖에 필요한 사항은 시험시행 15일전까지 한국해양수산연수원의 게시판에 이를 공고합니다.

임시시험
Special Examination

한국해양수산연수원장이 필요하다고 인정하는 때에 수시로 시행되며 그 직종별 등급 · 시험일시 · 시험장소 그 밖에 필요한 사항은 시험시행 7일전까지 한국해양수산연수원의 게시판에 이를 공고합니다. 접수인원에 따라 시행 결정합니다.

 정기시험

(1) 부산 외 지역에서도 응시할 수 있습니다.
(2) **시험방식**
　　- 필기 : PBT(Paper Based Test)
　　- 면접 : 구술시험(부산 및 인천지역에 한함)
(3) **시행대상** : 항해사(상선), 항해사(어선), 기관사, 소형선박조종사, 통신사, 운항사(지역별 시행 직종 및 등급확인)
※ 회별 시행지역, 지역별 시행 직종 및 등급을 공고문에서 꼭 확인하시기 바랍니다(시험일 기준 1개월전 게시).

 상시시험(필기)

(1) 승선 및 어로활동 등으로 정기시험 응시가 어려운 분들의 응시편의를 위한 시험으로 회차별 시행직종을 달리합니다.
(2) **시험방식** : CBT(Computer Based Test)
　　- 지정된 시험실에서 컴퓨터 모니터를 통해 문제를 푸는 방식
　　- 컴퓨터로 통제되어 자동 채점되며, 시험 당일 합격자를 발표합니다.
(3) **시행대상** : 항해사(상선), 항해사(어선), 기관사, 소형선박조종사
(4) 회당 수용가능 인원에 제한이 있으므로 접수기간 중 인터넷 선착순 마감
※ 회별 시행지역, 직종 및 등급 등 세부사항은 월별 상시시험 공고문을 반드시 확인하시기 바랍니다 (시험일 기준 15일전 게시).

6급 기관사
이 책의 차례

제 1 편 **기관(1)** 1

    Chapter Ⅰ 내연기관 …………………………………………… 3
    Chapter Ⅱ 외연기관 …………………………………………… 109
    Chapter Ⅲ 추진장치 및 동력전달장치 ……………………… 146
    Chapter Ⅳ 연료 및 윤활유 …………………………………… 170
    모의고사 ………………………………………………………… 193

제 2 편 **기관(2)** 219

    Chapter Ⅰ 유체기계 …………………………………………… 221
    Chapter Ⅱ 환경오염 방지기기 ……………………………… 250
    Chapter Ⅲ 냉동공학 및 공기조화장치 ……………………… 257
    Chapter Ⅳ 기타 보조기계 …………………………………… 275
    모의고사 ………………………………………………………… 297

제 3 편 **기관(3)** 325

    Chapter Ⅰ 전기공학 및 전기기기 …………………………… 327
    Chapter Ⅱ 전자공학 및 전자회로 …………………………… 369
    모의고사 ………………………………………………………… 379

제 4 편 **직무일반** 405

    Chapter Ⅰ 당직근무 및 직무일반 …………………………… 407
    Chapter Ⅱ 선박에 의한 해양오염 방지 …………………… 421
    Chapter Ⅲ 응급의료 …………………………………………… 432
    Chapter Ⅳ 방화 및 소화요령 ………………………………… 446
    Chapter Ⅴ 비상 조치 및 손상제어 ………………………… 453
    Chapter Ⅵ 해사관계법령 …………………………………… 458
    모의고사 ………………………………………………………… 467

Information

| 부록 | 기출문제 | 497 |

    2023년도 정기 제4회 해기사 시험(6급 기관사) ·············· 498

제1편 기관(1)

제1편 기관(1)

내연기관

C.H.A.P.T.E.R. I

1 열기관

01 열기관의 개요

(1) 열기관의 정의

연료를 연소시켜 발생한 열에너지를 기계적인 일로 바꾸어 동력을 얻는 기계
- 열기관에서 열을 일로 바꾸어 주는 매체를 작동유체라 한다.

(2) 열기관의 종류

① 내연기관
  ㉠ 연료를 기관 내부에서 연소시켜 발생한 고온/고압의 연소가스를 이용하여 동력을 얻는 기관
  ㉡ 왕복동 내연기관 : 실린더 내에서 발생한 연소가스를 피스톤에 작용시켜 동력을 얻는 기관
  ㉢ 회전식 내연기관 : 연소실에서 발생한 연소가스를 회전체의 날개에 작용시켜 동력을 얻는 기관

② 외연기관
  ㉠ 보일러에서 연료를 연소시켜 보일러내의 물을 고온/고압의 증기로 만들고 이 증기를 이용하여 동력을 얻는 기관
  ㉡ 증기터빈 : 증기를 회전체의 날개에 작용시켜 동력을 얻는 기관
  ㉢ 증기 왕복동 기관 : 증기를 피스톤에 작용시켜 동력을 얻는 기관

(3) 열기관의 특징(내연기관과 외연기관의 비교)

내연기관	외연기관
열손실이 적어 열효율이 높다.	진동과 소음이 적다.
소형제작이 가능하다.	운전이 원활하다.
시동, 정지, 출력조정이 쉽다.	마멸, 파손 및 고장이 적다(내연기관에 비해).
시동준비시간이 짧다.	대출력이 용이하다.
기관의 진동과 소음이 심하다.	내연기관에 비해 열효율이 낮다.
자력(自力)으로 시동이 불가능하다.	시동준비시간이 길다.

(4) 열기관의 발달

① 1876년 독일의 오토(Otto, N. August) : 4행정 사이클 가스기관의 제작
② 1897년 독일의 디젤(Diesel, Rudolf) : 20마력 정도의 기관을 제작
③ 1926년 독일의 보슈(Bosch, Robert August) : 무기 분사식 디젤기관을 고안
④ 1950년 이후 가스터빈을 개발하여 새로운 추진 원동기로 등장함.

> **관련용어**
> ① **과급** : 대기압 이상으로 미리 압축한 공기를 실린더에 공급하는 것
> ② **무기 분사식 디젤기관** : 디젤기관의 실린더에 연료를 분사할 때, 압축공기의 도움 없이 무기(無氣) 연료유에 높은 압력을 가하여 노즐을 통해 분사시키는 장치

02 열역학 및 열 사이클

(1) 기초사항

① 압력 : 표준대기압 = 760mmHg = 101325Pa = 1013.25hPa = 1.033kgf/cm²
② 온 도
　㉠ 섭씨온도 : 표준대기압에서 물의 어는점을 0℃, 끓는점을 100℃로 정하고 100등분하여 눈금으로 측정
　㉡ 화씨온도 : 표준대기압에서 물의 어는점을 32°F, 끓는점을 212°F로 정하고 180등분하여 눈금으로 측정

섭씨온도와 화씨온도와의 관계	
$t_c = \dfrac{5}{9}(t_f - 32)$	$t_f = \dfrac{9}{5}(t_c + 32)$

    ⓒ 절대온도 : 물체의 분자운동이 정지되었다고 생각하는 가장 낮은 온도(-273.15℃)의
       상태를 0으로 정한 온도로, K로 표시한다(절대온도 ≒ 섭씨온도 + 273).
③ 열 : 물체의 온도와 부피를 변화시키고, 물질의 상태를 변화시키는 에너지
④ 비열 : 어떤 물질 1g의 온도를 1K 올리는 데 필요한 열량(단위 : kJ/kg·K)
⑤ 열의 이동
    ㉠ 전도 : 서로 접촉되어 있는 물체 사이에서 열이 온도가 높은 곳에서 낮은 곳으로 이동
       하는 현상
    ㉡ 대류 : 고온부와 저온부의 밀도차에 의해 순환운동이 일어나 열이 이동하는 현상
    ㉢ 복사 : 열이 중간에 다른 물질을 통하지 않고 직접 이동하는 현상
⑥ 힘 : 정지해 있는 물체를 움직이게 하든지, 운동하고 있는 물체의 속도와 방향을 변화시
    키든지 또는 정지시키는 원인
⑦ 일 : 어떤 물체에 힘이 작용하여 어느 거리만큼 이동했을 때에 일을 했다고 한다.
⑧ 동력 : 단위시간동안 하는 일량
    $1kW = 1,000W ≒ 102 kgf·m/s ≒ 1.36 ps$, $1ps = 75 kgf·m/s ≒ 0.735 kW$
⑨ 열의 일당량 : 열은 일로 바꿀 수 있고, 반대로 일도 열로 바꿀 수 있다.
    W(기계적 일) = J·Q, …Q(열량) = A·W
    여기서 J는 열의 일당량(427 kgf·m/kcal), $A(=\frac{1}{J})$는 일의 열당량($\frac{1}{427} kcal/kgf·m$)

(2) 기체의 상태변화

① 기체의 부피, 압력, 온도와의 관계
    ㉠ 보일의 법칙 : 온도가 일정한 상태에서 기체의 압력을 변화시키면, 기체의 부피는 압
       력에 반비례한다.
    ㉡ 샤를의 법칙 : 기체의 압력을 일정하게 유지하면서 절대온도를 변화시키면 부피는 절
       대온도에 비례한다.
    ㉢ 보일·샤를의 법칙 : 기체의 온도와 압력 및 부피가 다 같이 변화할 때, 부피는 절대
       온도에 비례하고 압력에 반비례한다.
② 기체의 압력 및 팽창에 의한 상태변화
    ㉠ 정적변화 : 기체의 부피를 일정하게 유지한 상태에서 기체의 압력이 변화되는 것
    ㉡ 정압변화 : 기체의 압력을 일정하게 유지한 상태에서 기체의 부피가 변화되는 것
    ㉢ 등온변화 : 기체의 온도가 일정하게 유지하면서 기체를 압축시키거나 팽창시킬 때 일
       어나는 기체의 상태변화
    ㉣ 단열변화 : 기체가 압축, 팽창될 때 외부에서 열의 출입을 전혀 없도록 하여 변화하는 것

　　ⓜ 폴리트로프 변화 : 기체의 등온변화도 아니고 단열 변화도 아닌 변화

　③ 내연기관의 열효율

　　내연기관에서 열이 직접 일을 하는 것이 아니라, 실린더 내의 기체가 열량 Q_1을 받아 팽창하여 외부에 일을 하고, 받은 열량 중 일을 다하지 못한 열량 Q_2를 외부에 버림으로써 기체가 열을 받기 전의 상태로 되돌아간다. 따라서 작동유체가 한 일은 $Q_1 - Q_2$가 되며, 이것과 작동 유체가 받은 열량 Q_1과의 비를 말한다.

　　즉, 열효율$(\eta) = \dfrac{Q_1 - Q_2}{Q_1}$

03 내연기관의 분류 및 기본 용어

(1) 열 사이클에 의한 분류

　① 정적 사이클 기관 : 연료의 연소가 일정 부피 아래에서 행해진다. 오토 사이클이라고도 한다.
　② 정압 사이클 기관 : 일정 압력하에서 연소가 행해진다. 디젤 사이클 기관이라고도 한다.
　③ 복합 사이클 기관 : 연소의 일부는 일정 부피하에서, 나머지는 일정 압력하에서 행해진다. 사바테 사이클 기관이라고도 한다.

(2) 동작방법에 의한 분류

　① 4행정 사이클 기관 : 4행정(흡입, 압축, 폭발, 배기행정)으로 이루어 한 사이클을 완료하는 기관
　② 2행정 사이클 기관 : 2행정(흡입-압축, 폭발-배기)으로 이루어 한 사이클을 완료하는 기관
　▶ 4행정은 한 사이클동안 크랭크축은 2회전, 캠축은 1회전한다. 2행정은 크랭크축과 캠축이 1회전한다.

(3) 점화방법에 의한 분류

　① 불꽃점화기관 : 전기불꽃장치에 의해 실린더 내의 혼합가스에 점화하는 것
　② 압축점화기관 : 실린더 내에 흡입된 공기를 피스톤에 의해 압축하여 발생한 압축열에 의해 실린더 내에 분사된 연료가 스스로 점화되는 기관

(4) 피스톤로드의 유무에 의한 분류

　① 크랭크 피스톤형 기관 : 피스톤 로드가 없으며, 피스톤 핀에 의해 커넥팅 로드를 직접 피스톤에 연결하는 기관
　② 크로스 헤드형 기관 : 피스톤과 커넥팅 로드 사이에 피스톤 로드가 크로스 헤드에 의하여 연결되는 기관

(5) 기본용어

① **크랭크 위치와 사점** : 피스톤이 실린더 내를 왕복 운동할 때에 그 끝을 사점(dead center)이라 한다.
  - T.D.C (Top Dead Center) : 피스톤이 실린더의 최상부에 왔을 때 위치점(상사점)
  - B.D.C (Bottom Dead Center) : 피스톤이 실린더의 최하부에 왔을 때 위치점(하사점)

② **행정** : 상사점과 하사점 사이의 직선거리

③ **기관의 회전수** : 크랭크축이 1분 동안에 회전하는 수를 매분 회전수라 한다.

④ **압축부피** : 피스톤이 상사점에 있을 때의 피스톤 상부의 부피를 말하며, 연소실부피 혹은 간극부피라 한다.

⑤ **행정부피** : 피스톤이 행정운동을 하여 움직인 부피를 말하며, 흔히 배기량을 나타내기도 한다.

⑥ **실린더부피** : 피스톤이 하사점에 있을 때의 실린더 내의 전부피, 즉 행정부피+압축부피를 말한다.

⑦ **압축비** : 피스톤이 하사점에 있을 때의 실린더 부피를 피스톤이 상사점에 있을 때의 압축부피로 나눈 값

⑧ **피스톤 평균속도** : 피스톤의 순간속도는 위치에 따라 다르지만, 1초 동안 피스톤이 실린더 내를 움직인 거리

2 디젤기관

01 디젤기관의 구조

(1) 실린더

① 실린더의 구조 : 실린더 배럴(Cylinder barrel), 실린더 라이너(Cylinder liner), 실린더 헤드(Cylinder head)의 세 부분으로 이루어져 있다.

② 워터 재킷(water jacket) : 실린더 배럴과 라이너 사이에 있는 냉각수 통로로 냉각수가 흘러 실린더를 냉각시킨다.

③ 실린더 라이너
  ㉠ 재질 : 특수 주철, 규소 성분이 많이 함유된 퍼얼라이트 주철, 니켈크롬 주철, 주철제 라이너에 크롬 도금한 것이 있다.
  ㉡ 라이너의 종류
    ⓐ 건식 라이너(Dry liner) : 라이너 바깥에 직접 물이 통하지 않는 것
    ⓑ 습식 라이너(Wet liner) : 라이너 주위가 직접 냉각수에 닿는 형식
    ⓒ 워터 재킷 라이너 : 라이너가 2중으로 되어 그 속을 냉각수가 통하는 형식
  ㉢ 라이너를 쓰는 이점
    ⓐ 라이너 부분에 내마멸성의 재료를 쓸 수 있다.
    ⓑ 실린더의 구조가 간단하다.
    ⓒ 마멸되었을 때 교환이 용이하다.
    ⓓ 라이너 및 실린더가 받는 열응력이 적다.
    ⓔ 워터 재킷의 소재가 쉽고 부식을 예방할 수 있다.

④ 실린더 헤드(Cylinder head) : 실린더 커버
  ㉠ 실린더와 피스톤과 함께 연소실을 형성한다.
  ㉡ 실린더 헤드 동 패킹 : 실린더와의 결합부 가스 누설 방지
  ㉢ 실린더 헤드 스텃 보울트(Stud bolt)는 대각선으로 균일하게 죄어야 한다.

(2) 베드와 프레임

① 베 드
  ㉠ 메인 베어링이 설치된다.
  ㉡ 크랭크축과 프레임으로부터 힘을 받아 지지한다.
  ㉢ 각부의 윤활유를 받아 모은다.

② 프레임
- ㉠ 베드와 실린더를 연결한다.
- ㉡ 실린더 무게로 인한 압축력, 장력, 측압 등을 받는다.

(3) 메인 베어링

① 역할 : 크랭크축을 지지하고 실린더 중심선과 직각인 중심선에 회전시킨다.
② 구조 : 상하 2부분으로 되어 있고 하반부는 베드에 설치되어 상반부는 캡을 씌워 보울트로 죄고 캡 위에서 주유한다.
③ 메인 베어링의 유간격 : 8/100~10/100mm 또는 7/10,000~8/10,000d(축지름 : d)
④ 메인 베어링의 마모 원인
- ㉠ 선체의 요곡에 의한 영향
- ㉡ 각 실린더 출력의 부동
- ㉢ 각 메인 베어링의 발열 또는 온도 상승
- ㉣ 각 베어링 하중의 부동
- ㉤ 크랭크 핀 메탈 등의 유간격의 과대로 인한 충격
- ㉥ 윤활유의 불량
- ㉦ 크랭크 축심의 부정
- ㉧ 베드대의 변형 요곡

⑤ 메인 베어링의 발열 원인
- ㉠ 과부하 운전
- ㉡ 선체의 요곡 및 기관 베드의 변형
- ㉢ 메인 베어링(중심선)의 부정
- ㉣ 메인 베어링 조정의 부적당
- ㉤ 윤활유 계통의 고장

(4) 피스톤

① 역할
- ㉠ 신기를 흡입하고 압축한 후 연소 가스에 의한 압력을 받아 커넥팅 로드를 거쳐 크랭크축에 회전력을 전한다.
- ㉡ 실린더 헤드와 연소실을 형성한다.

② 재 질 : 특수 주철, 알미늄 합금(고속 기관)

온라인 강의 에듀마켓

(5) 피스톤 핀
  ① 역할 : 트렁크 피스톤형 기관에서 커넥팅 로드와 피스톤을 연결하고 피스톤에 작용하는 힘을 커넥팅 로드에 전하는 역할
  ② 피스톤 핀의 종류
    ㉠ 고정식 핀 : 피스톤 핀이 움직이지 않는 것
    ㉡ 부동식 핀 : 피스톤이 자유롭게 돌도록 한 것

(6) 피스톤 링
  ① 역할
    ㉠ 압축링 : 가스 누설 방지, 전열 작용
    ㉡ 오일링 : 윤활 작용
  ② 재질 : 주철로서 크롬, 인, 망간이 첨가되어 있다.
  ③ 피스톤 링 재질의 필요한 조건
    ㉠ 내열성이 클 것
    ㉡ 내마모성이 클 것
    ㉢ 탄력이 클 것
    ㉣ 내구력이 있을 것
  ④ 피스톤 링의 구비조건
    ㉠ 탄력이 전 둘레에 걸쳐 균일할 것
    ㉡ 형상과 치수는 균형이 잡힐 것
    ㉢ 평면적으로 반듯하여 홈에 잘 맞을 것
  ⑤ 링의 수 : 링의 수가 많을수록, 또 회전 속도가 증가할수록 가스 누설은 감소한다. 링의 수가 많을수록 마찰이 크게 되므로 고속기관에서는 링의 수를 줄인다.
  ⑥ 오일 링 : 실린더 내벽의 윤활유를 밑으로 긁어내리기 위해서 사용된다.

(7) 커넥팅 로드(Connecting rod)
  ① 역할 : 피스톤의 힘을 받아 크랭크에 전하고 피스톤의 왕복운동을 크랭크의 회전운동으로 바꾼다.
  ② 구조
    ㉠ 대단부와 소단부로 되어 있다.
    ㉡ 중앙에는 기름 통로가 관통되어 있다.

③ 연접봉의 길이
　㉠ 연접봉의 길이란 상하 메탈의 중심 사이의 거리이다.
　㉡ 연접봉의 길이가 짧으면 경사각도가 커지고 피스톤의 측압이 커져 마모를 빠르게 한다.

(8) 크랭크축(Crank shaft)
　① 역할 : 커넥팅 로드에 의해 피스톤의 왕복운동을 크랭크축 회전운동으로 고쳐 동력을 외부로 전한다.
　② 재질 및 구조
　　㉠ 연강을 단조하여 만들거나 고속기관용으로는 니켈, 몰리브덴강 같은 특수강을 쓴다.
　　㉡ 일체형, 조립형, 반조립형이 있다.
　③ 크랭크 암(Crank arm)의 디플렉션(개폐작용)
　　㉠ 의의 : 크랭크 암 사이의 거리가 확대하든가 축소하든가 하는 작용을 크랭크 암의 개폐작용 혹은 디플렉션이라고 한다.
　　㉡ 원인
　　　ⓐ 메인 베어링의 부동 마모 및 조정 불량
　　　ⓑ 스러스트 베어링의 마모 및 조정 불량
　　　ⓒ 메인 베어링 혹은 크랭크 핀 베어링 틈이 클 때
　　　ⓓ 기관 베드의 변형
　　　ⓔ 크랭크축의 중심 부정
　　　ⓕ 과부하 운전

(9) 플라이휠(Flywheel)
　① 역할
　　㉠ 회전력을 고르게 한다.
　　㉡ 부하의 변동에 따라서 일어나는 회전의 변동을 조절한다.
　　㉢ 저속회전을 가능하게 한다.
　　㉣ 기관의 시동을 쉽게 한다.
　　㉤ 밸브 조정에 편리하다.
　② 구조 및 재질 : 주철제 또는 주강으로 만든다. 림, 보스, 암으로 되어 있다.

02 디젤기관의 부속장치

(1) 밸브 구동 장치

① **캠(Cam)** : 내연기관에서는 복잡한 각종 밸브의 동작이 정확해야 하므로 캠이 필요하다. 캠 축이 회전하여 캠이 로울러와 접하면 푸스로드를 밀어 올리고 밸브레버를 거쳐 밸브를 연다.

② 4행정기관은 흡입밸브와 배기밸브가 필요하지만 2행정기관은 소기방법에 따라 밸브가 필요없거나 그 중 하나만 필요하다(흡기밸브나 배기밸브 중 하나).

③ 흡입밸브는 흡입시 저항 때문에 흡입 공기량이 적어지므로 배기밸브보다 크게 만드는 수가 있다.

④ **밸브의 재료**
   ㉠ **흡입밸브** : 실크롬강
   ㉡ **배기밸브** : 니켈 크롬강
   ㉢ **밸브스프링** : 크롬 바나듐

⑤ **밸브의 누설로 인한 장애**
   ㉠ 압축공기와 연소가스의 누설
   ㉡ 흡입행정 중 다른 실린더의 배기가스를 흡입하여 동력의 감소를 가져온다.
   ㉢ 밸브복스 내 카아본이 쌓여 과열
   ㉣ 밸브로드가 가이드에 고착하여 밸브의 작동에 지장을 주어 실린더 헤드에 균열이 생기는 원인이 된다.

> **참 고**
>
> 중형기관의 경우에 배기밸브는 운전시간 300~500시간마다 래핑, 흡입밸브는 1000시간마다 검사하여 래핑

⑥ **밸브 작동 장치**
   ㉠ 내연기관은 각종 밸브의 동작이 정확해야 하므로 캠에 의해 밸브를 개폐시킨다.
   ㉡ 4행정 기관에서는 흡·배기 연료 시동(셀모터로 시동하는 기관에서는 불필요) 캠이 필요하다. 2행정 기관에서는 연료캠과 소기법에 따라 흡·배기캠 중 하나 또는 전부가 필요 없고 시동캠(셀모터로서 시동하는 기관은 불필요)이 필요하다.
   ㉢ 직접 역전식 기관에서는 한 밸브에 전진 후진용의 두 가지 캠이 있다.
   ㉣ 밸브 클리어런스가 규정보다 적으면 밸브의 열리는 시기는 빠르고 닫히는 시기는 늦

으며 밸브리프트(밸브양정)는 커진다. 밸브 클리어런스가 규정보다 크면 위와 반대현상이 일어난다.

⑦ 캠과 캠축
  ㉠ 접선캠, 요면캠 : 저속기관에서는 소음도 적고 마모도 접촉면의 폭을 크게 함으로써 어느 정도 막을 수 있으므로 접선캠 또는 요면캠을 사용한다.
  ㉡ 돌면캠 : 기관이 소형 고속으로 되면 소음이 크게 되므로 돌면캠을 사용한다.
  ㉢ 캠과 고정원판에는 반지름 방향의 톱니가 있어 끼워 맞추도록 된 캠은 톱니 하나로 크랭크각도 1~1.5°로 조정할 수 있다.
  ㉣ 4행정 기관에서는 캠축이 크랭크축의 1/2회전을 하고 2행정 기관에서는 캠축이 크랭크축과 같은 회전수로 돈다.
  ㉤ 캠의 표면은 0.2mm 정도 마멸하면 새것과 교환해야 하며 특히 연료캠은 0.1mm 마멸되면 교환해야 한다.

(2) 공기 흡입관

공기 흡입관은 소음을 적게 하고 넝마, 너트 등의 이물이 빨려 들어가는 것을 막기 위해서 1mm 이하의 가늘고 긴 구멍이 파져 있는 흡입관을 각 실린더마다 한 개씩 설치하거나 전 실린더를 공통으로 하나의 흡입 매니폴드로 만든 것이 있다.

(3) 배기 매니폴드(배기 다지관)

배기 매니폴드는 실린더로부터의 배기가스를 모아 소음기에 보내는 장치로서 실린더 헤드로부터 나온 순환수로 주위를 냉각할 수 있도록 재킷을 만든 것도 있다.

① 배압 : 피스톤이 배기 행정시 배기가 약간 압축되어 피스톤의 상승운동을 방해하는 반항 압력을 말함.
② 배기 매니폴드에 일어나는 고장
  ㉠ 배압의 상승
  ㉡ 배기 매니폴드의 균열
  ㉢ 배기 매니폴드의 폭발
③ 배압이 너무 높아지는 원인
  ㉠ 배기 매니폴드 배기관 소음기 내에 카아본이 쌓이고 배기통로가 좁아져 배기가스 배출이 불충분할 때
  ㉡ 배기 매니폴드 내의 냉각수 온도가 상승하여 배기가스 온도가 높아질 때
  ㉢ 발화시기가 늦거나 후연소기간이 길 때
④ 배압이 높아졌을 때 기관에 미치는 영향

㉠ 실린더의 소기효율이 나빠지고 잔류가스의 양이 많아진다.
㉡ 배압이 높으면 가스의 유효 일량이 감소하고 마력이 떨어진다.
㉢ 배기온도가 높아지고 배기밸브의 마모가 커져 소착 등의 원인이 된다. 또 배기통로의 균열이 생기는 원인이 된다.
㉣ 실린더의 온도가 높아지고 내부 윤활작용이 나쁘게 된다.
㉤ 배기관계의 각부 온도가 높아져서 부식을 촉진한다.

(4) 소음기

배기가스의 압력은 상당히 고압이므로 이것을 직접 대기 중에 방출하면 급격히 팽창하여 공기와 충돌하기 때문에 큰 폭음을 일으킨다. 이 폭음을 없애는 역할을 소음기가 한다.

소음기의 방법
① 배기를 팽창시키는 법
② 배기를 냉각시키는 법
③ 배기의 팽창과 냉각을 병용하는 방법

(5) 연료장치

내연기관의 연료장치는 기름탱크, 여과기, 연료펌프, 연료밸브의 중요부로 이루어져 있다.

① **연료유 탱크의 종류**
  ㉠ 저장탱크 : 이중저 탱크를 연료유 저장탱크로 사용한다.
  ㉡ 침전탱크 : 연료 속에 포함된 불순물을 비중차에 의해 분리하는 탱크
  ㉢ 청정유탱크 : 수분이나 불순물 등을 제거한 청정유를 저장하는 탱크
  ㉣ 서비스탱크 : 청정유탱크로부터 이송되어와 중력에 의해서나 부스터펌프에 의하여 기관의 연료 분사펌프에 들여 보낸다.
  ㉤ 드레인탱크 : 각 탱크 및 기관부에서 방출된 드레인을 모으는 탱크

② **연료유 여과기**
  연료유 중 불순물이 있으면 분사밸브의 노즐이 막히고 분사펌프의 플런저나 분사밸브의 마멸을 촉진시키는 원인이 되므로 여과기에 의하여 여과한 것을 사용한다.
  ㉠ 제1여과기 : 연료탱크의 출구에 설치(30~60메시)
  ㉡ 제2여과기 : 연료 분사펌프 입구에 설치(100~200메시 황동 그물이나 펠트 등)
  ㉢ 제3여과기 : 연료 분사밸브 입구에 설치(250~300메시)

③ **연료 분사장치**
  연료 분사펌프와 연료 분사밸브로 이루어진다.

⑦ 연료 분사펌프 : 연료유에 고압을 가하는 펌프
ⓒ 연료 분사밸브 : 고압으로 토출된 연료유를 실린더 내에 분사하는 밸브

④ 연료 분사방법
⑦ 공기 분사식 : 연료유를 고압공기에 의해 실린더 내에 분사. 장치가 복잡하기 때문에 요즈음은 쓰이지 않는다.
ⓒ 무기 분사식 : 연료유에 200~900kg/cm^2 정도의 고압을 주어(연료 분사펌프를 통해서 고압으로 만든다) 연료 분사밸브의 작은 노즐 구멍으로부터 실린더 내에 분사하는 것.

⑤ 연료 분사의 조건
⑦ 무화 : 분사 연료유가 극히 미세화되는 것을 말함.
ⓒ 관통력 : 분사된 연료유가 실린더 내의 압축공기 층을 뚫고 나가는 힘. 관통이 좋으려면 연료유 입자가 커야 한다. 그러나 이것은 무화의 조건과 상반되므로 양자를 만족시키는 조건이 필요하다.
ⓒ 분산 : 연료 분사밸브의 노즐로부터 원뿔형으로 분무가 퍼지는 상태
ⓔ 분포 : 실린더 내 각부에 공급된 연료유와 그 부분의 공기와의 혼합이 균등하게 되어 있음을 나타낸다.

⑥ 연료 분사펌프의 종류
⑦ 축압식과 연료 분사펌프 : 연료 분사펌프와 연료 분사밸브 사이에 1개의 공통 축압기를 설치하여 펌프로부터의 고압유를 축적하고 기계적으로 개폐하는 분사밸브에 의하여 실린더 내에 분사한다.
ⓒ 직송식 펌프 : 연료 분사기간에만 유압을 올리며, 펌프로써 분사기간 및 분사량을 조정해야 하므로 반드시 각 실린더마다 1개의 펌프를 설치해야 한다. 스필밸브식 연료 분사펌프와 보시식 연료 분사펌프가 있다.

⑦ 연료 분사밸브의 종류와 구조
⑦ 개방밸브 : 구조는 간단하나 분사펌프의 압력이 곧 연료 분사압력이기 때문에, 분사 시작과 끝에서는 압력저하로 누설하기 쉽다. 이를 방지하기 위해서 관을 짧게 하거나 노즐 가까이에 역지밸브를 설치한다. 회전수의 증감에 따라 유압의 변화가 심한 결점이 있어서 현재는 거의 사용하지 않는다.
ⓒ 밀폐밸브
ⓐ 기계적 밸브 : 니들 밸브는 캠에 의해서 열리며 필요한 양의 연료유가 실린더 내에 분사된다.
ⓑ 자동밸브 : 연료 분사펌프에서 고압으로 들어온 연료유가 니들 밸브 아래쪽에 작용하여 니들 밸브를 누르는 스핀들 상부의 스프링 장력을 이겨내어 밸브가 열린

다. 노즐을 통해 실린더 내에 연료분사가 시작되어 유압이 떨어지면 스프링에 의하여 니들 밸브는 자동적으로 닫힌다.

ⓒ 유닛 인젝터 : 연료 분사밸브와 펌프를 연결하는 고압관이 길면 관 내부의 저항 증가로 연료의 분사상태가 나빠진다. 이러한 결점을 제거하기 위해 연료 분사밸브와 펌프를 일체로 한 유닛 인젝터가 있다.

⑧ 노즐의 종류와 구조
　㉠ 종류
　　ⓐ 단공식 : 예비 연소실 등 특수기관에 사용
　　ⓑ 다공식 : 직접 분사식 기관에 많이 사용
　㉡ 구조
　　ⓐ 핀틀형 : 니들 밸브 끝이 노즐 밖에까지 나와 핀과 노즐과의 원주틈으로 기름이 분사된다. 분사량을 광범위하게 변경시킬 수 있다.
　　ⓑ 스로틀노즐 : 끝이 2단으로 되어 밖에 나와 있으며 분사시작의 개구 면적이 죄어져 발화늦음 중의 분사량이 적어지므로 노킹을 방지하는 데 유리하다.

⑨ 디젤기관의 연소실
　㉠ 직접분사식 연소실 : 연소실이 하나이며 연소실에 직접 연료를 분사하여 연소시키는 형식으로 가장 구조가 간단하다. 분사밸브는 다공식 노즐을 사용하여 무화를 양호하게 해야 된다.

직접 분사식 기관의 장점
① 연소실 모양이 간단하고 제작이 용이하며, 대형기관에 적합하다.
② 시동이 용이하고, 시동 보조장치가 필요 없다.
③ 열효율이 높고, 연료 소비율이 낮다.

직접 분사식 기관의 단점
① 무화작용을 좋게 하기 위해 노즐공이 적어야 하므로 노즐공이 막히기 쉽다.
② 최고압력이 높고, 노크를 일으키기 쉽다.
③ 고속 회전이 곤란하다.

　㉡ 예연소실식 연소실(예비 연소실) : 주로 실린더 헤드 내에 전 압축 부피의 30~40%의 예연소실을 설치한다. 예연소실과 주연소실은 1개의 작은 구멍 또는 여러 개의 노즐 구멍으로 연결되어 있다.

예연소실식의 장점

① 비교적 저압의 핀틀 노즐을 사용할 수 있다.
② 소형 고속기관에서도 연소가 양호하다.
③ 비교적 저질의 연료유를 사용할 수 있다.

예연소실식의 단점

① 열 손실이 많고, 연료 소비율이 높다.
② 실린더 헤드의 구조가 복잡하다.
③ 한냉시 시동이 곤란하므로 시동 보조장치가 필요하다.

ⓒ 와류실식 연소실 : 실린더 헤드 일부에 공 모양의 와류실(전 압축부피의 약 7%)이 설치되어 있으며 직선방향으로 연소실에 통로가 있다. 소형 고속기관이나 승용차 기관에 사용되어 예연소실과 같은 장단점을 가지고 있다.

ⓔ 공기실식 연소실 : 피스톤 상부 또는 실린더 헤드에 전 압축부피의 30~70%의 공기실을 설치하고 좁은 통로는 주연소실과 연결되어 있다. 연소는 느리고 최고 압력도 낮으며 작동은 조용하나 연료 분사시기가 운전상태에 심한 영향을 끼치므로 취급이 곤란하여 광범위한 속도로 운전하는 기관에는 부적당하다.

(6) 시동장치

① 시동장치의 분류

ⓘ 수동 시동장치
  ⓐ 소형기관에 주로 사용
  ⓑ 플라이휠에 붙은 수동핸들이나 로프를 감아 잡아 당겨 기관을 돌린다.
  ⓒ 시동시 회전을 쉽게 하기 위해 무압축 장치(압축 행정시 흡기밸브를 연다)를 설치

ⓛ 공기 시동장치
  ⓐ 각 실린더에는 시동밸브가 있어 폭발행정의 가스 대신 시동 공기탱크로부터 25~40 kg/cm^2의 압축 공기를 보내어 시동
  ⓑ 기관에 따라서는 시동밸브가 없고 공기 전동기로 크랭크를 회전한다.

ⓒ 전기 시동장치
  ⓐ 소형기관에 많이 사용
  ⓑ 시동 회전력이 큰 직권 전동기를 사용하여 전동기축에 장치한 피니언을 플라이휠에 새겨진 링 기어에 물려 시동

② 시동밸브
　㉠ 직접 역전식 기관은 크랭크가 어떠한 위치에 있어도 바로 시동할 수 있다. 즉 4사이클기관은 6실린더 이상이어야 하고 2사이클기관은 4실린더 이상이어야 한다.
　㉡ 시동밸브
　　ⓐ 기계적으로 개폐하는 것
　　ⓑ 압축공기에 의해 자동적으로 개폐하는 것
　　ⓒ 시동밸브는 시동시 이외에는 반드시 닫혀 있어야 하며 그렇지 않으면 실린더 내의 고온가스가 역류하게 되어 위험하다.
　㉢ 일반적으로 시동밸브는 1000시간마다 점검하고 필요하면 래핑한다.
③ 시동 공기 압축기
　㉠ 공기 압축기 : 디젤기관에 많이 채용
　㉡ 공기 압축기를 2단~3단의 다단식으로 하는 이유
　　ⓐ 압축공기의 온도를 낮출 수 있다.
　　ⓑ 압축 일을 감소시킨다.
　　ⓒ 효율이 좋아진다.
　　ⓓ 고열에 의한 윤활유의 변질이나 탄화에 의한 피스톤과 피스톤링의 고착 및 폭발의 위험이 감소된다.

03 과급장치

(1) 과급의 원리

① 마력 산출식 $I.H.P = \dfrac{P_i \times A \times L \times N}{4,500}$ (2사이클 기관)에서 출력을 크게 하려면 A와 L은 일정하므로 Pi와 N을 증가시켜야 한다. N을 증가시키면 여러 가지 어려움을 가져오므로 N을 올리지 않고 Pi를 증가시킨다. 실린더 내의 온도가 높아서, 흡입되는 공기의 온도도 높아지므로 용적 효율이 100%보다 작다.
② 밀도가 큰 공기를 공급하면 용적 효율이 높아지고 압축비를 올리지 않더라도 압축비를 올리는 것보다 더 큰 출력을 낼 수 있다. 이것이 과급기법의 원리이다.

(2) 배기가스 터빈

배기가스의 에너지를 이용하여 블로워(Blower)와 직결한 가스 터빈을 돌려 생긴 가압공기를 실린더로 밀어 넣는 방법, 일명 뷰히(Biichi)식이라 한다.

(3) 과급기관의 운전상태와 무과급기관의 운전상태의 비교
① 예압 공기를 압축하므로 압축 초의 압력은 높다.
② 압축비를 약간 감소시킴으로서 압축압력 및 온도는 거의 같다.
③ 최고압력은 거의 같다.
④ 평균 유효 압력은 높다.
⑤ 배기 온도는 그리 높지 않다.
⑥ 배기 압력은 평균 유효 압력이 높으므로 약간 높아진다.
⑦ 냉각수에 의한 손실이 비교적 적다.
⑧ 발생 총열량이 많다.

(4) 과급기를 장치할 때의 이점
① 최고압력과 최고온도를 높이지 않고 출력을 50% 이상 증가시킬 수 있다.
② 마력당 연료소비량은 3~5% 감소한다.
③ 기관의 무게는 과급기의 중량 때문에 2~3%는 증가하지만 마력당 기관전체의 무게는 30~40% 감소한다.
④ 설치면적도 마력에 비해 작아진다.
⑤ 마력증가에 비해 마찰손실이 적으므로 기계효율이 증가한다.
⑥ 연료는 완전히 연소되므로 불완전 연소에 따르는 여러 가지 장애를 피할 수 있다.

(5) 과급기관의 밸브 개폐선도
① 4사이클 과급기관의 밸브 개폐선도의 오버랩 기간은 130°~166° 정도로 무과급기간보다 훨씬 크다.
② 오버랩이 크게 되면 가압공기가 실린더에 걸쳐 충분히 배기를 몰아내고 배기밸브, 연소실, 피스톤을 식혀 각부의 열응력을 적게 한다.

(6) 급기를 냉각했을 때의 이점
① 공기 흡입량이 증가하여 용적효율이 커진다(공기밀도가 커진다).
② 흡입공기의 온도가 낮아지므로 실린더 및 밸브의 과열을 방지한다.

(7) 배기 터빈의 배기 작동법에 의한 과급방법
① 동압 과급방법 : 기관으로부터 매 사이클마다 배출되는 배기를 그 가스가 가지고 있는 그대로의 배출세력으로 배기 터빈을 돌리는 방법
② 정압 과급방법 : 각 실린더의 배기를 배기 다지관에 모아 배기의 맥동압력을 고르게 하여 과급기의 배기 터빈에 보내는 방법

04 연소와 성능

(1) 지압기는 실린더 내의 연소 가스 압력과 부피의 변화를 선도로 나타내는 기기

(2) 지압도는 지압기에 의해 종이에 그린 선도(그림)

(3) **지압도의 종류**
  ① P-V 선도(압력 부피 선도)
    ㉠ 한 사이클에 대하여 실린더 내의 압력과 부피의 변화를 표시.
      지압도의 넓이는 한 사이클 동안의 일량을 표시.
    ㉡ 평균 유효압력을 구하여 지시 마력을 산출할 수 있음.
  ② 수인 선도
    ㉠ 손으로 지압기 코드를 당겨 지압도를 옆으로 확대한 것
    ㉡ 연소 상황을 자세히 판단 가능함(압축압력, 분사시기, 착화시기, 연소 최고압력 등).
  ③ 약 스프링 선도
    ㉠ 지압기용 스프링을 약한 것을 사용하여 그린 선도
    ㉡ 저압부를 확대 판단, 해석하는 데 유리(흡·배기 밸브 개폐 상황 등)
  ④ 연속 지압도는 최고 압력을 아는 데 유리함.

(4) **내연기관의 출력**
  ① 도시마력(IHP)은 연소가스 압력이 피스톤에 작용하는 동력이고, 평균 유효 압력으로 산출
  ② 제동마력(BHP)은 동력 전달축에서 얻어지는 동력이고, 동력계로 측정
  ③ 정격 출력은 정하여진 운전 조건, 운전 시간 동안 운전을 보증하는 출력
  ④ 최대 출력은 기관 제조자가 정한 운전 조건하에서 기관이 발휘할 수 있는 최대 출력[연속 최대 출력(MCR) → 선박용 디젤기관의 호칭 출력]
  ⑤ 과부하 출력은 정하여진 운전 조건하에서 정격 출력을 넘어서 일정 시간동안 운전을 보증하는 출력
  ⑥ 경제 출력은 연료 소비율이 최소로 되는 출력이고 최대 출력의 75~80% 정도이다.

(5) **내연기관의 출력 측정**
  ① 도시마력(IHP)
    $P_i \cdot A \cdot L \cdot N / 75 \times 60$ (2행정 단동 기관의 1실린더)
    $P_i \cdot A \cdot L \cdot N / 2 \times 75 \times 60$ (4행정 단동 기관의 1실린더)

> Pi : 실린더 내 가스의 평균 유효 압력(kgf/cm²)
> A : 피스톤의 면적(cm²)
> L : 피스톤의 행정(m)
> N : 기관의 매분 회전수(rpm)

② 기관 열효율 크기의 순서는 이론적 열효율 > 도시 열효율 > 정미 열효율

③ 기계 효율 = BHP / IHP

④ IHP(도시마력) = BHP(제동마력) + FHP(마찰마력)

(6) 열평형은 연료의 완전 연소에 의해 발생하는 열량을 100%로 하였을 때 발생 열량이 각부에 어떻게 분배되는지 나타낸 것(열효율을 알 수 있다.)

(7) 생키 선도는 열평형을 그림으로 나타낸 것

(8) 기관의 성능 곡선은 육상 시운전을 실시하여 기관의 계획 출력, 연료 소비율, 평균 유효압력, 매분 회전수, 기계효율, 배기온도 등 기관의 성능을 나타내는 선도

온라인 강의 에듀마켓

3 가솔린 기관

01 가솔린 기관의 개요

가솔린과 공기를 적당한 비율로 혼합한 혼합기를 실린더 내에 흡입하여 피스톤으로 압축하고, 점화 플러그(spark plug)에 의해 전기 불꽃으로 점화, 연소시켜 동력을 얻는 기관.

(1) 장 점
① 무게와 부피가 작다.
② 고속회전을 할 수 있다.
③ 시동이 용이하고, 진동이 작다.
④ 배기 매연이나 그 취기가 적다.

(2) 단 점
① 대형기관으로 부적당하다.
② 열효율이 낮고, 연료 소비율이 높다.
③ 연료비가 비싸다.
④ 화재의 위험성이 높다.
⑤ 전기 점화 장치에 고장을 일으키기 쉽다.

가솔린 기관과 디젤 기관의 차이점
① 디젤 기관에서는 공기와 연료를 따로따로 실린더 내에 공급해서 혼합기를 만들고, 점화는 공기의 압축압력과 온도에 의한다.
② 가솔린 기관은 연료 공급 장치에서 공기와 연료를 혼합하여 실린더 내에 공급하고, 점화는 전기점화장치(spark plug)에 의한다.

02 가솔린 기관의 구조

(1) 연료장치

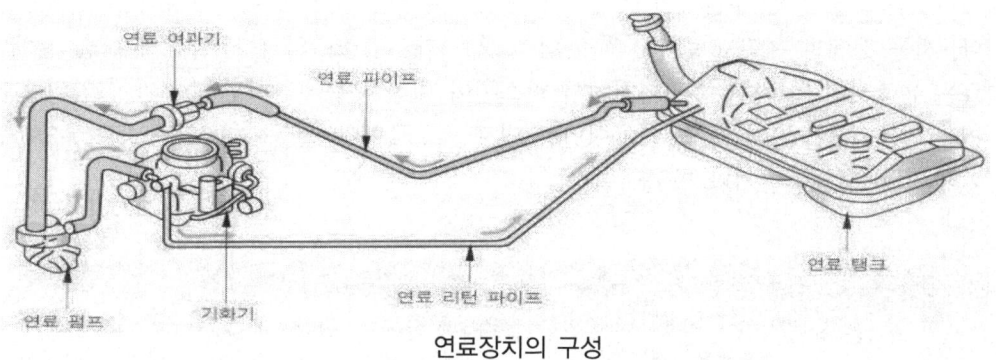

연료장치의 구성

① **연료탱크** : 내부면은 녹이 슬지 않도록 주석이나 아연으로 도금되어 있으며, 주행 중에 연료의 출렁임을 줄이고 강도를 높이기 위해 칸막이가 용접되어 있다. 연료탱크는 강판으로 만들고 연료주입구, 드레인 플러그, 연료의 양을 나타내는 연료계기의 송신부 등이 있다.
② **연료필터** : 연료 속에 들어있는 먼지나 수분 등 불순물을 여과하여 기화기의 좁은 통로나 노즐 등이 막히지 않도록 하는 역할을 한다.
③ **연료파이프**
④ **연료펌프** : 연료탱크에서 기화기(또는 연료분사장치)까지 연료를 압송하는 역할.
⑤ **기화기** : 기화기는 기관의 각종 운전상태, 즉 시동, 아이들링, 가속, 고속 등에 따라 알맞은 혼합기를 적절한 양으로 실린더에 공급시켜 원활한 운전을 할 수 있게 한다.

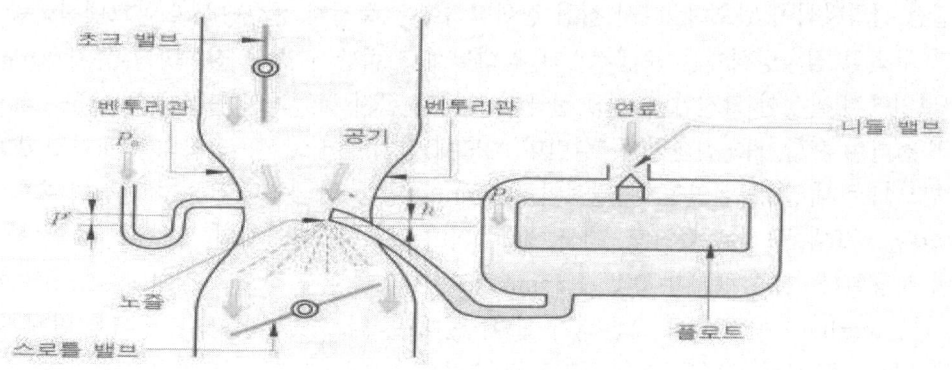

기화기의 원리

플로트는 노즐 끝의 유면을 항상 일정하게 유지하기 위한 것으로, 유면이 내려가면 니들밸브가 열리고 연료가 들어온다. 벤투리는 흡기관의 통로를 좁게 만든 것이다. 이것은 공기의 유속을 빠르게 하여 기압을 저하시키는 장치이며, 이 위치에 노즐의 끝을 장치한다. 그림에서 h는 노즐 끝과 유면과의 낙차이며, p'는 벤투리의 압력과 대기압과의 압력차(부압)이다. 시동 전에는 유면과 벤투리의 압력이 모두 대기압(Pa)와 같기 때문에 노즐 끝에서 연료는 유출되지 않는다. 흡입행정에서 피스톤이 내려오기 시작하면 공기가 흡입되고 벤투리의 압력과 대기압과의 압력 차이만큼 연료는 노즐에서 분출되며, 고속으로 유입하는 공기에 무화되어 혼합기가 만들어진다.

참고

기관의 출력은 실린더 안으로 흡입되는 혼합기의 양에 따라서 변화하며, 혼합기의 양을 제어하는 것은 스로틀밸브로 한다. 자동차에서는 스로틀밸브와 가속페달이 연결되어 있다. 초크밸브는 실린더로 흡입되는 공기의 양을 제어하는 것이다. 초크밸브를 닫으면 실린더 쪽의 흡기관은 저압으로 되고, 연료는 다량으로 흡입되어 짙은 혼합기에 의해 시동이 쉽게 된다. 한랭시에는 공기의 밀도가 높고 연료의 무화도 충분하지 못하므로 짙은 혼합기가 필요하다. 초크밸브의 개폐는 수동으로 하는 것과 시동시에는 자동적으로 초크밸브를 닫고 기관의 온도가 상승한 후에는 자동으로 열리는 방식의 전기가열식, 온수가열식, 배기가열식 등이 있다.

- **기화기** : 가솔린과 공기를 일정비율로 혼합시키는 장치
- **스로틀밸브** : 혼합기의 양 제어하는 장치
- **초크밸브** : 공기의 양 제어하는 장치

(2) 점화장치

가솔린 기관의 점화장치에는 기계적 접점이 있는 접점 점화방식과 기계적 접점이 없는 무접점 점화방식이 있으며, 다시 접점 점화방식에는 축전지 점화방식과 마그넷점화방식이 있고 무접점 점화방식에는 트랜지스터 점화방식과 콘덴서 방전 점화방식 등이 있다.
2차코일에서 발생한 고전압이 중심 전극에 가해져 접지 전극과의 불꽃 틈새(spark gap)에서 방전하여 혼합기를 점화한다. 실린더 헤드에 장치되어 고온·고압의 연소가스에 영향을 받으므로 내열성, 절연성, 기밀성이 우수하고, 항상 전극부의 온도가 적절히 유지되어야 한다. 주요부 구성은 절연체, 전극, 셸로 되어 있으며, 절연체의 재질로는 니켈 합금을 많이 사용한다. 불꽃 틈새는 0.7~1.5mm 정도이며, 틈새가 작으면 실화(misfire)하게 되고, 카본(carbon) 등에 의해 오손되기 쉽다. 반대로, 너무 크면 불꽃 발생이 어렵게 된다.
플로트는 노즐 끝의 유면을 항상 일정하게 유지하기 위한 것으로, 유면이 내려가면 니들밸브가 열리고 연료가 들어온다. 벤투리는 흡기관의 통로를 좁게 만든 것이다. 이것은 공기

의 유속을 빠르게 하여 기압을 저하시키는 장치이며, 이 위치에 노즐의 끝을 장치한다. 그림에서 h는 노즐 끝과 유면과의 낙차이며, p'는 벤투리의 압력과 대기압과의 압력차(부압)이다. 시동 전에는 유면과 벤투리의 압력이 모두 대기압(Pa)과 같기 때문에 노즐 끝에서 연료는 유출되지 않는다. 흡입행정에서 피스톤이 내려오기 시작하면 공기가 흡입되고 벤투리의 압력과 대기압과의 압력 차이만큼 연료는 노즐에서 분출되며, 고속으로 유입하는 공기에 무화되어 혼합기가 만들어진다.

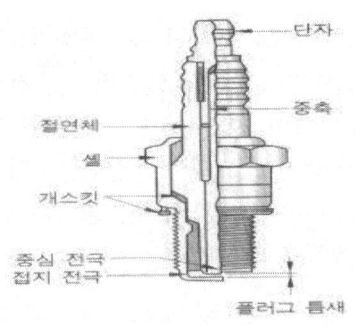

점화 플러그

(3) 시동장치

소형 가솔린 기관에서는 크랭크축의 회전 속도를 높이기 위해 작은 크기의 풀리에 감겨 있는 로프를 당겨서 시동하며, 로프는 코일 스프링에 의해 다시 감기는 로프시동장치(rope recoil starter)가 있다. 그러나 출력이 30kW 이상 되면 인력에 의한 시동은 곤란하다. 따라서, 시동 전동기를 설치하여 시동한다. 시동 전동기는 소형으로 시동 토크가 크고 전원 용량이 적어도 작동이 양호하며, 방진과 방수형이고, 기계적 충격에 강해야 한다. 시동장치는 축전지, 시동 스위치, 시동 전동기로 구성되어 있다.

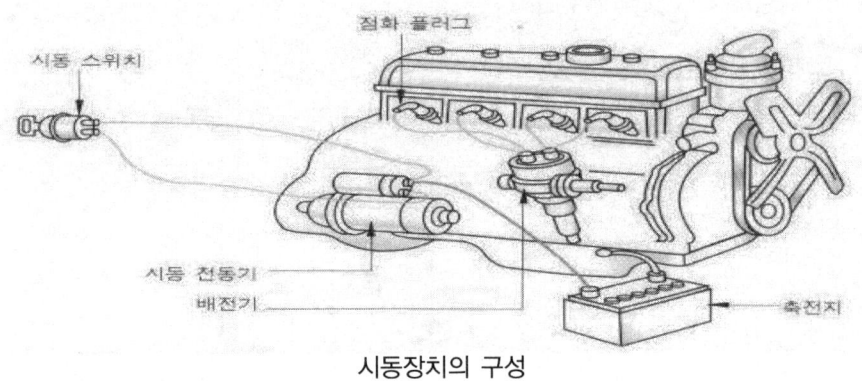

시동장치의 구성

03 가솔린 기관의 연소

(1) 조기점화(pre-ignition)

혼합기가 점화 플러그에 의해 점화되기 전에 밸브의 표면, 점화 플러그의 전극, 퇴적된 카본 등의 과열된 부분에 의해 점화해 버리는 현상. 피스톤이 상사점에 도달하기 전에 발생하므로, 큰 압력에 의한 기관의 손상과 출력의 감소도 크다.

(2) 노킹

혼합기가 점화하여 화염이 주변으로 전파될 때, 연소가 완료된 부분은 온도가 높아져 미연소 부분과 큰 온도차이가 생긴다. 따라서 연소된 고온가스의 팽창으로 미연소 가스는 압축되고 자연 발화 온도에 도달하여, 미연소 가스 전체가 화염이 전파되기도 전에 급격히 동시에 폭발해 버리는데 이런 현상을 노킹이라 한다. 이때 생긴 고압의 압력파가 실린더를 타격하여 망치로 금속을 두드리는 소리가 난다. 노킹이 발생하면 출력의 감소, 실린더의 과열, 밸브와 피스톤의 손상 등을 일으킨다.

안티 노크(anti-knock)성

노킹을 방지하려면, 자연발화가 일어나기 전에 화염 전파가 끝나도록 하면 된다. 노킹을 잘 일으키지 않는 성질을 안티노크성이라고 하며, 연료의 노킹 방지성은 보통 옥탄값(디젤기관은 세탄값)으로 표시된다. 옥탄값이 높을수록 노킹이 잘 일어나지 않는 연료이다.

참고

① 가솔린 기관에서 노킹이 발생하기 쉬운 경우
 - 점화시기가 너무 빠를 경우
 - 기관의 부하가 과대할 경우
 - 압축비에 비해 연료의 옥탄값이 너무 낮을 경우
 - 기관이 과열되었을 경우
② 노킹을 방지하는 방법
 - 옥탄값이 높은 연료 사용
 - 점화시기를 늦춘다.
 - 연소실의 카본을 제거한다.
③ 가솔린 기관과 디젤기관의 비교
 가솔린 기관은 디젤기관에 비해 압축비가 낮고 연료 소비율이 높으며 무게와 부피가 작고 운전이 정숙하며, 시동이 쉬워서 소형 고속 기관의 동력원으로 많이 이용됨. 노킹을 방지하려면, 자연발화가 일어나기 전에 화염 전파가 끝나도록 하면 된다. 노킹을 잘 일으키지 않는 성질을 안티노크성이라고 하며, 연료의 노킹 방지성은 보통 옥탄값(디젤기관은 세탄값)으로 표시된다. 옥탄값이 높을수록 노킹이 잘 일어나지 않는 연료이다.

제1장 기출 및 예상문제

1 열기관

01 다음 중 압축 점화로 운전하는 기관은?
① 디젤기관 ② 가솔린기관
③ 가스기관 ④ 증기왕복동기관

02 다음 중 디젤기관에서 일반적으로 많이 채용하는 방식은?
① 압축점화식, 단동식 ② 불꽃점화식, 복동식
③ 압축점화식, 복동식 ④ 불꽃점화식, 단동식

03 다음 중 증기가 물로 변화하는 상태변화는?
① 기화 ② 응축
③ 증발 ④ 비등

04 다음의 ( )에 알맞은 것은?

> 퍼센트는 백분율이고, 피피엠(ppm)은 ( )분율이다.

① 1천 ② 2만
③ 10만 ④ 100만

 **Answer** 01. ① 02. ① 03. ② 04. ④

05 4행정 사이클 디젤기관의 작동에 대한 설명이 옳은 것은?
① 흡입밸브는 상사점 후에 열린다.
② 흡입밸브는 상사점 전에 닫힌다.
③ 배기밸브는 하사점 후에 열린다.
④ 배기밸브는 상사점 후에 닫힌다.

06 다음 중 2행정 사이클 기관이 4행정 사이클 기관에 비해 불리한 점은?
① 실린더 헤드의 구조가 복잡하다.
② 실린더 헤드에 고장이 일어나기 쉽다.
③ 소기효율이 낮다.
④ 큰 플라이 휠이 필요하다.

07 4행정 사이클 디젤기관에 비교해서 2행정 사이클 디젤기관의 장점은?
① 플라이 휠이 커서 마력이 증대된다.
② 마력당 무게, 부피가 크다.
③ 구조가 간단하다.
④ 열효율이 좋다.

08 2행정 사이클 디젤기관이 4행정 사이클 디젤기관보다 좋은 점은?
① 소기효율이 좋다.   ② 열효율이 좋다.
③ 중량당 마력이 크다.   ④ 성능이 안정되어 있다.

09 디젤기관의 실린더 부피를 압축부피로 나눈 값을 무엇이라 하는가?
① 열효율   ② 평균유효압력
③ 연료 소비율   ④ 압축비

 05. ④ 06. ③ 07. ③ 08. ③ 09. ④

10 디젤기관의 압축비에 대한 설명 중 맞는 것은?
① 디젤기관의 압축비는 가솔린 기관보다 높다.
② 압축비를 올리면 압축압력이 내려간다.
③ 압축비를 올리면 최고 온도는 내려간다.
④ 디젤기관의 압축비는 가솔린 기관과 비슷하다.

11 다음 중 중성의 pH 값은?
① 4   ② 7
③ 9   ④ 11

12 비중 0.83인 경유 30cc의 무게는 얼마인가?
① 24.9 g   ② 24.9 kg
③ 36.14 g   ④ 34.16 kg

13 기관의 RPM이란 무엇을 말하는가?
① 크랭크축이 1초 동안 회전하는 수
② 크랭크축이 1분 동안 회전하는 수
③ 피스톤이 1초 동안 움직이는 행정 수
④ 피스톤이 1분 동안 움직이는 행정 수

14 물 1(kg) 중에 함유된 물질의 (mg) 수는?
① ppm   ② ppb
③ ℓpm   ④ %

Answer   10. ①   11. ②   12. ①   13. ②   14. ①

15 다음의 (   ) 안에 들어갈 알맞은 것은?

> 피스톤이 상사점에 있을 때의 압축부피와 피스톤이 하사점에 있을 때의 실린더 부피를 알면 (   )을(를) 계산할 수 있다.

① 압축비
② 용적효율
③ 충전효율
④ 지시마력

16 내연기관의 작동 유체는?

① 증 기
② 질소가스
③ 탄산가스
④ 연소가스

> **해설** 작동 유체 : 열기관에서 열을 일로 바꾸어 주는 매체
> 　　　내연기관의 작동 유체 : 연소가스(폭발 가스)
> 　　　외연기관의 작동 유체 : 증기(스팀)

17 내연기관의 특징으로 알맞은 것은?

① 자력으로 시동이 가능하다.
② 선체에 주는 진동과 음향이 적다.
③ 열효율이 높고 연료 소비량이 적다.
④ 장시간의 저속운전이 용이하다.

18 외연기관에 비교한 내연기관의 특징이 아닌 것은?

① 단 기간에 시동을 할 수 있다.
② 열효율이 낮고 연료소비가 많다.
③ 충격과 진동이 심하다.
④ 보일러를 필요로 하지 않는다.

> **해설** ① **내연기관의 특징**
> 　　(1) 장 점
> 　　　㉠ 열효율이 높다 = 연료 소비율이 적다.
> 　　　㉡ 기관 전체의 무게와 부피가 작다. → 소형으로도 제작할 수 있다.
> 　　　㉢ 시동 시간이 짧다. → 시동 준비가 짧다.

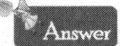
Answer　15. ①　16. ④　17. ③　18. ②

ⓔ 정지, 출력 조정 등이 쉽다.
ⓜ 배의 항속력이 크다.
(2) 단 점
 ㉠ 압력 변화가 심하므로 충격과 진동이 크다.
 ㉡ 회전이 원활하지 못하다. → 큰 플라이휠이 필요함.
 ㉢ 각 부의 마모가 크다.
 ㉣ 고온, 고압에 의한 고장이 많다.
 ㉤ 저속 회전이 곤란하다. → 속도 변화 범위가 좁다.
 ㉥ 자력으로 시동할 수 없다.
  ▶ 마멸 – 닳는 것, 고온 – 높은 온도, 고압 – 높은 압력, 자력– 기관 스스로의 힘
② **외연기관의 특징**
(1) 장 점
 ① 진동과 소음이 적다.
 ② 운전이 원활하다.
 ③ 마멸, 파손 및 고장이 적다.
 ④ 큰 출력을 내는 데 유리하다.
(2) 단 점
 ① 열효율이 낮다.
 ② 시동 준비 기간이 길다.

19 다음 중 전열의 현상이 아닌 것은?

① 전 도   ② 대 류
③ 반 사   ④ 복 사

해설 **전열** : 열이 온도가 높은 곳에서 낮은 곳으로 이동하는 현상
 (1) 전도 : 서로 접촉되어 있는 물체 사이에서 열의 온도가 높은 곳에서 낮은 곳으로 향하는 현상
 (2) 대류 : 고온부와 저온부의 밀도 차에 의해 순환 운동이 일어나 열이 이동하는 현상
 (3) 복사 : 열이 중간에 다른 물질을 통하지 않고 직접 이동하는 현상

20 1마력이란 1초 동안에 얼마의 일을 하는가?

① 25kgm   ② 50kgm
③ 75kgm   ④ 100kgm

해설 (1) 내연기관의 출력 : PS, HP, kW등으로 표시
 (2) 출력 : 단위 시간에 낼 수 있는 힘
   선박용 기관의 출력은 kW(킬로와트)로 표시함.
   1 PS(불 마력) = 75kgm·s ≒ 0.735 kW
   1 HP(영 마력) = 76kg.m·s ≒ 0.746 kW

 **19. ③ 20. ③**

21 피스톤의 왕복운동을 크랭크축에 회전운동으로 전달하는 부분은?
① 실린더 헤드　② 실린더
③ 커넥팅 로드　④ 스러스트 베어링

> 해설　커넥팅 로드는 피스톤이 받는 폭발력을 크랭크축에 전달한다. 즉 피스톤의 왕복운동을 크랭크의 회전운동으로 바꾸는 역할을 한다.

22 내연기관 용어 중 상사점의 약어는?
① T.D.C　② P.S.I
③ B.D.C　④ R.P.M

> 해설　사점 : 피스톤이 실린더 내를 왕복할 때의 그 끝 점
> (1) 상사점(Top Dead Center, T.D.C) : 피스톤이 실린더 내 최고 높은 위치에 있을 때
> (2) 하사점(Bottom Dead Center, B.D.C) : 피스톤이 실린더 내 최고 낮은 위치에 있을 때
> (3) 행정(Stroke : 스트로크) : 상사점과 하사점 사이의 직선거리
> (4) 톱 클리어런스(Top Clearance) : 피스톤이 상사점에 있을 때 피스톤 최고 높은 지점과 실린더 헤드 최고 낮은 지점과의 직선거리

23 내연기관에서 피스톤의 1행정으로 크랭크는 몇 도 회전하는가?
① 60°　② 90°
③ 180°　④ 360°

> 해설　상사점(하사점)에서 하사점(상사점)으로 움직일 때 크랭크는 반 회전(180°)한다. 크랭크가 1회전하면 피스톤이 왕복을 하므로 2행정이 된다.
> (1) 4행정 사이클 기관 : 한 사이클 동안 피스톤이 4행정(크랭크는 2회전)하는 기관
> (2) 2행정 사이클 기관 : 한 사이클 동안 피스톤이 2행정(크랭크는 1회전)하는 기관

24 어떤 디젤기관이 120(rpm)으로 운전되고 있다. 10분 동안의 총 회전수는?
① 120　② 1,200
③ 240　④ 2,400

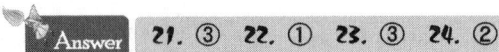
Answer　21. ③　22. ①　23. ③　24. ②

25 피스톤이 상사점에 있을 때 피스톤 상부의 부피를 말하는 용어와 관계 없는 것은?

① 압축부피 ② 연소실부피
③ 실린더부피 ④ 간극부피

해설 압축부피 = 연소실부피 = 간극 부피(부피와 용적은 같은 의미이다.)
(1) 압축부피 : 피스톤이 상사점에 있을 때 피스톤 위쪽 부피
(2) 행정부피 : 상사점과 하사점 사이의 부피, 배기량과 거의 같은 의미이다.
(3) 실린더부피 : 피스톤이 하사점에 있을 때 피스톤 위 실린더 내의 전체 부피
  실린더부피 = 압축부피 + 행정부피

26 내연기관의 압축비 산법은?

① $1 + \dfrac{행정부피}{압축부피}$ ② $1 + \dfrac{압축부피}{행정부피}$
③ $\dfrac{압축부피}{기동부피}$ ④ $\dfrac{행정부피}{압축부피}$

해설 압축비 = $\dfrac{실린더부피}{압축부피}$ = $\dfrac{압축부피+행정부피}{압축부피}$ = $1 + \dfrac{행정부피}{압축부피}$
압축비가 높아지면 : (1) 압축 압력이 높아진다. (2) 열효율이 높아진다.

27 디젤기관의 행정용적이 20,000cm³, 압축용적이 1,600cm³라면, 압축비는 얼마인가?

① 12 ② 13.5
③ 13.7 ④ 14

해설 부피 = 용적
$1 + \dfrac{20000}{1600} = 13.5$

28 풋 라이너의 두께를 두껍게 하면 압축비는?

① 낮아진다. ② 높아진다.
③ 변동이 심하다. ④ 변동이 없다.

해설 풋 라이너 두께를 증가시키면 연접봉 전체 길이가 길어져 상사점 위치가 원래보다 높아져 압축부피가 작아지므로 압축비는 증가한다.
풋 라이너 : 커넥팅 로드 본체와 대단부 사이에 삽입하여 커넥팅 로드 전체 길이를 조절하여 압축비를 변경시키는 얇은 강판

 25. ③ 26. ① 27. ② 28. ②

29 실린더 내 압축압력이 가장 높은 내연기관은?

① 가솔린기관　　　　　　　② 가스기관
③ 세미디젤기관　　　　　　④ 디젤기관

> 해설　내연기관 압축비 : 같은 기관이라도 종류에 따라 다소 차이가 있다.
> (1) **디젤기관** : 13-21
> (2) **열구기관** : 6-9
> (3) **가솔린기관** : 4-6

30 다음 중 열효율이 가장 높은 기관은?

① 열구기관　　　　　　　　② 가솔린기관
③ 가스터빈　　　　　　　　④ 디젤기관

31 기관의 평균유효압력은 무엇을 말하는가?

① 기관실의 평균 압력이다.
② 크랭크실의 평균 압력이다.
③ 에어탱크의 평균 압력이다.
④ 실린더 내의 평균 압력이다.

> 해설　평균유효압력 : 기관에 대해 실제로 유효하게 일한 실린더 내의 연소가스의 평균 압력

32 내연기관의 열 사이클에 해당하지 않는 것은?

① 오토사이클　　　　　　　② 디젤사이클
③ 증기사이클　　　　　　　④ 사바테사이클

> 해설　열 사이클에 의한 내연기관의 분류
> (1) **정적 사이클 기관**(오토 사이클 기관) : 연소가 일정 부피(정적)하에서 행하여진다. 가솔린기관, 등유기관, 가스기관, 열구기관
> (2) **정압 사이클 기관**(디젤 사이클 기관) : 연소가 정압(일정 압력)하에 행하여진다. 공기분사식 디젤기관
> (3) **복합(혼합) 사이클 기관**(사바테 사이클 기관) : 연소의 일부는 일정한 부피하에서, 나머지는 일정한 압력하에서 행하여진다. 무기 분사식 디젤기관(현재 대부분의 디젤기관)

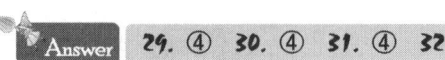

Answer　29. ④　30. ④　31. ④　32. ③

33 오토사이클의 특성에 관한 설명 중 틀린 것은?

① 열량배출은 정압 하에서 행해진다.
② 압축비가 클수록 열효율이 높다.
③ 가솔린기관이 이에 속한다.
④ 열량공급은 정적 하에서 행해진다.

> 해설 정적 = 일정 용적 = 일정 부피 = 부피가 일정하다.
> 정압 = 압력이 일정하다.

34 4행정 사이클 직접 역전식 디젤기관에서 크랭크의 어느 위치에서나 시동할 수 있는 실린더의 최소한 수량은 몇 개인가?

① 4 ② 6
③ 8 ④ 10

35 4행정 사이클 4기통 디젤기관의 경우 착화 순서에 의한 크랭크 각도는 몇 도인가?

① 90° ② 120°
③ 180° ④ 240°

36 2행정 사이클 디젤기관과 4행정 사이클 디젤기관을 서로 비교한 것이다. 4행정 사이클 기관의 특징은?

① 흡기와 배기가 동시에 이루어진다.
② 각 행정의 작동이 확실하여 고속에 적합하다.
③ 기관 크기에 비해 출력이 크다.
④ 실린더 헤드의 구조가 간단하다.

37 디젤기관에서 피스톤의 행정을 길게 하면 압축비는?

① 내려간다. ② 올라간다.
③ 변화없다. ④ 무관하다.

Answer 33. ① 34. ② 35. ③ 36. ② 37. ②

38 디젤기관의 배기량에 대한 설명으로 옳은 것은?
① 행정 부피
② 압축 부피
③ 실린더 부피
④ 피스톤 부피

39 2행정 사이클 디젤기관이 1사이클을 완료하는 데 필요한 회전수는?
① 1회전
② 2회전
③ 3회전
④ 4회전

40 디젤기관의 압축비는 가솔린기관과 비교하여 어떤가?
① 높다.
② 같다.
③ 낮다.
④ 일정하지 않다.

41 디젤기관의 점화법은?
① 전기 점화법
② 불꽃 점화법
③ 압축 점화법
④ 열구 점화법

42 다음 중 압축비가 가장 큰 내연기관은?
① 디젤기관
② 가솔린기관
③ 가스기관
④ 세미 디젤기관

Answer 38. ① 39. ① 40. ① 41. ③ 42. ①

2 디젤기관

01 디젤기관에 해당하는 것은?

① 연료를 기화기에서 혼합가스로 만든다.
② 공기를 흡입하여 압축점화한다.
③ 전기적인 불꽃을 이용해서 점화한다.
④ 혼합가스를 실린더에 보내어 폭발시킨다.

02 4행정 사이클 디젤기관에서 팽창행정 다음에 발생하는 행정은?

① 흡입행정
② 배기행정
③ 압축행정
④ 작동행정

03 다음 중 4행정 사이클 디젤기관에는 필요 없고 2행정 사이클 디젤기관에만 필요한 것은?

① 흡기밸브　　　　　② 소기공
③ 배기밸브　　　　　④ 연료분사밸브

04 다음 중 디젤기관에서 필요 없는 장치는?

① 윤활장치
② 냉각장치
③ 점화장치
④ 연료공급장치

Answer　01. ②　02. ②　03. ②　04. ③

05. 2행정 기관은 크랭크축 1회전마다 몇 번 폭발하는가?
① 1회　　　　　　　　② 2회
③ 3회　　　　　　　　④ 4회

해설 동작방법에 의한 내연기관의 분류
(1) 4행정 사이클 기관
　① 한 사이클을 4행정으로 완료
　② 크랭크축 2회전 → 캠축 1회전 → 1회 폭발
(2) 2행정 사이클 기관
　① 한 사이클을 2행정으로 완료
　② 크랭크축 1회전 → 캠축 1회전 → 1회 폭발
　　▶ 행정(stroke) : TDC(상사점)와 BDC(하사점)의 직선거리

06. 선박용 내연기관에서 많이 쓰이는 실린더 모형은?
① 횡 형　　　　　　　② 성 형
③ 입 형　　　　　　　④ 도립형

해설 (1) 횡형 기관 : 실린더가 옆으로 누워 있는 형식의 기관
(2) 입형 기관 : 실린더가 똑바로 서 있는 형식의 기관. 대부분의 내연기관이 이에 속함.

07. 하나의 실린더에 피스톤이 2개 있는 기관은?
① 단동기관　　　　　　② 복동기관
③ 내향 피스톤 기관　　④ 대향 피스톤 기관

해설 피스톤(piston)의 작동 상태에 의한 내연기관의 분류
① 단동기관 : 피스톤 한쪽 면에서만 연소(대부분의 기관)
② 복동기관 : 피스톤 양쪽 면에서 연소
③ 대향 피스톤 기관 : 1개의 실린더에 2개의 피스톤을 서로 맞세워 배치

08. 수냉식 기관의 결점이 아닌 것은?
① 부속장치가 많아진다.
② 부식이 많아진다.
③ 윤활유 소모량이 많아진다.
④ 시동 후 단시간 내에 부하를 걸 수 없다.

Answer　05. ①　06. ③　07. ④　08. ③

> **해설** **냉각방법에 따른 내연기관의 분류**(수냉기관, 공랭기관)
> (1) 수냉기관(물로 기관을 냉각시킴)의 장점
>   ① 각 부를 균일하게(골고루) 충분히 냉각시킬 수 있다.
>   ② 압축비를 크게 할 수 있다. - 연료 소비율과 윤활유 소비량이 적다.
> (2) 수냉기관의 결점
>   ① 물 재킷, 냉각수 펌프 등이 필요하다. - 중량이 크고 부속 장치가 많다.
>   ② 물에 의해서 각 부의 부식(녹스는 것)이 촉진
>   ③ 시동 후 냉각수 온도가 어느 정도 상승하여야 부하를 증가시킬 수 있다. (짧은 시간에 부하를 걸 수 없다.)
> (3) 공랭기관(공기로 기관을 냉각시킴)의 특징
>   ① 구조 간단, 고장이 적다. → 소형 기관에 유리하다.
>   ② 기관 마력 당 중량이 적다.
>   ③ 시동 후 빨리 전력 운전할 수 있다.

09 디젤기관의 원리를 나타낸 것 중 가장 적절한 것은?

① 회전력이 고르다.
② 전기 스파크로 발화한다.
③ 연료와 공기의 혼합 기체를 흡입하여 압축한다.
④ 고온의 공기에 연료가 분사하여 자연 발화한다.

10 디젤기관의 점화방식은?

① 불꽃점화기관　　② 압축점화기관
③ 열구점화기관　　④ 혼식점화기관

> **해설** **점화방법에 의한 내연기관의 분류**
> (1) 불꽃점화기관 : 전기 불꽃에 의해 실린더 내 혼합기가 점화됨./가스기관, 가솔린기관이 이에 속함.
> (2) 압축점화(착화)기관(=자기점화기관) : 실린더 내에 압축된 공기 열을 이용하여 연료를 발화함. 디젤기관이 이에 속함.
> (3) 열구(소구)기관 : 세미 디젤기관이라고 함.
>   시동시 : 열구 가열 → 연료 분사/정상 운전 시 : 압축점화(디젤기관과 동일)

11 디젤기관에 해당하지 않는 것은 어느 것인가?

① 압축점화기관　　② 왕복동기관
③ 전기착화기관　　④ 자연점화기관

 09. ④　10. ②　11. ③

12 공기 분사식 디젤기관이란 무엇인가?

① 압축공기로 기관을 시동하는 기관
② 연료를 압축하여 분사하는 기관
③ 연료를 공기의 힘으로 분사하는 기관
④ 과급기로서 공기를 공급하는 기관

해설 **연료 공급방법에 의한 기관의 분류**
(1) 기화기식 기관 : 연료와 공기의 혼합기를 실린더 내에서 압축 후 점화시킴. 가솔린기관, 석유기관 등
(2) 분사식 기관 : 연료 자체의 고압이 힘으로 분사함. 현재의 디젤기관이 채용

13 디젤기관에 관한 설명으로 틀린 것은?

① 불꽃으로 착화한다.
② 과급기로 출력을 증가한다.
③ 공기를 고온·고압으로 압축한다.
④ 사바테사이클에 따른다.

14 실린더 내의 압력이 대기압보다 약간 낮아진 상태일 때 무과급 4행정 사이클 기관의 행정은?

① 흡 입　　　　　　　　② 압 축
③ 폭 발　　　　　　　　④ 배 기

해설 무과급 4행정 사이클 디젤기관에서 흡입행정 시 실린더 내의 압력이 기관 밖의 대기압보다 낮아야 압력 차에 의해 공기가 실린더 내에 잘 빨려 들어온다.

15 디젤기관의 4행정 중 유효행정은 어느 것인가?

① 흡입행정　　　　　　② 압축행정
③ 폭발행정　　　　　　④ 배기행정

해설 **유효행정**
(1) 연소 가스가 피스톤에 대하여 일을 하는 행정, 즉, 폭발행정
(2) 폭발행정, 연소행정, 작동행정

Answer 12. ③ 13. ① 14. ① 15. ③

16 내연기관 밸브 개폐 시기 선도는 밸브의 개폐 시기를 (　　)이다. 다음 중 괄호 안에 들어갈 말은?

① 크랭크 회전각도로 나타낸 것
② 캠 각도로 나타낸 것
③ 크랭크 회전속도로 나타낸 것
④ 실린더의 피스톤 위치로 나타낸 것

해설 밸브 개폐 선도(밸브 타이밍 다이어 그램) : 흡기밸브, 배기밸브, 연료분사밸브, 시동밸브 등의 열리고 닫히는 시기를 크랭크 회전각도로 나타낸 그림

17 4행정 사이클 기관에서 배기밸브가 열리는 시기는?

① 상사점 전에
② 상사점을 지나서
③ 하사점 전후에
④ 하사점 전에

해설 흡기밸브, 배기밸브의 열리고 닫히는 각도는 기관마다 조금씩 차이가 있다.
① 흡기밸브는 정확히 TDC에서 열리지 않고 TDC 조금 전에 열리고 닫히는 시기도 정확히 BDC가 아니고 BDC 조금 후에 닫힌다(흡기밸브가 열려 있는 시기를 길게 하여 더 많은 양의 공기를 받아들이기 위해서이다).
② 배기밸브도 정확히 하사점에서 열리지 않고 BDC 조금 전에 열리며, 닫힐 때는 TDC 조금 후에 닫힌다(배기밸브가 열려 있는 시기를 길게 하여 배기 배출을 양호하게 하기 위해서이다).

18 4행정 사이클 디젤기관에서 흡기밸브가 열리는 크랭크축의 각도는?

① 상부사점 10°전
② 상부사점 10°후
③ 하부사점 20°전
④ 하부사점 20°후

해설 흡기밸브 = 흡입밸브
상부사점 = 상사점, 하부사점 = 하사점

19 4행정 사이클 디젤기관에서 흡·배기 밸브가 동시에 닫혀 있는 시기는?

① 흡입할 때
② 배기할 때
③ 연료가 분사할 때
④ 피스톤이 하사점에 있을 때

해설 흡·배기 밸브 = 흡기밸브와 배기밸브
4행정 사이클 기관에서 흡·배기 밸브가 동시에 닫혀 있을 경우
⑴ 폭발행정 시 : 연료가 분사하여 폭발할 때, 어떤 밸브가 열려 있으면 폭발 가스가 피스톤에 대해 일을 하지 못하고 대기 중으로 빠져 나가 버리게 된다.
⑵ 압축행정시 : 밸브가 열려 있으면 공기가 밖으로 빠져 나가 공기가 압축되지 못한다.

 16. ① 17. ④ 18. ① 19. ③

20 4행정 사이클 기관의 장점은?

① 매 마력당 중량이 작다.　　② 열효율이 높다.
③ 구조가 간단하다.　　　　　④ 플라이휠이 작다.

해설 **4행정 사이클 기관과 2행정 사이클 기관의 비교**
(1) 4행정 사이클 기관의 장점
　① 실린더 열응력이 적다. → 압축 압력을 높일 수 있다.
　② 용적 효율이 높다(흡·배기 행정은 별개. → 열효율이 높다. → 연료 소비율이 적다.
　③ 각 밸브는 기계적으로 작동 → 운전 확실
　④ 소기 효율 양호 → 고속 기관에 적합
(2) 4행정 사이클 기관의 단점
　① 밸브 기구가 있다. → 구조 복잡 → 실린더 헤드 고장이 쉽다.
　② 운전 원활을 위해 큰 플라이휠이 필요함.
　③ 토크 변화가 심함(크랭크 2회전에 1회 폭발).
　④ 기관 마력당 무게가 크다.
(3) 2행정 사이클 기관의 장점
　① 마력당 중량이 적다.
　② 회전력이 균일 : 플라이휠이 작다.
　③ 구조가 간단하다(흡·배기 밸브가 필요 없는 경우도 있다). 직접 역전이 잘 된다(4실린더 이상이면 크랭크 어떤 위치에서도 시동 가능).
(4) 2행정 사이클 기관의 단점
　① 소기 효율 불량 → 평균 유효 압력이 낮다.
　② 열응력이 크다. → 크랭크 1회전에 1번 폭발(실린더 마모가 심하게 된다)
　③ 소기 작용 때문에 고속 회전이 곤란
　④ 새로운 급기(소기)가 배기구로 유출됨. → 혼합기 연료의 경우 연료 소비, 윤활유 소비량이 크다.
　⑤ 안전한 회전수 범위가 좁다. → 저속 운전 불완전 → 저속 시 토크가 낮다.
　　연료 소비율 : 매 시 매 마력당 연료 소비량, 단위 : g·BHP-h
　　연료 소비율과 열효율은 서로 반비례 : 연료 소비율이 낮다. → 기관 열효율이 높다.

21 4행정 사이클 기관이 2행정 사이클 기관보다 좋은 점은?

① 마력당 중량이 작다.　　② 역전이 용이하다.
③ 실린더가 받는 열응력이 작다.　　④ 대형 선박용기관에 적합하다.

해설 **마력당 기관 중량**(무게)
　① 기관 전체 무게를 기관이 낼 수 있는 출력으로 나눈 값. 즉 기관 무게·마력(= Kg · ps)
　② 마력당 중량이 작다.
　　기관 전체 무게는 작은데(기관 전체 크기가 작은데) 큰 힘을 낸다(2행정 사이클 기관).
　③ 마력당 중량이 크다.
　　기관 전체 무게는 무거운데(기관 전체 크기는 큰데) 작은 힘을 낸다(4행정 사이클 기관).

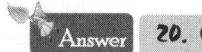 **20.** ② **21.** ③

22 2행정 사이클 내연기관의 장점은?

① 구조가 간단하다.　　② 급기와 배기가 양호하다.
③ 연료와 윤활유 소비가 적다.　　④ 과급이 용이하다.

> 해설 (1) 2행정 사이클 기관은 급기와 배기가 동시에 이루어지므로 소기 효율이 불량하다(배기가스가 완전히 빠져 나가지 못한다).
> (2) 2행정 사이클 기관은 소기가 배기를 밀어 내므로 소기 효율이 불량하다.
> (3) 2행정 사이클 기관은 소기, 배기 시간이 짧으므로 소기 효율이 불량하다.

23 2행정 사이클 기관의 특성이 아닌 것은?

① 소기가 필요하다.　　② 실린더 헤드구조가 복잡하다.
③ 고속으로 하는 데 곤란하다.　　④ 캠축과 크랭크축의 회전수가 같다.

> 해설 2행정 사이클 기관은 실린더 헤드에 흡·배기 밸브가 아예 없거나 배기밸브만 있다.
> → 구조가 간단

24 2행정 사이클 디젤기관의 설명 중 틀린 것은?

① 소기구가 있다.　　② 배기구가 있는 형식도 있다.
③ 배기밸브가 있다.　　④ 배기밸브 구동장치가 필요 없다.

> 해설 배기밸브가 있는 형식은 밸브구동장치가 필요하다.
> (1) 4행정 사이클 기관의 배기 배출
>   • 피스톤이 상사점으로 올라 가면서 배기를 실린더 밖으로 밀어낸다. → 배기 배출이 양호
> (2) 2행정 사이클 기관의 배기 배출
>   • 소기(소제 공기)가 배기를 밀어낸다. 그래서 소기와 배기가 섞이고 소기도 일부 빠져 나감. → 배기 배출이 불량 → 소기효율 불량 → 고속기관으로 부적당

25 고속 디젤기관에 2행정 사이클 기관이 부적당한 이유는?

① 관성력이 크다.　　② 소음이 크다.
③ 소기가 곤란하다.　　④ 진동이 크다.

> 해설 **소기란?**
> ① 배기를 밀어내는 행위(= 배기가스를 소제한다.)
> ② 배기를 밀어내는 신선한 공기
> ③ 소기는 배기를 밀어내고 나서 자신이 실린더 내에 남아서 피스톤에 의해 압축된다.

Answer 22. ① 23. ② 24. ④ 25. ③

26 2행정 사이클 기관의 배기와 급기는 어느 부근에서 하는가?
① 배기행정과 흡입행정에서 ② 하사점 부근에서
③ 상사점 부근에서 ④ 압축연소행정에서

　해설　2행정 사이클에서 배기구·소기구 형식 기관은 피스톤이 하사점 전, 후에 왔을 때 소기구, 배기구가 열린다.

27 2행정 사이클 기관에서 단류식 소기법의 특징이 아닌 것은?
① 소기 효율이 좋다. ② 과급이 용이하다.
③ 구조가 간단하다. ④ 소기 압력이 낮아도 좋다.

　해설　**2행정 사이클 기관의 소기 방법**
(1) 단류식(유니프로우 소기)
　　① 흡기와 배기의 흐름이 한 방향이다.
　　　→ 흡·배기가 섞이는 일이 적다.
　　　→ 소기 효율이 복류식보다 좋다.
　　② 피스톤 유효 행정 증가
　　③ 소기 압력이 낮아도 좋다.
(2) 복류식
　　① 소기밸브와 배기밸브가 필요 없다. → 구조가 간단
　　② 소기와 배기의 흐름이 복잡하다. → 소기 작용이 불량
　　③ 횡진식, 루프형, 반전형, 소기구 관제형, 배기구 관제형이 이에 속함.

28 루프 소기식 기관에 있어 실린더 헤드에 설치되지 않는 밸브는?
① 시동밸브 ② 안전밸브
③ 배기밸브 ④ 연료분사밸브

　해설　루프식 소기는 실린더 헤드에 배기밸브가 없다.

29 디젤기관의 소기방식이 아닌 것은?
① 유니프로우식 ② 루프식
③ 횡단식 ④ 와류식

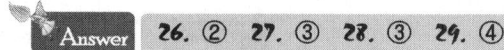

30 디젤기관이 가솔린기관에 비하여 갖는 특성은?

① 기관소음이 낮다.　　② 공기소비량이 적다.
③ 시동이 용이하다.　　④ 최고압력이 높다.

해설 디젤기관과 가솔린기관의 비교
(1) 디젤기관의 장점
　① 자기 착화 기관 → 대형 → 노크에 문제없다. → 대출력 기관 제작
　② 연료 사용 범위가 넓다. → 싼 연료 사용 가능
　③ 압축비가 높다. → 열효율이 높다. → 연료 소비율이 적다.
　④ 2행정 기관 제작 유리(공기만 취급)
　⑤ 회전의 넓은 범위에 걸쳐 토크 변화가 적다.
(2) 디젤기관의 단점
　① 압축비가 높으므로 폭발 압력이 높다.
　　　→ 강도를 크게 할 필요가 있다. → 기관 용적 중량이 크다.
　② 압축비가 높다 → 시동 곤란
　③ 소형 고속 기관에는 부적합
　④ 정교한 분사 장치 필요 → 비싸다
(3) 가솔린기관의 장점
　① 실린더 용적이 작아도 됨(연소에 필요한 공기량 少). 압축비가 낮다. → 최고 압력이
　　　낮다. → 기관 강도가 적어도 됨 → 기관 중량이 가볍다.
　② 운전이 정숙. 시동 용이(압축비가 낮고 연료 기화 양호)
　③ 고속 회전에 유리
(4) 가솔린기관의 단점
　① 노트 발생이 심함. 연료가 비싸다. 연료 소비가 많다.
　② 대형 기관에 불리
　③ 압축비를 높이지 못함. → 열효율이 낮다. → 연료 소비율 높다.
　④ 점화 계통 전기적 고장이 잦다.

31 디젤기관이 가솔린기관에 비하여 갖는 이점이 아닌 것은?

① 시동이 용이하다.　　② 대출력기관에 적합하다.
③ 열효율이 높다.　　④ 값싼 연료를 사용할 수 있다.

해설 디젤기관은 가솔린기관보다 압축비가 높으므로 시동 시 가솔린기관보다 큰 시동 회전력이 필요하다. 또 고속기관이 가솔린기관보다 유리하다.

32 실린더 워터재킷 내를 순환하는 유체는?

① 공기　　② 윤활유
③ 연료유　　④ 청수 혹은 해수

 30. ④ 31. ① 32. ④

33 내연기관에서 연소실을 형성하는 요소가 아닌 것은?
① 연접봉　　　　　　　　② 실린더 헤드
③ 피스톤　　　　　　　　④ 실린더 라이너

해설　**연소실이란?**
① 연료가 점화하여 연소하는 실린더 내의 위쪽 좁은 공간
② 피스톤이 상사점에 있을 때 피스톤 위쪽 공간
③ 피스톤, 실린더 라이너, 실린더 헤드로 연소실이 형성됨.

34 정상적인 배기 색깔은?
① 청색　　　　　　　　② 무색
③ 백색　　　　　　　　④ 흑색

35 실린더 라이너의 구성재료로 가장 적합한 것은?
① 주철　　　　　　　　② 강
③ 합금　　　　　　　　④ 알루미늄

해설　(1) 실린더 라이너의 재료 : 특수 주철, 니켈크롬 주철
　　　　실린더 라이너 내면의 마모를 줄이기 위해서 → 크롬 도금한다.
　　(2) 실린더 라이너 내면 : 피스톤과 접촉되는 부분
　　(3) 실린더 라이너 외면 : 냉각수와 접촉하는 부분

36 디젤기관의 실린더가 마멸되었을 때 기관에 미치는 영향 중 관계가 가장 먼 것은?
① 시동 곤란　　　　　　② 윤활유의 오손
③ 연료 소비량의 증가　　④ 냉각수 오손

37 실린더 헤드의 스터드 볼트(stud bolt)를 대각선으로 나누어 죄는 이유는?
① 열응력을 줄이기 위해　　　　② 연료 소비량을 줄이기 위해
③ 고속운전을 하기 위해　　　　④ 접합면의 기밀을 균일하게 하기 위해

Answer　33. ①　34. ②　35. ①　36. ④　37. ④

38 실린더 라이너에서 내부 마멸이 가장 심한 곳은?
① 상사점 부근
② 중앙보다 약간 위
③ 중앙보다 약간 아래
④ 하사점 부근

39 내연기관에서 실린더 라이너를 사용했을 때 좋은 점과 관계 없는 것은?
① 라이너가 마모 시에 교환이 용이하다.
② 워터재킷 내의 청소가 쉽다.
③ 실린더 주조가 간단하다.
④ 라이너 및 실린더가 받는 열응력이 크다.

> **해설** 실린더 라이너 사용의 이점
> ① 라이너 부에 내마멸성 재료 사용
> ② 마멸 시 교환이 용이, 실린더 주조 간단
> ③ 라이너, 실린더의 열응력이 적다.
> ④ 재킷의 청소가 쉽다. 부식 예방

40 디젤기관의 실린더 헤드에 설치되지 않는 것은?
① 연료분사밸브
② 배기밸브
③ 안전밸브
④ 메인 베어링

41 다음 중 4행정 사이클 디젤기관의 실린더 헤드에 설치되는 밸브가 아닌 것은?
① 흡기밸브
② 배기밸브
③ 감압밸브
④ 시동밸브

42 실린더 라이너 외면은 냉각수에 의한 부식이 발생하는데 부식을 방지하기 위하여 어떤 금속을 부착시키는가?
① Cu
② Zn
③ Ni
④ Cr

Answer 38. ① 39. ④ 40. ④ 41. ③ 42. ②

> **해설** 전류 작용에 의한 부식(전식 작용)
> ① 해수 중에 성질이 다른 두 금속이 있으면 두 금속 사이에 전류가 흘러서 부식(녹스는 것) 되는 현상
> ② 전식 작용 방지
> ➡ 아연판이나 아연 봉을 해수 통로에 삽입하여 부식 방지
> ③ Zn-아연, Cu-구리, Ni-니켈, Cr-크롬

43 실린더 주유기에 가스압력에 의한 윤활유의 역류를 방지하기 위해 설치되는 것은?

① 고무링 ② 체크밸브
③ 글랜드 ④ 아연판

> **해설** 실린더 주유기(Lubricator)
> 실린더 내면 윤활을 위하여 압력이 있는 윤활유를 만드는 일종의 윤활유 펌프체크 밸브 ➡ 유체의 역류(거꾸로 흐르는 것) 방지 밸브

44 실린더 윤활의 목적과 관계 없는 사항은?

① 연소가스의 누설방지
② 실린더의 과열 및 마모방지
③ 피스톤의 측압감소
④ 실린더 내면과 피스톤링 사이의 마찰계수 감소

> **해설** 실린더 윤활의 목적
> ① 마찰계수 작게 함 → 과열 및 마모방지
> ② 유막 형성 → 공기, 연소가스 누설방지
> ③ 실린더 내면을 유막으로 보호 → 부식 방지
> ④ 피스톤 열 → 냉각작용

45 실린더 라이너의 분해 작업과 관계가 없는 것은?

① 냉각수를 완전히 방출한다.
② 실린더 헤드를 들어낸다.
③ 피스톤을 들어올린다.
④ 크랭크축을 빼낸다.

 43. ② 44. ③ 45. ④

46. 실린더 라이너의 마모 원인이 아닌 것은?

① 피스톤 측압
② 사용 윤활유의 부적당
③ 실린더 중심선 부정
④ 세탄가가 높은 연료사용

> 해설 **실린더 라이너 마모의 주원인**
> ① 좌우 마모 : 피스톤의 측압에 의함.
> ② 전후 마모 : 스러스트 베어링의 마모
>   ▶ 스러스트 베어링 : 프로펠러의 추력을 받아서 선체에 전달하는 베어링
> ③ 재료 불량
> ④ 윤활유가 부적당할 때, 연료유의 부적당
> ⑤ 실린더 중심선이 부정, 실린더 내면 변형
> ⑥ 과부하 운전
> ⑦ 먼지, 금속 가루에 의한 마모
> ⑧ 황산에 의한 마모
>   · 세탄가가 높은 연료 = 연료의 착화성이 좋다. = 질이 좋은 연료이다.

47. 실린더 라이너 내부의 마모가 가장 심한 곳은?

① 상부
② 중간
③ 하부
④ 상·하부 같다.

> 해설 라이너 마모가 가장 심한 곳 : 상사점에서 제 1피스톤링 위치의 축 직각 방향 쪽

48. 실린더 라이너 내부 마모의 원인과 관계 없는 것은?

① 먼지에 의한 기계적 마모
② 진동에 의한 침식 마모
③ 화학작용에 의한 마모
④ 금속 접촉에 의한 마찰마모

> 해설 **화학작용에 의한 마모란?**
> 기관의 냉각수 온도가 너무 낮으면 실린더 안이 매우 차가워져 실린더 내의 수증기가 응결되어 수분이 되면서 배기가스 중의 이황산가스와 결합하여 황산이 되어 실린더 내면을 부식시킴, 저온 부식이라고도 함.
>   ▶ 진동에 의한 침식 마모 : 실린더 라이너 외부 마모(= 라이너 냉각수 측 마모)

49. 실린더 라이너 내부 부식과 마모에 대한 대책으로 옳지 않은 것은?

① 알칼리성 윤활유 사용
② 냉각수 온도 높게 유지
③ 기관정지 후 터닝 금지
④ 정지 후 가스를 제거

Answer 46. ④ 47. ① 48. ② 49. ③

> **해설** 지문 "①"
> 실린더 내면에 산이 발생되었을 때 알칼리 윤활유와 결합하여 중성이 되게 함.
> 지문 "②"
> 수증기가 응결되지 않도록 어느 정도 냉각수 온도를 올린다(저온 부식 방지).
> 지문 "③" "④"
> 기관 정지 후 터닝을 잘해서 실린더 내에 남아 있는 잔류 배기가스를 완전히 배출해야 부식을 막을 수 있다.
> ♪ 터닝 : 기관을 폭발시키지 않고 외부의 힘(인력, 터닝 기어)에 의해 아주 천천히 돌리는 것. 기관을 검사할 때나 워밍시에 터닝함.

50 다음 중 실린더 라이너 마모와 관계 없는 사항은?

① 불완전연소 ② 윤활유 오손
③ 시동 불량 ④ 배기가스 증가

> **해설** **실린더 마모가 기관에 미치는 영향**
> ① 압축 불량 → 출력 저하 → 연료 소비율 증가
> ② 압축 불량 → 연소실에 충분한 발화온도가 되지 못함. → 불완전 연소 → 카본 형성 → 각부 마모 촉진 → 고착
> ③ 압축 불량 → 기관 시동 곤란, 저속 운전 곤란
> ④ 폭발가스 누설 → 관류(blow-by)현상 → 크랭크 케이스의 윤활유 열화 - 질이 나빠지는 현상

51 대형 선박용 디젤기관의 메인 베어링의 종류는?

① 볼 베어링 ② 롤러 베어링
③ 평 베어링 ④ 롤링 베어링

> **해설** **베어링(Bearing)**
> (1) 마찰 종류
>   ① 면마찰(미끄럼마찰) → 평 베어링(메인 베어링 등)
>   ② 구름 마찰 - 점마찰 - 접촉이 한점(볼 베어링) - 선마찰 - 접촉이 선(롤러 베어링)
> (2) 화이트 메탈(백색 합금, 혹은 바벳 메탈)의 특징
>   ① 축과 길들이기 쉽다. → 유막 유지 확실
>   ② 이물에 대한 매몰성이 좋다. → 축의 손상이 적다.
>   ③ 고온에서 기계적 강도가 약함(단점).
>   ④ 주석기 백색 합금 → 주석(80-90%) + 납(20-10%)

 50. ④ 51. ③

52 베어링 재료로 사용되지 않는 것은?

① 바벳 메탈 ② 화이트 메탈
③ 고속도강 ④ 켈밋 합금

해설 베어링 메탈의 재료
① 화이트 메탈 : 주석 + 납 + 안티몬 등
② 켈밋 – 구리 + 납의 합금
③ 3층 메탈 – 주강재 베어링 셸에 켈밋을 주입하고 그 위에 다시 화이트 메탈을 입힌 것
④ 알루미늄 합금

53 대형 디젤기관에 많이 사용되는 실린더 라이너의 형식은?

① 건식 라이너 ② 습식 라이너
③ 혼식 라이너 ④ 워터재킷 라이너

54 실린더 라이너의 마멸 원인 중 가장 거리가 먼 것은?

① 사용 윤활유가 부적당할 때
② 기관의 부하가 작을 때
③ 실린더 중심이 어긋날 때
④ 기관의 시동 횟수가 많을 때

55 4행정 사이클 기관에서 실린더 헤드에 설치되어 있지 않은 밸브는?

① 연료밸브 ② 흡입밸브
③ 배기밸브 ④ 시동공기 분배밸브

56 메인 베어링 메탈의 마멸 상태 조사시 사용하는 것이 아닌 것은?

① 실린더 게이지 ② 다이얼 게이지
③ 마이크로미터 ④ 브리지 게이지

Answer 52. ③ 53. ② 54. ② 55. ④ 56. ①

57 메인 베어링 발열 원인과 관련이 없는 것은?

① 과부하 운전
② 크랭크축 중심의 어긋남
③ 윤활유 공급의 부족
④ 크랭크축의 비틀림 진동

해설 메인 베어링의 발열 원인
① 베어링이 하중이 클 때 → 과부하 운전
② 윤활유 부족, 윤활 계통 고장, 윤활유 압력이 낮을 때
③ 크랭크축 중심선의 부정
④ 베어링 유 간극의 부적당
⑤ 베어링 메탈의 재질 불량
– 지문 "④"는 크랭크축이 부러지는 원인 중 하나

58 메인 베어링의 메탈이 과열되었을 때 조치 사항이 아닌 것은?

① 기관 회전수를 내린다.
② 즉시 기관을 정지한다.
③ 윤활유 공급을 증가시킨다.
④ 가능하면 터닝을 하면서 상온까지 내리도록 한다.

해설 지문 "②"의 설명
발열이 심할 때 급히 기관을 정지하면 메탈이 크랭크축에 눌어붙을 위험이 있다.

59 다음 중 피스톤의 역할이라 할 수 없는 것은?

① 회전력을 고르게 한다.
② 흡기, 배기작용을 한다.
③ 연소실을 형성한다.
④ 폭발력을 연접봉을 거쳐 크랭크축에 전달한다.

60 디젤기관의 부속 중 피스톤으로부터 폭발력을 크랭크축에 전달하는 역할을 하는 것은?

① 커넥팅 로드
② 익스팬더
③ 스러스트 베어링
④ 크랭크 핀 베어링

Answer 57. ④ 58. ② 59. ① 60. ①

61 소형 고속 기관의 피스톤 재료로 많이 쓰이는 것은?
① 주 철
② 니켈이 함유된 특수 주철
③ 망간이 함유된 특수 주철
④ 알루미늄 합금

62 자유상태에 있는 피스톤링의 절구틈을 실린더 지름까지 닫았을 경우 벌어지려고 하는 힘을 무엇이라 하는가?
① 압축력
② 응력
③ 장력
④ 원심력

63 피스톤링의 취급시 주의할 점이 아닌 것은?
① 피스톤링의 절구틈 및 옆틈은 적당하게 조절한다.
② 링은 제일 밑에서부터 순차적으로 끼운다.
③ 링은 상하면 구분 없이 끼운다.
④ 링의 절구는 상하 방향으로 일직선이 되지 않도록 한다.

64 실제적으로 피스톤에 가장 큰 힘을 주는 행정은?
① 흡입
② 압축
③ 작동
④ 배기

65 피스톤 링의 두께와 폭을 계측하는 데 적당한 공구는?
① 틈새 게이지
② 마이크로미터
③ 실린더 게이지
④ 높이 게이지

66 피스톤의 재질이 갖출 조건으로 부적당한 것은?
① 내열, 내압성을 갖출 것
② 열전달이 양호할 것
③ 무게가 가벼울 것
④ 관성이 없을 것

Answer 61. ④ 62. ③ 63. ③ 64. ③ 65. ② 66. ④

67 피스톤 링을 양호한 상태로 유지하기 위한 취급상 주의점과 관계가 먼 것은?
① 링의 절구틈 및 옆틈을 적당히 조절한다.
② 분해조립시 상하가 틀리지 않도록 한다.
③ 링의 절구는 상하 방향으로 일직선이 되도록 한다.
④ 링을 뺄 때는 무리한 힘을 가하지 않는다.

68 다음 중 디젤기관 피스톤링의 고착원인이 아닌 것은?
① 실린더 냉각수 순환량이 많을 때
② 링과 링홈의 간격이 부적당할 때
③ 링의 장력이 부족할 때
④ 불순물이 많은 연료를 사용하였을 때

69 다음 중 피스톤링의 역할이 아닌 것은?
① 가스누설 방지
② 전열작용
③ 실린더 부식 방지
④ 윤활유 균등 조정

70 피스톤 핀이 핀 홈에서 좌우로 빠져 나오지 못하도록 핀 홈의 좌우에 설치하는 것은?
① 랜턴링　　② 오일링
③ 스냅링　　④ 압축링

71 커넥팅 로드(연접봉)와 피스톤이 연결되는 부분에 끼워지는 것은?
① 캠 축　　② 실린더
③ 피스톤 핀　　④ 크랭크축

Answer 67. ③ 68. ① 69. ③ 70. ③ 71. ③

72 피스톤의 재료로 가장 많이 사용되는 것은?
  ① 동 ② 니켈
  ③ 주철 ④ 아연

  해설 피스톤 재료 : (1) 주철, 특수주철 (2) 알루미늄 합금 → 소형·고속기관

73 내연기관에서 알루미늄 경합금 피스톤의 좋은 점은?
  ① 열전도율이 좋다.
  ② 압축력이 아주 세다.
  ③ 고속 회전에 적당하다.
  ④ 카본이 제일 잘 붙는다.

  해설 **경합금 피스톤의 특징**
  ① 장점 : 중량이 가벼워 관성력이 작다. 열전도율이 좋다.
  ② 단점 : 열팽창률이 크다.(=열을 받으면 많이 늘어난다.)

74 4행정 사이클 기관에서 피스톤 측압이 회전 방향과 반대 측에 생기는 행정은?
  ① 흡입행정 ② 배기행정
  ③ 연소행정 ④ 압축행정

  해설 **측압**
  ① 커넥팅 로드의 경사 운동으로 피스톤이 왕복 운동하면서 옆으로 밀어 붙이는 힘
  ② 트렁크 피스톤형 기관은 실린더 내벽이 측압을 받는다.
  ③ 크로스 헤드형 기관은 크로스헤드 가이드가 측압을 받는다.
  ④ 커넥팅 로드의 길이가 크랭크 반경보다 상대적으로 짧으면 → 측압증가, 길면 → 측압감소

75 대형 디젤기관에서 운전 중인 피스톤의 고착 원인과 가장 관계가 먼 것은?
  ① 전속력에서의 급정지 ② 실린더 윤활유의 부족
  ③ 피스톤 냉각 순환수의 부족 ④ 장시간 저속 운전

  해설 **피스톤의 고착이란?**
  피스톤이 실린더 안에서 움직이지 못하게 된 상태

 Answer 72. ③ 73. ① 74. ③ 75. ④

76 피스톤 핀을 표면 강화하는 이유로 알맞은 것은?
① 윤활을 시키지 않으므로
② 피스톤에 잘 끼우기 위하여
③ 핀이 고압에 접촉치 않도록 하기 위하여
④ 핀은 작은 면적으로 큰 부하와 고압에 접촉하므로

해설 표면강화 : 금속의 표면을 딱딱하게 하는 것

77 피스톤 핀이 자유롭게 움직일 수 있는 방식으로 가장 많이 사용하고 있는 피스톤 핀 조립 형식은?
① 고정식　　　　　　　② 반고정식
③ 부동식　　　　　　　④ 반부동식

해설 피스톤 핀 조립법
① 부동식 : 어느 곳에도 고정되지 않음.
② 고정식 : 피스톤 핀이 고정
③ 반고정식 : 피스톤 핀과 연접봉 소단부가 고정

78 디젤기관의 피스톤 링으로서 이상적인 조건이 아닌 것은?
① 재질이 좋아 운전중 절손하지 않을 것
② 열을 받아도 비틀리지 않을 것
③ 전 원주에 균등한 압력으로 밀착할 것
④ 실린더 라이너와 같은 경도이거나 약간 높을 것

해설 경도 : 금속의 단단한 정도를 나타내는 용어
➤ 피스톤링의 경도
① 저속기관 170 - 200HB → 200HB(브리넬 경도)
② 고속기관 200 - 240HB → 240HB

79 피스톤 링의 역할이 아닌 것은?
① 냉각　　　　　　　　② 방식
③ 윤활　　　　　　　　④ 기밀 유지

Answer　76. ④　77. ③　78. ④　79. ②

> **해설** 피스톤 링 → 압축 링과 오일 링이 있음.
> (1) 압축 링(Compression ring : 콤프레션 링)
>   ① 실린더 내벽에 밀착하여 가스나 공기의 누설 방지(기밀 유지)
>   ② 피스톤의 열을 실린더에 전하여 피스톤의 냉각(전열 → 피스톤 냉각)
> (2) 오일 링(oil scraper ring : 오일 스크레퍼 링)
>   ① 실린더 내벽의 윤활유를 긁어내림.
>   ② 실린더 내벽에 윤활유를 균등하게 분포시킴.
> ♪ 방식 – 녹스는 것을 방지하는 것

80 오일 링의 특성이 아닌 것은?
① 주철 이외의 재료로 만든다.　② 링의 아래 모서리가 날카롭다.
③ 압축 링보다 형상이 복잡하다.　④ 탄력은 압축 링보다 약간 크다.

81 피스톤 링 표면을 크롬 도금으로 하는 이유는?
① 윤활 작용을 보조한다.　② 가스의 누설을 방지한다.
③ 윤활유를 긁어내린다.　④ 마멸되는 것을 최소화 한다.

> **해설** 피스톤 링 표면을 크롬 도금하는 이유
> 마멸이 잘 되지 않게 하기 위하여

82 대·소형 기관에 관계 없이 일반적으로 가장 널리 사용하는 링은 어느 것인가?
① 플레인형 링　② 테이퍼형 링
③ 인사이드 베벨형 링　④ 키스톤형 링

> **해설** (1) 플레인형 링 : 링의 단면이 직사각형인 모양
> (2) 키스톤형 링 : 링의 단면이 사다리꼴인 모양

83 키스톤 링과 관계 없는 것은?
① 고착 방지　② 쐐기형 단면
③ 제1번 링에 사용　④ 윤활유 절약

> **해설** 키스톤 링
> (1) 단면 모양 : 사다리꼴
> (2) 링의 고착 방지와 블로우 바이(blow-by) 방지에 효과가 있다.
>   ① 블로우 바이 : 피스톤과 실린더 내벽 사이로 가스가 누설되는 현상
>   ② 링의 번호 : 피스톤 맨 위쪽 링이 1번 링, 그 다음이 2번, 3번순이다.

Answer 80. ①　81. ④　82. ①　83. ④

84 피스톤 링을 실린더에 삽입하여 절구 틈 측정 시 가장 알맞은 측정 기구는?
① 마이크로미터 ② 캘리퍼스
③ 표면 게이지 ④ 필러 게이지

해설 필러 게이지(Feeler gage)
물체와 물체 간의 매우 작은 틈을 측정하는 계기

85 내연기관의 피스톤 링이 고착하는 원인에 해당되지 않는 것은?
① 주유가 불충분할 때
② 실린더 및 피스톤이 과열될 때
③ 경 부하 운전을 단시간 했을 때
④ 연소 불량으로 카본의 부착이 심한 때

해설 피스톤 링의 고착
① 링이 링 홈 내에서 조금도 움직이지 못하게 될 때
② 주로 링 홈에 카본이나 슬러지가 박혀서 생김.
③ 링이 고착되면 링의 탄력이 없어져 실린더 벽에 밀착되지 못하므로 기관에 여러 가지 나쁜 영향을 준다.

86 피스톤 링의 작용이 불충분하여 링 홈 중간이 뜨게 되어 피스톤이 내려갈 때 윤활유는 링 뒤로 돌아서 연소실로 들어가는 작용은?
① 링의 냉각 작용 ② 링의 기밀 작용
③ 링의 펌프 작용 ④ 링의 플러터 작용

해설 (1) 링의 펌프 작용 : 링이 홈 내에 뜨게 될 때 윤활유가 연소실로 들어가는 현상
(2) 링의 플러터 작용 : 링이 홈 내에 뜨게 될 때 링 뒤로 가스가 빠져 나가고 링이 홈 내에서 진동하는 현상

87 피스톤 링을 정비할 때의 주의사항이 아닌 것은?
① 링의 상·하를 틀리지 않도록 할 것
② 모든 링을 동시에 새로 갈아 넣을 것
③ 양질의 윤활유를 링에 엷게 바를 것
④ 각 링의 절구부는 180°간격으로 엇갈리게 할 것

Answer 84. ④ 85. ③ 86. ③ 87. ②

> **해설** 모든 링을 동시에 새 것으로 갈아 끼우면 실린더 내벽과 링을 길들이기가 힘들고 접촉 상태도 좋지 않게 된다.

88 다음 중 연접봉의 재료로 사용되지 않는 것은?

① 고탄소강 ② 주철
③ 크롬강 ④ 크롬몰리브덴강

> **해설** **연접봉**(커넥팅 로드)
> (1) 재료 : 고탄소강, 크롬강, 크롬몰리브덴강(주철은 내마모성, 전열성 등이 우수하나, 큰 충격을 받으면 부러지기 쉽다)
> (2) 역할 : 경사운동에 의하여 피스톤의 왕복 운동을 크랭크의 회전 운동으로 바꾸어 준다.
> (3) 구조 : 소단부 본체, 대단부로 구성
> ① 소단부 : 모양이 작은 끝 부분, 피스톤 핀 혹은 크로스 헤드 핀이 조립
> ② 대단부 : 모양이 큰 끝 부분, 크랭크 핀이 조립
> ③ 본체 : 소단부와 대단부 사이
> 본체와 대단부 사이에 풋 라이너를 넣어 커넥팅 로드 전체 길이를 변경시켜 기관의 압축비를 증감시킬 수 있다.(대단부 베어링 부가 두 쪽으로 된 것만 가능)

89 연접봉의 역할 중 틀린 것은?

① 왕복 운동을 회전 운동으로 바꾼다.
② 실린더의 열을 크랭크축에 전달한다.
③ 크랭크축으로부터 피스톤에 힘을 전한다.
④ 실린더 내에서 발생한 힘을 크랭크축에 전달한다.

> **해설** 커넥팅 로드는 열을 전하는 것이 아니고 힘이나 동력을 크랭크축에 전달한다.

90 다음 중 냉각이 필요하지 않은 것은?

① 실린더 라이너 ② 실린더 헤드
③ 피스톤 ④ 크랭크축

91 디젤기관에서 각 크랭크 암의 양쪽에 설치되는 베어링을 무엇이라 하는가?

① 메인 베어링 ② 스러스트 베어링
③ 사이드 베어링 ④ 볼 베어링

 88. ② 89. ② 90. ④ 91. ①

92 크랭크축 절손의 가장 큰 원인은?
① 불완전 연소
② 실린더 마모
③ 위험 회전수에서의 운전
④ 연료의 불량

93 크랭크 핀 메탈의 발열 원인으로 틀린 것은?
① 과부하 운전을 할 때
② 축중심의 부정
③ 메탈 간극 조정이 부적당할 때
④ 윤활유가 과다할 때

94 크랭크 축이 파손되는 원인이 아닌 것은?
① 메인 베어링의 불균일한 마멸
② 스러스트 베어링의 조정불량
③ 크랭크 암 개폐량이 작음.
④ 위험회전수에서 연속 운전

95 디젤기관의 메인 베어링이 발열하는 원인이 아닌 것은?
① 베어링 메탈의 재질이 불량할 때
② 윤활유의 양이 부족할 때
③ 베어링의 틈새가 부적당할 때
④ 새 윤활유를 사용할 때

96 크랭크 핀 볼트는 어떤 힘을 가장 많이 받는가?
① 인장력
② 원심력
③ 압축력
④ 회전력

Answer 92. ③ 93. ④ 94. ③ 95. ④ 96. ①

97 크랭크 암 개폐작용의 원인에 속하지 않는 것은?
① 기관대의 변형
② 고속 운전
③ 크랭크축 중심 부정
④ 메인 베어링 틈새 과다

98 다음 중 크랭크 암의 개폐작용이 일어나는 원인이 아닌 것은?
① 스러스트 베어링 조정불량　② 기관대의 변형
③ 크랭크축 중심 부정　　　　④ 메인 베어링 틈이 작을 때

99 크랭크축의 절손을 방지하기 위한 대책과 거리가 먼 것은?
① 급회전을 피한다.
② 위험 회전수를 피한다.
③ 양질의 윤활유를 사용한다.
④ 가능한 저속 운전을 한다.

100 실린더 개방 후의 검사가 아닌 것은?
① 메인 베어링 메탈의 틈을 조사한다.
② 실린더 라이너 내경을 계측한다.
③ 연료밸브 구멍 주위를 조사한다.
④ 냉각수 누설을 검사한다.

101 실린더 헤드나 실린더 라이너를 과도한 압력으로부터 보호하기 위한 장치는?
① 안전밸브　　　　　　　　② 시동밸브
③ 배기밸브　　　　　　　　④ 검염 콕

Answer　97. ②　98. ④　99. ④　100. ①　101. ①

102 실린더 헤드와 실린더 사이의 기밀유지용으로 적당한 것은?
① 고무링
② 종이 개스킷
③ 구리 개스
④ 글랜드 패킹

103 다음 중 기관의 프레임 역할이 아닌 것은?
① 기관대와 실린더를 연결한다.
② 윤활유가 외부로 튀어 나가거나 새지 않도록 한다.
③ 피스톤과 직접 마찰을 일으킨다.
④ 연접봉의 경사로 인한 측압을 받는다.

104 내연기관의 크랭크축 재료로 사용되지 않는 것은?
① 단강
② 청동
③ 니켈 - 크롬강
④ 니켈 - 크롬 - 몰리브덴강

105 크랭크축의 구성 요소가 아닌 것은?
① 암
② 저널
③ 핀
④ 캠

106 크랭크 구조상 사용되지 않는 것은?
① 일체형
② 특수형
③ 조립형
④ 반조립형

　해설 크랭크축의 구조
　　(1) 일체형 : 저널, 암, 핀의 일체로 만듦.(소형 기관의 크랭크축)
　　(2) 조립형 : 저널, 암, 핀을 별개로 만들어 가열 끼우기로 조립(대형 기관)
　　(3) 반조립형 : 핀과 암을 일체로 만들고, 별개의 저널을 가열 끼우기로 조립

Answer　102. ③　103. ③　104. ②　105. ④　106. ②

107 크랭크축에 밸런스 웨이트를 설치하는 목적이 아닌 것은?
① 회전체의 불균형 운동을 보정한다.
② 크랭크 암, 크랭크 핀의 원심력과 균형을 이룬다.
③ 기관의 진동을 적게 하여 원활한 회전을 할 수 있도록 한다.
④ 폭발행정 시 기관 상·하의 인장력을 흡수하기 위함이다.

> **해설** 지문 "④"는 인장 볼트의 역할
> 밸런스 웨이트(평형추)

108 다음 중 평형추(밸런스 웨이트)를 설치하는 데 관계 있는 사항은?
① 크랭크 저널의 크기　　② 피스톤의 구조
③ 실린더의 수와 배치　　④ 폭발 압력

109 기관의 회전을 원활하게 하고 진동을 감소시키는 역할을 하는 것은?
① 밸런스 웨이트　　② 크랭크 핀
③ 크랭크 암　　④ 크랭크축

110 양 크랭크 암 사이의 거리가 확대·축소되는 작용을 무엇이라고 하는가?
① 개폐 작용(디플렉션)　　② 비틀림 작용
③ 축 흔들림　　④ 조인트 풀림

> **해설** (1) 크랭크 암의 디플렉션(개폐 작용)
> ① 양 쪽 크랭크 암 간의 거리가 확대되거나 축소되는 작용
> ② 개폐도 : 양 크랭크 암 간의 거리가 최대로 확대되었을 때 거리에서 최소로 축소되었을 때의 거리를 뺀 값
> ③ 개폐도가 커지면 축의 절손원인이 된다.
> (2) 디플렉션의 발생 원인
> ① 메인 베어링의 불균일한 마멸 및 조정 불량
> ② 스러스트 베어링의 마멸 및 조정 불량
> ③ 메인 베어링 및 크랭크 핀 베어링 틈새가 클 때
> ④ 크랭크축 중심의 부정
> ⑤ 과부하 운전
> ⑥ 엔진 베드의 변형

Answer　107. ④　108. ③　109. ①　110. ①

111 크랭크축 개폐 작용 발생 원인과 관계 없는 사항은?

① 고속 운전 ② 주 축수의 부동 마모
③ 크랭크축 중심의 부정 ④ 과부하 운전

  해설 고속 운전과 개폐 작용과는 별 관계가 없다.
         주 축수 = 메인 베어링

112 크랭크축의 개폐 작용을 측정하는 목적이 아닌 것은?

① 기관의 출력을 알고자 할 때
② 축의 중심이 정확한지 알고자 할 때
③ 메인 베어링의 편마모를 알고자 할 때
④ 크랭크축의 절손 원인을 알고자 할 때

113 크랭크축의 개폐도 측정으로 알 수 없는 사항은?

① 위험 개폐도 ② 메인 베어링의 마모
③ 위험 회전수 ④ 크랭크축 중심선의 부정

114 크랭크 암의 개폐 작용의 측정 기구는?

① 외경 마이크로미터
② 브리지 게이지
③ 필러 게이지
④ 디플렉션 다이얼 게이지

115 폭발순서를 결정하는 조건이 아닌 것은?

① 비틀림 진동을 적게 할 것
② 연소가 같은 간격으로 일어날 것
③ 되도록 바로 옆 실린더가 계속 폭발할 것
④ 1번 실린더의 폭발 순서가 맨 처음일 것

Answer 111. ① 112. ① 113. ③ 114. ④ 115. ③

116 내연기관의 크랭크 배치에 관련된 사항으로 틀린 것은?

① 소정의 착화 순서로 폭발할 것
② 1사이클 회전 중 전부의 실린더는 한 번씩 폭발이 일어날 것
③ 2행정 사이클 기관은 720°·실린더 수마다 연소, 폭발할 것
④ 4행정 사이클 단기통 기관에서는 크랭크 2회전에 폭발이 한 번 일어날 것

> 해설 (1) 2행정 사이클의 크랭크 배치 : 360°·실린더 수마다 연소, 폭발한 것
> (2) 4행정 사이클의 크랭크 배치 : 720°·실린더 수마다 연소, 폭발한 것
> (3) 지문 "④"의 단기통 기관 – 실린더가 1개의 기관

117 4행정 사이클 디젤기관의 연소 폭발 간격을 산정하는 공식은?

① 180°·실린더 수 ② 360°·실린더 수
③ 540°·실린더 수 ④ 720°·실린더 수

118 2행정 사이클 디젤기관의 연소 폭발 간격을 산정하는 공식은?

① 180°·실린더 수 ② 360°·실린더 수
③ 540°·실린더 수 ④ 720°·실린더 수

119 4행정 사이클 4실린더 디젤기관의 크랭크 각도는?

① 90°   ② 120°
③ 180° ④ 360°

> 해설 $\dfrac{720°}{4} = 180°$

120 2행정 사이클 4실린더 디젤기관의 크랭크 각도는?

① 90°   ② 120°
③ 180° ④ 360°

> 해설 $\dfrac{360°}{4} = 90°$

Answer 116. ③ 117. ④ 118. ② 119. ③ 120. ①

온라인 강의 에듀마켓

121 4행정 4실린더 기관에서 크랭크축이 1회전할 때 폭발은 몇 번 일어나는가?
① 1번   ② 2번
③ 3번   ④ 4번

해설 $\dfrac{720°}{4} = 180°$, $360°$ 크랭크축 1회전/$180°$ = 2번

122 기관의 진동 원인이 아닌 것은?
① 피스톤의 측압에 의한 진동
② 회전 부분의 원심력에 의한 진동
③ 기관대의 무게에 의한 진동
④ 왕복 운동 부분의 타력에 의한 진동

해설 지문 "①"은 기관 좌우 진동의 원인
지문 "②"는 기관 좌우와 상하 진동의 원인
지문 "④"는 기관 상하 진동의 원인
▶ 타력 : 물체가 움직이고 있을 때 계속 운동을 하려는 힘

123 축계 중심선이 부정할 때 일어나는 것은?
① 출력 증감   ② 이상 폭음
③ 축계의 절손   ④ 배기 온도 상승

124 크랭크축 절손 원인이 아닌 것은?
① 노킹의 되풀이   ② 연료의 발열량 과다
③ 설계, 재료, 공작의 불량   ④ 크랭크 암 개폐 작용의 과다

125 크랭크축에서 절손되기 쉬운 부분은?
① 저널   ② 크랭크 암
③ 크랭크   ④ 크랭크 암과 핀의 접속부

Answer 121. ② 122. ③ 123. ③ 124. ② 125. ④

126 디젤기관의 크랭크축이 절손되는 원인은?
① 실린더가 많이 마모되어서
② 불완전 연소가 계속되어서
③ 연료 펌프의 분사 압력이 너무 강하여
④ 주 축수(메인 베어링)의 부동 마모에 의한 암의 개폐 작용이 크기 때문에

127 크랭크축 절손 원인은?
① 불완전 연소
② 실린더의 마모
③ 과도한 연료 분사 압력
④ 위험 회전수에서의 운전

128 크랭크 핀 볼트의 절손 원인 중 가장 큰 것은 어느 경우인가?
① 너트를 고르게 죄지 않을 때
② 압축비가 너무 클 때
③ 스러스트(thrust) 베어링의 마모
④ 메인 베어링의 마모

129 플라이휠의 설치 목적으로 틀린 것은?
① 토크 변동을 없앤다.
② 시동을 용이하게 한다.
③ 저속 회전을 가능하게 한다.
④ 출력을 증가시킨다.

> **해설** 플라이휠과 출력과는 관계가 없다.
> 토크 = 회전력

130 다음 중 디젤기관의 연소과정에 속하지 않는 것은?
① 착화늦음 기간
② 과조 점화기간
③ 폭발적 연소기간
④ 후연소기간

 **Answer** 126. ④ 127. ④ 128. ② 129. ④ 130. ②

131 선박 디젤기관의 배기색이 나빠지는 일반적인 원인이 아닌 것은?
① 기관이 과부하 상태에 있을 때
② 실린더 내의 압축압력이 높을 때
③ 연료분사밸브의 분무상태가 불량할 때
④ 연료유가 불량할 때

132 연료분사밸브 시험의 종류에 포함되지 않는 것은?
① 분사 압력 시험
② 분무 형태 시험
③ 수압 시험
④ 후적 시험

133 보슈(Bosch)식 연료분사 펌프는 무엇에 의해 연료유의 공급량을 조절하는가?
① 토출밸브　　　　　　② 토출공
③ 플런저 스프링　　　　④ 조정래크

134 디젤기관에서 노즐의 역할은?
① 연료유를 실린더 내에 분사한다.
② 기관의 회전을 원활하게 한다.
③ 연료유를 청정한다.
④ 연료유의 양을 조절한다.

135 무기분사식 디젤기관에서 연료유에 고압을 가하는 펌프는?
① 보슈펌프
② 원심펌프
③ 기어펌프
④ 스크루펌프

Answer 131. ② 132. ③ 133. ④ 134. ① 135. ①

136 보슈펌프가 주로 이송하는 유체는?
① 윤활유　　② 냉각수
③ 연료유　　④ 빌지

137 연료분사 펌프의 손상에 속하지 않는 것은?
① 노즐 스프링 절손
② 토출밸브 스프링 절손
③ 플런저 마멸
④ 래크 절손

138 보슈식 연료분사 펌프의 구성요소가 아닌 것은?
① 조정래크　　② 스필밸브
③ 송출밸브　　④ 플런저

139 다음 중 연소실을 형성하는 부품이 아닌 것은?
① 피스톤　　② 배럴
③ 실린더 라이너　　④ 실린더 헤드

140 디젤기관에 설치되어 있는 압축장치 중에서 가장 높은 압력을 발생시키는 것은?
① 시동공기 압축기　　② 소기 펌프
③ 연료분사 펌프　　④ 윤활유 펌프

141 디젤기관의 연소실 구성과 직접 관계가 없는 것은?
① 실린더 헤드　　② 피스톤 하부
③ 배기밸브　　④ 실린더 라이너 상부

Answer 136. ③ 137. ① 138. ② 139. ② 140. ③ 141. ②

142 디젤기관이 과부하로 운전될 때 배기의 색깔은?

① 백색 ② 황색
③ 무색 ④ 흑색

143 다음 중 연료를 실린더 내에 분사하는 장치는?

① 연료분사 노즐 ② 연료 펌프
③ 연료분사 펌프 ④ 연료 여과기

144 연료분사 상태 시험시 분사 후 압력계에 나타난 잔류압력은 규정 분사 압력보다 약 어느 정도 낮은 값이 적정한가?

① $1[kgf/cm^2]$ ② $10[kgf/cm^2]$
③ $100[kgf/cm^2]$ ④ $1,000[kgf/cm^2]$

145 디젤기관에서 연료의 발화성을 판단하는 수치는?

① 옥탄가 ② 세탄가
③ 안티 노크성 ④ 이소 옥탄가

> **해설** **착화성**(발화성)
> ① 어떤 조건에서 디젤 연료(경유, 중유 등)에 빨리 불이 잘 붙느냐, 그렇지 않느냐를 나타내는 척도
> ② 착화성이 우수한 연료유 = 세탄가가 높다 → 연소실에 분사되면 짧은 시간에 쉽게 불이 붙는 질이 좋은 연료유
> ▶ 디젤 연료(경유, 중유)의 착화성을 표시하는 용어 – 세탄가, 디젤 지수

146 디젤기관의 연소 과정의 순서가 맞는 것은?

① 제어 연소 – 발화 늦음 – 정적 연소 – 후 연소
② 발화 늦음 – 정적 연소 – 후 연소 – 제어 연소
③ 발화 늦음 – 무제어 연소 – 제어 연소 – 후 연소
④ 정적 연소 – 발화 늦음 – 후 연소 – 제어 연소

Answer 142. ④ 143. ① 144. ③ 145. ② 146. ③

> **해설** 디젤기관의 연소 과정
> 착화 늦음 기간 - 폭발적 연소 기간 - 제어 연소 기간 - 후 연소 기간
> ① 착화 늦음 기간
>   연료가 연소실에 분사되어 증발하여 불이 붙을 때까지의 시간.
>   디젤 노크는 착화 기간 길이 때문에 일어난다.
> ② 폭발적 연소 기간
>   분사된 연료가 급격히 착화 연소하는 기간. 압력과 온도의 상승이 매우 급격하다.
>   일명 무제어 연소 기간이라고도 한다.
> ③ 후 연소 기간
>   연료분사밸브가 닫히고 난 후에도, 즉 가스 팽창 기간에 뒤늦게 연소하는 기간. 연소 기간이 제일 길다.

147 디젤기관에서 점화 늦음이란?

① 실린더 내의 분사된 연료가 연소하는 데 필요한 시간
② 실린더 내의 연료가 분사되기 시작하여 연소가 일어날 때까지의 시간
③ 실린더 내의 연료가 분사되기 시작하여 연료분사밸브가 닫힐 때까지의 시간
④ 실린더 내의 연료가 분사되기 시작하여 후 연소가 일어날 때까지의 시간

> **해설** 착화 늦음 = 착화 지연 = 점화 늦음 = 발화 지연 = 발화 늦음

148 디젤 노크 현상은?

① 최고 압력이 높을 때
② 압축 압력이 높을 때
③ 연소 과정에서 압력 상승률이 클 때
④ 후 연소 기간이 짧을 때

> **해설** 디젤 노크란?
> ① 착화 늦음 기간이 길어지면 연소실에 축적된 연료유 량은 많아져, 이것들이 일단 착화하면 많은 연료가 한꺼번에 연소하므로 그 압력이 급상승하여 실린더 내에 큰 소리가 나게 되고 진동이 발생하고, 회전력 변화가 심하게 되는 현상
> ② 디젤 노크는 실린더 내 가스의 압력 상승률이 크기 때문이며, 높은 압력에 기인하는 것이 아니다.
> ③ 디젤 노크를 방지하려면 착화 늦음 기간을 짧게 해야 한다.

Answer 147. ② 148. ③

149 디젤기관이 운전 중 노킹을 일으키는 원인으로 관계 없는 것은?
① 연료 분사 시기가 빠르다.   ② 연료의 공급량이 너무 많다.
③ 연료의 성질이 부적당하다.   ④ 연료 계통 내 공기가 진입하였다.

> **해설** 노크 = 노킹
> 디젤 노크의 발생원인 – 착화 늦음 기간이 길기 때문
> 착화 늦음 기간이 길어지는 경우(=디젤 노크가 잘 일어난다)
> ① 연료 분사가 적절치 못하다.
> ② 연료 공급량이 지나치게 많다.
> ③ 연료유 성질이 부적당하다(=세탄가가 낮은 연료이다).
> ④ 압축비가 낮다.
> ⑤ 흡기 압력이 낮다.
> ⑥ 흡기 온도가 낮다.
> ⑦ 냉각수 온도가 낮아 실린더 내의 공기 온도가 낮다.
> ⑧ 부하가 작을 때

150 디젤기관 연소 과정에서 착화 늦음 기간이 길어지는 원인으로 알맞은 것은?
① 착화점이 높은 연료사용   ② 압축 압력이 높을 때
③ 압축 공기의 온도가 높을 때   ④ 연료의 분포 상태가 좋을 때

> **해설** 착화점 : 불이 붙기 시작할 때의 온도
> 착화점이 높은 원료 = 주위가 아주 높은 온도가 되어야 연소한다. = 세탄가가 낮다.

151 디젤기관 운전 중 노크가 발생하는 원인이 아닌 것은?
① 압축 압력이 너무 크다.   ② 연료유의 착화성이 나쁘다.
③ 연료유를 과다하게 분사하였다. ④ 연료유의 분사 시기가 너무 빠르다.

> **해설** (1) 압축 압력이 높으면 실린더 내 공기 온도도 높아지므로 연료유가 분사되면 빠른 시간에 연소하게 된다.
> (2) 착화 늦음 기간이 짧아진다. – 노킹이 잘 안 일어난다.
> (3) 디젤 노크 방지법 – 착화 늦음 기간을 짧게 함.
>   ① 착화성이 우수한 연료 사용(세탄가가 높은 연료)
>   ② 분사 시 공기의 온도와 압력을 상승시킴.
>   ③ 연소실 벽 온도를 상승시킴(냉각수 온도 상승).
>   ④ 착화 시까지 연료 분사량을 적게 함.
>   ⑤ 압축비를 높임.
> (4) 디젤 노크는 연소 초기에 일어난다. 즉, 착화 늦음이 길기 때문에 일어난다. 이것을 방지하려면 착화 지연(늦음) 기간을 짧게 하여야 함.

Answer   149. ④   150. ①   151. ①

152 디젤기관에서 후 연소가 길어지는 원인이 아닌 것은?

① 공기량이 많다.
② 연료분사밸브의 개폐시기의 불량
③ 연료 분사 시기의 불량
④ 발화성이 불량한 연료 사용

해설 디젤기관의 후 연소가 길어지는 원인
① 착화성이 불량한 연료(세탄가가 낮은 연료) 사용
② 연료 분사 시기 조정 불량
③ 연료의 분무 상태 불량(분무 : 기름 입자가 안개처럼 분사되는 것)
④ 착화 늦음이 길 경우
⑤ 연료분사밸브의 누설

153 후 연소가 길어지는 원인으로 틀린 것은?

① 연료 분사 시기가 긴 경우
② 연료유의 분무가 불량한 경우
③ 사용 연료유의 발화성이 나쁜 경우
④ 연소실 내의 공기 유동이 심한 경우

해설 연소실의 공기 유동이 심한 경우는 기름 입자와 공기가 더욱 잘 혼합되어 도리어 후 연소 기간이 짧아진다.

154 디젤기관에서 후 연소기간이 길어지는 원인으로 가장 적절한 것은?

① 압축 압력이 높을 경우
② 연료유 분무 상태가 양호할 경우
③ 연소실 내의 공기의 와류가 클 경우
④ 세탄가가 낮은 연료를 사용

해설 "①", "②", "③"은 모두 후 연소 기간을 짧게 할 수 있다.
세탄가가 낮은 연료 = 발화성이 나쁜 연료유

155 디젤기관에서 후 연소가 일어날 때 생기는 현상은?

① 최고압력으로 상승한다.
② 디젤 노크가 발생하기 쉽다.
③ 전체 연소 시간에는 변화가 없다.
④ 배기가스로 버리는 열량이 증가한다.

해설 후 연소가 길어질 때 기관에 미치는 영향
① 뒤늦게 연소하므로 폭발 가스가 완전히 팽창하지 못한 상태에서 배기밸브가 열려 대기중으로 빠진다.
② 배기가스 온도가 상승한다.
③ 배기가스로 버리는 열량이 증가한다.

Answer 152. ① 153. ④ 154. ④ 155. ④

156 디젤기관에서 후 연소 기간이 길어지면 나타나는 현상은?

① 배기 온도가 올라간다.　　② 배기 색이 좋아진다.
③ 마력이 증가한다.　　　　④ 열효율이 좋아진다.

> **해설** 후 연소 기간이 길어지면 배기가스 온도는 상승하고 대부분이 불완전 연소를 동반하므로 배기 색은 나빠진다.
> (1) 완전 연소 : 공기와 연료유가 잘 혼합하고, 연소에 필요한 여러 조건이 좋을 때 연료유의 연소가 아주 양호한 상태. 많은 열에너지 발생 → 기관 출력 증가 → 배기 색 양호
> (2) 불완전 연소 : 완전 연소의 반대

157 가솔린의 안티 노크 성의 척도 기준은?

① 옥탄가　　　　　　　　② 세탄값
③ 노크가　　　　　　　　④ 디젤 지수

> **해설** (1) 가솔린 = 휘발유 = 가솔린기관의 연료
> (2) 안티 노크 성(Anti-knock) - 노크를 일으키기 어려운 휘발유의 성질
> (3) 안티 노크 성 척도의 기준 - 옥탄가, 출력가로 표시
>　① 옥탄가 : 표준 연료 - 이소옥탄(옥탄가 100) - 헵탄(옥탄가 0)
>　② 옥탄가 측정 : 이소옥탄과 헵탄을 여러 가지 용적 비율로 섞어 C.F.R(시험기관) 기관을 사용하여 측정

158 다음 내연기관의 노크에 대한 설명으로 틀린 것은?

① 디젤 노크는 점화 초기에 일어난다.
② 가솔린 노크는 점화 초기에 일어난다.
③ 가솔린 노크는 착화 지연이 짧기 때문에 일어난다.
④ 디젤 노크는 착화 지연이 길기 때문에 일어난다.

> **해설** (1) 디젤 노크와 가솔린 노크 발생 원인
>
> | 구 분 | 가솔린 노크 | 디젤 노크 |
> |---|---|---|
> | 노크 발생 원인 | 착화 지연(기간)이 짧다. 화염 전파 속도가 느리다. | 착화 지연(기간)이 길다(크다). |
> | 노크 발생 시기 | 연소 말기 | 연소 초기 |
>
> (2) 노킹 방지법
>　① 노킹 방지법은 디젤 노크와 가솔린 노크를 서로 반대로 생각하면 된다.
>　② 디젤 노크 방지법 → 착화 늦음 기간을 짧게 함.
>
> | 압축비 | 흡기온도 | 흡기압력 | 냉각수 온도 | 실린더 벽 온도 |
> |---|---|---|---|---|
> | 높임 | 높임 | 높임 | 높임 | 높임 |

Answer　156. ①　157. ①　158. ②

159 과조 착화의 원인이 아닌 것은?

① 실린더의 과열
② 흡기 온도가 너무 높을 때
③ 압축 압력이 너무 높을 때
④ 사용 연료의 세탄값이 낮을 때

> **해설** **과조 착화**
> ① 주로 가솔린기관에서 점화 플러그의 불꽃에 의해 점화되는 것이 아니라 고열원 때문에 표준 점화 시기보다 일찍 점화하는 현상
> ② 과조 착화가 일어나면 부(−)의 일로 기관이 정지하는 수가 있다.

160 연료유 침전 탱크의 목적으로 맞는 것은?

① 폐유를 저장하기 위하여
② 기름을 장기간 저장하기 위하여
③ 기름 속의 불순물을 침전 분리시키기 위하여
④ 연료유와 윤활유의 혼합을 막기 위하여

161 연료 가열기의 목적으로 맞는 것은?

① 발열량을 크게 하기 위해
② 연료유의 점도를 내리기 위해
③ 연료 소비량을 줄이기 위해
④ 기관 부식을 방지하기 위해

> **해설** **연료 가열기**(F.O Heater)
> 중유 등 저질 연료유는 주위 온도가 낮으면 점도가 높아져 유동성이 나빠지고 연료 분사 상태도 좋지 않아지므로 연료유를 따뜻하게 가열하는 장치

162 디젤기관의 연료 분사 장치와 관련 없는 것은?

① 과급기
② 연료분사밸브
③ 연료 분사 펌프
④ 고압 연료 유관

Answer 159. ④ 160. ③ 161. ② 162. ①

해설 디젤기관의 연소 준비 장치
(1) 연료 분사 장치
  ① 연료 분사 펌프(fuel injection pump) : 연료유에 고압(높은 압력)을 가하는 펌프
  ② 연료 분사 밸브(fuel injection value) : 연료 분사 펌프에서 들어온 고압유를 노즐을 통해 안개처럼 뿜어내는 장치
  ③ 고압 연료 유관
(2) 연료 분사 방법
  ① 공기 분사식 : 연료유를 고압 공기의 힘으로 분사시키는 형식, 관련 장치가 복잡, 기계 효율 저하, 현재는 사용되지 않음.
  ② 무기 분사식 : 공기의 도움 없이 연료를 분사시키는 방식, 연료 분사 펌프로 연료유에 고압을 가하여 노즐이란 작은 구멍을 통해 안개처럼 연료유를 실린더에 뿜어낸다. 기계효율이 좋아짐. 무기 분사식은 연료유에 고압을 가하므로 연료 분사 펌프가 튼튼해야 하고 아주 정교해야 함. 현재 디젤기관에 이용하는 방식이다.
(3) 연료 분사 펌프
  ① 축압식
  ② 직송식
(4) 정리
  ① 공기 분사식 : 현재 사용되지 않음.
  ② 무기 분사식 : 축압식 - 직송식 - 스필 밸브식 연료 분사 펌프 - 보슈식 연료 분사 펌프

163 디젤기관에서 연료 분사 조건이 아닌 것은?

① 무화   ② 관통
③ 발열   ④ 분포

해설 연료 분사 조건 : 무화, 관통, 분산, 분포
  ① 무화 : 연료의 입자가 잘게 부서지는 것
    ▶ 무화가 잘 되는 조건 - 분사 압력(속도)이 클 때, 노즐 배압(실린더 내 공기 압력)이 클 때, 노즐 직경이 작을 때, 공기 온도가 높을 때
  ② 관통 : 기름 입자가 압축 공기층을 뚫고 나가는 상태
    ▶ 관통력이 좋아지는 조건 - 기름 입자가 클 때(노즐 공이 클 때)
    ▶ 관통력과 무화의 조건은 반대이다.
  ③ 분산 : 분무가 퍼지는 상태
  ④ 분포 : 실린더 각부에 공급된 연료와 그 부분의 공기와의 혼합비

Answer 163. ③

164 연료 분사에서 무화를 양호하게 하는 것과 반대 되는 것은?

① 분무를 좋게 하는 것
② 관통력을 좋게 하는 것
③ 분포를 좋게 하는 것
④ 분산을 좋게 하는 것

해설 관통력이 좋으면 무화 상태가 나빠진다.

165 다음 중 디젤기관에서 연료유가 노즐로부터 원뿔형으로 분무되어 퍼지는 상태를 말하는 것은?

① 무화
② 관통력
③ 분산
④ 분포

166 양호한 연료분사의 조건에 대한 설명이 아닌 것은?

① 연료유가 미립화 될수록 좋다.
② 실린더 내의 공기층을 뚫고 나가는 힘이 클수록 좋다.
③ 노즐에서 분사된 연료유의 양이 많을수록 좋다.
④ 분사된 연료유와 공기와의 혼합이 균일해야 한다.

167 디젤기관에서 연료 분사 펌프가 작동하기 시작한 때부터 분사될 때까지를 무엇이라고 하는가?

① 발화 늦음
② 분사 늦음
③ 후 연소
④ 제어 연소

해설 (1) 착화 늦음 : 연료가 분사하여 연소할 때까지의 시간
(2) 분사 늦음 : 연료 분사 펌프에서 고압관을 거쳐 연료분사밸브에서 연료가 분사될 때까지의 시간적 늦음.
　　♪ 착화 늦음과 분사 늦음을 잘 구별해야 함.

168 보슈식 연료 분사 펌프에서 토출량 조절은?

① 배럴을 회전하여
② 플런저를 회전하여
③ 스필밸브를 밀어 올려서
④ 흡입밸브를 조여서

 **164.** ② **165.** ③ **166.** ③ **167.** ② **168.** ②

해설 (1) 보슈식 연료 분사 펌프의 토출량 조절 : 플런저의 회전으로 플런저와 토출공을 일찍 만나 게 하거나, 늦게 만나게 해서 조절한다.
(2) 토출량 조절 : 실린더의 연료분사밸브로 공급되는 연료유량을 많게 하고, 적게 하는 것
(3) 토출량이 많다 : 기관 출력이 증대
(4) 토출량이 적다 : 기관 출력이 감소

169 보슈형 연료 펌프에 있어서 옳지 않은 것은?
① 흡입공이 있다.   ② 플런저가 있다.
③ 토출밸브가 있다.   ④ 흡입밸브가 있다.

해설 흡입밸브가 있는 것은 스필밸브식 연료 분사 펌프

170 연료 분사 펌프를 프라이밍 하는 이유는?
① 연료관 계통의 공기 제거   ② 연료유 중의 수분 제거
③ 연료유 중 불순물 제거   ④ 연료관 계통의 압력 제거

해설 연료 파이프 계통 내 공기가 차 있으면 펌프 작용이 원활치 못해 연료유가 정상적으로 흐르 지 못한다.

171 디젤기관의 자동 밸브식 연료밸브의 분사 압력 조정은 무엇으로 하는가?
① 필 터   ② 조정 나사
③ 니들 밸브   ④ 연료 분사 펌프

해설 자동식 연료분사밸브의 분사 압력 조정은 연료분사밸브 위쪽에 있는 조정 나사로 조정

172 디젤기관에서 사용하는 유닛 인젝터를 설명한 것으로 틀린 것은?
① 연료유 고압 토출관이 길다.
② 연료 펌프와 분사 밸브가 일체로 되어 있다.
③ 분사 밸브로서 간단한 역지 밸브를 쓴다.
④ 분유량의 조절은 보슈펌프와 같다.

해설 연료 분사 펌프 → 고압관 → 연료분사밸브 순으로 연료가 흐르다 보니 고압관의 내부 저항 이 많아져 유압이 떨어지는 것을 방지하기 위해서 연료 분사 펌프와 분사 밸브를 일체로 만 든 것이 나왔다. 이것이 유닛 인젝터이다. 따라서 유닛 인젝터는 연료 분사 펌프와 분사 밸 브를 연결하는 파이프(관)가 없다.

Answer 169. ④ 170. ① 171. ② 172. ①

173 노즐에 6 - 008 - 150이란 각인이 있다. 이 각인으로부터 알 수 없는 것은?

① 노즐 공 수
② 노즐 지름
③ 분사량
④ 분사 각도

해설 6 - 노즐 공 수, 008 - 노즐 공의 지름이 0.008 인치, 150 - 연료 분사 각도

174 연소실의 냉각 면이 작고 공기를 죄는 일이 없어 시동이 수월하며, 연료 소비율이 적은 연소실은?

① 직접 분사식 연소실
② 공기실식 연소실
③ 와류실식 연소실
④ 예연소실식 연소실

해설 디젤기관의 연소실
(1) 직접 분사식 연소실 : 연소실이 한 개다. 다공식 노즐 사용
(2) 복실식 연소실 : 연소실이 두 개다. 주로 소형 고속 기관의 연소실
　　(복실식 연소실의 종류 - 예연소실식, 와류실식, 공기실식)
(3) 직접 분사식 연소실의 특징
　　① 장점
　　　• 연소실 모양이 간단, 중·대형 기관에 적합
　　　• 시동이 용이, 시동 보조장치가 필요 없다.
　　　• 열효율이 높다. 연료 소비율이 낮다.
　　② 단점
　　　• 노즐 공의 지름이 작아야 하므로 노즐 공이 막히기 쉽다.
　　　• 최고 압력이 높고, 노크를 일으키기 쉽다.
　　③ 고속 회전이 곤란하다.

175 디젤기관에서 직접 분사식 연소실 기관의 특징에 해당되지 않는 것은?

① 하나의 연소실을 가지고 있어 간단한 구조이다.
② 기관 시동 시에는 예열 플러그 등의 시동 보조장치가 꼭 필요하다.
③ 소형 기관에서는 흡입 공기에 와류를 일으키거나, 스퀴시를 발생시킨다.
④ 다공식 노즐을 사용하고 무화를 양호하게 하기 위해서 높은 분사 압력이 필요하다.

해설 분사식 연소실의 특징
연소실이 2개여서 2군데를 냉각시켜야 하므로 냉각 손실이 많다. 열효율이 떨어지고, 기관 정지 상태에서는 많은 냉각수로 연소실 벽이 매우 차가워져 공기가 압축되더라도 압축열이 많이 올라가지 않으므로 시동 시에는 연소실 안의 공기를 따뜻하게 데워 주어야 한다.

 **173.** ③　**174.** ①　**175.** ②

176 실린더 내의 급기에 유입 와류를 발생시키는 이유는?
① 연소실의 냉각을 위하여
② 압축비를 높이기 위하여
③ 배기를 완전히 하기 위하여
④ 공기 이용률을 높여 완전 연소시키기 위하여

해설 유입 와류는 흡입밸브나 소기구를 통해 실린더 안으로 흡입되는 공기가 소용돌이 치는 현상이다.

177 흡·배기 밸브의 구성 요소가 아닌 것은?
① 밸브 시트   ② 스프링
③ 밸브 박스   ④ 아이들 기어

해설 아이들 기어 : 크랭크축 기어와 캠축 기어 사이에 설치되어 크랭크축의 회전력을 캠축에 전달하는 역할을 한다.

178 흡·배기 밸브를 작동시키는 기구와 관계가 없는 것은?
① 캠축   ② 푸시로드
③ 캠   ④ 플라이휠

179 다음의 (   ) 속에 맞는 것은?

> 디젤기관에서 흡·배기 밸브의 간극 조정은 (   )을 돌려, 조정하려는 밸브의 (   ) 위치를 압축 TDC로 한다.

① 크랭크축, 피스톤   ② 피스톤, 연접봉
③ 크랭크축, 연접봉   ④ 피스톤, 크랭크축

180 2행정 사이클 디젤기관에서 실린더로 연소용 공기가 유입되는 곳은?
① 소기공   ② 흡기밸브
③ 배기밸브   ④ 시동공기 밸브

176. ④   177. ④   178. ④   179. ①   180. ①

181 디젤기관에서 시동공기 밸브가 열리는 시기를 크랭크 각도로 나타낸 것이다. 다음 중에서 가장 적절한 것은?

① 상사점 전 15° ② 상사점 후 7°
③ 하사점 전 5° ④ 하사점 후 7°

182 밸브 간격이 규정보다 너무 작으면 어떻게 되는가?

① 열리는 시간이 늦다.
② 닫히는 시간이 빠르다.
③ 밸브 리프트는 커진다.
④ 밸브 리프트는 작아진다.

> 해설 **밸브 클리어런스**(밸브 틈새, 밸브 간격)가 규정보다 너무 작으면
> ① 밸브가 열리는 시기는 빠르고 닫히는 시기는 늦다.
> ② 밸브 리프트(양정)는 커진다.
>   규정보다 너무 크면 위와 반대 현상이 일어난다.

183 기관 작동 중 밸브 오버랩 기간은?

① 압축행정의 상사점 ② 흡입행정의 하사점
③ 배기행정의 상사점 ④ 폭발행정의 하사점

> 해설 4행정 사이클 기관에서 배기 행정 말기(피스톤의 위치는 상사점 부근에 온다. 그러나 완전히 상사점에 아직 도착하지 않았다.)에 흡기밸브를 미리 조금 일찍 열어 줌으로써 배기의 배출을 이용해 새로운 공기의 유입을 쉽게 한다.

184 4행정 사이클 디젤기관에서 흡기밸브를 하사점을 지나서 닫는 이유는?

① 착화를 돕기 위해서
② 흡기 작용을 돕기 위해서
③ 배기 작용을 돕기 위해서
④ 크랭크 회전을 원활하게 하기 위해서

> 해설 **흡기밸브를 정확히 하사점에서 닫지 않고 하사점을 조금 지나서 닫는 이유**
> 하사점 부근에서 흡기의 유입 탄성이 가장 클 때이며 하사점 지나서까지 열어 두면 그 탄성을 이용하여 공기의 흡입량을 증가시킬 수 있다.

Answer 181. ② 182. ③ 183. ③ 184. ②

185 4행정 사이클 내연기관에서 배기밸브를 하사점 전에 여는 이유는?
① 흡기 작용을 돕기 위해서
② 기관의 열효율을 증진시키기 위해서
③ 배기 작용을 돕기 위해서
④ 연소를 양호하게 하기 위해서

> **해설** 배기밸브를 정확히 하사점에서 열면
> ① 피스톤과 실린더는 너무 과열하고
> ② 가스는 너무 팽창하여 압력이 낮아져서 자기 힘으로 배출되기 곤란함.
> 그러므로 하사점 전에 미리 배기밸브를 열어 배기를 대기 중에 배출함.

186 다음 중 배기밸브가 너무 빨리 열리면 발생하는 현상은?
① 피스톤 및 실린더의 과열
② 피스톤 배압의 하강
③ 출력의 감소
④ 후 연소가 길어짐

> **해설** 배기밸브가 너무 빨리 열리면 연소가스가 팽창하여 피스톤에 대하여 충분히 일을 해야 하는데 그렇지 못하고 이용 가능한 열에너지가 그대로 방출되므로 배기 손실이 많아 기관의 출력이 감소된다.

187 디젤기관에서 배기밸브 로드의 소손을 방지하는 방법 중 가장 옳은 것은?
① 100시간마다 풀림질할 것.
② 취부 볼트를 단단히 조일 것.
③ 과열 시에는 로드에 해수로 냉각시킴.
④ 밸브 로드 간격을 적당히 유지하고 밸브가 누설되지 않도록 함.

> **해설** 배기밸브 로드(봉)의 소손
> 배기가스 온도가 높거나, 밸브가 누설될 시 밸브 로드의 과열로 소손됨.

188 단동 내연기관에서 배압이란?
① 배기관 외의 압력을 말한다.
② 폭발 압력을 말한다.
③ 배기관 내의 배기가스 압력을 말한다.
④ 배기 행정 시 피스톤 상부의 압력을 말한다.

> **해설** 피스톤 배압(Back pressure)
> ① 피스톤의 배기 행정 시 피스톤의 상승 운동을 방해하는 반항 압력
> ② 배기 행정 시 피스톤 상부(피스톤 위 및 배기관 계통)의 가스 압력

Answer 185. ③ 186. ③ 187. ④ 188. ④

189 배압이 높아지는 원인이 아닌 것은?
① 소음기 내에 카본이 쌓였을 때 ② 냉각 부족으로 배기 온도가 높아질 때
③ 후 연소가 오래 계속될 때 ④ 실린더 내부의 윤활 작용이 나쁠 때

해설 피스톤 배압이 높아지는 원인
① 소기 효율이 나쁘고 잔류 가스양이 많을 때
② 배기 매니폴드 냉각수 온도가 높아 배기가스 온도도 높을 때
③ 발화 시기가 늦거나 후 연소가 길 때 → (배기 초의 압력, 온도가 상승하므로)

190 피스톤의 배압이 높을 때 기관에 미치는 영향이 아닌 것은?
① 소기 작용이 불량해진다.
② 발생 마력이 감소한다.
③ 기관의 회전수가 빨라진다.
④ 배기 온도가 높아 부식을 촉진시킨다.

해설 배압이 높을 때 기관 운전에 미치는 영향
① 배기관, 소음기 등에 카본이 쌓여 통로가 좁아짐.
② 가스 유효일량 감소 → 기관 출력 저하
③ 배기밸브 소착 원인, 배기 통로 균열
④ 실린더 온도 상승, 내부 윤활 작용 불량
⑤ 배기관계 온도 상승 → 부식 촉진
▶ 소착 : 과열로 인하여 활동 부가 눌어 붙어서 움직이지 못하게 되는 현상

191 디젤기관의 소음의 방법 중 틀린 것은?
① 배기가스를 팽창시키는 법 ② 팽창과 냉각을 병용하는 법
③ 배기가스를 냉각시키는 법 ④ 배기가스를 노즐을 거쳐 분출시키는 법

192 실린더 내에 실제로 흡입한 공기의 무게를 대기의 상태로 행정 용적을 채웠을 때의 공기의 무게로 나눈 값은?
① 용적 효율 ② 충전 효율
③ 소기 효율 ④ 급기 효율

해설 용적 효율 = (실린더 내의 실제로 공급된 공기의 무게) / (실린더 용적에 상당하는 대기의 무게)

 189. ④ 190. ③ 191. ④ 192. ①

193 실린더 내에 실제로 흡입한 공기의 무게를 표준 상태의 공기로 행정 용적을 채웠을 때의 공기의 무게로 나눈 값은?

① 용적 효율　　　　　　　　② 충전 효율
③ 소기 효율　　　　　　　　④ 급기 효율

해설　충전 효율 = (실린더 내의 실제로 공급된 무기의 무게) / (실린더 용적에 상당하는 표준대기의 무게)
▶ 표준대기 – 절대 압력 760mmHg와 절대온도 273도+15=288K인 때의 대기

194 디젤기관에서 용적 효율이 떨어지는 원인은?

① 흡입 공기가 열을 받을 때　　② 과급기를 설치할 때
③ 흡입 공기를 냉각할 때　　　　④ 배기밸브보다 흡입밸브가 클 때

해설　용적 효율이 떨어지는 원인
① 흡입 공기가 열을 받아 팽창하여 밀도가 적어질 때
② 실린더 내 온도가 높을 때 → 공기가 팽창하므로
③ 흡입밸브의 열림이 불충분할 때
④ 실린더와 피스톤 틈 사이에 배기가 잔류할 때

195 내연기관의 용적 효율을 높이는 방법으로서 옳지 않은 것은?

① 흡입밸브를 배기밸브보다 크게 한다.　② 흡입밸브 폐쇄시기를 늦추어 준다.
③ 배기밸브 폐쇄시기를 당겨 준다.　　　④ 흡·배기 밸브의 오버 랩을 적당히 준다.

해설　배기밸브를 정확히 상사점에 닫지 않고 상사점 조금 지나서 닫아 주는 이유는 배기를 완전히 배출하기 위함이다.

196 2행정 사이클 기관이 4행정 사이클 기관에 비해 배기 배출이 나쁜 이유와 관련이 없는 것은?

① 급기와 배기가 동시에 이루어진다.
② 피스톤에 의해 배기를 밀어낸다.
③ 소기·배기 기간이 짧아진다.
④ 소기가 배기를 밀어내어 소기와 배기가 혼합된다.

해설　피스톤에 의해 배기가 대기 중으로 방출되는 것은 4행정 사이클 기관이다.

 193. ②　194. ①　195. ③　196. ②

197 과급이 기관의 성능에 미치는 영향은?
① 연료 소비율 증가
② 단위 출력당 기관 중량의 증가
③ 평균유효압력 증가
④ 열효율의 감소

198 디젤기관에서 과급기를 설치하는 이유는?
① 연소를 돕기 위해
② 소제 공기를 빨리 넣기 위해
③ 배기 작용을 양호하게 하기 위해
④ 실린더 내 평균유효압력을 높여 기관 출력을 증가시키기 위해

　해설　과급 → 실린더 평균유효압력이 높아짐 → 기관 출력 증가

199 4행정 사이클 디젤기관에서 과급기를 설치할 때 밸브의 개폐 작용에 현저한 차이가 있는 밸브는?
① 연료분사밸브
② 시동밸브
③ 배기밸브
④ 관제밸브

　해설　터보 블로어에서 배기가스의 열에너지를 보다 유효하게 이용하기 위해서는 흡·배기 밸브의 오버랩 기간을 길게 하여야 한다.

200 무과급 기관을 과급 기관으로 개조할 때 압축비를 내리는 이유는?
① 시동성을 좋게 하기 위하여
② 최고 압력을 내리기 위하여
③ 연소성을 좋게 하기 위하여
④ 연료 소비율을 줄이기 위하여

　해설　무과급 기관과 비교한 과급 기관의 운전 상태의 특징
① 미리 압축된 공기를 공급하므로 압축 초의 압력이 높다.
② 압축비를 약간 내린다.
③ 연소가스의 온도는 거의 비슷하다.
④ 평균유효압력은 높다.

 197. ③　198. ④　199. ③　200. ②

201 디젤기관에서 과급기를 사용하면 줄어드는 것은?
① 출력
② 연료 소비율
③ 기계 효율
④ 정미 열효율

> **해설** 과급기를 장비할 때의 특징
> ① 연료 소비율이 적다.
> ② 저질 연료 사용이 용이 → 연소성이 양호하므로
> ③ 마력당 기관 무게 감소
> ④ 기계 효율이 증가한다.
> ⑤ 평균유효압력 증가로 출력이 증가한다.
> ⑥ 시동성이 나빠진다.

202 무과급 기관에 비하여 과급 기관의 특징으로 틀린 것은?
① 평균유효압력이 증가한다.
② 시동성이 좋아진다.
③ 출력이 증가한다.
④ 연료 소비율이 적어진다.

> **해설** 과급 기관이 시동성이 나쁜 이유는 기관 정지 시에는 과급기의 송풍 압력이 없기 때문이다.

203 4행정 사이클 디젤기관에서 현재 가장 많이 사용되는 과급기 형식은?
① 기계 송풍식
② 크랭크 압축식
③ 회전 송풍기식
④ 배기 터빈식

> **해설** 배기 터빈 과급기(Turbo blower : 터보 블로어, turbo charger)
> ① 대기 중으로 그냥 방출되는 배기가스의 열에너지를 이용하여 배기 터빈을 돌리고, 이것과 같은 축에 직결한 송풍기(블로어)를 돌려 신선한 공기를 미리 압축하여 실린더에 보낸다.
> ② 따라서 과급기 구동에 별도의 동력을 필요로 하지 않음.
> ③ 배기가스 에너지를 이용하는 데는 동압식과 정압식이 있다.

204 각 실린더의 배기를 배기 다지관에 모아 배기의 맥동 압력을 고르게 하여 과급기의 배기터빈에 보내는 과급방법은?
① 정압 과급
② 동압 과급
③ 충동 과급
④ 반동 과급

> **해설** 배기 다지관(Exhaust manifold)
> 실린더로부터의 배기가스를 모아 소음기로 보내는 장치

 **201.** ② **202.** ② **203.** ④ **204.** ①

205 과급기에서 나온 공기를 냉각하는 주된 이유는?

① 노크를 방지하기 위하여
② 윤활유의 손실을 줄이기 위하여
③ 연소 상태를 좋게 하기 위하여
④ 실린더에 공급되는 공기 밀도를 높이기 위하여

해설 **공기 냉각기**(Air cooler or inter cooler)
과급기에서 나온 공기를 실린더에 보내기 전에 냉각하는 장치
➤ 냉각을 하는 이유
① 연소실 온도 상승 억제
② 공기 밀도를 높임 → 부피 효율 높임

206 과급기에서 급기 압력이 저하되는 원인으로 틀린 것은?

① 송풍기 임펠러의 오손
② 공기 입구 스트레이너의 막힘.
③ 배기 터빈 내의 카본 축적
④ 공기 냉각기의 냉각수 출구 온도가 낮음.

해설 급기 압력 : 실린더에 공급되는 공기의 압력

207 시동용 공기 탱크를 장기간 사용하지 않을 경우의 조치 사항으로 가장 부적합한 것은?

① 부식 방지에 유의한다.
② 드레인 밸브를 열어 공기를 뺀다.
③ 충격을 가하지 않는다.
④ 공기 탱크에 공기를 충만시켜 둔다.

208 무부하에서 전부하 중 항상 일정한 기관속도를 유지하는 거버너로서 발전용 기관에 사용하는 거버너는?

① 정속도 거버너　　　　　② 변속도 거버너
③ 속도제한 거버너　　　　④ 부하제한 거버너

Answer 205. ④ 206. ④ 207. ④ 208. ①

209 기관 시동 직후에는 기관 각부와 윤활유의 온도가 정상 운전 상태보다 낮은 상태이다. 이 때, 기관을 어떻게 취급하여야 하는가?

① 급히 증속한다.
② 기관 회전수를 계속 낮추어 운전한다.
③ 급히 부하를 증대시킨다.
④ 천천히 회전수를 증가시킨다.

210 다음의 (A)와 (B)에 알맞은 장치는?

> 2단 공기 압축기에서 압축 공기가 만들어져 보관되는 과정은 공기 청정기 - (A) - 중각 냉각기 - (B) - 후부 냉각기 - 공기 탱크 순서로 되어있다.

	(A)	(B)
①	고압 실린더	저압 실린더
②	터빈	블로어
③	저압 실린더	고압 실린더
④	블로어	터빈

해설 2단 공기 압축기 : 처음 압축한 공기를 다시 한 번 더 압축함.

211 시동 공기 압축기를 다단으로 하는 이유는?

① 압축 공기의 온도를 높이기 위해
② 압축 일을 증가시키기 위해
③ 압축 공기량을 증가시키기 위해
④ 압축기의 효율을 증가시키기 위해

해설 공기 압축기(Air compressor) : 압축 공기를 만드는 기계
공기 압축기를 다단식(2-3단)식으로 하는 이유
① 압축 공기 온도를 낮출 수 있다.
② 압축 일이 감소한다.
③ 효율이 좋다.
④ 고열에 의한 윤활유의 변질이나 탄화에 의한 피스톤의 고착 및 폭발의 위험이 감소한다.

Answer 209. ④ 210. ③ 211. ④

212 시동용 공기 탱크의 취급상 주의할 점 중 틀린 것은?
① 반드시 드레인을 뺄 것
② 규정 압력보다 높이지 않는다.
③ 드레인 밸브를 열어 탱크 내 수분을 배제할 것
④ 공기 탱크 내 드레인 배제 여부를 햄머링으로 확인할 것

해설 햄머링 : 망치로 두들기는 것

213 시동용 공기 탱크의 취급상 주의점이 아닌 것은?
① 사용 최고 압력 이상 충진하지 말 것
② 화재 시에는 드레인 콕을 꼭 잠가야 한다.
③ 드레인은 수시로 빼 주어야 한다.
④ 심한 충격을 주지 말아야 한다.

해설 화재 시에는 드레인 콕을 열어 탱크 내의 공기를 모두 빼내어야 한다. 그렇지 않으면 화염 때문에 공기 탱크 내의 공기가 팽창하여 폭발한다.

214 선박에서 사용하는 클러치와 관계 없는 것은?
① 벨트　　　　　　② 마찰
③ 유체　　　　　　④ 전자

해설 선박에 사용하는 클러치
(1) 마찰 클러치
(2) 유체 클러치
(3) 전자 클러치

215 간접 역전 장치가 아닌 것은?
① 기어 기구에 의한 것
② 전기식에 의한 것
③ 롤러에 의한 것
④ 가변 피치 프로펠러에 의한 것

Answer 212. ④　213. ②　214. ①　215. ③

> **해설** 선박의 역전 장치
> (1) **간접 역전 장치** - 기관 축의 회전 방향은 일정하고 기관과 프로펠러 축 사이에 역전기를 두어 프로펠러를 역전
>   ① 기어 기구에 의한 것 - 유니온 역전기, 미즈 앤드 와이즈식
>   ② 유체 클러치
>   ③ 전기식에 의한 것
>   ④ 가변 피치 프로펠러
> (2) **직접 역전 장치**
>   ① 캠축 이동식
>   ② 롤러 이동식

216 유체 클러치의 특징 중 틀린 것은?

① 구동 임펠러와 피동 임펠러가 있다.
② 기계적 마찰부가 많아 신뢰도가 낮다.
③ 비틀림 진동을 흡수한다.
④ 중심선 조종이 간단하다.

> **해설** 유체 클러치의 특징
> ① 어떠한 대 마력에도 사용 가능
> ② 비틀림 진동을 흡수할 수 있다.
> ③ 큰 충격을 완화시킨다.
> ④ 중심선 조종이 간단하다.
> ⑤ 기계적 마찰부가 없어 신뢰도와 내구성이 높다.
> ⑥ 부속 장치가 복잡 : 제작비가 비싸다.

217 가변 피치 프로펠러의 설명 중 가장 적합한 것은?

① 날개가 3매 있는 것을 말한다.
② 프로펠러 날개 방향을 바꿀 수 있다.
③ 조립식 프로펠러를 말한다.
④ 역전기가 꼭 필요하다.

> **해설** 가변 피치 프로펠러
> ① 기관 축과 프로펠러 축은 항상 일정 방향으로 움직인다.
> ② 프로펠러 피치의 방향을 바꾸어서 선박을 전진, 후진, 정지, 속도 증감을 할 수 있다.
> ③ 소형 선박에 주로 사용한다.

 216. ② 217. ②

218 기관의 회전 속도가 규정보다 증감했을 때 연료 공급량을 자동적으로 조절하여 회전수를 유지시켜 주는 장치는?

① 과급기
② 거버너(조속기)
③ 클러치
④ 에어 콤프레셔

> 해설 거버너(조속기)의 분류
> (1) 조속 목적에 따른 분류
>   ① 정속도 조속기 - 언제나 일정 속도 유지, 발전용 기관의 조속기
>   ② 변속도(전속도) 조속기 - 원하는 속도로 조정 가능, 주 기관의 조속기
>   ③ 과속도 조속기 - 비상용 조속기
> (2) 구조에 따른 분류
>   ① 기계식 조속기
>   ② 유압식 조속기

219 다음 중 기계식 조속기의 구성 부품이 아닌 것은?

① 베벨 기어
② 플라이 웨이터(볼)
③ 플런저와 배럴
④ 스프링

> 해설 플런저와 배럴은 연료 분사 펌프의 부품

220 기계식 조속기가 작동하여 연료 공급량을 증감할 수 있는 기본적인 운동력은?

① 플라이 웨이터(볼)의 원심력과 스프링의 장력
② 로커 암의 상승력과 스프링의 장력
③ 원뿔형 마찰관의 마찰력과 스프링의 장력
④ 터빈 휠의 회전력과 블로어의 압축력

> 해설 지문 "②"는 흡·배기 밸브를 개폐하는 힘
> 지문 "③"은 마찰 클러치를 작동시키는 힘
> 지문 "④"는 터보 블로어(배기 터빈 과급기)의 작동 원리

221 디젤기관에서 밸브 개폐 시기의 영향과 매 행정당 행한 일을 나타내는 기구는?

① 지압기
② 동력계
③ 점도계
④ 실린더 게이지

Answer 218. ② 219. ③ 220. ① 221. ①

> **해설** 인디케이터(지압기)와 인디케이터 선도(지압도)
> (1) 인디케이터(지압기)
>   - 실린더 내의 가스 압력과 부피의 변화를 선도로 나타내는 장치
> (2) 인디케이터 선도(지압도)
>   - 인디케이터(지압기)에 의하여 종이에 그린 그림

222 인디케이터 선도로 알 수 없는 것은?

① 발열량
② 최대 압력
③ 밸브 개폐 상태의 적부
④ 연소상태

> **해설** 인디케이터 선도(지압도)의 종류
> (1) P-V선도(압력-부피 선도)
>   ① 피스톤 행정에 대한 실린더 내 기체의 압력과 부피 변화를 표시
>   ② 지압도에 그려진 넓이가 실린더 내의 일량을 나타낸다.
>   ③ 평균유효압력을 구하여 지시마력을 산출할 수 있다.
> (2) **수인선도**(수 - 손 "수", 인 - 당길 "인", 손으로 잡아당겨 그린 선도)
>   ① 손으로 지압기 코드(끈)을 잡아 당겨 지압도를 옆으로 확대한 것
>   ② 연소 상황을 자세히 판단할 수 있다.(압축 압력, 분사 시기, 착화 시기, 최고 압력 등)
> (3) **약 스프링 선도**
>   ① 지압기에 약한 스프링을 사용하여 그린 선도
>   ② 저압 부분이 확대된다. 즉, 흡·배기 밸브(구)의 개폐상황, 흡·배기 작용 등을 판단하기 쉽다.
> (4) **연속 지압도**
>   ① 한 행정 동안 지압기 드럼을 천천히 돌릴 때 그려진 선도
>   ② 최고 압력 및 압축 압력만 명백히 알 수 있다.

223 약 스프링 선도는 언제 사용되는가?

① 연소 상태를 판단할 때
② 평균유효압력을 산출할 때
③ 지시마력을 산출할 때
④ 흡·배기 밸브의 개폐 시기가 적절한가를 판단할 때

> **해설** (1) 수인선도 - 연소 상태 명확히 판단 가능
> (2) P-V 선도 - 평균유효압력을 계산 후 지시마력 산출
> (3) 약 스프링 선도 - 흡·배기 상태 명확히 판단
> (4) 연속 지압도 - 최고 압력 및 압축 압력을 명확히 판단

Answer 222. ① 223. ④

224. 선내에서 디젤기관의 출력을 판단하는 데에 사용하는 방법은?

① 지압도에 의한 방법이다.
② 테스트콕을 열어 폭발음의 높고 낮음으로 판단한다.
③ 배기온도의 측정으로 판단한다.
④ 회전수의 낮고 높음으로 판단한다.

225. 디젤기관에서 실린더 내에서 발생한 마력은?

① 도시마력　　　　　　② 제동마력
③ 리터마력　　　　　　④ 호칭마력

해설　**내연기관의 출력**
(1) **지시마력(I.H.P)** = 도시마력
(2) **제동마력(BHP)** = 축마력 = 정미마력 = 순마력
　① 기관에서 크랭크축을 거쳐 외부에 전달되는 마력
　② 디젤기관은 보통 제동마력으로 출력을 호칭한다.
　③ 통상 내연기관에서 제동마력이라 하고 외연기관에서는 축마력이라 부른다.
　④ 제동마력은 동력계로 측정한다.
　⑤ 동력계의 종류
　　　- 마찰 동력계
　　　- 수력 동력계
　　　- 전기 동력계

226. 4행정 사이클 6실린더 기관의 도시마력을 산정하는 방법은? (단동식 기관)

① $I.H.P = \dfrac{Pi \cdot A \cdot L \cdot N}{9000} \times 6$　　② $I.H.P = \dfrac{Pi \cdot A \cdot L \cdot N}{9000}$

③ $I.H.P = \dfrac{Pi \cdot A \cdot L \cdot N}{4500 \times 6}$　　④ $I.H.P = \dfrac{Pi \cdot A \cdot L \cdot N}{4500}$

해설　P_i : 평균유효압력　　A : 피스톤 단면적
　　　　L : 행정　　　　　　N : r.p.m
　　　　6실린더이므로 전체 공식에서 6을 곱해야 함. 9000 = 2 × 4500 = 2 × 75 × 60
　　　　1PS = 75 Kgm/S
　　　　1분 = 60초

 **Answer**　224. ①　225. ①　226. ①

227 디젤기관에서 출력의 계산과 직접 관계가 있는 것은?

① 실린더 직경   ② 크랭크 샤프트
③ 실린더 헤드   ④ 프로펠러

해설 $I.H.P = \dfrac{P_i \cdot A \cdot L \cdot N}{2 \times 4500}$에서 마력과 관계 있는 것은 P_i, A, L, N이다.

228 제동마력(BHP), 지시마력(IHP), 마찰마력(FHP)의 관계는?

① BHP > IHP > FHP   ② IHP > BHP > FHP
③ FHP > BHP > IHP   ④ BHP > FHP > IHP

해설   IHP − BHP = FHP(마찰마력)
FHP − 각 운동부의 마찰 손실로 없어지는 마력

229 프로니 브레이크는 무엇을 하는 기계인가?

① 제동마력 측정   ② 도시마력 측정
③ 유효마력 측정   ④ 기계손실 측정

해설   프로니 브레이크 → 마찰 동력계, 동력계 → 제동마력 측정

230 동일 크기의 회전수 및 평균유효압력을 갖는 최대 출력의 기관은?

① 2행정 사이클 단동   ② 4행정 사이클 단동
③ 2행정 사이클 복동   ④ 4행정 사이클 복동

해설
(1) 4행정 사이클 단동 $I.H.P = \dfrac{P_i \cdot A \cdot L \cdot N}{2 \times 4500}$
(2) 2행정 사이클 단동 $I.H.P = \dfrac{P_i \cdot A \cdot L \cdot N}{4500}$

231 왕복동 내연기관의 마력 당 중량을 경감시키는 방법으로 가장 유효한 방법은?

① 평균유효압력을 높이고 회전수를 증가시킨다.
② 행정을 크게 하고 회전수를 증가시킨다.
③ 내경을 작게 한다.
④ 행정을 크게 한다.

Answer   227. ①   228. ②   229. ①   230. ③   231. ①

해설 마력당 기관 중량을 경감시킨다.
= 1마력을 발생시키는 데 기관 무게를 가볍게 한다.
= 기관 전체의 무게는 가벼운데(기관의 크기는 작은데) 큰 출력을 낸다.
$I.H.P = \dfrac{P_i \cdot A \cdot L \cdot N}{2 \times 4500}$ 에서 IHP를 크게 하기 위해서는 P_i(평균 유효 압력)과 N(회전수)의 증가가 가장 쉬운 방법이다.
A(피스톤 단면적)와 L(행정)을 크게 하면 마력은 증대되나 그에 따라 기관의 무게도 무거워지므로 마력 당 중량은 경감되지 않는다.

232 디젤기관에서 발생하는 토크를 크게 하려면?

① 피스톤에 작용하는 압력을 크게, 크랭크암을 짧게 한다.
② 피스톤에 작용하는 압력을 크게, 연접봉을 길게 한다.
③ 피스톤에 작용하는 압력을 크게, 크랭크암을 길게 한다.
④ 피스톤에 작용하는 압력을 크게, 연접봉을 짧게 한다.

해설 크랭크축의 토크(회전력) = 실린더 내의 가스 압력 × 크랭크암의 길이

233 디젤기관에서 과부하 운전이란?

① 기관의 회전수가 증가되는 상태
② 기관의 회전수가 감소하는 상태
③ 공기 공급이 증가되는 상태
④ 정격 출력 이상 출력으로 운전되는 상태

해설 (1) 정격 출력 : 정하여진 운전 조건으로 정하여진 시간 동안 운전을 보증하는 출력
(2) 최대 출력 : 일정 조건하에서 기관이 발휘할 수 있는 최대의 출력
(3) 연속 최대 출력 : 안전하게 연속 운전할 수 있는 최대 출력, 주 기관의 호칭 출력
(4) 경제 출력 : 연료 소비율을 최소로 하는 출력, 최대 출력의 75 – 80%, 3/4부하 정도

234 내연기관에서 열효율이 가장 높은 경우는?

① 전 부하시 ② 무 부하시
③ 부분 부하시 ④ 부하에 관계 없다.

해설 내연기관은 전 부하시에 열효율과 기계효율이 가장 높게 되고 기관 성능이 최고도에 달한다. 내연기관은 무 부하, 반 부하, 저속 운전 등을 장시간하면 기관에 좋지 않은 영향을 준다 (특히 불완전 연소로).

Answer 232. ③ 233. ④ 234. ①

235 디젤기관의 열효율 계산에 이용되는 발열량은?

① 저위 발열량
② 고위 발열량
③ 탄소와 수소의 발열량
④ 탄소, 수소, 유황의 발열량

해설 (1) 고위 발열량 : 수증기의 증발 잠열 = 저위 발열량
(2) 내연기관 : 저위 발열량으로 계산
(3) 외연기관 : 고위 발열량으로 계산

236 다음 중 기계효율에 해당하는 것은?(단, IHP : 지시마력, BHP : 제동마력, FHP : 마찰마력이다.)

① IHP · BHP
② BHP · IHP
③ FHP · BHP
④ FHP · IHP

해설 기계효율 $= \dfrac{BHP}{IHP}$, FHP(마찰마력) $= IHP - BHP$

237 어떤 디젤기관의 기계효율이 80%이고 제동마력이 80마력이라면 마찰 손실 마력은?

① 30
② 20
③ 10
④ 5

해설 $80\% = \dfrac{BHP}{100}$에서 $BHP = 80$, $IHP = 100$이므로 $FHP = 100 - 80 = 20$

238 다음의 (   ) 안에 들어갈 말은?

어떤 디젤기관의 지시마력이 100PS이고 제동마력이 80PS이면 기계효율은 (   )이고 마찰마력은 (   )이다.

① 80%, 20PS
② 70%, 20PS
③ 90%, 10PS
④ 0%, 10PS

해설 기계효율 $= \dfrac{80}{100} = 80\%$, 마찰마력$(FHP) = 100 - 80 = 20$

Answer 235. ① 236. ② 237. ② 238. ①

239 선박용 디젤기관의 정비 목적이 아닌 것은?
① 기관 고장이나 성능 저하를 미연에 방지하기 위해
② 양호한 운전을 도모하기 위해
③ 경제적인 선박 운항을 위해
④ 분해, 조립 연습을 하기 위해

240 크랭크축이 부러지는 사고를 예방하기 위한 방법이 아닌 것은?
① 위험 회전수를 피해서 운전한다.
② 각 실린더의 출력을 균일하게 조정한다.
③ 메인 베어링이 발열하지 않도록 한다.
④ 노킹이 일어나도록 한다.

241 기관 작동 부분에 이상한 소음이 발생했을 때의 조치로 옳은 것은?
① 기관의 회전수를 높인다.
② 기관을 정지시켜 원인을 조사한다.
③ 윤활유의 공급량을 줄인다.
④ 냉각수 공급을 차단한다.

242 메인 베어링이 발열하였을 때의 대책 중 옳지 않은 것은?
① 즉시 기관의 회전수를 낮춘다.
② 윤활유 압력을 높여서 급유한다.
③ 급히 기관을 정지시킨다.
④ 천천히 저속으로 내려 정지시킨다.

243 디젤기관이 갑자기 정지하였다. 그 원인과 거리가 먼 것은?
① 연료유 공급이 차단되었을 경우
② 과급기 필터 오손
③ 연료유 중에 다량의 수분 혼입
④ 연료분사 펌프의 플런저 고착

Answer 239. ④ 240. ④ 241. ② 242. ③ 243. ②

244 내연기관의 실린더 커버에 일어나기 쉬운 고장 중 가장 거리가 먼 것은?
① 흡·배기 밸브 구멍 사이의 균열
② 스케일 부착으로 인한 열상
③ 볼트의 죔불량으로 인한 파손
④ 가스 압축 압력에 의한 파손

245 다음 중 실린더의 마멸 원인에 속하지 않는 것은?
① 피스톤 측압에 의한 마멸
② 라이너 재질의 부적당
③ 피스톤 링의 장력 과대
④ 실린더 윤활이 잘 될 때

246 노즐 팁의 손질 방법과 거리가 먼 것은?
① 노즐을 분해하여 경유 속에 얼마동안 담근다.
② 와이어 브러시로 먼저 노즐 외면을 청소한다.
③ 샌드페이퍼나 줄(file)을 사용하여 외면을 청소한다.
④ 노즐 구멍에 적합한 바늘로 청소한다.

247 기관을 장기간 사용하지 않을 때의 냉각수 관리 방법으로 적당한 것은?
① 엔진 블록에 냉각수를 채워둔다.
② 엔진 냉각수 라인에 냉각수를 채워둔다.
③ 운전한 다음에는 완전히 채워둔다.
④ 엔진 냉각수를 모두 방출해둔다.

248 디젤기관의 배기가 검은 색이 될 때의 원인이 아닌 것은?
① 과부하일 때
② 소기압력이 너무 높을 때
③ 흡·배기 밸브가 누설될 때
④ 불완전 연소할 때

Answer 244. ④ 245. ④ 246. ③ 247. ④ 248. ②

249 다음은 디젤기관의 시동이 곤란한 경우이다. 틀린 항목은?
① 시동공기 압력이 너무 낮은 경우
② 시동위치가 적당치 않을 경우
③ 윤활유의 점도가 낮은 경우
④ 배기 및 흡기밸브가 누설될 경우

250 각 기통의 출력이 같지 않을 때 그 원인의 조사방법으로 부적당한 것은?
① 연료분사밸브의 분해검사
② 연료분사펌프 플런저의 누설검사
③ 조속기의 조정불량검사
④ 압축이 불량한 실린더의 유무검사

251 다음 중 디젤기관이 급회전하는 원인이 아닌 것은?
① 조속기의 조정이 불량할 때
② 한 번에 많은 연료가 분사될 때
③ 연료유의 가열온도가 높을 때
④ 시동을 실패한 후 실린더에 남아 있는 연료와 가연성 가스를 배제하지 않고 재시동했을 때

252 다음 중 운전중인 기관을 정지시켜야 할 경우는?
① 윤활유 온도가 낮을 때
② 배기색이 무색일 때
③ 운동부에 이상음이 발생할 때
④ 배기온도가 낮을 때

253 디젤기관에서 매일 점검해야 할 사항이 아닌 것은?
① 윤활유량 점검
② 청수냉각수량 점검
③ 배기색 조사
④ 실린더 헤드의 분해 · 소제

Answer 249. ③ 250. ③ 251. ③ 252. ③ 253. ④

254 디젤기관을 시동하기 전에 확인해야 할 사항이 아닌 것은?
① 실린더 헤드 안전밸브의 개폐 상태를 확인한다.
② 터닝을 해서 방해물 유무를 확인한다.
③ 윤활 계통과 연료 계통을 확인한다.
④ 시동 계통과 냉각 계통을 확인한다.

255 디젤기관 시동 전의 준비 사항 중 가장 관계가 없는 사항은?
① 기관실의 보온
② 터닝 후 기관 각 부 점검
③ 각 활동 부의 윤활유 주입
④ 냉각수 온도 조절

256 기관 시동 시 제일 유의할 점은?
① 보조 기계의 운전 상태
② 윤활유 계통 및 냉각수 계통 확인
③ 연료유의 성질 파악
④ 기관실 내 온도 확인

257 디젤기관을 시동하기 전 터닝하는 이유가 아닌 것은?
① 축 계통에 부당한 저항 및 운동부의 이상 유무 확인
② 습관에 의한 터닝
③ 각 밸브 작동 상태 확인
④ 실린더 내 잔류 가스 축출

258 디젤기관에서 시동 공기로서 잘 돌지 않을 때의 원인 중 하나는?
① 윤활유 점도가 낮을 때
② 연료유의 점도가 낮을 때
③ 시동 밸브의 누설
④ 연료 분사 압력이 적정할 때

Answer 254. ① 255. ① 256. ② 257. ② 258. ③

259 디젤기관에서 시동이 곤란할 때의 원인은?
① 시동 공기 압력이 낮을 때
② 기름 탱크 압력이 높을 때
③ 윤활유의 점도가 낮을 때
④ 냉각수의 온도가 높을 때

260 디젤기관에서 시동이 곤란할 때의 원인은?
① 연료분사밸브의 노즐 막힘 및 피스톤 링에서의 누설
② 연료분사펌프의 누설 및 압축 압력이 매우 낮을 때
③ 불량한 연료유 사용 및 분사 시기 부적당
④ 세탄가가 높은 연료 사용

261 기관 운전 중 기관 진동이 심하게 일어나는 이유가 아닌 것은?
① 연료 탱크 여과기 폐쇄
② 각 부의 볼트가 고르게 조여지지 않았을 때
③ 위험 회전수로 돌고 있었을 때
④ 각 실린더의 연료분사밸브의 조정 압력이 고르지 않을 때

262 기관 시동에 실패하였을 때의 조치가 아닌 것은?
① 시동 공기 압력을 확인한다.
② 연료 공급 계통을 조사한다.
③ 테스트 콕을 열고 실린더 내의 가스를 배출한다.
④ 연료 공급관 계통에 공기를 채운다.

263 주 기관의 회전이 갑자기 떨어진 원인이 아닌 것은?
① 소기압이 낮을 경우
② 연료에 물이 혼입된 경우
③ 흡기밸브가 너무 죄어졌을 때
④ 연료 분사량이 불규칙한 경우

Answer 259. ① 260. ④ 261. ① 262. ④ 263. ④

264 디젤기관에서 배기가 흑색이 될 때의 원인과 관계 없는 것은?

① 불완전 연소 ② 실린더의 과열
③ 한 실린더가 폭발하지 않을 때 ④ 소기 압력이 낮을 때

　해설 배기가 흑색이 될 때의 원인
　　① 과부하 운전
　　② 연료가 불완전 연소할 때(각종 연료 분사 계통의 고장)
　　③ 피스톤의 소손, 베어링 등의 발열
　　④ 실린더가 과열할 때
　　⑤ 소음기가 오손되었을 때
　　⑥ 소기 압력이 너무 낮을 때

265 기관이 과부하일 경우 어떤 현상이 생기는가?

① 황색 연기를 발생한다.
② 흑색 연기를 발생한다.
③ 백색 연기를 발생한다.
④ 회색 연기를 발생한다.

266 2행정 사이클 디젤기관의 배기가 불량할 때의 대책 중 틀린 것은?

① 흑색 연기는 소제 공기가 과다할 때이므로 조정해야 한다.
② 과부하 운전을 피한다.
③ 연료분사밸브의 냉각을 충분히 한다.
④ 윤활유 압력을 적당히 한다.

　해설 흑색 연기는 소제 공기가 적게 들어갈 때

267 디젤기관에서 배기 색이 흑색이 될 때의 원인과 관계 없는 것은?

① 과부하 운전
② 소기 압력이 너무 높을 때
③ 연소 공기량이 부족할 때
④ 분사 시기와 분사 상태가 불량하여 불완전 연소할 때

Answer 264. ③ 265. ② 266. ① 267. ②

268 연료유에 수분이 섞이면 배기의 색은?
① 청색
② 흑색
③ 백색
④ 황색

269 연료 분사 노즐 공이 확대된 상태에서 저질 연료 사용 시 배기 색은?
① 백색
② 흑색
③ 황색
④ 녹색

270 디젤기관에서 배기 색이 백색으로 될 때의 원인은?
① 베어링에 점도 지수가 높은 윤활유를 사용할 때
② 연료 분사 펌프의 고장으로 연료 분사량이 지나치게 많을 때
③ 실린더 헤드의 균열로 연소실로 냉각수가 누설될 때
④ 피스톤 링의 마모가 심하여 압축 불량이 발생할 때

271 4행정 사이클 기관에서 실린더 밖으로 배출되는 배기온도가 상승하는 원인은?
① 과부하 운전
② 메인 베어링에 고 점도유 사용
③ 배기밸브가 늦게 열림.
④ 실린더 또는 피스톤의 과랭

> **해설** 배기온도가 너무 높을 때의 원인
> ① 과부하 운전
> ② 연료 분사 시기가 늦을 때 - 후 연소 기간이 길 때
> ③ 기름이 적하가 많을 때 - 후 연소 기간이 길 때
> ④ 배기밸브가 너무 빨리 열릴 때
> ⑤ 실린더 마모는 피스톤의 과열
> ⑥ 배기 통로의 막힘 또는 오손 - 배압이 높을 때

Answer 268. ③ 269. ② 270. ③ 271. ①

272 디젤기관에서 배기가스 온도가 너무 높을 경우가 아닌 것은?
① 연료 분사 시기가 늦을 때 ② 배압이 높을 때
③ 냉각수가 통하지 않을 때 ④ 후 연소 기간이 짧아질 때

273 내연기관에서 500 시간 이내에 점검해야 할 사항과 관계 없는 것은?
① 배기밸브 ② 연료밸브
③ 연료펌프 ④ 각부 볼트·너트

274 디젤기관 운전 중 출력이 떨어지면서 배기가 나빠지면 우선적으로 조사할 것은?
① 연료 계통
② 조속기 및 프로펠러
③ 실린더 및 각 메탈
④ 냉각수 펌프 및 윤활유 펌프

275 내연기관 운전 중 가장 중요하게 보아야 할 게이지는?
① 연료유 압력계 ② 윤활유 압력계
③ 배기 온도계 ④ 회전계

276 내연기관을 장시간 저속 운전하는 것이 곤란한 이유는?
① 실린더 내 온도 상승 ② 불완전 연소
③ 압축 온도 상승 ④ 압축 압력 상승

> **해설** 내연기관을 장시간 저속 운전하는 것이 곤란한 이유
> ① 피스톤의 속도가 느리므로 공기의 압축 불량으로 불완전 연소
> ② 연소 온도와 압력이 낮으므로 냉각수가 열에너지를 많이 빼앗아 감.
> ③ 연료분사밸브로부터의 분무 상태가 좋지 않게 됨(연료분사펌프의 작동 불량).

Answer 272. ④ 273. ④ 274. ① 275. ② 276. ②

277 기관 출력이 감소될 때의 원인이 아닌 것은?
① 연료 여과기의 막힘
② 냉각수 온도의 상승
③ 연료 펌프의 누설
④ 피스톤 링의 고착

278 기관 운전 중 각 실린더의 출력이 고르지 않게 되는 원인이 아닌 것은?
① 노즐 구멍이 폐쇄된 실린더가 있을 때
② 압축 불량인 실린더가 있을 때
③ 연료 분사 각도가 같지 않을 때
④ 실린더 윤활 상태가 같지 않을 때

279 내연기관의 래핑 운전과 상관 없는 사항은?
① 실린더를 보링했을 때
② 크랭크 저널을 다시 깎았을 때
③ 피스톤을 신환했을 때
④ 실린더 헤드를 신환했을 때

> 해설 래핑 운전
> 길들이기 운전, 접촉하여 상대운동을 하는 부분을 교환했을 때나 수리했을 때 길들이는 운전.

280 실린더 안전 밸브가 운전 중 열리는 경우가 아닌 것은?
① 분사 펌프 작동 불량
② 노즐의 누설
③ 실린더의 과열
④ 실린더 윤활유 공급이 많을 때

> 해설 실린더 안전 밸브가 열리는 경우
> – 실린더 내의 폭발 최고 압력이 너무 높아서 실린더가 파괴될 우려가 있을 때 안전밸브가 열림.

281 다음 중 저질 중유를 사용했을 때에 일어나는 현상이 아닌 것은?
① 연소 상태가 불량하고 후 연소가 길어진다.
② 실린더 라이너의 마모량이 증대한다.
③ 연료밸브가 고착을 일으키기 쉽다.
④ 배기온도가 낮아지고 연료 소비량이 감소한다.

Answer 277. ② 278. ④ 279. ④ 280. ③ 281. ④

282 기관이 갑자기 정지하는 경우가 아닌 것은?
① 연료유 공급이 차단될 때
② 연료유 중에 수분이 많이 혼입되었을 때
③ 연료분사펌프 플런저의 고착
④ 소기 압력이 너무 높을 때

283 디젤기관에서 매일 점검해야 할 사항이 아닌 것은?
① 윤활유 점검
② 청수 냉각수량 점검
③ 배기 색 조사
④ 실린더 라이너 내부 균열

284 내연기관에서 각 실린더의 최대 압력을 비교하는 방법 중 가장 정확한 것은?
① 지압선도를 채취하여 비교함.
② 배기온도를 측정하여 비교함.
③ 운전 중 실린더의 테스트 콕을 열어 비교함.
④ 각 실린더의 음향이나 충격으로 비교함.

285 디젤기관 운전 중 메인 베어링의 메탈이 과열하였을 때의 조치는?
① 즉시 기관을 정지시킨다.
② 기관 속도를 내리고 윤활유 공급을 증가시킨다.
③ 기관 속도를 계속 유지하고 냉각수를 끼얹는다.
④ 기관 속도를 내리고 냉각수를 뿌린다.

Answer 282. ④ 283. ④ 284. ① 285. ②

3 가솔린 기관

01 가솔린 기관의 실린더에 설치되지 않는 것은?
① 연료분사밸브　　　② 흡기밸브
③ 점화플러그　　　　④ 배기밸브

02 가솔린 기관과 관계 없는 기기는?
① 차단기　　　　　　② 배전기
③ 벤추리　　　　　　④ 보시형 연료펌프

03 혼합기에 가솔린 비율이 많을 때 배기의 색깔은?
① 밤색　　　　　　　② 흑색
③ 남색　　　　　　　④ 회색

04 가솔린의 안티 노크성을 표시하는 것은?
① 옥탄가　　　　　　② 세탄값
③ 노크가　　　　　　④ 디젤지수

05 가솔린 기관에서 연료의 안티 노크성을 표시하는 것은?
① 출력가　　　　　　② 세탄가
③ 디젤지수　　　　　④ 애니린점

해설　옥탄가가 100 이상이면 출력가로 표시한다.

Answer　01. ①　02. ④　03. ②　04. ①　05. ①

06 노킹의 장애에 해당되지 않는 것은?

① 폭발압력은 높아지지만 출력은 떨어진다.
② 충격이 크게 된다.
③ 회전이 고르게 된다.
④ 윤활유가 변질된다.

07 과조착화의 원인이 아닌 것은?

① 흡기온도가 너무 높을 때
② 실린더의 과열
③ 압축압력이 너무 높을 때
④ 사용연료의 세탄값이 낮을 때

> **해설** 과조착화란?
> 주로 가솔린 기관에서 점화 플러그의 불꽃에 의해 점화되는 것이 아니라 고열원 때문에 표준 점화시기보다 일찍 점화하는 현상(세탄값은 디젤기관과 관련)

08 가솔린 기관과 디젤기관의 특징을 비교한 내용 중 옳은 것은?

① 연료소비율은 가솔린 기관이 적다.
② 열효율은 가솔린 기관이 높다.
③ 폭발압력은 디젤기관이 낮다.
④ 가솔린 기관은 소형에 적합하다.

09 기화기의 흡기관 통로를 좁게 만들어 공기의 유속을 빠르게 하여 기압을 저하시키는 장치는?

① 공기 블리드
② 벤투리
③ 플로트
④ 노즐

10 가솔린 기관의 노킹을 방지하기 위한 방법이 아닌 것은?

① 점화시기를 늦춘다.
② 옥탄가가 낮은 연료를 사용한다.
③ 연소실의 카본을 제거한다.
④ 기관의 부하를 낮춘다.

Answer 06. ③ 07. ④ 08. ④ 09. ② 10. ②

외연기관

C.H.A.P.T.E.R. II

1 증기 터빈

01 증기 터빈의 원리·분류 및 구조

(1) 원 리

열기관(Heat engine)의 일종으로 보일러 내에서 발생한 열에너지(Heat energy)로 증기를 발생시켜 증기압의 차로 증기를 고속도 노즐(Nozzle)을 통과시키고 로우터 휠(Rotor wheel)에 설치한 회전 블레이드(Moving blade)에 작용시켜 로우터 휠을 돌림으로써 축(Shaft)을 회전시켜 기계적 일(Mechanical work)을 시킨다.

증기기관(Steam engine) = 운동량 기관(Momentum engine)

① 왕복동 기관 = 적형 기관
② 증기 터빈 = 속도형 기관

역 사

① 히로(Hero ; B.C 120. 알렉산드리아) : 반동 터빈의 시초
② 브랑카(Branca ; 1629. 이탈리아) : 충동 터빈의 시초
③ 제임스 와트(James Watt ; 1769. 영국) : 왕복동 증기기관

(2) 개념(충동식 터빈, 반동식 터빈)

① **충동 터빈(Impulse turbine)**: 드라발, 속도다단, 압력다단 식의 3종으로 대별하며, 로우터 주위에 부착된 회전 블레이드에 분출구 또는 노즐로부터 분사된 증기 힘으로 축을 회전시키는 방법으로 터빈통(Turbine cylinder) 내에 노즐과 회전 블레이드를 한조로 해서 교대로 여러 개를 직렬로 장치하였다.

② **반동 터빈(Reaction turbine)**: 블레이드 사이에 증기를 통하여 증기가 분출하는 방향을 바꾸어 고정 블레이드(Fixed blade)에 부딪쳐 그 반동으로 축을 회전시키는 방법으로 터빈통에는 고정 블레이드를 취부하고 로우터에 취부된 회전 블레이드와 교대로 여러 개를 직렬로 연결 장치하였다.

③ 충동 터빈과 반동 터빈의 비교
　㉠ 충동 터빈의 장점
　　ⓐ 한 단락에서의 일이 많으므로 터빈 전 길이가 짧아진다.
　　ⓑ 노즐 내의 증기팽창이므로 고온고압 증기를 사용할 수 있다.
　　ⓒ 터빈 케이싱의 고온고압에 의한 변형 염려가 없다.
　　ⓓ 블레이드 손상을 방지할 수 있다.
　　ⓔ 동일 마력에 대해 중량, 용적이 적어도 된다.
　　ⓕ 고압부에서 효율이 좋다.
　　ⓖ 노즐수 가감으로 증기량을 조절할 수 있다.
　　ⓗ 고압부에서는 부분급기, 저압부에서는 전부급기한다.
　　ⓘ 한 단락의 고장에도 다른 단락에 영향이 없다.
　㉡ 반동 터빈의 장점
　　ⓐ 블레이드에 대한 증기의 추력이 프로펠러의 추력과 균형되므로 터빈에 대한 스러스트 베어링은 적어도 된다.
　　ⓑ 블레이드 열의 수가 많으므로 증기 운동에너지가 적어져 터빈 회전수 감소로 프로펠러 직결 효율이 좋다.
　　ⓒ 회전에 의한 증기 마찰이 적다.
　　ⓓ 검사·소제에 편리하다.

(3) 증기 터빈 사이클

① 증기의 발생
　㉠ 보일러에서 연소된 연료는 열에너지로써 증기를 발생시킨다.
　㉡ 발생한 증기는 과열기를 통과한 과열증기로 터빈을 돌린다.
　㉢ 증기량(과열증기)은 노내에서 연소된 열에너지를 조절한다.

② **증기의 팽창 및 기계일** : 증기가 터빈에 공급되기 전에 전진 터빈과 후진 터빈에 공급되는 증기량을 조정밸브에서 조정하며 터빈에 유입한 증기는 터빈 로우터를 돌려 감속장치에서 감속하여 스러스트축, 중간축, 프로펠러축을 거쳐 프로펠러를 돌린다.

③ **복수계통** : 복수기, 복수펌프, 공기 이젝터 및 공기분리기는 기관을 유효하게 운전시키기 위한 장치이다.

④ **급수계통**
  ㉠ 공기 분리기에 의한 공기를 제거한 물로서 사용한다.
  ㉡ 급수압력이 보일러 내의 압력보다 높아야 한다(보일러 급수보다 약 25% 이상).
  ㉢ 절탄기(Economizer)를 써서 보일러물을 예열한다.
    → 위와 같은 증기 사이클을 반복하여 배의 항해를 계속한다.

(4) 증기 터빈과 증기 왕복동 기관과의 비교

① **터빈의 장점**
  ㉠ 에너지 전환이 신속히 일어난다.
  ㉡ 고속회전이므로 기체가 작고 중량, 용적이 적어도 된다.
  ㉢ 직접회전이 이루어지고 힘의 작용이 균일하다.
  ㉣ 고온, 고압증기를 사용하고 복수기 진공까지 팽창시킬 수 있으므로 높은 진공하에서 운전되어 효율이 좋고 증기 소비량, 연료 소비량이 적어도 된다.
  ㉤ 대량의 증기를 쉽게 소화할 수 있고 한 대로써 대마력을 쉽게 발생시킬 수 있다.
  ㉥ 내부 윤활유가 필요치 않으므로 윤활유가 절약되며 배기에 유분함유가 없기 때문에 부식을 방지하며 기름 유출이 없으므로 보일러 수명도 연장된다.
  ㉦ 운전하는 데 인건비가 적게 든다.

② **터빈의 단점**
  ㉠ 고속회전하고 각부 간격이 적으므로 사고가 일어나기 쉽다.
  ㉡ 박용기관으로서는 감속장치가 필요하다.
  ㉢ 설계 공작이 어렵고 제작비용이 많이 든다.

(5) 증기 작동상태에 의한 분류

① 충동 터빈(Impulse turbine)
② 반동 터빈(Reaction turbine)

02 증기 터빈에 관한 열역학

(1) 증기의 성질

① 포화온도(Saturated temperature)
   어느 압력하에서 비등점에 달했을 때 물의 온도를 그 압력에 대한 포화온도라 한다.

② 포화수(Saturated water)
   포화온도의 물을 포화수라 한다.

③ 포화압력(Saturated pressure)
   포화수의 온도와 압력 사이에는 일정한 관계가 있으며, 압력이 정해지면 온도가 정해진다. 이 압력을 온도에 대한 포화압력이라 한다.

④ 액체열(Heat of liquid) = 잠열(Sensible heat)
   일정 압력하에서 0℃부터 포화온도로 되기까지 1kg의 물에 가해지는 열량

⑤ 비등(Boiling)
   물을 급격히 가열할 때 전체가 균일하게 더워지지 않고 기포가 군데군데 발생하여 증발이 불평균한 상태를 비등이라 한다.

⑥ 증발(Evaporation)
   액체가 기체로 변화하는 현상을 증발이라 한다.

⑦ 건포화 증기(Dry saturated steam)
   물이 증발 중 더욱 가열을 계속하면 물이 점차 적어지고 증기가 많아지며 결국은 액분이 없는 증기만의 상태를 건포화 증기라 한다.

⑧ 습 증기(Wet steam)
   물이 가열될 때 일정 압력하에서 증발하기 시작하고 전부가 건포화 증기로 변할 때까지의 중간상태에 있는 증기는 수분을 함유하므로 습 증기 또는 포화 증기라 한다.

⑨ 건도(Dryness factor), 습도(Wetness factor)
   습 증기의 건도를 나타내는 데는 1kg 중에 $x$kg의 증기와 $y=(1-x)$kg의 수분이 포함될 때 x를 건도, $y=(1-x)$를 습도라 한다.

⑩ 과열 증기(Superheated steam)
   건포화 증기를 더욱 가열하면 압력과 무관하게 온도가 올라간다. 이와 같이 동일압력 밑의 포화증기보다 고온도의 증기를 과열증기라 한다.

⑪ 과포화 증기(Supersaturated steam)
   증기의 급격한 팽창은 동일 압력에 팽창 후 온도는 포화온도를 유지할 수 없는 낮은 온

도가 되며, 이 현상을 과랭이라 하고 이 때 증기 밀도는 과랭된 온도에 상당하는 포화증기의 밀도에 비하여 조밀한 상태에 있으므로 이를 과포화 증기라 한다.

(2) 증기 터빈 작동 사이클

① 카르노 사이클(Cornot cycle)
열기관의 이상적인 사이클로서 등온팽창, 단열팽창, 등온압축, 단열압축의 T-S선도를 가지며, 열효율은 작업물질의 여하에 관계 없이 양 열원의 온도차로써 결정된다.

② 랭킨 사이클(Rankine cycle or Clausius cycle)
2개의 등압 변화선과 2개의 단열 변화선으로 된 열 사이클로서, 고온고압의 과열 증기를 사용하는 것과 복수기 내 진공을 고도로 유지함으로써 증기의 팽창을 충분히 이용하여 효율을 높이려는 것이다.

③ 재열 사이클(Reheating cycle)
사용 재료의 제한 때문에 과열의 한계가 있는데, 일부의 증기를 유도하여 재열장치로써 등압력의 과열증기를 만들어 재차 터빈에 송입하고 다시 팽창을 계속하여 유효한 일(Work)을 안전하고 효율높게 이용한 것을 재열 사이클이라 한다.

④ 재생 사이클(Regenerative cycle)
증기기관에서 가장 큰 손실은 복수기의 순환수에 의하여 버려지는 열량인데 이 손실을 적게 하기 위한 것이며 추출 사이클이라고도 한다.

03 터빈의 각부 구조

(1) 차실(Casing)

노즐, 안내익 격막판 등을 고정하며 충분한 강도를 지니고 주조가 쉬워야 한다.

① 재 료
  ㉠ 고압 고온부 : 주강(크롬-몰리브덴강, 몰리브덴강)
  ㉡ 저압부 : 주철

② 터빈 차실 관계의 수압시험
  ㉠ 증기 터빈 차실 : 증기 터빈 차실에서의 계획 증기압력의 1.5배와 2kg/㎠의 둘 중 큰 압력
  ㉡ 고압 증기 터빈의 증기실 : 보일러 제한기압 압력의 1.5배의 압력
  ㉢ 증기코일, 관, 밸브실 : 그 부속하는 차실에 대한 수압시험 압력과 동일한 압력
  ㉣ 조종밸브의 밸브실 : 보일러의 제한압력의 2배되는 압력

③ 터빈 차실의 기밀장치
  ㉠ 래버린스 패킹 : 증기의 교축작용을 이용하여 외부에 누출하는 증기를 감소시키는 것으로 증기누출 감소를 위해 핀(Fin)을 많이 장치한다. 핀의 재료로서는 특수청동이나 스테인레스강으로 만들고, 핀과 축 사이의 틈은 보통 0.1~0.4㎜정도이다. 가장 널리 사용되고 있다.
  ㉡ 카본 패킹(Carbon Packing) : 래버린스 글랜드의 금속핀 대신에 흑연 성분이 많은 탄소를 압축하여 만든 카본 링을 장치한 것이다. 소형 터빈이나 래버린스 패킹과 병용되는 수가 많다.
  ㉢ 워터 실 패킹(Water seal packing) : 터빈 펌프의 임펠러를 터빈축에 장치하고 만수한 수실 내에서 회전하도록 한 것이며 터빈이 작동중에는 원심력에 의한 압력수가 외주에 모여서 기밀을 유지한다.

(2) 로우터(Rotor wheel)

① 원판 로우터
  ㉠ 일체식(Solid type) : 충동 터빈에 이용하며 지름이 작은 고압 터빈의 경우와 같이 로우터와 그 축을 일체로 한다.
  ㉡ 조립식(Erection type) : 일체식으로서 어느 정도 큰 지름의 로우터를 단조하기에 곤란한 것은 원판 로우터와 그 축과를 각각 별개로 단조하여 조립하는 것으로 보통 수축끼움(Shrinkage fit)으로 조립한다.

> **수축끼움이 헐거워지는 이유**
> ① 로우터와 축과의 온도차에 의한 부등팽창
> ② 원심력
> ③ 고속회전의 경우에는 양자 접촉면의 압력을 충분히 크게 한다.
> ④ 저속회전의 경우 : 균압구멍(Equalizing hole)을 뚫어 로우터의 양쪽에 작용하는 증기압을 균등히 하여 축방향 스러스트를 막고, 무게를 경감시킨다.

  ㉢ 재료 : 니켈-몰리브덴강, 니켈-몰리브덴-바나듐강, 축은 연강(Mild steel) 등이 사용된다.
② 드럼 로우터 : 반동 터빈에 주로 이용되며 증기가 팽창함으로써 발생하는 스러스트를 균합시키기 위하여 더미 피스톤(Dummy piston)을 설치하는 것이 특징이다. 재료로서는 연강을 사용하지만 고속인 경우에는 니켈-몰리브덴강을 사용한다.

(3) 로우터 축(Rotor shaft)
  터빈의 소요출력을 프로펠러에 전달하기 위해서 휨, 비틀림 및 진동에 대한 충분한 강도가 필요하다. 재료로는 니켈강, 니켈-크롬강을 단조하여 쓴다.

① 탄성축(Elastic shaft or Flexible shaft)

축은 이론적으로 평행체이지만 실제로는 불평형상태에 평상시 운전하는 회전수가 위험 회전수보다 훨씬 높다. 이러한 축을 탄성축이라 한다.

로우터의 불균형 상태운전의 원인

① 주조 및 재질의 불균일
② 블레이드 중심거리와 피치 및 블레이드 개개의 다소의 상이
③ 기계 공작의 오차

② 강성축(Stiff shaft or Rigid shaft)

축이 중앙부에 갈수록 점차 축의 지름이 계단식으로 커져서 위험 회전수는 평상시 회전수보다 30% 정도 높게 되는 축을 강성축이라 한다.

(4) 노즐(Nozzle)

① 증기 팽창 정도에 따른 분류
  ㉠ 다이버전트 노즐(Divergent nozzle)
  ㉡ 컨버전트 노즐(Convergent nozzle)
  ㉢ 평행 노즐(Parallel nozzle)

② 노즐 제작법에 따른 분류
  ㉠ 주조 노즐(Casting nozzle) : 두께 1.5~3.0㎜ 정도의 강판을 격막판 주형 안에 주입한 것이며, 재료로는 스테인레스강, 니켈강이 사용되고 중압이나 저압부에 사용한다.
    ⓐ 장 점
      • 조작이 간단하다.
      • 증기통로의 형상이 정확하다.
      • 유통면이 매끄럽다.
    ⓑ 단점 : 출구각이나 정밀도에서 곤란한 점이 많다.
  ㉡ 조립 노즐(Built-up nozzle) : 고압단락에 주로 많이 쓰이며 재료는 니켈강, 크롬강, 크롬-몰리브덴 단조품이 이용된다. 용접하여 많이 사용하나 가공이 복잡하고 값이 비싸다.
  ㉢ 용접 노즐(Weld nozzle) : 조립 노즐을 용접하여 사용하는 노즐
  ㉣ 드릴 노즐(Drill nozzle) : 소재에 구멍을 뚫고 기울기 드릴로 소요형상을 다듬질한 것으로 재료는 크롬강이 사용된다. 구조가 간단하고, 후진 터빈과 같이 팽창률이 큰 단락에 사용된다.

(5) 격막판(Diaphragm)

충동 터빈에서는 첫 단락을 제외하고는 노즐을 격막판 사이에 만든다. 다이어프램은 상하로 구분되어 수평 조인트에서 충분히 기밀되도록 구성되어 있으며, 격막판의 외주와 차실 내측은 정밀하게 고정시키고 열팽창에 지장 없도록 0.1~0.3㎜의 틈을 유지한다.

2 보일러

01 박용 보일러 개론

(1) 선박의 추진원리
① 보일러에서 발생한 열에너지가 기계적 에너지로 바뀐다.
② 터빈은 유체의 흐름을 반격이나 충격으로 중심축에 전달된다.
③ 터빈은 감속장치로 축에 연결된다.

> **참 고**
> ① 터빈 : 고속회전시 효율이 좋다.
> ② 추진기 : 저속회전시 효율이 좋다.

(2) 증기 사이클(Steam cycle)
증기 발생, 증기 팽창, 응축, 급수의 네 가지 동작으로 구분한다.
① **증기 발생** : 보일러에서 연소된 연료는 물에 전하여진 열에너지로 증기를 발생시켜 증기와 열기를 거쳐 과열증기가 터빈을 돌린다.
② **증기 팽창** : 후진 터빈에 공급되는 증기량은 조정밸브에서 조절하여 터빈에 유입되고 증기는 터빈 로우터를 돌려 감속장치에서 감속하여 스러스트축, 중간축, 프로펠러축을 거쳐 프로펠러를 돌린다.
③ **응축(복수장치)** : 복수기, 복수펌프, 공기 이젝터, 공기분리, 급수탱크 등으로 구분된다.
④ **급수 장치**
　㉠ 공기 분리기에 의한 공기를 제거한 물로서 사용한다.
　㉡ 급수압력 > 보일러 내 압력(약 25% 이상)
　㉢ 절탄기를 써서 보일러 물을 예열한다(70$C°$~80$C°$ 정도).

02 열과 증기

(1) 온도(Temperature)
① 어떠한 물질이 갖는 잠열의 표시로 온도계로 표시한다.
② 섭씨($C°$), 화씨($F°$), 열씨($R°$)로 구분된다.

㉠ t = $\frac{5}{9}(tF-32)$,　　　　　t = 섭씨

　㉡ tF = tF + 460,　　　　　tF = 화씨

③ 절대온도 …… $-273C°$를 $0C°$로 측정하여 측정한 온도, 보통 $K°$로 나타낸다.

　㉠ T = t + 273,　　　　　T = 절대온도

　㉡ Tf = tF + 460,　　　　　t = 온도계온도

(2) 열량의 단위(Thermal unit)

① 1 Kcal : 표준 대기압에서 1kg의 순수한 물의 온도를 $1C°$ 올리는 데 요하는 열량

② 단위 무게, 단위 부피가 갖는 열량으로 표시된 단위의 관계

- 1 Kcal/kg = 1.8 B.T.U./lb
- 1 B.T.U./lb = 0.556 Kcal/kg
- 1 Kcal/m^3 = 0.1124 B.T.U./ft^3
- 1 B.T.U./ft^3 = 8.898 Kcal/m^3

(3) 열당량(Thermal equivalent)

① 기계적 일이 열로 변하고, 열이 기계적 일로 변하는 경우 기계적 일과 열량과의 비는 일정하다.

② 관계식 : Q = AW

$$\left(\begin{array}{ll} \bullet \text{Q = 열량} & \bullet \text{J = 427kg·m/Kcal} \\ \bullet \text{W = 일} & \bullet \text{A} = \frac{1}{427} Kcal/\text{kg·m} \\ \bullet \text{A} = \frac{1}{J} & \end{array} \right)$$

(4) 비열(Specific heat)

① 단위 무게의 온도를 $1C°$ 올리는 데 요하는 열량

② 단위는 Kcal / kg $C°$를 사용한다.

③ 정압비열(Cp)과 정적비열(Cu)과의 관계

$$\left(\begin{array}{l} \bullet \text{Cp = Cv + AR} \\ \bullet \text{Cp : 압력을 일정하게 유지하고 가열할 때의 비열} \\ \bullet \text{Cv : 부피를 일정하게 유지하고 가열할 때의 비열} \\ \bullet \text{A : 1/J} \\ \bullet \text{R : 가스 정수} \end{array} \right)$$

(5) 압력(Pressure)
① 단위 면적당의 힘을 말한다.
② 단위는 kg/cm^2, p.s.i($1lb/in^2$)를 사용한다.
　㉠ 게이지 압력 …… kg/cm^2 atg
　㉡ 절대 압력 …… kg/cm^2 abs

(6) 진공(Vacuum)
① 이론적으로 물질이 전혀 존재하지 않는 공간을 말한다.
② 표준기압에서 수은주 높이는 760mmHg이다(이 때를 100% 진공이라 한다).

(7) 증발(Evaporation)
① 비등점(액체가 비등하는 온도. B.P) → 포화증기(비등점에서 발생한 증기) → 습포화 증기(증기 초기에 수분이 혼입된 증기) → 건포화 증기(함유된 수분의 증발이 완전히 끝나고 온도가 상승하려 할 때의 증기) → 과열증기(포화온도보다 높은 온도로 상승된 과열기를 통과한 증기)
② 포화온도까지 공급된 열량을 액체열(Liquid heat) 또는 잠열(Sensible)이라 한다.
　㉠ 건도 : 습포화 증기 1kg 중 건포화 증기의 비율(x)
　㉡ 습도 : (1-건도)를 말한다. (1-x)
　　▶ $x = \dfrac{1kg의\ 습증기\ 내에\ 함유된\ 건포화\ 증기량}{습증기\ 1kg}$

(8) 열(Heat)
① 에너지의 일종으로 구성분자 진동에 의해 일어난다.
② 열의 이동에는 전도, 복사, 대류의 세 종류가 있다.
③ 감열(현열) : 물체의 온도를 높이기 위해 소비된 열
④ 잠열(융해열, 증발열) : 감열의 상태를 변화시키는 데 소비된 열

03 보일러의 용량(Boiler Capacity)

(1) 상당 증발량(기준 증발량)
증기의 압력과 온도의 경향을 고려하여 증발량만을 알고 보일러 용량을 추정한 량

(2) 보일러 마력(Boiler horse power)
보일러에서 발생한 증기가 기관운전에 발생시킨 마력

(3) 기타 지시마력

증기 발생에 요하는 열량은 전열면을 통하여 보일러 물에 전달되는 것으로 전열면적에 비례하므로 보일러 용량을 나타낼 수 있다.

04 보일러 성능치

(1) 연소율(Rate of Combustion)
단위 면적당 단위 시간에 연소되는 연료의 중량의 비율

(2) 증발률(Rate of Vaporization)
보일러 본체의 전열 면적당 단위 시간에 발생하는 증기량의 비율

(3) 증발배수(증발계수 ; Evaporation Factor)
연료 1kg당 상당 증발량의 비율

(4) 보일러 효율(Boiler Efficiency)
보일러에서 증기를 발생시키는 데 실제로 사용된 열량과 화로에 공급되는 연료가 완전연소함에 따라 발생되는 열량과 비율을 말한다.

보일러 종류	n(%)
박용 원통형 보일러	60~75
직립 보일러	45~55
연관 보일러	50~70
수관 보일러	70~80
수관 보일러(대형)	80~90

05 박용 보일러의 구비조건

(1) 소요 설치면적이 적을 것

(2) 고압·고온 증기를 다량으로 신속하고 경제적으로 발생시킬 것

(3) 구조가 견고하고 안전하며 가벼울 것

(4) 급수처리가 간단할 것

(5) 취급이 쉽고 적은 인원으로 조작이 가능할 것

(6) 보일러실 온도가 높지 않고 열의 전달, 소화가 쉽고 부하 변동에 쉽게 응할 수 있을 것

06 박용 보일러의 분류

연관 보일러(Smoke tube boiler)와 수관 보일러(Water tube boiler)로 대별한다.

(1) 연관 보일러

① 습연식 보일러(Wet combustion chamber boiler)
  ㉠ 원통형 보일러(Cylindrical boiler)
  ㉡ 스코치 보일러(Scotch boiler)
② 건연식 보일러(Dry combustion chamber boiler)
  ㉠ 호든 존슨 보일러(Howden Johnson boiler)
  ㉡ 부르돈 카프스 보일러(Prudon Capus boiler)

(2) 수관 보일러

① 섹셔널 헤더 수관 보일러(Sectional header water tube boiler)
② 3동 보일러(Three - drum boiler)
③ 2동 수관 보일러(Two - drum water tube boiler)
④ 4동 보일러(Four - drum boiler)
⑤ 쌍로 보일러(Twin furnace boiler)

07 보일러 물 순환에 의한 분류

(1) 자연순환 보일러(Natural circulation boiler)

① 자유순환 보일러(Free circulation boiler)
② 가속순환 보일러(Accelerated circulation boiler)

(2) 강제 재순환 보일러(Forced circulation boiler)

① 라 몬트 보일러(La Mont boiler)
② 벨럭스 보일러(Velox boiler)
③ 스팀모티브 보일러(Steamotive boiler)

(3) 관류 보일러(Forced circulation once through boiler)
　　① 벤슨 보일러(Benson boiler)
　　② 술저 단관식 보일러(Sulzer monotube boiler)

(4) 간접가열 보일러(Indirect heating boiler)
　　① 레플러 보일러(Loeffler boiler)
　　② 슈미트 보일러(Schmidt boiler)

08 용도에 의한 분류

(1) 주 보일러(Main boiler)

(2) 보조 또는 부 보일러(Auxiliary boiler or Donkey boiler)
　　① 버티컬 크로스 튜우브 보일러(Vertical cross tube boiler)
　　② 코크란 보일러(Cochran boiler)
　　③ 배기 보일러(Exhaust boiler)
　　④ 배기 기름 혼합 보일러(Exhaust-gas oil fired boiler)
　　⑤ 패키지 보일러(Package boiler)

09 습연식 보일러의 장·단점(스코치 보일러)

(1) 장 점
　　① 구조가 간단하다.
　　② 취급이 간단하다.
　　③ 급작스런 압력변화에도 커다란 위험이 없다.
　　④ 비교적 저압용이기 때문에 급수처리가 간단하다.
　　⑤ 검사, 수리, 소제가 용이하다.

(2) 단 점
　　① 증기발생의 단위중량에 대한 보일러 중량이 너무 무겁다.
　　② 소요압력까지 비등하는 데 시간이 많이 걸린다.
　　③ 보일러 압력이 $20kg/cm^2$ 내외로 제한된다.

④ 다량의 물 보유로 파열 때의 피해가 크다.

10 건연식 보일러의 습연식 보일러에 대한 장점(호든 존슨 보일러, 부르돈 카프스 보일러)

① 보일러 압력도 높일 수 있으며 공작이 용이하고 고장도 적어지며 중량도 약 10%정도 가볍다.
② 완전연소를 할 수가 있다.
③ 보일러 물순환이 잘 되며 전열면적이 증가되고 온도차에 의한 부당한 열응력이 감소되며 증기시간도 단축된다.
④ 과열기와 과열저감기를 장치하여 출력을 증가시킬 수 있다.

11 수관 보일러의 장·단점

(1) 수관 보일러의 장점
① 전열면적, 증발률이 크므로 고압, 고온 대용량의 증기발생에 적합하다.
② 증기발생이 빠르고, 열효율이 좋다.
③ 같은 증발량에서 용적은 원통형 보일러에 비해 약 10 ~ 30% 작다.
④ 전열면은 대부분 수관이므로 전열면 배치가 자유롭다.
⑤ 보일러 내의 보유수량이 적으므로 파열했을 때 재해가 적다.

(2) 수관 보일러의 단점
① 순도가 높은 급수를 필요로 한다.
② 전열면에 비하면 보일러물 보유량이 적어 프라이밍(Priming)을 일으키기 쉽다.
③ 부하변동에 대하여 압력변화가 크며 급수조절도 곤란하다.
④ 구조가 복잡하므로 검사, 수리 및 소제가 불편하다.
⑤ 제작비가 비싸며 취급에 숙련과 기술적 지식이 필요하다.
⑥ 보일러물 순환의 양호함을 원한다.

12 내부 부속 장치(Internal fittings)

보일러 드럼의 증기부(Steam space)와 수부(Water space) 내의 장치들을 말한다.

(1) 급수 내관(Internal feed pipe)
① 역할 : 증기로 증발되는 물을 계속적으로 보일러에 공급한다.
② 설 치
　㉠ 파이프 중심선이 드럼의 바닥에서 드럼경의 1/4쯤의 위치에 설치한다.
　㉡ 절탄기가 장치된 경우 절탄기 출구에 연결되며 급수정지 및 역지밸브는 절탄기 입구에 설치된다.
③ 구 조
　㉠ 파이프 전길이의 상방에 구멍(Hole)이 뚫려 있고 파이프 끝은 폐쇄되어 있다.
　㉡ 물의 흐름을 양호하게 하기 위해 구멍의 총면적은 파이프 단면적의 2배쯤 하고 있다.

(2) 수면 방출관(Surface blow pipe)
① 역할 : 보일러물 중의 유류, 부유물 등 물보다 비중이 적은 것 등을 배출한다.
② 설치 : 증기드럼의 거의 전 길이에 걸쳐 사용수위보다 1/2 아래 설치하며 파이프 상단에 구멍이 뚫려 있고 수면 방출밸브에 연결되어 있다.
　▶ 수면 방출관 대신 스컴 팬(Scum pan)을 설치하는 경우도 있다.

(3) 증기 정지판(Steam baffle plate)
① 역할 : 증기 속에 수분이 함유되지 않도록 기계적 장치의 역할을 한다.
② 설치 : 증기드럼에서 물의 부분을 감싸듯 물의 수위보다 높게 설치한다.

(4) 증기 분리기(Steam separator)
보일러에서 관내를 통하는 증기 중의 수분을 방해판, 철망, 싸이크론 등에 의하여 분리·제거하는 장치

(5) 증기 내관(Internal steam pipe)
안티프라이밍 파이프(Anti-priming pipe) 또는 드라이 파이프(Dry pipe)라고도 한다.
① 역할 : 넓은 범위에서 증기 속의 수분이 프라이밍 하는 것을 방지한다.
② 설치 : 증기드럼 증기부(Steam space) 안에 주증기 정지밸브 앞부분에 설치한다.
③ 구조 : 파이프 상단에 증기정지 밸브입구 단면적의 1.5배 정도의 드릴 구멍(Drill hole)이 파져 있다.

(6) 청관제 투입관(Chemical feed pipe)
증기드럼 속에 청관제(Boiler compound)를 투입하는 파이프를 말한다.
① 역할 : 보일러물의 부식성 물질이 화학적인 변화를 하는 화학물질(무기질 또는 유기질)

로서 관수를 연화한다.
② 설치 및 구조 : 증기드럼 전체 길이의 90(%)에 한하여 상용수위보다 아래 20mm(3/4" Dis)의 다공관(Perforated pipe)이다.

13 보일러의 외부 부속 장치(boiler mounting or external fittings)

보일러 본체의 외부에 장치된 부속 등을 말한다.

(1) 증기 정지밸브(Steam stop valve)

보일러에서 공급되는 증기의 통로를 개폐하며 주증기 정지밸브(Main steam stop valve)와 보조증기 정지밸브(Auxiliary steam stop valve)로 나누며 전자는 주기관으로, 후자는 보조기관으로 증기를 공급한다.

(2) 급수밸브(Feed valve)

① 급수 정지밸브(Feed stop valve) : 주급수 정지밸브, 보조급수 정지밸브
② 급수 역지밸브(Feed check valve) : 주급수 역지밸브, 보조급수 역지밸브 → 보일러에 넣는 급수를 가감하고 차단하는 역할을 하며, 급수 정지밸브는 보일러 본체에 직접 설치한다.

(3) 자동 급수 조절기(Automatic feed water regulator)

① 설치 목적 : 수관 보일러는 증기량은 크고 보유수량은 적으므로, 특히 고압・고온의 수관 보일러는 부하의 변동에 따라 수량의 가감이 빠르므로 보일러 손상을 방지하기 위해 설치한다.
② 설치 장점
 ① 수면을 일정하게 유지한다.
 ② 고도의 작동효과가 있다.
 ③ 밸브의 마모를 적게 한다.
 ④ 증기압력을 원활히 조절한다.
 ⑤ 취급자의 손상에도 계속 작동한다.
③ 급수 조절기의 종류
 ① 부구 작동식(Float – operated style)
 ② 열 수력식(Thermo – hydraulic type)
 ③ 열 팽창식(Thermo – expansion type)

(4) 압력계(Pressure gage)

① 설치 : 노 아궁이(Furnace door)에서 잘 볼 수 있는 증기드럼 증기부에 설치한다.
② 규정 : 압력계는 안전밸브 조정압력의 1.5배 이상 지시할 수 있어야 한다.
③ 형태 : 보통 문자판으로 직경 150~175mm 것을 사용하며 최고 눈금은 최고 압력의 2배에 두고 제한기압의 위치는 적색으로 표시하는 것이 보통이다.
④ 구조 : 압력계에 들어가는 관은 사이폰관(Siphon tube)를 쓰며 (또는 U자관) 금속 중공관(Bour-don tube)을 보통 쓴다.

(5) 수면계 종류

① 스코치 수면계(Scotch water gage)
② 클린거식 평형 반사 수면계(Klingers reflex water gage)
③ 듀런스 수면계(Dewrance's water gage)
④ 이색 수면계(Bi-colour water gage)
⑤ 야웨이 수면계(Yarway water gage)

(6) 안전밸브(Safety valve)

① 설치 목적 : 보일러 내 증기 압력이 제한기압을 넘지 않도록 자동적으로 증기분출을 위해 설치된 밸브
② 설치 규정 : 증기 드럼 최상부에 설치
  ㉠ 과열기가 없는 보일러 : 2개
  ㉡ 과열기가 있는 보일러 : 보일러 드럼 2개, 과열기 출구(경 40mm 이상 스프링 식) 1개
③ 종 류
  ㉠ 중추식 안전밸브(Dead weight safety valve)
  ㉡ 지렛대식 안전밸브(Lever safety valve)
  ㉢ 스프링식 안전밸브(Spring loaded safety valve)
④ 스프링식 안전밸브의 스프링의 구비조건
  ㉠ 흠이 없을 것
  ㉡ 코일의 간격이 일정할 것
  ㉢ 상온에서 압축·밀착하여 10분간 방치한 후 영구변형이 자유높이의 1%를 넘지 않을 것

(7) 방출밸브(Blow valve)

① 목적 : 보일러물 중에 불순물이 섞여 있거나 농도가 높을 때 또는 보일러 수리·검사 때 보일러 물을 배출하기 위하여 쓰인다.

② 설치 규정 : 방출관 내경은 20mm 이상으로 하지 않으면 안된다(수저 방출밸브).
③ 종 류
　㉠ 수면 방출밸브(Surface blow-off valve)
　㉡ 수저 방출밸브(Bottom blow-off valve)

(8) 공기밸브(Air valve)

보일러 최상부에 고압 글로브 밸브(High pressure globe valve)를 설치하며 보일러물을 뺄 때는 공기가 들어가고, 정화하여 증기발생 중에는 공기를 배출한다.

(9) 검염 콕(Salinometer cock) 또는 테스트 밸브(Test valve)

① 검염 콕 : 저압 보일러의 보일러물을 분해하기 위하여 설치한다.
② 테스트 콕 : 고압 보일러의 증발 중 보일러물을 측정하기 위해 설치한다. 보통 냉각코일(Cooling coil)을 연결시킨다.

(10) 연기 지시기(Smoke indicator)

화로에서 완전연소가 이루어지는가를 판단하기 위해 설치한 기구를 말한다.

(11) 수트 블로어(Soot blower)

① 목적 : 연료가 연소할 때 생기는 그을음이나 재를 제거하여 전열작용, 보일러효율을 좋게 하고 연료의 손실을 방지한다.
② 종 류
　㉠ 인입식 수트 블로어(Retractable soot blower)
　㉡ 노출식 수트 블로어(Non-retractable soot blower)
　㉢ 다노즐 수트 블로어(Multi-nozzle soot blower)

(12) 보일러 물순환기(Hydrokinetor)

보일러 내의 데드 워터(Dead water)를 인위적으로 순환시키는 장치
① 구성 : 3단 노즐로서 구성되어 1단 노즐에서 증기가 분출하여 그 기류로 물을 제2단, 제3단으로 유도한다.
② 조건 : 자체 증기를 사용 못하므로 2대 이상 주보일러, 또는 보조 보일러가 필요하다.
③ 사용법 : 증기압이 너무 높으면 보일러가 진동하므로 점화 전 2~3시간 전부터 작동시킨다.
④ 단점 : 보일러물 저부의 불순물을 유동시킨다.

(13) 과열기(Superheater)

보일러에서 발생된 건포화증기(Dry saturated steam)를 과열증기(Surperheated steam)

로 만드는 장치를 말한다.
① 과열증기 사용의 잇점
　㉠ 이론적 열효율 증가
　㉡ 열락차의 증대에 의한 증기 소비량 감소
　㉢ 증기통로 및 원통기 중에 있어서 마찰손실 감소
　㉣ 수분에 의한 부식경감
② 종 류
　㉠ 연소방식에 의한 분류
　　ⓐ 직접 접촉식 과열기(Controlled superheater)
　　ⓑ 간접 접촉식 과열기(Uncontrolled superheter)
　㉡ 전열방식에 의한 분류
　　ⓐ 대류 과열기(Convection superheater)
　　ⓑ 복사 과열기(Radiation superheater)
　　ⓒ 복사대류 과열기(Radiation convection superheater)
　㉢ 장치위치에 의한 분류
　　ⓐ 오버데크형(Overdeck type)
　　ⓑ 인터데크형(Interdeck type)
　　ⓒ 인터튜브형(Intertube type)
③ **구조** : 관(Tube)과 헤더(Header)로 구분되며 보통 과열관을 헤더에 고정시키는 강판을 사용하고 고압일 경우에는 강관부를 용접하는 경우도 있다.
④ **재료** : 일반적으로 고온의 과열기관은 Ni, Cr, Mo 등을 함유한 특수강을 사용한다.

(14) 과열 저감기(Desuperheater)

한 번 과열된 고온·과열증기의 일부를 과열기에서 분리하여 포화온도 또는 일정한 저온 과열증기 온도까지 저하시키는 장치를 말한다.

(15) 재열기(Reheater)

터빈 내에서 일정한 팽창이 끝나고 포화상태에 가까운 증기를 분리시켜 연소가스 또는 고압증기에 의해 적당한 온도까지 가열하는 장치를 말한다.

(16) 절탄기(Economizer)

① **역할** : 연소가스의 배기가스를 이용하여 급수를 예열하는 장치이다.
② 이로운 점
　㉠ 열 이용률의 증가

ⓒ 보일러 보존상 이로움

(17) 공기 예열기(Air preheater)

① 역할 : 배기가스 또는 증기 등에 의하여 연소용 공기를 예열하는 장치이다.
② 이로운 점
    ㉠ 배기가스에 의한 열손실을 적게 하고 보일러 효율을 증가시킨다.
    ⓒ 연소효율 및 연소속도 증대로 다량의 연료를 연소시킬 수 있다.
    ⓒ 적은 과잉공기(Excess air)로 완전연소시킬 수 있다.
    ㉢ 전열량을 증가시키며 보일러물 순환을 촉진한다.
    ㉣ 저질연료 연소에 유리하다.
③ 종 류
    ㉠ 가스식 공기 예열기(Gas Air preheater)
    ⓒ 전도식 공기 예열기(Conductive air preheater)
    ⓒ 재생식 공기 예열기(Regenerative air preheater)
    ㉢ 증기식 공기 예열기(Steam air preheater)
    ㉣ 급수식 공기 예열기(Feed water air preheater)

(18) 연기실(Smoke box)

연소실에서 연소된 가스는 연관을 거쳐 연소가스가 인도되는 장소로서 그을음(Soot)이 모이므로 연기실문(Smoke box door)을 설치하여 그을음을 제거한다.

(19) 연도(Uptake)

보일러의 연소가스가 보일러를 나와 연돌에 들어가기까지의 통로

(20) 연돌(Funnel)

연도의 정상에 연결되어 있고 상부는 갑판상에 높이 돌출된다. 보통 보이는 부분은 상부 연돌로서 배의 상징이라 할 수 있다.

(21) 수냉벽(Water - cooled furnace)

연소율이 크면 보일러의 내화벽돌만으로 저항을 견디기 어려우므로 노벽을 보호하기 위해 설치된다.

제2장 기출 및 예상문제

1 증기 터빈

01 다음의 증기 중에서 주기로 사용하는 터빈에서 가장 적합한 것은?
① 포화 증기
② 과열 증기
③ 과포화 증기
④ 건포화 증기

02 다음 중에서 증기 사이클의 순서가 올바르게 된 것은?
① 급수 – 응축 – 증기 발생 – 증기 팽창
② 급수 – 증기 팽창 – 증기 발생 – 응축
③ 증기 발생 – 증기 팽창 – 응축 – 급수
④ 증기 발생 – 응축 – 증기 팽창 – 급수

03 다음 중에서 증기 터빈의 작동 사이클이 아닌 것은?
① 랭킨 사이클
② 재열 사이클
③ 재생 사이클
④ 카르노 사이클

04 다음 중 증기 터빈에서 증기의 일부를 빼내어 급수를 가열하는 사이클은?
① 재열 사이클
② 재생 사이클
③ 랭킨 사이클
④ 카르노 사이클

Answer 01. ② 02. ③ 03. ④ 04. ①

05 다음 중에서 증기 터빈에서 배출되는 증기압력을 대기압보다 낮게 유지하는 이유는?
① 터빈의 크기를 작게 하기 위하여
② 복수기의 크기를 작게 하기 위하여
③ 보일러의 크기를 작게 하기 위하여
④ 증기의 열에너지를 많이 이용하기 위하여

06 다음 중에서 증기 터빈의 특징이 아닌 것은?
① 증기의 압력차를 이용한 것이다.
② 고속 회전이므로 중량과 용적이 적어도 된다.
③ 에너지의 전환이 극히 신속하게 이루어진다.
④ 고온·고압의 과열 증기를 사용할 수 있다.

07 다음 중에서 증기 터빈의 특징을 바르게 설명한 것은?
① 운동 부분의 진동이 크다.
② 에너지의 전환이 극히 서서히 이루어진다.
③ 저속 회전이므로 용적이 크다.
④ 고온·고압의 과열 증기를 사용할 수 있다.

08 증기 터빈을 증기의 작동 상태에 따라 분류할 경우 그 구분이 아닌 것은?
① 혼식 터빈　　　　　② 반동 터빈
③ 충동 터빈　　　　　④ 진동 터빈

09 다음 중 충동 터빈의 압력 강하는 시기가 언제인가?
① 노즐을 통과할 때
② 로터 휠을 지날 때
③ 고정 블레이드를 지날 때
④ 회전 블레이드를 통과할 때

Answer 05. ④ 06. ① 07. ④ 08. ④ 09. ①

10 반동 터빈에서 충동 터빈의 노즐과 같은 역할을 하는 것은?
① 로터
② 격막판
③ 회전 블레이드
④ 안내 블레이드

11 충동 터빈과 반동 터빈을 비교할 경우 충동 터빈의 장점이 아닌 것은?
① 동일 마력에 대해 중량이 적다.
② 한 단에 고장이 생겨도 타 단에 주는 영향이 적다.
③ 한 단락에서 하는 일이 많아 터빈 길이가 짧다.
④ 저압부에서 효율이 좋고 구조가 간단하다.

12 다음 중에서 더미 피스톤과 관계 없는 것은?
① 증기 누설을 방지한다.
② 축 방향의 추력을 방지한다.
③ 반동 터빈의 고압 측에 설치한다.
④ 블레이드에 작용하는 증기 추력을 평형시킨다.

13 다음 중에서 증기 터빈 기관의 노즐 역할은?
① 증기의 압력을 높임.
② 증기의 속도를 낮춤.
③ 증기의 유동 방향을 바꿈.
④ 증기를 팽창시켜 속도 에너지를 얻음.

14 다음 중에서 증기 터빈 노즐의 설치 장소는 어느 곳인가?
① 케이싱
② 다이어프램
③ 회전 블레이드
④ 고정 블레이드

Answer 10. ④ 11. ④ 12. ① 13. ④ 14. ②

15 증기 터빈 블레이드의 재료 구비 조건이 아닌 것은?
① 모양은 구배 형상을 이룰 것
② 내식성이 좋고 가공이 용이할 것
③ 고온에 의해 강도가 감소되지 않을 것
④ 원심력과 진동 및 증기압에 의한 응력에 견딜 것

16 터빈 블레이드 재료로서 적당하지 않은 것은?
① 가공이 용이할 것
② 내식성이 좋을 것
③ 높은 온도에서 크리프 한도의 감소가 클 것
④ 원심 응력, 증기의 스러스트 및 진동에 대해 강할 것

17 증기 터빈에서 블레이드 피치를 일정하게 유지하고, 블레이드의 진동을 방지하며, 또 증기가 원심력으로 튀어나오는 것을 방지시켜 주는 것은?
① 격막판
② 실링 스트립
③ 슈라우드 링
④ 더미 피스톤

18 다음 중에서 슈라우드 링의 역할이 아닌 것은?
① 블레이드의 부식을 방지한다.
② 블레이드의 끝을 보강한다.
③ 블레이드의 진동을 방지한다.
④ 블레이드의 피치를 균일하게 유지한다.

19 다음 중에서 터빈 로우터를 축 방향으로 일정하게 유지하는 것은?
① 감속 치차
② 다이어프램
③ 후진 터빈
④ 스러스트 베어링

Answer 15. ① 16. ③ 17. ③ 18. ① 19. ④

온라인 강의 에듀마켓

2 보일러

01 연도가스로 보일러의 급수를 가열하는 장치는?
① 과열기
② 절탄기
③ 통풍장치
④ 공기예열기

02 다음 장치 중에서 보일러에 설치되지 않는 것은?
① 과열기　　　　　　　② 절탄기
③ 공기예열기　　　　　④ 조속기

03 보일러 압력계를 U자관으로 하는 이유는?
① 부르돈관의 손상을 막기 위해
② 공작을 쉽게 하기 위해
③ 계측작업을 쉽게 하기 위해
④ 압력손상을 막기 위해

04 증기 사이클의 4단계가 아닌 것은?
① 증기의 발생
② 증기의 압축
③ 복 수
④ 급 수

Answer　01. ②　02. ④　03. ①　04. ②

05 습증기를 가열하여 수분을 증발시켜 과열증기로 변화시키는 장치는?
① 과열기 ② 재열기
③ 절탄기 ④ 급탄기

06 증기가 물로 변하는 현상은?
① 기화 ② 복수
③ 증발 ④ 비등

07 밀폐된 내압 용기 내의 물을 가열하여 대기압 이상의 증기를 발생시키는 장치는?
① 보일러
② 증기 터빈
③ 디젤기관
④ 가솔린기관

08 연도로 빠져 나가는 배기가스의 열로 보일러 급수를 예열하는 장치는?
① 과열기 ② 절탄기
③ 과열 저감기 ④ 재열기

09 ( )에 알맞은 것은?

> 과열기가 없는 보일러의 안전밸브는 보일러의 ( )배 이하의 압력에서 자연히 작동하도록 조정해야 한다.

① 제한기압의 1.03배
② 제한기압의 2.03배
③ 제한기압의 1.53배
④ 제한기압의 2.53배

Answer 05. ① 06. ② 07. ① 08. ② 09. ①

10 보일러의 안전밸브에 행하는 시험은?
① 부하시험 ② 축기시험
③ 수압시험 ④ 팽창시험

11 포화증기의 온도를 높이는 장치는?
① 과열기 ② 절탄기
③ 공기예열기 ④ 급수장치

12 보일러의 압력이 제한압력에 도달했을 때 즉시 밸브가 열려 압력의 상승을 방지하는 장치는?
① 수면계
② 안전밸브
③ 저수위경보장치
④ 압력계

13 선박용 보일러가 갖추어야 할 조건으로 적합하지 않은 것은?
① 무게가 가벼울 것
② 급수처리를 간단히 할 수 있을 것
③ 고압의 증기를 신속하게 발생시킬 수 있을 것
④ 설치면적이 될 수 있는 한 넓을 것

14 온도에 따른 증기의 변화 과정이 맞는 것은?
① 건포화 증기 – 습포화 증기 – 과열 증기
② 과열 증기 – 습포화 증기 – 건포화 증기
③ 습포화 증기 – 건포화 증기 – 과열 증기
④ 습포화 증기 – 과열 증기 – 건포화 증기

Answer 10. ② 11. ① 12. ② 13. ④ 14. ③

15 다음 증기 중에서 압력이 같다고 할 때 증기 온도가 제일 높은 것은?
① 건증기　　　　　　　② 습증기
③ 과열증기　　　　　　④ 포화증기

16 다음 증기 중에서 용기 중에 함유된 수분의 증발이 완전히 끝나고 온도가 상승하려 할 때의 증기는 무엇인가?
① 포화증기　　　　　　② 과열증기
③ 습포화 증기　　　　　④ 건포화 증기

17 다음은 스팀 사이클의 순서이다. 맞는 것은?
① 급수 – 증기 발생 – 응축 – 증기 팽창
② 급수 – 증기 발생 – 증기 팽창 – 응축
③ 증기 발생 – 증기 팽창 – 급수 – 응축
④ 증기 발생 – 급수 – 증기 팽창 – 응축

18 다음의 스팀 사이클에서 서로 관계가 있는 것을 연결한 것 중 틀린 항목은?
① 보일러 – 증기 발생
② 복수 펌프 – 급수
③ 에어 이젝터 – 응축
④ 터빈 – 증기 팽창

19 다음 중 물체의 온도를 높이기 위해 사용되는 열은?
① 현열
② 잠열
③ 비열
④ 융해열

 15. ③　16. ④　17. ②　18. ②　19. ①

20 다음 중 증기기관의 기본이 되는 열 사이클은?
① 디젤 사이클 ② 랭킨 사이클
③ 사바테 사이클 ④ 오토 사이클

21 터빈 내에서 팽창 중인 증기의 일부를 터빈 밖으로 빼내어 그 증발열로써 보일러의 급수를 가열하는 사이클은?
① 재열 사이클 ② 디젤 사이클
③ 재생 사이클 ④ 카르노 사이클

22 박용 보일러의 구비 조건이 아닌 것은?
① 무게가 가벼울 것
② 설치 면적이 적을 것
③ 급수 처리가 쉬울 것
④ 보일러실의 온도가 높을 것

23 다음 중 선박용 보일러의 주요 구성 부분이 아닌 것은?
① 과열기 ② 드럼
③ 연소장치 ④ 연소실

24 다음 중 보일러의 부속 장치에 해당되지 않는 것은?
① 급수장치 ② 연소장치
③ 통풍장치 ④ 내열장치

25 배기가스를 이용하여 급수를 가열시키는 장치는?
① 절탄기 ② 온수로
③ 증기 가열기 ④ 급수 가열기

Answer 20. ② 21. ③ 22. ④ 23. ① 24. ④ 25. ①

26 다음 중에서 증기 사이클 과열기의 기능으로 맞는 것은?

① 증기의 온도만 높임.
② 증기의 압력만 높임.
③ 증기의 포화 온도까지 높임.
④ 증기의 압력과 온도를 높임.

27 다음 중에서 보일러의 연소를 도와주는 장치는?

① 과열기　　　　　　② 절탄기
③ 공기예열기　　　　④ 급수가열기

28 다음 중 포화증기를 과열증기로 만드는 장치는?

① 과열기　　　　　　② 절탄기
③ 증발기　　　　　　④ 공기예열기

29 다음 중에서 보일러 과열기의 역할은?

① 증기를 물로 환원시키는 장치
② 기관 내의 물을 이동시키는 장치
③ 연소가스의 열을 흡수하여 과열증기를 만드는 장치
④ 연소가스의 열을 흡수하여 연소용 공기의 온도를 조절하는 장치

30 다음 중에서 과열증기의 온도 조절법이 아닌 것은?

① 과열 조절기를 사용하는 방법
② 과열 저감기를 사용하는 방법
③ 포화증기를 혼합시키는 방법
④ 과열기를 가열하여 연소 가스량을 조절하는 방법

Answer　26. ①　27. ③　28. ①　29. ③　30. ②

31 다음 중에서 고온 · 과열증기의 일부를 뽑아내어 포화증기에 가까운 과열증기로 온도를 저하시키는 장치는?

① 예열기　　　　　　　② 과열 조절기
③ 급수 가열기　　　　　④ 과열 저감기

32 보일러의 급수 가열과 관계 없는 것은?

① 과열기
② 절탄기
③ 급수 가열기
④ 공기분리 급수탱크

33 다음 중에서 보일러의 절탄기 설치 목적으로 맞는 것은?

① 공기 배제
② 열효율 증대
③ 완전연소 시킴.
④ 보일러의 부식 방지

34 다음 중에서 공기 예열기를 설치하여 얻는 이점 중 적당하지 않은 것은?

① 양질의 연료의 연소에 유효하다.
② 양호한 연소를 할 수 있고 그을음 발생이 적다.
③ 배기가스에 의한 열 손실을 감소시킨다.
④ 노 안이 고온으로 되므로 보일러에 주는 열량이 증가한다.

35 다음 중 공기 예열기의 종류에 속하지 않는 것은?

① 가스식　　　　　　　② 유압식
③ 증기식　　　　　　　④ 급수식

Answer　31. ④　32. ①　33. ②　34. ①　35. ②

36 다음 중 보일러에 설치되는 안전밸브가 갖추어야 할 조건으로 옳지 않은 것은?
① 분출 증기량이 적을 것
② 분출 전 증기가 새지 않을 것
③ 밸브의 개폐 작용이 신속할 것
④ 선체의 동요에 영향을 받지 않을 것

37 다음 중에서 보일러 안전밸브의 분기압력은 제한압력의 몇 배인가?
① 1.03배　　　　　　② 1.05배
③ 1.10배　　　　　　④ 1.15배

38 다음 중에서 보일러 물 중의 불순물이나 농도가 높을 때 물을 배출하는 데 사용하는 것은?
① 안전밸브　　　　　② 검염콕
③ 공기밸브　　　　　④ 방출밸브

39 다음 중에서 수트 블로어(그을음 분출기)를 사용할 필요가 없는 곳은?
① 공기예열기
② 과열기
③ 절탄기
④ 자동 급수 조절기

40 다음 중에서 수냉벽을 설치하는 목적이 아닌 것은?
① 전열면 증가
② 화로의 냉각
③ 깨끗한 증기 발생
④ 화로의 벽돌 층의 지지

Answer　36. ①　37. ①　38. ④　39. ④　40. ③

41 다음 중에서 선박용 보일러에 가장 많이 사용되는 통풍 방식은?
① 자연통풍　　　　　　② 흡입통풍
③ 평형통풍　　　　　　④ 압입통풍

42 다음 중에서 연료유와 직접적인 관계가 없는 것은?
① 기름 여과기
② 기름 가열기
③ 기름 분석기
④ 기름 이송 펌프

43 다음은 보일러 급수 처리의 목적을 설명한 것이다. 틀린 것은?
① 기수 공발 방지
② 가성 취화 방지
③ 열효율의 증가
④ 스케일 부착 방지

44 보일러 물 순환이 좋아지면 어떻게 되는가?
① 연소율이 높아진다.
② 증발 능력이 증대된다.
③ 보일러 관이 과열된다.
④ 보일러 본체에 변형이 많다.

45 1 PPM은?
① 1/10,000　　　　　　② 1/100,000
③ 1/1,000,000　　　　　④ 1/10,000,000

Answer　41. ④　42. ③　43. ③　44. ②　45. ③

46 보일러 관수 PH는 얼마 정도가 가장 좋은가?
① 7
② 11
③ 14
④ 17

47 보일러 물에 페놀프탈레인 지시약을 넣어서 적색이면 어떤 상태인가?
① 산 성
② 탄 성
③ 중 성
④ 알칼리성

48 보일러 물에 염화마그네슘이 많이 함유되면 어떤 현상이 발생하는가?
① 탄산가스를 발생시킨다.
② 기포를 형성하여 철판에 침투한다.
③ 보일러 철판의 강도가 증가된다.
④ 강한 부식성이 있어 스케일을 형성한다.

49 보일러에서 가성 취화란 어떤 현상을 말하는가?
① 보일러 물의 과도한 산성으로 보일러 내 스케일을 형성하는 현상
② 보일러 물의 경도가 과도하게 되어 철판에 산화작용이 발생하는 현상
③ 보일러 내의 증기와 함께 고형분이 배출되어 증기 터빈의 날개에 손상을 주는 현상
④ 보일러 물의 과도한 알칼리성 용액이 강재의 결정립 간을 침식하고 재질이 취약해지는 현상

50 보일러 물에 용해된 고형분 중 가성 취화와 관계 있는 것은?
① 황산칼슘
② 염화나트륨
③ 탄산나트륨
④ 수산화나트륨

Answer 46. ② 47. ④ 48. ④ 49. ④ 50. ④

51 보일러 물의 불순물에 의해서 수분 또는 물 속에 함유된 물질이 증기와 함께 반출되는 현상은?

① 비등　　　　　　　　② 기수 공발
③ 가성 취화　　　　　　④ 연속 방출

52 보일러에서 기수 공발의 원인이 아닌 것은?

① 증발수 면적이 불충분할 경우
② 증기실 용적이 너무 적을 경우
③ 보일러 수면이 너무 높을 경우
④ 보일러의 부하가 갑자기 감소하는 경우

53 다음 중에서 보일러 프라이밍의 원인은?

① 수온이 높을 때
② 연소 상태가 불량할 때
③ 보일러 물에 불순물이 많을 때
④ 청관제를 약간 적게 넣었을 때

54 다음 중에서 발생한 기포가 물 중에 있는 불순물의 영향을 받아 파괴되지 않고 누적되는 현상을 무엇이라 하나?

① 포밍　　　　　　　　② 프라이밍
③ 스팀 거품　　　　　　④ 가성 취화

55 보일러 물은 어떤 상태가 좋은가?

① 산성　　　　　　　　② 중성
③ 알칼리성　　　　　　④ 약 알칼리성

 51. ②　52. ④　53. ③　54. ①　55. ④

56 보일러에 공기 분리기를 설치하는 이유는?
① 복수기 내의 진공 유지
② 기기 내의 드레인 제거
③ 공기 중의 불순물 제거
④ 급수 중의 산소와 탄산가스 제거

57 다음 중에서 순수한 물을 얻는 데 가장 좋은 급수 처리법은?
① 여과법　　　　② 침전법
③ 증류법　　　　④ 탈기법

58 다음 중에서 가장 널리 사용되고 있는 급수 처리법은?
① 석회법　　　　② 나트륨법
③ 제올라이트법　④ 이온 교환 수지법

59 다음 중에서 보일러 물에 청관제를 사용하는 목적과 관계 없는 것은?
① 프라이밍 방지
② 스케일의 부착 방지
③ 보일러 물의 열전달 향상
④ 보일러 물의 산성화 방지로 부식 방지

60 다음 중에서 부유물 제거에 사용하는 밸브는?
① 검염콕　　　　② 수저방출밸브
③ 안전밸브　　　④ 수면방출밸브

Answer 56. ④ 57. ③ 58. ④ 59. ③ 60. ④

추진장치 및 동력전달장치

C.H.A.P.T.E.R. Ⅲ

01 역전장치

(1) 간접 역전장치
기관은 일정방향으로만 회전하고 기관과 프로펠러축 사이에 역전장치를 두어 프로펠러를 역회전시키는 법
① 기어기구에 의한 것
② 유체 클러치에 의한 것
③ 전기식에 의한 것
④ 가변피치프로펠러에 의한 것
⑤ 보이트 시나이더 프로펠러

(2) 직접 역전장치
기관과 프로펠러는 직결되어 기관 자체가 역회전하는 것
① 캠축 이동식
② 로울러 이동식

02 클러치

기관에서 발생한 동력을 추진기축으로 전달하거나 끊어주는 장치

(1) 마찰 클러치
① 2개의 축단에 마찰면을 만들어서 마찰로써 동력을 전달하는 방법
② 구조가 간단하고, 제작비도 싸다.
③ 대마력을 전하는 데는 슬립이 생겨 마찰판이 소손한다.

(2) 유체 클러치
① 기관에 직결된 구동 임펠러가 돌면 윤활유를 원심력에 의해 프로펠러축에 연결된 피동 임플러에 충동시켜 회전하게 된다. 링밸브로 윤활유를 조정함으로써 클러치를 조종할 수 있다. 이 장치의 효율은 95~97%이다.
② 어떠한 대마력에도 사용할 수 있다.
③ 비틀림 진동을 흡수한다.
④ 큰 충격에도 지장이 없다.
⑤ 중심선 조정이 간단하다.
⑥ 기계적 마찰부가 없기 때문에 신뢰도와 내구성이 크다.

(3) 전자 클러치
① 유도 전동기의 원리이다.
② 구동 로우터에 감은 코일에 전기를 보내면 자력 때문에 프로펠러축에 달려 있는 피동 로우터가 회전한다.
③ 효율은 95~98% 정도이다.
④ 전류를 조정함으로써 극저속으로도 속도조정을 할 수 있고, 원거리 조작이 쉬우며 클러치 작용 준비시간이 짧고 동력소비가 적으나 제작비가 비싸다.

03 감속장치

① 기관의 크랭크축으로부터 회전수를 감속시켜서 추진장치에 전달하여 주는 장치
② 같은 크기의 기관에서 출력을 증대시키고 높은 열효율로 운전하기에는 높은 회전수의 운전이 필요
③ **종류** : 내외 기어식 감속장치, 유성 기어식 감속장치, 차동장치

04 변속기

클러치와 추진축 사이에 설치되어 주행상태에 따라 추진축의 회전속도를 변화시키며, 이에 따라 토크를 변화시키는 역할

온라인 강의 에듀마켓

05 추진축계

(1) 선체저항과 추진

① 선체저항 : 선체의 진행을 저지하는 힘(원인 : 물, 공기)
  ㉠ 마찰저항 : 선체의 표면에 접촉하는 물의 유체마찰에 의하여 발생
  ㉡ 조파저항 : 고속항해일 때 배의 선수쪽 및 선미쪽에 큰 파도가 생겨서 주위로 퍼져 나가게 되는데 이러한 파도의 에너지를 만들기 위한 힘
  ㉢ 와류저항 : 선체의 유선형이 아닌 부분에서 생기는 와류의 에너지를 만들기 위한 힘
  ㉣ 공기저항 : 수면 위 공기의 마찰과 와류에 의해 발생하는 저항

② 동력전달과정의 마력과 효율
  ㉠ 제동마력 : 디젤기관이 발생하는 동력
  ㉡ 전달마력 : 추진기에 전달되는 동력
  ㉢ 스러스트 마력 : 추진기가 물에 대하여 유효하게 작용한 동력
  ㉣ 유효마력 : 추진기가 선체저항과 같은 힘으로써 배를 전진시키는 데에 유효하게 사용되는 동력

(2) 축계장치

① 축계 : 주기관으로부터 추진기에 이르기까지 동력을 전달하고 추진기의 회전에 의하여 발생된 추력을 추력베어링을 통하여 선체에 전달하는 일련의 장치
  ㉠ 소형선박의 구성 : 주기관 → 클러치/감속/역전장치 → 추력베어링 → 추진기축 → 선미관 → 추진
  ㉡ 중·대형기관의 구성 : 주기관 → 추력베어링 → 중간축 → 추진기축 → 선미관 → 추진기

② 커플링
  ㉠ 커플링 : 기관에서 축으로, 또는 구동축에서 파동축으로 축의 끝에서 접속하여 동력을 전달하는 축이음
  ㉡ 유체 커플링 : 선박의 축계에서는 2대 이상의 기관으로부터 한 개의 축으로 병렬 운전시 사용
  ㉢ 고탄성 고무 커플링 : 플랙시블 커플링의 대표적인 예

③ 추력 베어링
  ㉠ 정의 : 추진기에서 발생된 추력, 즉 스러스트는 축계를 거쳐서 감속기에, 감속기가 없는 경우에는 곧바로 관에 적용하게 된다. 그러나 감속기 또는 강한 추력을 받을

수 있는 구조가 아니기 때문에, 별도의 장치에 의하여 추력을 받아서 선체에 전해 주어야 한다.
　　ⓒ 종류 : 상자형, 미첼형
　④ 추진기축
　　추진기를 조립하는 축으로 선체의 후미부분을 관통하여 안쪽은 중간축에 커플링으로 연결되고, 바깥쪽은 테이퍼에 의하여 추진기를 조립

(3) **선미관**
　추진기축이 선체를 관통하여 나가는 부분에 있는 원통형의 큰 파이프로, 추진기축을 지지하여 회전할 수 있게 하는 선미관 베어링과 해수가 선내로 침입하여 들어오지 않도록 하는 선미관 축봉장치가 설치되어 있다.

(4) **가변피치프로펠러(CPP : Controllable Pitch Propeller)**
　선박용 추진 장치에 사용되는 것으로, 추진축은 계속 회전시키고, 프로펠러 보스에 조립한 프로펠러 날개의 비틀림각을 변화시킨다. 이에 따라 프로펠러의 피치를 바꿈으로써 배의 속력과 추진 방향을 변화시킬 수 있는 것이다. 가변피치프로펠러를 사용하면 기관의 역전 장치가 필요 없게 되며, 축의 회전수를 내리지 않고도 배의 저속 운전이 가능하고, 선교나 갑판 등에서의 조작이 쉽게 되는 장점이 있다. 따라서, 배가 저속으로 진행하면서 큰 추력을 필요로 하는 예인선이나 그물을 끌고 가는 어선에서는 가변피치프로펠러가 매우 효과적으로 이용되고 있다.

제3장 기출 및 예상문제

01 해수 윤활식 선미관 베어링의 재료로 많이 사용되는 것은?
① 주철
② 리그넘바이티
③ 구리
④ 알루미늄

02 클러치(clutch)의 종류에 속하지 않는 것은?
① 마찰 클러치
② 유체 클러치
③ 전자 클러치
④ 가스 클러치

03 프로펠러축에 슬리브를 끼우는 이유에 속하지 않는 것은?
① 부식을 방지한다.
② 마멸을 줄인다.
③ 교환을 하기 쉽다.
④ 윤활유의 누설을 방지한다.

04 프로펠러의 지름이란?
① 블레이드 끝이 그리는 원의 직경
② 프로펠러 보스가 그리는 원의 직경
③ 피치와 같은 말이다.
④ 프로펠러 속도와 같은 말이다.

Answer 01. ② 02. ④ 03. ④ 04. ①

05 해수 윤활식 선미관에 설치된 베어링은 어느 것인가?
① 리그넘바이티 ② 스러스트 베어링
③ 보호아연 ④ 워시백

06 프로펠러가 1회전 하였을 때 날개의 어떤 한 점이 축방향으로 이동한 거리를 무엇이라 하는가?
① 지름 ② 피치
③ 경사 ④ 전개면적

07 선박에서 주로 사용되고 있는 스크루 프로펠러의 날개 수는?
① 8~10매 ② 6~8매
③ 3~5매 ④ 1~2매

08 피치와 프로펠러 지름과의 비를 무엇이라 하는가?
① 피치비 ② 경사비
③ 보스비 ④ 전개면적비

09 선미관에 끼운 지면재(리그넘바이티)는?
① 베어링 역할 ② 패킹 역할
③ 선체 강도 보강 역할 ④ 진동 방지와 전기 절연 역할

10 선박의 운항 중 수면하에 있는 선체가 받는 저항의 대부분은 무슨 저항인가?
① 잉여저항 ② 조와저항
③ 마찰저항 ④ 조파저항

Answer 05. ① 06. ② 07. ③ 08. ① 09. ① 10. ③

11 프로펠러에 공동현상이 주로 생기는 위치는?
 ① 날개의 전면
 ② 날개의 배면
 ③ 프로펠러축의 원주 방향
 ④ 날개 뿌리의 앞 뒤쪽

12 배가 전진할 때 프로펠러가 회전하면서 먼저 물을 베는 날개의 모서리의 명칭은?
 ① 전 연 ② 후 연
 ③ 전진면 ④ 후진면

13 프로펠러에서 생기는 추력을 선체에서 받는 부분은?
 ① 메인 베어링 ② 피스톤 핀 베어링
 ③ 크랭크 핀 베어링 ④ 스러스트 베어링

14 항해 중 선미관 패킹글랜드를 적당히 죄는 정도는?
 ① 물이 새지 않도록 한다.
 ② 물이 충분히 새도록 한다.
 ③ 물방울이 조금씩 떨어지도록 한다.
 ④ 되도록이면 꽉 조인다.

15 다음 중 선박에 가장 많이 사용하는 프로펠러는 어느 것인가?
 ① 제트 프로펠러
 ② 패들 휠 프로펠러
 ③ 스크루 프로펠러
 ④ 포이드-슈나이더 프로펠러

Answer 11. ② 12. ① 13. ④ 14. ③ 15. ③

16 프로펠러가 회전할 때 날개의 끝이 그리는 원의 지름을 무엇이라 하는가?
① 피 치
② 프로펠러의 지름
③ 경사비
④ 전개면적

17 해수 윤활식 선미관의 설명 중 틀린 것은?
① 일반적으로 주철, 주강제의 선미관을 사용한다.
② 리그넘바이티 등을 사용한다.
③ 약간의 해수가 유입되어 윤활작용을 한다.
④ 지면재에는 홈을 가공해서는 안된다.

18 소형 선박에 꼭 필요한 것이 아닌 것은?
① 크랭크 축
② 중간 축
③ 스러스트 베어링
④ 프로펠러 축

19 주기관에서 발생하는 동력을 프로펠러에 전달하는 것은?
① 프로펠러
② 축
③ 실린더 헤드
④ 실린더

20 선미관의 글랜드 패킹으로 많이 사용하는 것은?
① 그리스 패킹
② 고무 패킹
③ 구리 패킹
④ 석면 패킹

21 다음 중 선미관 밀봉장치의 역할을 설명한 것은?
① 프로펠러의 부식을 방지한다.
② 선내에 해수가 침입하는 것을 방지한다.
③ 축계의 스러스트를 지지한다.
④ 프로펠러의 추력을 선체에 전달한다.

Answer 16. ② 17. ④ 18. ② 19. ② 20. ① 21. ②

22 선미측 프로펠러 부근에 아연판을 많이 붙이는 이유는?
① 선체를 안정시켜 준다.
② 부식을 방지해 준다.
③ 프로펠러를 조립하기 좋게 해준다.
④ 배의 속력을 높여 준다.

23 선체에 있어서 프로펠러 축이 선박 외부로 관통하는 곳에 장비된 것은?
① 슬리브   ② 선미관
③ 샤프트터널   ④ 용골

24 프로펠러의 속도와 배의 속도와의 차를 말하는 것은?
① 슬립   ② 피치
③ 경사   ④ 보스비

25 클러치의 종류가 아닌 것은?
① 마찰 클러치   ② 유체 클러치
③ 기체 클러치   ④ 전자 클러치

26 축계의 구성 요소가 아닌 것은?
① 피스톤   ② 스러스트 베어링
③ 중간 축   ④ 프로펠러 축

27 선내에서 앞쪽 끝은 중간 축에 연결되고 뒤쪽 끝은 선외에서 추진기에 연결되는 축은?
① 스러스트 축   ② 크랭크 축
③ 캠 축   ④ 프로펠러 축

 22. ② 23. ② 24. ① 25. ③ 26. ① 27. ④

28 프로펠러 보스부가 헐거워지는 원인이 아닌 것은?
① 접합이 불량하다.
② 고무패킹의 치수가 불량하다.
③ 너트를 덜 조였다.
④ 고속운전을 한다.

29 크랭크 축의 동력을 제일 먼저 받는 축은?
① 스러스트 축   ② 중간 축
③ 선미 축   ④ 프로펠러 축

30 프로펠러에 실제로 공급되는 마력을 무엇이라 하는가?
① 전달마력   ② 제동마력
③ 도시마력   ④ 축마력

31 스러스트 베어링의 분류와 관계 없는 것은?
① 밀폐형   ② 말굽형
③ 칼러형   ④ 개방형

32 스러스트 베어링 중에서 칼라가 1매로서 그 주위에 여러 개의 패드가 있고, 박용 디젤기관에 가장 많이 사용되는 것은?
① 미첼형   ② 개방형
③ 유니온형   ④ 말굽형

33 스러스트 베어링의 종류 중 외관상으로 보아 개방형인 것은?
① 말굽형   ② 미첼형
③ 보통형   ④ 유니온형

Answer 28. ④ 29. ① 30. ① 31. ③ 32. ① 33. ①

34 다음 중에서 축로(Shaft Tunnel)의 의미를 가장 잘 나타낸 것은?
① 감속 장치와 역전 장치가 설치된 부분
② 스러스트 베어링이 설치되는 부분
③ 크랭크 축이 원활하게 회전하도록 설치된 베어링 간의 거리
④ 프로펠러 축이 지나가는 기관실과 선미 격벽 사이의 터널

35 다음 중에서 추진기관으로부터 축계 장치의 구성이 옳은 것은?
① 중간축 - 추력축 - 추진기축 - 추진기
② 중간축 - 추진기축 - 추력축 - 추진기
③ 추력축 - 중간축 - 추진기축 - 추진기
④ 추력축 - 추진기축 - 중간축 - 추진기

36 프로펠러 축에 청동제 슬리브를 끼우는 가장 큰 이유는?
① 축의 진동 방지
② 추진 효율의 증가
③ 축의 강도 보강
④ 해수에 의한 부식 방지

37 제1종 프로펠러 축의 검사기간은 얼마인가?
① 1년   ② 3년
③ 5년   ④ 7년

38 다음 중에서 선내에 해수가 침입하는 것을 막는 동시에 프로펠러 축에 대하여 베어링 역할을 하는 것은?
① 선미관   ② 크랭크 축
③ 베드 플레이트   ④ 가이드 슈

Answer 34. ④ 35. ③ 36. ④ 37. ② 38. ①

39 선미관 베어링 리그넘바이티의 해수 윤활 작용을 돕는 형식이 아닌 것은?
① V   ② U
③ X   ④ UV

40 유 윤활식 선미관의 베어링 재료는?
① 청동   ② 백색 합금
③ 켈밋   ④ 리그넘바이티

41 선미관 글랜드 패킹에서 물이 과다하게 새는 경우가 아닌 것은?
① 패킹 글랜드를 느슨하게 죄였을 때
② 프로펠러 측의 굴곡이 심할 때
③ 프로펠러 슬립이 증가할 때
④ 글랜드 패킹의 마모가 심할 때

42 상선의 크기를 표현할 때 사용하는 톤수는 어느 것인가?
① 총톤수   ② 순톤수
③ 운하톤수   ④ 배수톤수

43 세금 징수의 기초가 되는 것으로, 총톤수로부터 배의 운항에 필요한 공간을 뺀 톤수를 무엇이라 하는가?
① 순톤수   ② 총톤수
③ 중량톤수   ④ 배수톤수

44 다음 선박 중 부하 계수가 가장 큰 선박은?
① 여객선   ② 연안선
③ 예인선   ④ 화물선

Answer 39. ③ 40. ② 41. ③ 42. ① 43. ① 44. ③

45 다음 중 가장 큰 값을 갖는 배의 길이는?
① 전장
② 등록장
③ 수선장
④ 수선간 길이

46 다음 중 선수 흘수와 선미 흘수의 차를 무엇이라 하는가?
① 전폭
② 형폭
③ 캠버
④ 트림

47 다음 중 선박이 정상적으로 전진할 때, 선체에 작용하는 저항 중 가장 큰 것은?
① 조파저항
② 공동저항
③ 공기저항
④ 마찰저항

48 다음 중 선체의 조파저항과 가장 관계가 깊은 것은?
① 배의 길이와 속도
② 배의 길이와 폭
③ 배의 폭과 속도
④ 배의 길이와 깊이

49 다음 중 고속선에서 제일 큰 비중을 차지하는 배의 저항은?
① 마찰저항
② 조파저항
③ 와류저항
④ 공기저항

50 다음 중에서 디젤기관의 출력인 제동마력을 계측하는 곳은?
① 실린더 헤드 상단
② 크랭크 축단
③ 프로펠러 축단
④ 실린더 내

Answer 45. ① 46. ④ 47. ④ 48. ① 49. ② 50. ②

51 실제로 배를 전진시키는 데 필요한 마력은?
① 지시마력 ② 유효마력
③ 축마력   ④ 제동마력

52 다음 중 전달 효율은?
① $\dfrac{도시마력}{제동마력}$ ② $\dfrac{도시마력}{전달마력}$
③ $\dfrac{전달마력}{제동마력}$ ④ $\dfrac{전달마력}{도시마력}$

53 다음 중 추진에 필요한 마력을 추정하는 방법으로 닮은 꼴인 배 두 척의 대응 속도를 이용하는 방법은?
① 자항 모형 시험에 의한 방법
② 유사선 자료에 의한 방법
③ 애드미럴티 계수법에 의한 방법
④ 유효마력과 추진 계수에 의한 방법

54 다음 중에서 가변피치프로펠러와 관계 없는 사항은?
① 프로펠러 날개가 보스에 고정되어 있다.
② 서보 모터의 유압식 피스톤이 작동한다.
③ 기관과 프로펠러는 항상 같은 방향으로 회전한다.
④ 프로펠러 축의 중간을 관통하는 조종축이 있다.

55 다음 중에서 나선형 프로펠러가 사용되는 이유가 아닌 것은?
① 설계가 용이하다.
② 구조가 간단하고 강도가 크다.
③ 비교적 고장이 적고 파손되는 일이 적다.
④ 흘수 및 속력 변화에 효율이 크게 변한다.

Answer 51. ② 52. ③ 53. ③ 54. ① 55. ④

온라인 강의 에듀마켓

56 다음 중에서 배가 전진할 때 물을 미는 추진기 날개면을 무엇이라고 하는가?
① 배면
② 전연
③ 후연
④ 압력면

57 프로펠러 날개와 보스가 연결되는 부분을 무엇이라 하는가?
① 전연
② 후연
③ 블레이드 팁
④ 블레이드 루트

58 프로펠러 날개 선단 부분을 무엇이라 하는가?
① 전연
② 후연
③ 블레이드 팁
④ 블레이드 루트

59 프로펠러 날개를 전개했을 때 날개 끝으로 갈수록 회전 방향과 반대 방향으로 처지게 한 것을 무엇이라 하는가?
① 경사
② 윗시백
③ 블레이드백
④ 스큐백

60 프로펠러 보스 중심선에 수직인 면과 날개가 이루는 각도를 무엇이라 하는가?
① 경사(레이커)
② 윗시백
③ 블레이드백
④ 스큐백

61 다음 중에서 프로펠러의 피치란 무엇인가?
① 프로펠러 블레이드의 각도
② 1분간에 프로펠러가 전진하는 거리
③ 프로펠러 1회전에 블레이드가 전진하는 각도
④ 프로펠러가 1회전할 때 블레이드가 전진하는 거리

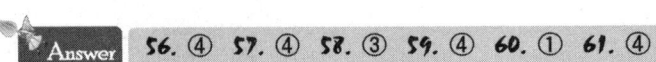

Answer 56. ④ 57. ④ 58. ③ 59. ④ 60. ① 61. ④

62 다음 중 프로펠러의 피치비는 어느 것인가?
   ① 피치/원판 면적
   ② 원판 면적/피치
   ③ 프로펠러 직경/피치
   ④ 피치/프로펠러 직경

63 다음 중에서 프로펠러의 경사(rake)를 나타낸 것은?
   ① 날개 두께의 변화 상태
   ② 추진기 축심의 용골에 대한 경사
   ③ 추진기 날개의 전후 방향의 경사
   ④ 추진기 날개의 회전 방향에 대한 경사

64 프로펠러 내부를 중공으로 하는 이유 중 틀린 것은?
   ① 강도의 증가
   ② 재료를 절약한다.
   ③ 프로펠러 중량을 가볍게 하기 위하여
   ④ 테이퍼 부의 래핑 면적의 감소

65 다음 중 프로펠러 면적의 종류가 아닌 것은?
   ① 추진 면적   ② 원판 면적
   ③ 투영 면적   ④ 전개 면적

66 다음 재료 중에서 프로펠러 재료로 가장 많이 사용되는 것은?
   ① 주철
   ② 주강
   ③ 고력 황동
   ④ 스테인리스강

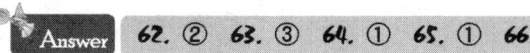

Answer 62. ② 63. ③ 64. ① 65. ① 66. ③

67 다음 중 일반적으로 사용되지 않는 프로펠러 축은?
① 강철   ② 황동
③ 청동   ④ 주철

68 다음 중에서 프로펠러의 구비 조건이 아닌 것은?
① 주조성이 좋을 것
② 무거울 것
③ 피로 강도가 클 것
④ 부식과 침식에 대한 내식성이 있을 것

69 배가 전진할 때 추진기가 회전하여 먼저 물을 끊는 쪽의 날개 모서리를 무엇이라 하는가?
① 전연   ② 후연
③ 전진면 ④ 배면

70 다음 중에서 스크루 프로펠러의 슬립이란?
① 추진 속도와 배의 속도와의 차이
② 추진 속도와 엔진 속도와의 차이
③ 엔진 회전수와 배의 속도와의 차이
④ 엔진 회전수와 프로펠러 회전수와의 차이

71 다음 중에서 프로펠러 슬립이 증가하는 원인이 아닌 것은?
① 파도가 심할 때
② 다른 배를 예인할 때
③ 배가 속력을 줄일 때
④ 프로펠러 캐비테이션이 발생할 때

Answer 67. ④ 68. ② 69. ① 70. ① 71. ③

72 다음 중 슬립이 증가하는 원인은?
① 회전수의 저하
② 추진기 피지의 감소
③ 배의 속력 감소
④ 추진기 날개 면적의 증가

73 다음 중에서 선박의 선미 부분이 전식 작용에 의해서 차츰 닳아 없어지는 것은?
① 철판   ② 황동
③ 청동   ④ 아연

74 다음 중에서 선미측 프로펠러 부근에 아연판을 붙이는 이유를 설명한 것으로 가장 옳은 것은?
① 선체의 강도를 증가시킨다.
② 프로펠러 및 선체의 부식을 방지한다.
③ 프로펠러의 진동을 방지한다.
④ 배의 속력을 증가시킨다.

75 다음 방식용 보호 아연판에 관한 설명 중 틀린 것은?
① 고순도의 아연판일수록 좋다.
② 피 방식제와 전기가 잘 통해야 한다.
③ 프로펠러 방식의 경우 보스에 설치한다.
④ 아연판 보호를 위해 도료를 칠한다.

76 다음 중에서 프로펠러 축의 절손 원인으로 가장 영향이 적게 미치는 것은?
① 비틀림 진동   ② 재질, 공작 불량
③ 불량 윤활유의 사용   ④ 부식에 의한 축강도 감소

 72. ③ 73. ④ 74. ② 75. ④ 76. ③

77 프로펠러를 떼어냈을 때 검사할 사항이 아닌 것은?
① 날개의 손상 유무
② 날개 재질의 변질 여부
③ 피치 계측
④ 보스 허브(Boss hub) 내의 침수 여부

78 다음 중에서 프로펠러 축 절손을 방지하는 데 주의해야 할 사항이 아닌 것은?
① 프로펠러 피치를 수정한다.
② 위험 회전수와 급회전을 피하여 운전한다.
③ 축을 점검하고 지면재 틈을 조정한다.
④ 보스 테이퍼 부의 패킹 및 수밀 장치를 정비한다.

79 다음 중에서 프로펠러 피치를 측정하는 데 필요 없는 사항은?
① 마이크로 미터
② 정판(정반)
③ 원을 그리는 컴퍼스
④ 삼각자

80 다음 중에서 프로펠러의 평균 피치는 얼마인가?
① 0.5 R
② 0.7 R
③ 0.9 R
④ 1.0 R

81 추진기를 분해할 때 제일 먼저 해야 할 것은?
① 추진기 너트를 푼다.
② 죄임 마크를 새긴다.
③ 보스를 풀기 위한 쐐기를 장치한다.
④ 추진기 축의 이동을 억제하도록 조치한다.

Answer 77. ② 78. ① 79. ① 80. ② 81. ②

82 추진기 조임 너트의 나사 방향과 추진기의 전진 시 회전 방향과의 관계는?
① 같다.
② 반대로 한다.
③ 일정치 않다.
④ 저속 회전에서는 같게 고속 회전에서는 반대로 한다.

83 다음 프로펠러의 수리 방법 중 틀린 것은?
① 약간 굽은 곳을 펼 때는 굽은 내측에서 공기해머로 때린다.
② 넓은 면적에 걸쳐 굽었을 때는 아닐링 시공을 교대로 행하면서 작업한다.
③ 가열할 때는 앵두빛 정도가 될 때까지 가열하여 검은색이 되면 재가열한다.
④ 굽은 곳을 펼 때는 가능하면 풀림 시공을 하면서 냉각가공을 하는 것이 좋다.

84 다음 중에서 프로펠러 날개의 화학적 부식 원인은 무엇인가?
① 캐비테이션의 증가
② 금속과 해수의 이온화 현상
③ 프로펠러의 조립 불량
④ 부유물이나 장애물과의 접촉

85 프로펠러 축의 플랜지 구멍에 대한 설명 중 옳은 것은?
① 진원이라야 한다.
② 약간 타원이라도 지장 없다.
③ 약간 타원이라도 견고하게 볼트를 취부하면 좋다.
④ 볼트 구멍이 8개라면 진원인 구멍은 2개면 좋다.

86 선체를 조선소에 상가했을 때 기관원으로 맨 먼저 점검하여야 할 것은?
① 크랭크
② 피스톤
③ 베어링
④ 프로펠러 및 선저 밸브

Answer   82. ②   83. ①   84. ②   85. ①   86. ④

87 다음 중에서 추진기를 분해할 때 계측할 필요가 없는 것은?

① 추진기 캡과 타의 거리
② 추진기와 선미관의 거리
③ 추진기 외경 측정
④ 프로펠러 커플링과 격벽과의 거리

88 프로펠러를 떼어내었을 때 검사할 사항 중 관계 없는 것은?

① 키의 홈을 살핀다.
② 날개의 손상 유무를 살핀다.
③ 해머로 때려 응력을 제거한다.
④ 보스 내부의 부식 유무를 살핀다.

89 프로펠러를 새로 교환할 때 특히 유의할 점은?

① 부식 방지액을 바른다.
② 날개의 수를 조사한다.
③ 슬립 상태를 확인한다.
④ 각 날개의 피치가 같은지 확인한다.

90 다음 중에서 프로펠러의 탈아연 현상은?

① 프로펠러가 휘는 현상
② 프로펠러가 탈락되는 현상
③ 프로펠러 재료가 나빠 균열이 생기는 현상
④ 프로펠러 재료 중 아연이 부식되어 표면이 거칠어지는 현상

91 다음 중에서 축계에 생긴 X자형 균열의 발생 원인은?

① 인장응력　　　　② 압축응력
③ 전단응력　　　　④ 비틀림응력

Answer 87. ③ 88. ③ 89. ④ 90. ④ 91. ④

92 다음 중에서 프로펠러 날개 표면에 작은 홈이 많이 난 상태의 원인은 무엇인가?
① 부식
② 침식
③ 산화
④ 탈아연 현상

93 다음 중에서 프로펠러 축의 검사 방법 중 내부 탐상법에 속하지 않는 것은?
① 침투 탐상법
② 전자기 탐상법
③ 방사선 조사법
④ 초음파 검사법

94 스크루 프로펠러의 캐비테이션의 원인은?
① 수온의 상승
② 수류의 이상 흐름
③ 프로펠러의 심한 마모
④ 프로펠러 원주 속도가 어느 한계를 넘음

95 다음 중에서 프로펠러 공동현상 발생과 직접 관계가 없는 것은?
① 날개의 수
② 프로펠러의 원주 속도
③ 날개 단면의 현상
④ 각 단면에 있어 수류 입사각

96 다음 중에서 프로펠러 캐비테이션 현상의 장해에 속하지 않는 것은?
① 선체 진동
② 날개 면의 침식
③ 배의 속도 저하
④ 프로펠러 효율이 좋아짐.

Answer 92. ② 93. ① 94. ④ 95. ① 96. ④

97 다음 중에서 추진기의 평형이 이루어지지 않을 때 일어나는 현상과 관계 없는 것은?
① 선체 진동 ② 축계 진동
③ 선미관의 마모 ④ 추진기의 침식

98 다음 중에서 축계에 과도한 진동이 일어날 때 조사해야 될 사항이 아닌 것은?
① 축계의 중심선 검사
② 각 축의 굴곡 유무 조사
③ 프로펠러 재질 및 회전 방향 조사
④ 프로펠러의 균형 검사 및 피치 계측

99 다음 중에서 축계 중심선이 부정할 때 일어나는 것은?
① 출력 증강 ② 이상 폭음
③ 축계의 절손 ④ 배기 온도 상승

100 추진기의 진동 원인이 될 수 없는 것은?
① 가변 피치로 인한 진동
② 공동현상으로 인한 진동
③ 불균일한 반류 중에서의 회전
④ 날개가 수면 상에 노출될 때

101 다음 중에서 프로펠러 진동 원인이 아닌 것은?
① 프로펠러의 균형이 불량할 때
② 각 날개의 피치가 같지 않을 때
③ 선미관의 마모, 기타 자축, 중심선의 굽힘 등이 있을 때
④ 기관의 왕복운동부와 선체와의 진동의 주기가 일치하지 않을 때

Answer 97. ④ 98. ① 99. ③ 100. ① 101. ④

102 다음 중에서 프로펠러에 의한 축계 진동 원인이 아닌 것은?
① 날개 피치의 불균일
② 정적 및 동적 불균형
③ 캐비테이션 발생에 의한 것
④ 날개 전개 면적이 적을 때

103 다음 중에서 이중저를 두는 이점이 아닌 것은?
① 선체 저항 감소
② 화물과 선박의 안전
③ 선체의 강도 증가
④ 연료, 청수 등의 탱크로 이용

104 다음 중 일반적으로 수밀격벽으로 하지 않아도 좋은 격벽은 어떤 것인가?
① 선수 격벽
② 선미 격벽
③ 기관실 전단 격벽
④ 스크린 격벽

105 과정이 선체의 선수와 선미에 위치하고 선체 중앙에 파곡이 있는 상태를 무엇이라고 하는가?
① 래킹(Racking)
② 새깅(Sagging)
③ 슬래밍(Slamming)
④ 호깅(Hogging)

106 다음 중 선체의 중앙에서 용골의 상면으로부터 수면까지의 높이를 무엇이라 하는가?
① 격벽
② 트림
③ 선체
④ 흘수

Answer 102. ④ 103. ① 104. ④ 105. ② 106. ④

연료 및 윤활유

C.H.A.P.T.E.R. Ⅳ

1 윤활 및 냉각장치

(1) 주유방법

① 비산식 : 소형기관의 크랭크케이스 내에서 크랭크가 회전함으로써 유면을 쳐서 기름이 튀게 하여 각부를 윤활
② 강압 주유식 : 윤활유 펌프로 압력유를 순환
③ 적하법 : 베어링 등에 사용되며 모사 등으로 모세관 작용을 이용한 것
④ 원심 주유법 : 기름에 원심력을 주어 주유하는 것으로 소구기관의 크랭크핀 메탈에 사용
⑤ 유욕식 : 마찰면이 언제나 유중에 잠겨 있으며 역전기 등에 사용
⑥ 오일링식 : 저어널에 지름이 큰 오일링을 끼워 축이 회전하면 같이 돌며 밑의 기름을 묻혀 올려 베어링에 주유

(2) 윤활유 온도가 상승하는 원인

① 윤활유 압력이 낮고 윤활유량이 부족할 때
② 유냉각기의 성능이 불충분할 때
③ 주유부분이 과열 또는 소착을 일으켰을 때
④ 윤활유의 불량 또는 열화시

(3) 윤활유의 작용

① 윤활작용
② 냉각작용
③ 밀봉작용
④ 청정작용
⑤ 방청작용

(4) 마찰의 종류

① 고체 마찰(건조 마찰) : 활동하는 두 금속면이 유막이 없는 상태

② 경계 마찰
③ 유체 마찰 : 가장 양호하다.

(5) 기관의 냉각

① 기관의 냉각수 온도가 너무 낮을 때 기관에 미치는 영향
  ㉠ 기계 효율 저하
  ㉡ 연료 소비량이 많다.
  ㉢ 실린더 마멸 촉진
  ㉣ 스케일이 부착되기 쉽다.
② 해수 냉각시 실린더 헤드 냉각수 출구의 온도 : 45℃ 정도 유지가 보통이다.
③ 전식 작용 : 해수 냉각 계통 중에서 구리, 철같이 서로 다른 금속이 접하고 있으면 이 사이에 전류가 흘러 전기 화학 작용에 의해 철 쪽이 빨리 부식한다.
  ♣ 방지책 : 실린더, 물, 재킷, 헤드, 냉각기에 보호 아연판 설치
④ 냉각수 계통(해수 냉각)
  선외 – 냉각수 펌프 – 윤활유 냉각기 – 실린더 헤드 – 배기밸브박스 – 배기관 – 선외

2 연료유

(1) **종류** : 가솔린(비중 : 0.69~0.77), 등유(비중 : 0.78~0.84), 경유(비중 : 0.84~0.89), 중유(비중 : 0.91~0.99)

(2) **비중** : 부피가 같은 기름의 무게와 물의 무게와의 비로써, 온도에 따라 큰 변화가 있으며 보통 15℃를 기준으로 한다.

(3) **점도** : 액체가 유동할 때 분자 간에 마찰에 의하여 유동을 방해하려는 작용이 일어나는 성질을 말한다.

(4) **인화점** : 연료가 서서히 가열될 때 나오는 유증기에 불을 가까이 하면 불이 붙게 되는 최대온도

(5) **발화점** : 연료의 온도를 인화점보다 높게 하면 외부에서 불이 없어도 자연발화되는 최저온도

(6) **응고점** : 기름의 온도를 점점 낮게 하면 유동하기 어려운데, 전혀 유동하지 않는 기름의 최고온도

(7) **유동점** : 응고된 기름에 열을 가하여 움직이기 시작할 때의 최저온도(응고점보다 2.5℃ 정도 높다).

(8) **연료유 중의 불순물**
   ① 잔류탄소 : 증발시킨 후 남는 탄소 퇴적물
   ② 황 : 연소에 의해 이산화황, 삼산화황으로 되어 황산을 생성시킨다.
   ③ 수분 : 연료유 중 수분함유량이 1% 이상일 때에는 불완전 연소, 연료 발열량의 감소가 발생한다.
   ④ 슬러지 : 연료를 저장하고 있는 중에 기름에 용해되지 않는 성분들이 응집하여 생기는 흑색 침전물

(9) **디젤기관용 연료유의 조건**
   ① 발열량이 높고 연소성이 좋을 것
   ② 반응이 중성이고 점도가 적당할 것
   ③ 응고점이 낮을 것
   ④ 회분, 수분, 유황분 등이 적을 것
      ▶ 1 드럼은 200L이다.

3 윤활유

(1) **기능** : 윤활작용, 냉각작용, 기밀작용, 응력분산작용, 방청작용, 청정작용

(2) **종 류**

① 내연기관용 윤활유 : 육상 및 선박 내연기관용
② 터빈유 : 증기터빈, 수력터빈, 터보형 송풍기 및 터보형 압축기용
③ 기계유 : 종래의 기계유, 스핀들유, 다이나모유 및 실린더유를 통합한 것
④ 베어링유 : 주로 순환식, 유욕식, 비말식의 급유방법으로 윤활되는 각종 기계의 베어링용
⑤ 기어유 : 공업 및 자동차 기어용
⑥ 냉동기유 : 냉동기의 윤활용
⑦ 유압작동유 : 유압기계의 작동유로 사용되는 기름
⑧ 그리스 : 반고체 윤활유

(3) **마찰의 종류** : 마찰의 종류는 고체마찰, 경계마찰, 유체마찰이 있다. 유체마찰은 기름 자신의 내부 저항 뿐이므로 마찰력은 대단히 적다. 유체마찰 상태를 완전 윤활이라 하고, 경계마찰 상태를 불완전 윤활이라 한다.

(4) **기관의 마찰부에 윤활유를 공급하는 방식**

① 비산식이란, 크랭크케이스 내의 윤활유를 크랭크가 회전하면서 기름을 튀겨 올려 각부를 윤활하는 방식이다(소형 기관의 윤활 방식).
② 강제 순환 급유방식은 윤활유 펌프로 압력유를 각 마찰부나 베어링부에 순환시켜 다시 회수하는 것이다(중·대형 기관의 윤활 방식).

(5) 윤활유 냉각기는 각부를 윤활하고 나온 뜨거운 기름을 차가운 해수와 열교환을 통해 냉각시켜주는 장치

(6) 3방향 온도 조절 밸브는 기관 냉각수나 윤활유 유입관(유출관)의 온도센서에 의해 감지하여 냉각기를 통과시키는 유체량과 바이 패스시키는 유체량을 조절하여 유체의 온도를 제어하는 밸브

(7) **기관 냉각액**

① 기관 전체(재킷 및 배기 밸브 등) → 청수나 해수
② 피스톤 → 윤활유나 청수
③ 연료 분사 밸브 → 연료유나 청수

(8) 청수 냉각기는 순환식 냉각법을 택하는 기관에서 냉각을 마친 뜨거운 청수를 해수와 열교환에 의해 냉각시키는 장치(냉각된 청수는 기관으로 다시 순환).

(9) 피스톤 냉각

① 오일 제트식, 셰이커형, 개방식은 피스톤 배면에 윤활유를 분출하여, 냉각한 뒤 크랭크 케이스로 떨어지게 하는 방식이다.

② 밀폐식은 관절관이나 텔레스코픽 파이프(신축관)를 이용하여 피스톤 냉각 통로로 청수나 기름을 순환시킨다(주로 대형 디젤기관의 피스톤 냉각법).

(10) 냉각수 펌프

① 왕복펌프 → 주로 플런저 펌프가 사용됨(중·소형 기관의 냉각수 펌프로 사용).

② 원심펌프 → 대형기관의 냉각수 펌프로 많이 사용

제4장 기출 및 예상문제

1 윤활 및 냉각장치

01 두 마찰면에 정상적인 유막이 존재할 때의 마찰은 어느 것인가?
① 유체마찰
② 경계마찰
③ 고체마찰
④ 건조마찰

02 내연기관의 주유 방법 중 크랭크케이스 내에서 크랭크가 회전함으로써 유면을 쳐서 기름을 튀어 윤활하는 방식은?
① 적하식 주유법
② 원심식 주유법
③ 강압식 주유법
④ 비산식 주유법

> **해설** 내연기관의 주유 방법(주유 방법 – 마찰부에 윤활유를 공급하는 방법)
> ① 비산식 – 크랭크가 유면(기름면)을 쳐서 튀게 하여 각 부를 윤활
> ② 강압식 – 윤활유 펌프로 압력유를 각 부에 순환
> ③ 적하식 – 모세관 현상을 이용하여 기름을 떨어뜨리는 것
> ④ 원심식 – 기름에 원심력을 주어 주유함.
> ⑤ 유욕식 – 마찰면이 언제나 기름 중에 잠겨 있도록 함.
> ⑥ 오일링식 – 축에 축 직경보다 큰 링을 끼워서 축이 회전하면 링이 회전하여 밑에 기름을 묻혀 올려 주유함.

Answer 01. ① 02. ④

03 디젤기관에서 항해 중 냉각수에서 기름이 조금씩 섞여 나오는 가장 큰 원인은?

① 실린더 냉각수 통로의 오손
② 바닷물에 기름이 떠 있다.
③ 유냉각기가 새는 곳이 있다.
④ 냉각수 펌프 플런저에 주유한 기름

해설 　윤활유 냉각기(유냉각기) (L.O Cooler) - 각 마찰부를 순환한 윤활유는 각 마찰부의 마찰열을 흡수해 오므로 온도가 높아진다. 이것을 재차 사용하기 위해 냉각시킨다.

04 다음 중 윤활유의 온도가 올라가는 가장 큰 원인은?

① 윤활유의 압력 상승　　② 유냉각기의 오손
③ 윤활유의 열화　　　　　④ 윤활유의 비중 증가

해설 　(1) 오손 : 더러워짐.
　　　(2) 열화 : 질이 나빠짐.
　　➧ **윤활유 온도가 높아지는 원인**
　　　① 윤활유 압력이 낮고 윤활유량 부족
　　　② 유냉각기 성능이 불량
　　　③ 주유 부분의 과열 및 소착
　　　④ 윤활유의 불량 및 열화

Answer　03. ③　04. ②

2 연료유

01 선박의 주기관에 주로 사용되는 연료는?
① 휘발유
② 경유 혹은 중유
③ 액화 석유가스
④ 석탄

02 선박용 소형 고속 디젤기관에 쓰이는 연료는 어느 것인가?
① 휘발유
② 경유
③ 등유
④ 중유

03 다음 중 비중이 가장 작은 연료유는?
① 가솔린
② 등유
③ 경유
④ 중유

04 기름의 끈적끈적한 성질을 무엇이라 하는가?
① 인화점
② 점성
③ 윤활
④ 착화점

05 연료유의 주요 성분은 무엇인가?
① 산소와 탄소
② 산소와 질소
③ 탄소와 수소
④ 탄소와 질소

06 디젤 연료 분사 밸브의 시험유는?
① 윤활유
② 경유
③ 가솔린
④ 등유

Answer 01. ② 02. ② 03. ① 04. ② 05. ③ 06. ②

07 연료유의 비중 측정시 기준이 되는 온도는 몇 ℃인가?
① 15℃ ② 25℃
③ 35℃ ④ 45℃

08 연료유에 수분이 혼입 되었을 때 기관 배기색의 변화는?
① 백색이 증가 ② 황색이 증가
③ 갈색이 증가 ④ 흑색이 증가

09 다음 중 점도가 가장 높은 것은?
① 중유 ② 등유
③ 경유 ④ 휘발유

10 선박용 디젤기관의 연료가 갖추어야 할 조건으로 거리가 먼 것은?
① 인화점이 낮을 것
② 발열량이 클 것
③ 착화성이 좋을 것
④ 기화가 용이할 것

11 연료의 완전 연소를 위한 필요조건과 관계가 없는 것은?
① 산소 ② 시간
③ 질소 ④ 온도

12 디젤기관에서 실린더의 과랭으로 인한 결점이 아닌 것은?
① 연료의 불완전 연소 ② 열효율의 저하
③ 시동 곤란 ④ 재킷 내의 전해부식 촉진

 07. ① 08. ① 09. ① 10. ① 11. ③ 12. ④

> **해설** 과랭 : 지나치게 차가움
> ▶ **기관의 실린더가 지나치게 차가울 때 기관에 미치는 영향**
> ① 연소실의 내부도 매우 차가우므로 공기를 압축하여도 공기의 온도가 올라가지 않아 시동이 곤란하고, 또 시동이 되더라도 불완전 연소가 일어난다. → 연료 소비율 증대
> ② 운전 중에 냉각수 온도를 지나치게 낮게 해도 냉각수가 연소 시 생긴 열에너지를 많이 빼앗아가므로(즉 냉각 손실이 커지므로) 열효율이 떨어진다.
> ③ 저온 부식의 원인이 된다.(황산에 의한 부식)

13 중유의 주성분 중 대부분을 차지하는 성분은?
① 수소   ② 탄소
③ 산소   ④ 질소

14 다음 중에서 연료유 성분을 발열량이 가장 많은 순서로 나열한 것으로 맞는 것은?
① 수소 〉 탄소 〉 유황   ② 수소 〉 유황 〉 탄소
③ 탄소 〉 유황 〉 수소   ④ 탄소 〉 수소 〉 유황

15 탄소가 불완전 연소하면 발생하는 것은?
① 물   ② 일산화탄소
③ 이산화탄소   ④ 이황산가스

16 석유의 불순물로서 연소 후 수분과 결합하여 저온 부식을 일으키는 성분은?
① Si   ② Mg
③ S   ④ V

17 다음 중 고온 부식을 잘 일으키는 연료는?
① 제트유   ② 양질 중유
③ 경유   ④ 저질 중유

 **13.** ② **14.** ① **15.** ② **16.** ③ **17.** ④

18 가솔린 1kg을 완전 연소시키는 데 필요한 이론 공기량은 몇 kg인가?
① 11.4 kg ② 14.8 kg
③ 22.4 kg ④ 21 kg

19 연료유 중의 회분이 기관에 미치는 가장 큰 영향은?
① 마모 ② 산화
③ 고온 부식 ④ 저온 부식

20 다음 중 중유에 포함된 불순물이 아닌 것은?
① 황분 ② 수분
③ 회분 ④ 알코올

21 기름에 열을 가할 때 불꽃을 가까이 하지 않아도 자연히 착화하는 온도를 무엇이라 하는가?
① 유동점 ② 발화점
③ 연소점 ④ 폭발점

22 디젤기관의 연소에 가장 깊은 관계가 있는 온도는?
① 응고점 ② 폭발점
③ 유동점 ④ 발화점

23 유증기에 불꽃을 접근시켰을 때 순간적으로 인화할 수 있는 정도의 유증기를 발생시키는 최저 온도를 무엇이라고 하는가?
① 폭발점 ② 인화점
③ 유동점 ④ 응고점

Answer 18. ② 19. ① 20. ④ 21. ② 22. ④ 23. ②

24 인화점보다 연료의 온도를 높여, 불을 가까이 하면 불이 붙을 뿐 아니라, 계속 연소할 수 있도록 유증기를 발생시키는 최저 온도는?

① 연소점 ② 인화점
③ 발화점 ④ 응고점

25 다음 중에서 연료유 취급상 가장 중요한 성질은?

① 인화점 ② 착화점
③ 발화점 ④ 연소점

26 다음의 연료유 중에서 비중이 가장 큰 것은?

① 가솔린 ② 등유
③ 경유 ④ 중유

27 다음 중 내연기관의 연료로서 필요한 조건이 아닌 것은?

① 발열량이 클 것
② 인화점이 낮을 것
③ 연소가 신속하게 이루어질 것
④ 쉽게 기화하여 공기와 잘 혼합할 것

28 다음 중 내연기관의 연료로서 구비해야 할 조건에 적합하지 않는 것은?

① 발열량이 클 것 ② 유동성이 적을 것
③ 착화성이 좋을 것 ④ 불순물이 적을 것

29 연료유(중유) 1kg의 발열량은?

① 100 kcal ② 1,000 kcal
③ 10,000 kcal ④ 100,000 kcal

Answer 24. ① 25. ① 26. ④ 27. ② 28. ② 29. ③

30 디젤기관의 열효율을 계산하는 데 이용되는 발열량은?
① 저위 발열량　　　② 고위 발열량
③ 방열 발열량　　　④ 탄소와 수소의 발열량의 합계

31 다음 중에서 연소 반응이 발생하기 위한 필요조건이 아닌 것은?
① 온도　　　② 공기
③ 시간　　　④ 가연물

32 연소의 3요소가 아닌 것은?
① 분무　　　② 가열
③ 산소　　　④ 가연물

33 연료의 연소성을 향상시키는 데 도움이 되지 않는 것은?
① 연소실을 보온한다.　　　② 연료를 가열한다.
③ 연료를 미립화한다.　　　④ 냉각수 온도를 낮춘다.

34 연료의 연소 온도의 변화에 영향이 가장 큰 것은?
① 연소효율을 향상시킨다.
② 복사열의 손실량을 줄인다.
③ 연료의 공기를 예열한다.
④ 발열량이 많은 연료를 사용한다.

35 연료를 연소시키기 위한 실제 공기량과 이론적 공기량과의 비율은?
① 공기비　　　② 열정산
③ 연소효율　　　④ 압축비

Answer　30. ①　31. ③　32. ①　33. ④　34. ④　35. ①

36 다음 중 연료유의 청정 처리 방법으로 옳지 않은 것은?
① 침진법
② 원심 분리법
③ 초음파법
④ 백토 처리법

37 연료유의 점도가 낮을 때 일어나는 현상으로서 틀린 것은?
① 윤활성이 나쁘게 된다.
② 연료유의 무화 상태가 좋아진다.
③ 압축 압력이 크게 된다.
④ 연료유의 누설이 많다.

38 연료유의 성질 중 점도와 비중의 관계는?
① 점도와 비중은 서로 관계 없다.
② 점도가 클수록 비중이 작아진다.
③ 점도가 적을수록 비중이 커진다.
④ 점도가 클수록 비중이 커진다.

39 다음 중에서 연료를 저장하고 있는 중에 자연 산화하여 생기는 흑색 침전물을 무엇이라고 하는가?
① 파라핀
② 스케일
③ 슬러지
④ 잔류 탄소

40 중유에 수분이 미량 혼입되었을 때에 일어나는 현상은?
① 역화하기 쉽다.
② 진동 연소가 일어난다.
③ 연료의 연소성이 향상된다.
④ 연소하던 불이 꺼지기 쉽다.

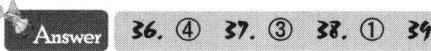
36. ④ 37. ③ 38. ① 39. ③ 40. ②

41 다음 중 저질 중유를 사용했을 때 일어나는 현상이 아닌 것은?

① 실린더 라이너의 마모량 증대
② 연료 밸브의 고착을 일으키기 쉽다.
③ 연소 상태가 불량하고 후연소를 일으킨다.
④ 배기 온도가 낮아지고, 연료 소비량이 감소한다.

Answer 41. ④

3 윤활유

01 윤활유의 변질현상을 나타낸 것으로 옳지 않은 것은?
① 산성화 된다.   ② 탄화분이 증가한다.
③ 점도가 높아진다.   ④ 색상이 연해진다.

02 다음은 디젤기관의 윤활유 계통이다. (　) 안에 적당한 것은?

> 윤활유 탱크 → 윤활유 펌프 → 여과기 → (　) → 기관

① 공기 탱크   ② 팽창 탱크
③ 윤활유 냉각기   ④ 배기관

03 윤활유가 구비해야 할 사항이 아닌 것은?
① 저장중 변질이 안될 것   ② 유동성이 나쁠 것
③ 기관에 적합한 규격일 것   ④ 부식이 안될 것

04 다음 중 윤활유가 하는 역할이 아닌 것은?
① 응력분산작용   ② 밀봉작용
③ 방청작용   ④ 마찰작용

05 윤활유가 열화하는 원인이 아닌 것은?
① 기관의 과냉   ② 기관의 과열
③ 연소가스의 누설   ④ 냉각수의 혼입

 01. ④ 02. ③ 03. ② 04. ④ 05. ①

06 윤활유 온도가 급상승할 경우에 점검해야 할 사항이 아닌 것은?
① 윤활유 공급압력
② 윤활유 섬프 탱크유량
③ 윤활유 점도
④ 윤활유 냉각기의 오손여부

07 내연기관에서 사용하는 윤활유에 필요한 조건이 아닌 것은?
① 점도가 적당할 것
② 응고점이 높을 것
③ 유막이 강할 것
④ 부식성이 없을 것

08 다음 중 윤활유 압력이 저하되는 원인이 아닌 것은?
① 유량 부족
② 윤활유 펌프의 고장
③ 윤활유의 냉각
④ 여과기의 막힘

09 윤활장치에서 윤활유를 순환시키는 기기는?
① 유 막
② 윤활유 여과기
③ 냉각기
④ 윤활유 펌프

10 내연기관용 윤활유의 구비조건으로 적절하지 않은 것은?
① 열전도가 나쁠 것
② 유동성이 좋을 것
③ 산화 또는 탄화되기 어려울 것
④ 화학적 안정성이 클 것

11 디젤기관에서 윤활유 펌프로 압력유를 순환시키는 주유법은?
① 비산식
② 적하식
③ 유욕식
④ 강압식

Answer 06. ③ 07. ② 08. ③ 09. ④ 10. ① 11. ④

12 윤활유로서 필요 없는 성질은?
① 냉각작용이 좋을 것
② 밀봉작용이 좋을 것
③ 발열량이 클 것
④ 온도변화에 따른 점도의 변화가 적을 것

13 종이에 윤활유를 묻혀 태워보았더니 탁탁 튀는 소리가 발생하였다. 그 이유는 무엇인가?
① 수분이 함유되었다.
② 유성이 좋은 양질의 윤활유이다.
③ 유성이 나쁜 윤활유이다.
④ 점도가 높은 윤활유이다.

14 윤활유가 변질되는 원인이 아닌 것은?
① 금속성분과 같은 불순물의 함유
② 장기 저장 중 산화
③ 고열에 의한 열분해
④ 저온으로 인한 유동성 저하

15 윤활유의 성질에서 가장 중시되어야 할 항목은 어느 것인가?
① 인화점　　　② 비중
③ 점도　　　　④ 발화점

16 다음 중 윤활유의 역할이 아닌 것은?
① 마찰작용　　② 냉각작용
③ 청정작용　　④ 윤활작용

Answer　12. ③　13. ①　14. ④　15. ③　16. ①

17 윤활유의 역할이 아닌 것은?

① 녹스는 것을 방지한다. ② 냉각작용을 한다.
③ 마모되는 것을 줄인다. ④ 습기를 제거한다.

> **해설** **연료유(F.O)**
> ㉠ 공기와 혼합하여 실린더 내에서 폭발하여 열에너지를 발생시켜 기관을 회전케 함. 기관이 작동되기 위해서는 끊임 없이 연료유를 공급하여야 함.
> ㉡ 연료유 → 폭발 → 팽창 → 배기가스가 되어 대기 중으로 방출
> **윤활유(L.O) – 내부유와 외부유(시스템 유)로 구분**
> ㉠ 각 마찰부에 들어가 마찰을 감소시킨다.
> ㉡ 내부유(실린더 윤활유)-윤활한 후 회수할 수 없다.
> ㉢ 외부유(시스템 유)-윤활한 후 냉각시킨 후 각 베어링에 재순환

18 디젤기관에서 윤활유의 작용과 관계 없는 것은?

① 방식작용 ② 청정작용
③ 응력감소작용 ④ 수분분리작용

> **해설** **윤활유의 작용**
> ㉠ 윤활작용 – 유막 형성, 마멸 및 융착 방지
> ㉡ 냉각작용 – 마찰부의 마찰열을 회수
> ㉢ 응력분산작용 – 응력이 한 곳에 모이지 않게 함.
> ㉣ 기밀작용 – 가스 누설 방지 작용
> ㉤ 청정작용 – 이물질을 씻어 내어 깨끗이 한다.
> ㉥ 방청작용 – 녹스는 것을 방지

19 윤활유의 압력 저하의 원인이 아닌 것은?

① 윤활유량의 부족함 ② 윤활유 펌프의 토출 밸브가 누설됨.
③ 윤활유 관내에 공기 흡입 ④ 윤활유 점도가 높음

> **해설** **윤활유 압력 저하 원인**
> ㉠ 윤활유량이 부족
> ㉡ 윤활유 펌프의 고장
> ㉢ 윤활관 내 공기 혼입
> ㉣ 윤활유 여과기의 폐쇄
> ㉤ 윤활유 조정 밸브의 파손
> ㉥ 윤활유 관의 파손으로 인한 누설
> ㉦ 윤활유 온도의 상승 등

Answer 17. ④ 18. ④ 19. ④

20 디젤기관에서 윤활유가 열화하는 원인이 아닌 것은?

① 기관의 과열 ② 냉각수의 저온
③ 블로우 바이로 연소가스 누설 ④ 각 운동부 마모에 의한 금속분 발생

해설 블로우 바이(blow-by) : 피스톤과 실린더 사이로 폭발가스나 공기가 크랭크실로 누설되는 현상 → 폭발가스가 누설되면 크랭크실 베드에 고인 윤활유와 접촉해서 윤활유 질을 떨어뜨림.

21 윤활유의 변질·열화 원인이 아닌 것은?

① 산소에 의한 열화 ② 열에 의한 탄화
③ 수분에 의한 유화 ④ 신유에 의한 희석

해설 유화 : 기름에 수분이 섞이면 기름의 색깔이 우유처럼 희게 되고 윤활유의 기능이 없어지는 현상

22 피스톤 냉각 방식 중 오일 제트 냉각의 냉각제는?

① 해수 ② 윤활유
③ 청수 ④ 연료유

해설 피스톤 냉각
① 윤활유로 냉각 - 오일 제트 생각(셰이커 식)
② 청수로 냉각

23 윤활유의 산화에 영향을 끼치는 요소로 적당하지 않은 것은?

① 산소 ② 색상
③ 열 ④ 촉매작용

24 다음 중 시스템유 열화를 방지하기 위한 조치로서 잘못된 것은?

① 윤활유의 순환량을 증가시킨다.
② 섬프 탱크에 새로운 윤활유를 적절히 보충한다.
③ 윤활유가 변질 시는 전부를 바꾸도록 한다.
④ 순환 계통에 개방시켜 신선한 공기와 접하게 한다.

Answer 20. ② 21. ④ 22. ② 23. ② 24. ④

25 다음 중 윤활유 첨가제의 유성 향상제를 넣을 때 나아지는 성질은?
① 산화를 방지한다.
② 거품이 생성되는 것을 방지한다.
③ 유막이 금속면에 강하게 흡착된다.
④ 슬러지, 탄소, 금속분들을 미세화 후 분산한다.

26 다음 중 윤활유 첨가제가 아닌 것은?
① 조연제   ② 청정분산제
③ 산화방지제   ④ 유성 향상제

27 내연기관에서 윤활유 소비를 절약하는 방법으로 적당하지 않은 것은?
① 적당한 점도의 기름을 사용
② 마찰부의 유간극을 적당히 조정
③ 크랭크실의 유량이 너무 많지 않도록 함.
④ 유압을 높여 마찰부에서 발열하지 않도록 함.

28 다음 중에서 플라싱이란 무엇인가?
① 냉각수 계통을 청수로 채우는 작업
② 연료유 계통에 공기를 제거하고 연료유를 채우는 작업
③ 시동에 앞서 실린더 내를 압축 공기로 불어 내는 작업
④ 윤활유를 공급하기 이전에 윤활 계통의 불순물 제거 작업

29 다음 중 플라싱 유에 특히 필요한 첨가제는?
① 소포제   ② 청정제
③ 산화방지제   ④ 점도 지수 향상제

Answer 25. ③ 26. ① 27. ④ 28. ④ 29. ②

30 다음 중에서 1 메시를 나타낸 것은?

① $1cm^2$ 내의 그물눈 수   ② $1(inch)^2$ 내의 그물눈 수
③ $10cm^2$ 내의 그물눈 수   ④ $2(inch)^2$ 내의 그물눈 수

Answer 30. ②

제1편 모의고사

모의고사 제 1 회

01 다음 기관 중 내연기관이 아닌 것은?
① 가스터빈
② 가솔린기관
③ 증기터빈
④ 디젤기관

02 내연기관 용어 중 상사점의 약어는?
① T.D.C
② P.S.I
③ B.D.C
④ R.P.M

03 다음 중 열효율이 가장 높은 기관은?
① 열구기관
② 가솔린기관
③ 가스터빈
④ 디젤기관

04 4행정 사이클 디젤기관에서 흡·배기 밸브가 동시에 닫혀 있는 시기는?
① 흡입할 때
② 배기할 때
③ 연료가 분사될 때
④ 피스톤이 하사점에 있을 때

05 디젤기관이 가솔린기관보다 좋은 점 중 가장 적절한 것은?
① 압축 점화식이다.
② 열효율이 양호하다.
③ 취급이 용이하다.
④ 튼튼히 제작되었다.

06 실린더주유기 내의 가스압력에 의한 윤활유의 역류를 방지하기 위해 설치되는 것은?
① 체크밸브 ② 고무 링
③ 글랜드 ④ 아연판

07 다음 중 실린더 라이너 내부 마모의 원인과 관계 없는 것은?
① 먼지에 의한 기계적 마모
② 금속 접촉에 의한 마찰마모
③ 화학작용에 의한 마모
④ 진동에 의한 침식 마모

08 실린더 마모를 줄이기 위해 내면에 어떤 도금을 하는가?
① 망간도금 ② 아연도금
③ 니켈도금 ④ 크롬도금

09 메인 베어링의 발열 원인과 관련이 없는 것은?
① 과부하 운전
② 크랭크축 중심의 어긋남
③ 윤활유 공급의 부족
④ 크랭크축의 비틀림 진동

10 디젤기관의 연소 과정 중 압력과 온도가 제일 급격히 올라가는 과정은?
① 착화 늦음 기간 ② 폭발적 연소 기간
③ 제어 연소 기간 ④ 후 연소 기간

11 디젤기관에서 연료분사펌프가 작동하기 시작한 때부터 분사될 때까지를 무엇이라 하는가?
① 발화 늦음 ② 분사 지연(늦음)
③ 후 연소 ④ 제어 연소

12 분사 초기에 분사량이 적어서 노크 방지에 유효한 노즐은?
① 스로틀 노즐　　② 핀틀 노즐
③ 단공 노즐　　④ 다공 노즐

13 밸브 간격이 규정보다 너무 작으면 어떤 현상이 일어나는가?
① 열리는 시간이 늦다.
② 닫히는 시간이 빠르다.
③ 밸브 리프트는 커진다.
④ 밸브 리프트는 작아진다.

14 흡·배기 밸브에 있어서 오버랩(밸브의 겹침)이란 어떤 것인가?
① 흡기 밸브와 배기 밸브가 닫혀 있는 것
② 흡기 밸브와 배기 밸브가 동시에 열려 있는 것
③ 흡기 밸브 닫힘과 배기 밸브 열림이 동시에 일어나는 것
④ 배기 밸브 닫힘과 흡기 밸브 열림이 동시에 일어나는 것

15 흡·배기 밸브의 누설 시 기관에 미치는 영향이 아닌 것은?
① 압축압력 감소
② 제동마력의 감소
③ 불완전 연소
④ 윤활유 압력의 상승

16 대기압 이상으로 미리 압축하여 밀도를 높인 공기를 실린더에 공급하는 기기를 무엇이라고 하는가?
① 조속기　　② 분사펌프
③ 소음기　　④ 과급기

17 시동 공기 압축기를 다단으로 하는 이유는?
① 압축 공기의 온도를 높이기 위해
② 압축 일을 증가시키기 위해
③ 압축 공기량을 증가하기 위해
④ 압축기의 효율을 증가하기 위해

18 간접 역전 장치가 아닌 것은?
① 기어 기구에 의한 것
② 전기식에 의한 것
③ 롤러에 의한 것
④ 가변 피치 프로펠러에 의한 것

19 다음 중 기계식 조속기의 구성 부품이 아닌 것은?
① 베벨 기어
② 플라이 웨이터(볼)
③ 플런저와 배럴
④ 스프링

20 윤활유의 역할이 아닌 것은?
① 녹스는 것을 방지한다.
② 냉각작용을 한다.
③ 마모되는 것을 줄인다.
④ 습기를 제거한다.

21 내연기관에 있어 출력의 표시는 통상 무엇으로 나타내는가?
① 지시마력
② 제동마력
③ 축마력
④ 추진마력

22 내연기관 열효율이 큰 순서는?
① 이론적 열효율 > 도시 열효율 > 정미 열효율
② 정미 열효율 > 이론적 열효율 > 도시 열효율
③ 도시 열효율 > 이론적 열효율 > 정미 열효율
④ 이론적 열효율 > 정미 열효율 > 도시 열효율

23 기관 시동 시 준비사항과 가장 거리가 먼 것은?
 ① 각 실린더 연료분사펌프를 분해·소제한다.
 ② 수 회전 터닝하여 운동부의 이상 유무 확인한다.
 ③ 각 활동 부에 윤활유를 주유한다.
 ④ 한냉시에는 냉각수를 적당히 가열한다.

24 증기기관의 기본이 되는 열 사이클은?
 ① 랭킨 사이클
 ② 카르노 사이클
 ③ 사바테 사이클
 ④ 오토 사이클

25 프로펠러의 평균 피치는 어떤 위치인가?
 ① 0.2R ② 0.5R
 ③ 0.7R ④ 0.9R

정답

01	02	03	04	05	06	07	08	09	10	11	12	13	14	15	16	17	18	19	20
③	①	④	③	②	①	④	④	④	②	②	①	③	②	④	④	④	③	③	④

21	22	23	24	25
②	①	①	①	③

제1편 모의고사 제 2 회

01 내연기관이 외연기관보다 좋은 점은?
 ① 열효율이 높고 연료 소비량이 적다.
 ② 선체에 주는 진동과 음향이 적다.
 ③ 장시간의 저속운전이 용이하다.
 ④ 운전이 정숙하다.

02 내연기관에서 상사점과 하사점 사이의 직선거리를 무엇이라 하는가?
 ① 톱 클리어런스　　　　　② 행정
 ③ 간극부피　　　　　　　④ 실린더부피

03 내연기관의 열 사이클에 해당하지 않는 것은?
 ① 오토 사이클　　　　　　② 디젤 사이클
 ③ 가솔린 사이클　　　　　④ 사바테 사이클

04 4행정 사이클 기관이 2행정 사이클 기관보다 좋은 점은?
 ① 마력당 중량이 작다.
 ② 역전이 용이하다.
 ③ 실린더가 받는 열응력이 작다.
 ④ 대형 박용기관에 적합하다.

05 내연기관에서 연소실을 형성하는 요소가 아닌 것은?
   ① 연접봉　　　　　　　　② 실린더 헤드
   ③ 실린더 라이너　　　　　④ 피스톤

06 실린더 윤활의 목적 중 가장 적절한 것은?
   ① 기계효율의 감소
   ② 실린더 라이너의 진동감소
   ③ 실린더 벽과 피스톤 링의 마찰감소
   ④ 크랭크축 개폐도 감소

07 내연기관에 저질 중유를 사용했을 때 실린더 라이너를 부식시키는 주 원인은?
   ① 아황산가스　　　　　　② 질소
   ③ 탄화수소　　　　　　　④ 탄산가스

08 실린더를 개방하여 검사할 때 관계 없는 것은?
   ① 실린더 안전밸브의 개수　② 실린더의 마모측정
   ③ 스케일 부착상태　　　　④ 윤활상황

09 대형기관에서 많이 사용되는 베드의 구조는?
   ① 베드, 크랭크실, 실린더를 일체로 만든다.
   ② 크랭크실, 실린더를 일체로 하여 베드에 조여 붙인다.
   ③ 크랭크실, 실린더를 일체로 하고 베드가 없다.
   ④ 전부를 별개로 만들어 볼트로 죈다.

10 디젤기관에서 연료의 발화성을 판단하는 수치는?
   ① 옥탄가　　　　　　　　② 세탄가
   ③ 안티 노크성　　　　　　④ 이소 옥탄가

11 디젤기관의 운전 중 노킹을 일으키는 원인과 관계 없는 것은?

① 연료 분사 시기가 빠르다.
② 연료의 공급량이 너무 많다.
③ 연료의 성질이 부적당하다.
④ 연료 계통 내 공기가 진입하였다.

12 폭발적 연소 기간은 디젤기관 연소 과정 4단계 중 어디에 해당하는가?

① 1단계 ② 2단계
③ 3단계 ④ 4단계

13 디젤기관에서 연소실의 냉각 면이 작고 공기를 죄는 일이 없어 시동이 수월하며, 연료 소비율이 적은 연소실은?

① 직접 분사식 연소실
② 공기실식 연소실
③ 와류실식 연소실
④ 예연소실식 연소실

14 피스톤의 배압이 높을 때 기관에 미치는 영향 중 틀린 것은?

① 소기 작용이 불량해진다.
② 발생 마력이 감소한다.
③ 기관의 회전수가 빨라진다.
④ 배기 온도가 높아 부식을 촉진시킨다.

15 정상적인 운전 상태에서 중형 디젤기관의 경우 흡기밸브는 몇 시간마다 검사·래핑하는가?

① 100~200 ② 300~500
③ 700~800 ④ 1000

16 과급을 행하면 디젤기관의 출력이 증대하는 이유는?
① 배기압력이 상승하므로
② 압축압력이 상승하므로
③ 평균유효압력이 증가하므로
④ 최고폭발압력이 증가하므로

17 소정의 공기 탱크에 공기를 충전할 때 시동용 공기 압축기의 용량은?
① 압력으로 결정한다.
② 시간으로서 결정한다.
③ 온도로서 결정한다.
④ 기관의 부하로서 결정한다.

18 다음 중 전자 클러치의 장점이 아닌 것은?
① 극저속으로 속도 조정이 가능하다.
② 원거리 조정이 용이하다.
③ 클러치의 연결과 분리가 신속하다.
④ 제작비가 저렴하다.

19 운전 중인 기관의 마찰부는 대개 어떤 마찰을 하고 있는가?
① 점 마찰 ② 경계 마찰
③ 고체 마찰 ④ 유체 마찰

20 디젤기관의 윤활유 선정 시 가장 중요시 되는 것은?
① 산화 안정성이 좋을 것
② 연소 안정성이 좋을 것
③ 휘발·증류 안정성이 좋을 것
④ 침전 안정성이 좋을 것

21 디젤기관에서 밸브 개폐 시기의 영향과 매 행정당 행한 일을 규명하는 기구는 무엇인가?
① 지압기
② 동력계
③ 실린더 게이지
④ 점도계

22 기관 시동 시 가장 유의할 점은?
① 보조 기계의 운전 상태
② 윤활유 계통 및 냉각수 계통 확인
③ 연료유의 성질 파악
④ 기관실 내 온도 확인

23 피스톤 링의 작용이 불충분하여 링이 홈 중간에 뜨게 되어 피스톤이 내려갈 때 윤활유는 링 뒤로 돌아서 연소실로 들어가는 작용은?
① 링의 플러터 작용
② 링의 기밀 작용
③ 링의 펌프 작용
④ 링의 냉각 작용

24 보일러의 부속 장치에 해당되지 않는 것은?
① 연소 장치
② 급수 장치
③ 통풍 장치
④ 내열 장치

25 프로펠러의 공동 현상의 원인이 아닌 것은?
① 날개 끝이 두꺼울 때
② 프로펠러가 수면에 접근했을 때
③ 프로펠러의 원주 속도가 적을 때
④ 날개의 단위 면적당 추력이 과대할 때

정답

01	02	03	04	05	06	07	08	09	10	11	12	13	14	15	16	17	18	19	20
①	②	④	③	①	③	①	①	④	②	④	②	①	①	④	③	②	④	②	①

21	22	23	24	25
①	②	③	④	③

제1편 모의고사 제3회

01 내연기관에서 연소가스의 압력을 받아 왕복운동을 하고 힘을 커넥팅 로드에 전달하는 부분은?

① 실린더 헤드　　　　　② 피스톤
③ 실린더　　　　　　　④ 크랭크축

02 피스톤이 상사점에 있을 때 피스톤 상부의 부피를 말하는 용어와 관계 없는 것은?

① 압축부피　　　　　　② 연소실부피
③ 간극부피　　　　　　④ 실린더부피

03 무기 분사식 디젤기관에 해당되는 열 사이클은?

① 오토 사이클　　　　　② 디젤 사이클
③ 랭킨 사이클　　　　　④ 사바테 사이클

04 4행정 사이클 기관의 결점 중 옳지 않은 것은?

① 마력당 중량이 크다.
② 평균유효압력이 일반적으로 낮다.
③ 큰 플라이휠을 필요로 한다.
④ 흡·배기 기구를 가지므로 구조가 복잡하다.

05 실린더 라이너의 재료로 가장 적합한 것은?
① 주철　　　　　　　　② 강
③ 알루미늄　　　　　　④ 포금

06 실린더 라이너의 마모 원인에 포함되지 않는 것은?
① 피스톤 측압　　　　　② 사용 윤활유의 부적당
③ 실린더 중심선 부정　　④ 세탄가가 높은 연료사용

07 실린더 라이너 내부 부식 마모에 대한 대책으로 적당치 않은 것은?
① 알칼리성 윤활유 사용
② 냉각수 온도 높게 유지
③ 기관정지 후 터닝 금지
④ 정지 후 가스를 제거

08 특별한 경우를 제외하고 실린더를 개방했을 때, 검사하지 않아도 되는 사항은?
① 톱 클리어런스의 측정　　② 윤활유 부착 상태
③ 스케일 부착 상태　　　　④ 크랙·소손의 유무

09 대형 박용 디젤기관의 메인 베어링의 종류는?
① 볼 베어링　　　　　　② 롤러 베어링
③ 평 베어링　　　　　　④ 롤링 베어링

10 디젤기관의 연소 과정을 4단계로 구분할 때 순서가 맞는 것은?
① 제어 연소 - 발화 늦음 - 정적 연소 - 후 연소
② 발화 늦음 - 정적 연소 - 후연소 - 제어 연소
③ 발화 늦음 - 무제어 연소 - 제어 연소 - 후 연소
④ 정적 연소 - 발화 늦음 - 후 연소 - 제어 연소

11 디젤기관 연소 과정에서 착화 늦음 기간이 길어지는 원인 중 하나는?
① 착화점이 높은 연료사용
② 압축 압력이 높을 때
③ 압축 공기의 온도가 높을 때
④ 연료의 분포 상태가 좋을 때

12 디젤기관의 노크의 발생 원인은?
① 발화 늦음이 짧을 때
② 발화 늦음이 길 때
③ 제어 연소 기간이 길 때
④ 제어 연소 기간이 짧을 때

13 디젤기관의 연소 과정 중, 후 연소 기간이란?
① 제어 연소 기간이라고도 한다.
② 연소실에 분사된 연료가 착화하기까지의 시간적 늦음
③ 연료분사밸브가 닫히고도 연소하지 못한 연료가 가스 팽창 중에도 연소하는 기간
④ 분사된 연료가 급격히 착화 연소하는 기간

14 직접 분사식 기관에 많이 사용하는 노즐은?
① 단공 노즐　　② 다공 노즐
③ 핀들 노즐　　④ 스로틀 노즐

15 배기밸브는 고열과 부식에 견디기 위해 어떤 재료를 사용하나?
① 주철　　② 내열강
③ 탄소강　　④ 바벳 메탈

16 디젤기관에서 용적 효율이 떨어지는 원인은?
① 흡입 공기가 열을 받을 때
② 과급기를 설치할 때
③ 흡입 공기를 냉각할 때
④ 배기밸브보다 흡입밸브가 클 때

17 디젤기관에서 과급기를 사용하면 줄어드는 것은?
① 출력
② 연료 소비율
③ 기계 효율
④ 정미 열효율

18 디젤기관 시동에 필요한 최저 공기압력은?
① $6 \sim 8 \mathrm{kg/cm^2}$
② $10 \sim 20 \mathrm{kg/cm^2}$
③ $18 \sim 20 \mathrm{kg/cm^2}$
④ $20 \sim 30 \mathrm{kg/cm^2}$

19 가변피치프로펠러의 이점이 아닌 것은?
① 최적 운전 상태를 유지할 수 있다.
② 원격 조종이 가능하다.
③ 제작비가 저렴하고 제작이 용이하다.
④ 주기의 역전 장치가 필요 없다.

20 디젤기관에 가장 많이 쓰이는 윤활유 주유 방법은?
① 비산식
② 강압 주유식
③ 적하식
④ 유욕식

21 내연기관의 기계식 지압기의 구비 조건이 아닌 것은?
① 지압기 자신의 고유 진동수가 높을 것
② 스프링은 고압에 견디고 또한 충분히 강할 것
③ 피스톤의 면적은 될 수 있는 한 작을 것
④ 운동 부분의 관성력이 클 것

22 디젤기관에서 시동 공기로서 잘 돌지 않을 때의 원인 중 하나는?
① 윤활유 점도가 낮을 때
② 연료유의 점도가 낮을 때
③ 시동 밸브의 누설
④ 연료 분사 압력이 적정할 때

23 디젤기관에서 배기가 흑색이 될 때의 원인과 관계 없는 것은?
① 불완전 연소
② 실린더의 과열
③ 한 실린더가 폭발하지 않을 때
④ 소기 압력이 낮을 때

24 주기로서 사용하는 터빈에는 다음 중에서 어느 것이 가장 적합한가?
① 과열 증기
② 과포화 증기
③ 건포화 증기
④ 포화 증기

25 연료유의 주성분은 무엇으로 구성되어 있는가?
① 산소와 수소
② 산소와 질소
③ 질소와 산소
④ 탄소와 수소

정답

01	02	03	04	05	06	07	08	09	10	11	12	13	14	15	16	17	18	19	20
②	④	④	②	①	④	③	①	③	③	①	②	③	②	①	①	②	①	③	②

21	22	23	24	25
④	③	③	①	④

모의고사 제 4 회

01 연접봉이라고도 하며 피스톤의 왕복운동을 크랭크축에 회전운동으로 전달하는 부분은?
① 실린더 헤드　　　　　　　② 실린더
③ 커넥팅 로드　　　　　　　④ 스러스트 베어링

02 피스톤이 하사점에 있을 때, 실린더 내의 전 부피는?
① 압축부피　　　　　　　　② 행정부피
③ 실린더부피　　　　　　　④ 연소실부피

03 가솔린기관을 2행정 사이클로 잘 만들지 않는 이유는?
① 출력이 너무 크므로　　　② 구조가 복잡하므로
③ 연료소비율이 크므로　　④ 시동이 곤란하므로

04 다음 중 최근의 대형 디젤기관에서 채택하고 있는 소기방식은?
① 와류소기　　　　　　　　② 유니프로우 소기
③ 횡단소기　　　　　　　　④ 루프소기

05 실린더 라이너의 종류가 아닌 것은?
① 건식 라이너　　　　　　② 습식 라이너
③ 혼식 라이너　　　　　　④ 워터재킷 라이너

06 내연기관에 있어 연소상태가 불량하면 실린더의 마모는?
① 증가
② 감소
③ 변동 없다.
④ 연소상태와 실린더 마모와는 관계 없다.

07 실린더 라이너 마모의 영향과 관계 없는 사항은?
① 불완전 연소
② 윤활유 오손
③ 시동 불량
④ 배기가스 증가

08 실린더 헤드 볼트를 죄는 데 가장 적합한 것은?
① 대각선상에 있는 볼트를 한꺼번에 죈다.
② 한 곳으로부터 순차적으로 이웃하는 볼트를 한꺼번에 죈다.
③ 한 곳으로부터 순차적으로 이웃하는 볼트를 4~5회 나누어 죈다.
④ 대각선상에 있는 볼트를 4~5회 나누어 죈다.

09 디젤기관에서 메인 베어링은 주로 어떤 마찰을 하나?
① 선마찰　　　　② 점마찰
③ 기계마찰　　　④ 미끄럼 마찰

10 디젤기관에서 점화(발화) 늦음이란?
① 실린더 내의 연료가 분사되기 시작하여 연소가 일어날 때까지의 시간
② 실린더 내의 분사된 연료가 연소하는 데 필요한 시간
③ 실린더 내의 연료가 분사되기 시작하여 연료분사밸브가 닫힐 때까지의 시간
④ 실린더 내의 연료가 분사되기 시작하여 후 연소가 일어날 때까지의 시간

11 디젤기관에서 후 연소가 일어날 때 생기는 현상은?
① 최고 압력이 상승한다.
② 배기가스로 버리는 열량이 증가한다.
③ 전체 연소 시간에는 변화가 없다.
④ 디젤 노크가 발생하기 쉽다.

12 가솔린기관에서 연료의 안티 노크성을 표시하는 것은?
① 출력가　　　　　　② 세탄가
③ 디젤 지수　　　　　④ 애니린점

13 디젤 노크를 가장 일으키기 쉬운 연소실은?
① 직접 분사식
② 예연소실식
③ 와류실식
④ 공기실식

14 디젤기관의 밸브 구동 장치에서 밸브 클리어런스(간격)를 두는 이유는?
① 운전중 흡·배기 밸브가 완전히 닫히도록 하기 위함이다.
② 항상 캠에 닿으면 마모되므로
③ 밸브 개폐가 급격히 일어나도록 하기 위하여
④ 시동을 용이하도록 하기 위하여

15 디젤기관에서 과급기란?
① 동일한 실린더에서 보다 큰 마력을 발생시키는 장치이다.
② 회전수를 높이는 장치이다.
③ 진동을 없애는 장치이다.
④ 최대 압력을 높이는 장치이다.

16 시동용 공기 탱크의 취급 상 주의할 점 중 틀린 것은?
① 규정 압력보다 높이지 않는다.
② 드레인 밸브를 열어 탱크 내 수분을 배제할 것
③ 공기 탱크 내 드레인 배제 여부를 햄머링으로 확인할 것
④ 반드시 드레인을 뺄 것

17 기관의 회전 속도를 규정보다 증감했을 때 연료 공급량을 자동적으로 조절하여 항상 소요되는 회전수로 유지시켜 주는 장치는?
① 과급기
② 거버너(조속기)
③ 클러치
④ 에어 콤프레셔

18 다음 중 윤활유의 온도가 올라가는 가장 큰 원인은?
① 윤활유의 압력 상승
② 유 냉각기의 오손
③ 윤활유의 열화
④ 윤활유의 비중 증가

19 지압기로서 압력을 측정할 시기는?
① 시동 직후에 한다.
② 전력 운전시에 한다.
③ 반 부하시 한다.
④ 어느 때라도 좋다.

20 연료유에 수분이 섞이면 배기의 색은?
① 청색
② 흑색
③ 백색
④ 황색

21 고착과 옆샘(블로우 바이)방지에 효과가 있고 모양이 사다리꼴인 피스톤 링은?
① 플레인 형
② 테이퍼 형
③ 인사이드 베벨 형
④ 키스톤 형

22 디젤기관 운전 중 메인 베어링의 메탈이 과열하였을 때의 조치는?
① 즉시 기관을 정지시킨다.
② 기관 속도를 내리고 윤활유 공급을 증가시킨다.
③ 기관 속도를 계속 유지하고 냉각수를 끼얹는다.
④ 기관 속도를 내리고 냉각수를 뿌린다.

23 증기 사이클의 순서가 올바르게 된 것은?
① 증기 발생 – 증기 팽창 – 응축 – 급수
② 증기 발생 – 응축 – 증기 팽창 – 급수
③ 급수 – 응축 – 증기 발생 – 증기 팽창
④ 급수 – 증기 팽창 – 증기 발생 – 응축

24 선미관에 쓰이는 리그넘바이티는 어떤 역할을 하는가?
① 패킹 역할   ② 베어링 역할
③ 선체강도 보강 역할   ④ 진동 방지 역할

25 연료유 취급상 가장 중요한 사항은 무엇인가?
① 발화점   ② 연소점
③ 인화점   ④ 응고점

정답

01	02	03	04	05	06	07	08	09	10	11	12	13	14	15	16	17	18	19	20
③	③	③	②	③	①	④	④	④	①	②	①	①	①	①	③	②	②	②	③

21	22	23	24	25
④	②	①	②	③

모의고사 제 5 회

01 피스톤의 왕복운동을 회전운동으로 바꾸고, 또 피스톤을 움직여 흡기, 압축, 배기 등을 행하는 기관의 주된 축은?
① 크랭크 샤프트　　　　② 스러스트 축
③ 중간축　　　　　　　④ 프로펠러 샤프트

02 실린더 내 압축압력이 가장 높은 내연기관은?
① 가솔린기관　　　　　② 가스기관
③ 세미디젤기관　　　　④ 디젤기관

03 디젤기관의 원리를 나타낸 것 중 가장 적절한 것은?
① 고온의 공기에 연료가 분사하여 자연 발화한다.
② 회전력이 고르다.
③ 전기스파크로 발화한다.
④ 연료와 공기의 혼합 기체를 흡입하여 압축한다.

04 디젤기관이 가솔린기관에 비하여 갖는 이점이 아닌 것은?
① 대출력기관에 적합하다.
② 값싼 연료를 사용할 수 있다.
③ 열효율이 높다.
④ 시동이 용이하다.

05 실린더 라이너 외면은 냉각수에 의한 부식이 발생하는 데 부식을 방지하기 위하여 어떤 금속을 부착시키는가?
① Cu
② Zn
③ Ni
④ Cr

06 실린더 라이너 내부 마모가 가장 심한 곳은?
① 상 부
② 중 간
③ 하 부
④ 상·하부 같다.

07 실린더 라이너 마모가 심할 때 기관에 미치는 영향 중 가장 적절한 것은?
① 연료분사펌프의 작동불량
② 프로펠러 효율 감소
③ 피스톤 운동의 원활
④ 연료소비량 및 윤활유 소비량 증가

08 메인 베어링이 설치되고 윤활유를 받아 모으는 역할을 하는 것은?
① 기관 베드
② 프레임
③ 크랭크 실
④ 실린더

09 화이트 메탈의 주성분은 어떤 것인가?
① 구리와 주석
② 주석과 납
③ 알루미늄과 구리
④ 구리와 아연

10 디젤기관에서 연료가 분사하여 착화하기까지의 시간적 늦음을 무엇이라 하는가?
① 발화 늦음
② 분사 지연
③ 후 연소
④ 제어 연소

11 연료유 침전 탱크의 목적은?
① 폐유를 저장하기 위하여
② 기름을 장기간 저장하기 위하여
③ 기름 속의 불순물을 침전·분리시키기 위하여
④ 연료유와 윤활유의 혼합을 막기 위하여

12 연료분사 조건 중 실린더 내 각부에 분사된 연료유와 그 부분의 공기와의 혼합이 균등하게 되어 있음을 나타내는 것은?
① 무화　　　　　　　　② 관통력
③ 분산　　　　　　　　④ 분포

13 다음 중 배기밸브가 너무 빨리 열릴 때의 영향은?
① 피스톤 및 실린더의 과열　② 피스톤 배압의 하강
③ 출력의 감소　　　　　　　④ 후 연소가 길어짐.

14 다음 중 기관의 과급과 관계 없는 사항은?
① 기관 출력의 증가
② 급기의 밀도를 높임.
③ 평균 유효 압력 증대
④ 기관 진동의 감소

15 디젤기관의 시동 장치를 대별한 것 중 해당되지 않는 것은?
① 수동 시동장치　　　② 공기 시동장치
③ 전기 시동장치　　　④ 기계 시동장치

16 선박에서 쓰이는 클러치와 관계가 없는 것은?
① 벨트　　　　　　　② 마찰
③ 유체　　　　　　　④ 전자

17 부하 변동에도 불구하고 언제나 일정 회전 속도를 유지하는 조속기는?
① 정속도 조속기 ② 과속도 조속기
③ 전속도 조속기 ④ 변속도 조속기

18 윤활유의 압력 저하의 원인이 아닌 것은?
① 윤활유 양의 부족
② 윤활유 펌프의 토출 밸브가 샐 때
③ 윤활유 관 내에 공기 흡입 시
④ 윤활유 점도가 높을 때

19 다음 중 인디케이터 선도를 찍어야 할 때가 맞는 것은?
① 연료 프라이밍 후 ② 실린더 출력 불균등 시
③ 크랭크축 중심이 부정할 때 ④ 메인 베어링 마모 시

20 디젤기관에서 실린더 내에서 발생한 마력은?
① 도시마력 ② 제동마력
③ 리터마력 ④ 호칭마력

21 디젤기관에서 매일 점검해야 할 사항이 아닌 것은?
① 윤활유 점검
② 청수 냉각수량 점검
③ 배기색 조사
④ 실린더 라이너 내부 균열

22 피스톤 링을 실린더 내에 넣었을 때 실린더 내벽에 미치는 단위면적 당의 힘을 무엇이라고 하는가?
① 면압 ② 장력
③ 경도 ④ 강도

23 배의 저항 중 가장 크게 작용하는 저항은?
   ① 공기저항
   ② 마찰저항
   ③ 와류저항
   ④ 조파저항

24 다음은 프로펠러 축의 절손 원인을 나열한 것이다. 영향이 가장 적은 것은?
   ① 비틀림 진동
   ② 재질 및 공작 불량
   ③ 불량 윤활유 사용
   ④ 부식에 의한 축강도 감소

25 다음 연료유 중에서 비중이 가장 작은 것은?
   ① 경 유
   ② 중 유
   ③ 등 유
   ④ 가솔린

정답

01	02	03	04	05	06	07	08	09	10	11	12	13	14	15	16	17	18	19	20
①	④	①	④	②	①	④	①	②	①	③	④	③	④	④	①	①	④	②	①

21	22	23	24	25
④	①	②	③	④

제 2 편 기관 (2)

제2편 기관(2)

유체기계

C.H.A.P.T.E.R. I

01 선박보조기계(船舶輔助機械)

(1) 선박보조기계의 개념

선박에서 사용되는 주기관 및 주보일러를 제외한 모든 기계를 말한다.
① 주기관(Main Engine) : 직접 선박을 추진하는 내연 및 증기기관
② 주보일러 : 터빈선의 경우 적용됨.
▶ 넓은 의미로 배관 및 열교환기와 같은 기기는 보조기계에 속한다.

(2) 선박보조기계의 종류

① 디젤선에 사용되는 보조기계
- 주기관 시동용 공기압축기
- 냉각청수펌프
- 냉각해수펌프
- 연료밸브 냉각용 펌프
- 보조보일러와 보조보일러용 급수펌프, 연료펌프, 순환수펌프
- 디젤발전기용 냉각수펌프

② 증기 터빈선에 사용되는 보조기계
- 주급수펌프 및 보조급수펌프
- 추기이젝터
- 주복수펌프
- 잡용공기압축기
- 냉각용 순환수펌프
- 추기펌프
- 강압 송풍기

③ 주기관의 종류에 관계 없이 사용되는 보조기계
- 주발전기
- 비상용발전기
- 보조발전기
- 주기관터닝모터

- 잡용펌프
- 밸러스트펌프
- 청수펌프
- 윤활유펌프
- 유수분리기
- 송풍기
- 윤활유냉각기
- 연료유펌프
- 빌지펌프
- 소화펌프
- 위생수펌프
- 유청정기
- 연료유이송펌프
- 조수장치
- 연료유가열기
- 유수분리장치

④ 기관실 밖의 보조기계
- 계선장치(양묘기, 캡스턴, 무어링 윈치)
- 하역장치(하역윈치, 하역크레인, 화물창구개폐장치)
- 조선장치(조타장치, 사이드스러스터, 스태빌라이저)
- 기타갑판보조기계(구명정, 구명정대빗, 사다리윈치)
- 냉동/공기조화장치(냉동기, 냉·난방장치, 제습장치, 통풍장치)
- 해양오염방지장치(폐유소각기, 오수처리장치)
- 해양생물부착방지장치
- 각종 공작기계, 용접기 등

(3) 선박보조기계를 구동하는 방법

종류	장 점	단 점
증기구동	- 증기를 충분히 얻을 수 있어서 값이 싸다. - 화재, 폭발의 위험이 없다. - 고장이 적고 유지·관리비가 저렴하다.	- 보일러가 반드시 필요하다. - 원격조정이 곤란하다. - 운전 전에 예열을 하여야 시동이 가능하다.
전기구동	- 원격조정이 쉽다. - 즉시 기동이 가능하다. - 설치 및 관리가 간단하다.	- 가스위험구역이 있는 경우 공간이 제한된다. - 내수성을 고려해야 한다.
유압구동	- 한 대의 유압펌프로 여러 대의 유압모터 가동 - 원격조정이 쉽다.	- 일반적으로 가격이 비싸다. - 유압유의 냉각·가열설비가 필요하다.

▶ 발전기를 제외한 보조기계의 구동에는 조작이 간단한 전기구동방식이 폭넓게 사용되었으나, 근래에는 갑판보조기계구동용으로 유압구동방식이 많이 사용되고 있다.

02 펌프(Pump)

(1) 펌프의 개요 및 양정

① 펌프의 분류(작동원리상의 관점)

펌프	터보식 (turbo type)	반경류형(radial flow type) : 벌류트펌프, 터빈펌프
		혼류형(mixed flow type)
		축류형(axial flow type)
	용적식 (positive displacement type)	왕복동식(reciprocating type) : 피스톤펌프, 플런저펌프, 버킷펌프
		회전식(rotary type) : 기어펌프, 스크루펌프, 베인펌프
	기타(특수펌프)	마찰펌프, 제트펌프, 수격펌프, 베인펌프

② 양 정

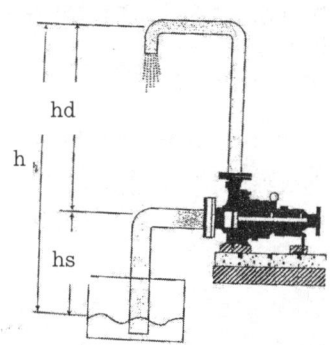

㉠ 실양정(h) = 흡입양정(hs) + 송출양정(hd)
  ⓐ 실양정 : 흡입면에서 송출면까지의 수직거리
  ⓑ 흡입양정 : 펌프의 중심에서 아래수면까지의 거리
  ⓒ 송출양정 : 펌프의 중심에서 윗수면까지의 거리

㉡ 전양정(H) = 실양정(h) + 손실양정(hf)
  ⓐ 손실양정 : 관의 마찰 등에 의해 발생되는 손실을 양정으로 환산한 값

(2) 펌프의 동력과 효율

① 수마력(water horse power, Lw) : 펌프를 지나는 유체가 펌프로부터 얻는 동력을 마력(PS)의 단위로 나타낸 것을 말한다.

② 효율 : 실제로 펌프를 운전하는 데에는 수마력보다는 펌프 내부에서의 여러 가지 손실분만큼 더 큰 동력이 필요하며, 그러한 동력을 축마력(shaft hores power, Ls) 또는 제동마력(brake horse power)이라 한다.

(3) 원심펌프와 축류펌프

① 원심펌프의 원리 및 특징

　㉠ 원리 : 케이싱 속의 회전차를 수중에서 고속으로 회전시키면 회전차 외주 쪽에는 높은 압력이 발생하여 물을 송출관 쪽으로 밀어올리고, 회전차 중심부는 압력이 낮아져서 물을 흡입할 수 있어 연속적인 펌프작용이 가능하게 되는데, 이러한 원리를 이용한 액체 수송 장치를 말한다.

　㉡ 구성요소 및 특징

　　ⓐ 회전차 : 액체에 회전운동을 일으킴.
　　ⓑ 펌프케이싱 : 액체를 회전차로 향하게 하고 그것을 고압하에서 떠나게 함.
　　ⓒ 안내깃/디퓨저 : 회전차로부터 고속으로 분출하는 유체를 강제적으로 안내깃을 통해 흐르게 하는 역할을 함.
　　ⓓ 와류/와류실 : 회전속도, 유량 등의 변화로 유동상태가 변화하기 쉬운 고속형 펌프에서 사용함.
　　ⓔ 주축 : 회전차가 고정되어 있고, 회전동력을 전달되는 곳
　　ⓕ 축봉장치 : 압력이 있는 유체가 외부로부터 공기가 누입되는 것을 방지하는 장치
　　ⓖ 주베어링 및 웨어링/마우스링

❥ 원심펌프는 시동 전에 물을 채운 다음 시동해야 한다. 따라서 공기빼기 콕, 풋밸브, 호수밸브를 같이 설치하여 가동해야 한다. 체크밸브는 정전 등으로 펌프가 급정지할 때 발생하는 유체과도현상으로 인한 펌프의 손상 및 물의 역류를 방지하는 역할을 한다.

② 원심펌프의 분류

　㉠ 안내깃의 유무에 따른 분류 : 벌류트펌프, 터빈(디퓨저)펌프
　㉡ 흡입방식에 따른 분류 : 단흡입, 양흡입
　㉢ 단수에 따른 분류 : 단단, 다단
　㉣ 회전차의 형상에 따른 분류 : 반경류형, 혼류형

③ 원심펌프의 손실

　㉠ 수력손실 : 펌프 흡입구로부터 송출구에 이르는 유로 전체에서 발생하는 손실양정을 말한다.
　㉡ 누설손실 : 회전부분과 고정부분의 간극에서 발생하는 유체의 누설에 의한 손실을 뜻한다.
　㉢ 원판마찰손실 : 회전차의 회전에 의해 그 바깥쪽(케이싱 측)에서 마찰손실이 발생한다.

ⓔ **기계손실** : 기계손실에서 원판마찰손실을 제외하면 베어링과 축봉장치에서의 손실이 된다.

④ **원심펌프의 특성곡선** : 펌프를 제조한 후 실제로 그것을 운전하여 양정, 유량, 회전속도, 소요동력, 펌프효율 등을 측정하고 이들 값들을 적당한 선도로 표시하면 설계 적부의 판정, 펌프의 사용계획 및 취급 등의 면에서 매우 편리하게 되는데 이러한 목적으로 만들어지는 선도를 말한다.

(4) 축류펌프

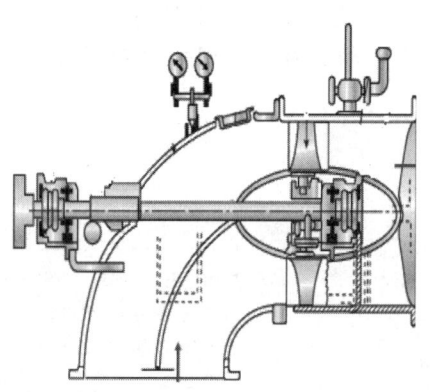

관내에서 프로펠러형 회전차가 회전하면서 액체를 축방향으로 유동시키는 것으로 프로펠러 펌프라 한다.
① 회전차의 날개수는 고속인 것은 2~3매, 저속인 것에는 4~5매로 하여 날개와 보스를 하나로 주조한 것과 따로 만들어지는 것이 있다.
② **축류펌프의 사용** : 저양정, 대유량용으로 사용되며 농업용, 토목 공사용, 드라이 독의 배수용 등에 사용되고, 선박에서는 터빈의 주 순환수 펌프로 사용된다.
③ **축류펌프의 취급법** : 축류펌프는 원심펌프와는 달리 양수량이 0일 때 축마력이 최대가 되고, 양수량이 증가함에 따라 점차 감소한다. 따라서, 축류펌프를 시동할 때에는 왕복펌프에서와 같이 송출밸브를 연 다음에 시동하는 것이 좋다.

(5) 왕복펌프

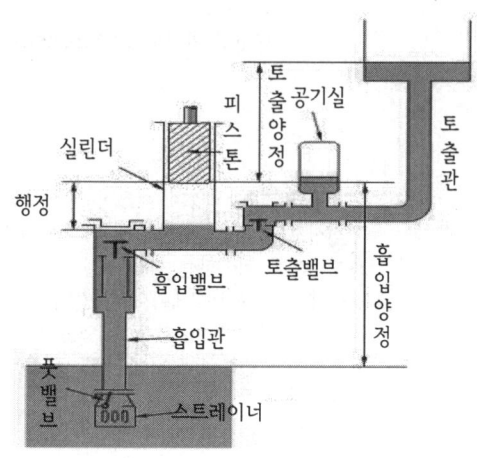

① **왕복펌프의 분류**
㉠ **왕복운동체의 형상에 따른 분류** : 피스톤펌프, 버킷펌프, 플런저펌프
㉡ **송출행정의 수에 따른 분류** : 단동펌프, 복동펌프, 차동펌프
㉢ **동력전달방법에 따른 분류** : 크랭크펌프, 증기직동펌프

② 왕복펌프의 특성과 유량조절
　㉠ 특 징
　　ⓐ 흡입양정이 양호하다.
　　ⓑ 높은 양정을 얻기가 쉬운 반면에 큰 유량을 얻는 데에는 불리하다.
　　ⓒ 운전조건이 광범위에서 변해도 효율의 변화가 적으며, 무리한 운전에도 잘 견딘다.
　㉡ 송출유량
　　ⓐ 송출유량의 변동 : 증기직동펌프와 전동기 등을 크랭크를 거쳐서 구동되는 크랭크펌프는 서로 배수곡선이 다르다.
　　ⓑ 공기실의 필요 : 펌프의 송출유량은 플런저의 위치에 따라 변동하므로 송출유량 및 송출압력을 균일하게 하기 위해 송출측의 실린더에 접근시켜서 공기실을 설치한다.

(6) 회전펌프

① 기어펌프

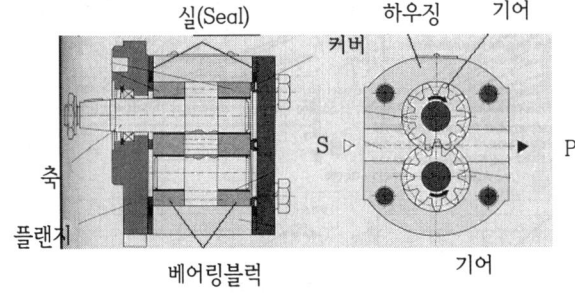

㉠ **기어펌프** : 2개의 기어가 케이싱 속에서 서로 맞물려 회전하여 기름을 흡입측에서 송출측으로 밀어내는 펌프로써 일반적으로 소용량의 것에 적합하고 회전속도는 1750rpm 정도이고, 압력은 유압용으로 $170 kgf/cm^2$ 정도이다.
㉡ **외접식 기어펌프** : 평기어펌프, 헬리컬 기어펌프
㉢ **내접식 기어펌프** : 트로코이드 펌프

② 나사펌프

㉠ **나사펌프** : 나사모양의 회전자를 케이싱 속에서 회전시켜서 케이싱과 나사 골 사이에 갇힌 유체를 축방향으로 이송하는 펌프이다.
㉡ 회전자의 수는 1~3개이며, 운전이 조용하고 유체가 연속적으로 이송하므로 맥동이 적으며, 고속운전에 적합하여 부피에 비해 큰 유량을 얻을 수 있다.
㉢ 이모펌프가 나사펌프에 해당한다.

③ 슬라이딩 베인 펌프

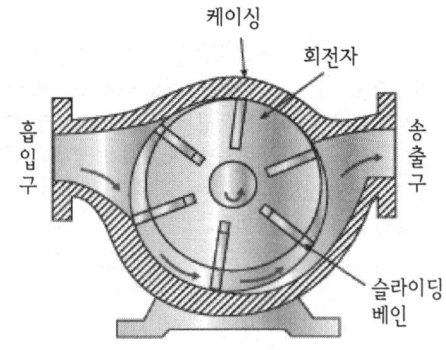

㉠ 원통형 케이싱에 내접하여 원주형의 회전자가 회전하며, 회전자에는 외주에 홈이 있고 그 내부에서 평판형의 베인이 원심력에 의하여 케이싱 내면에 밀착하여 회전하게 되는데 이 회전에 따라 케이싱, 회전자, 베인 및 양측면에 의하여 밀폐된 공간 내의 액체를 송출구로 압송하는 원리를 이용한 펌프이다.
㉡ 최고송출압력은 보통의 1단펌프의 경우 70kgf/㎠이며, 2단펌프에서는 140kgf/㎠ 정도이나 210kgf/㎠인 고압펌프도 있다.

④ 나시펌프

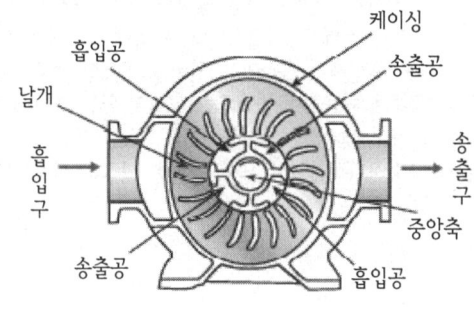

㉠ 액체와 기체의 혼합체를 취급하는 경우에 가장 적합한 진공펌프이다.
㉡ 운전에 들어가기 전에 케이싱 내에 물 또는 적당한 액체를 약 반 정도 넣어 두면 회전차가 회전함에 따라 이 액체가 일종의 물 피스톤 작용을 하여 공기를 흡입, 배출한다.
㉢ 추기용으로 사용할 때에는 운전 중 끊임없이 소량의 액이 배기와 함께 배출되므로 보급구를 통하여 액을 보충할 필요가 있다.

(7) 특수펌프

① 마찰펌프

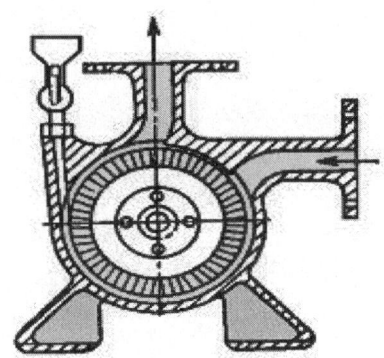

㉠ 다수의 홈을 가지는 회전차를 회전시키면 케이싱 내에 연속적인 와류가 발생하며, 이때의 난류마찰에 의하여 회전차와 케이싱 사이에 있는 액체는 회전차에 강하게 구속되어 송출구까지 이송하는 원리의 펌프이다.
㉡ 마찰펌프를 와류펌프, 웨스크펌프, 재생펌프라 하기도 한다.
㉢ 자흡성이 없어서 시동 시는 호스를 필요로 하며, 최고효율은 40~50% 정도이다.

② 제트펌프

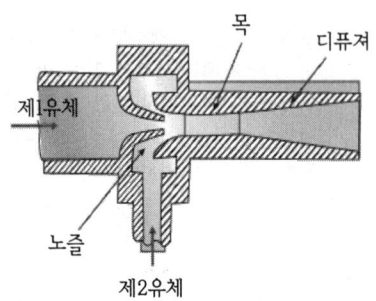

㉠ 노즐을 통하여 유체를 분출함에 따라 발생하는 진공압을 이용하여 피 이송 유체를 흡입, 이송하는 펌프이다.
㉡ 펌프의 효율이 10~20% 정도로 낮은 것이 결점이다. 따라서 제트펌프는 일반적인 액체 수송용 펌프로서의 역할보다는 고진동을 필요로 하는 경우와 같이 특수한 용도에 사용하는 것이 보통이다.

③ 기포펌프

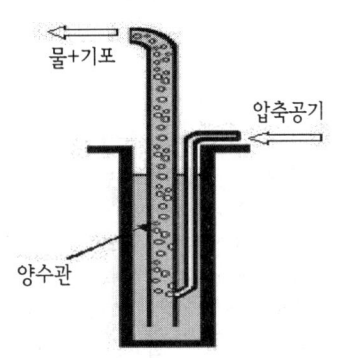

㉠ 송풍기로부터의 공기를 공기관을 통하여 양수관 속으로 혼입시키면 양수관내는 물보다 가벼운 물, 공기 혼합체가 되기 때문에 관 바깥쪽 물의 수압에 의하여 관 안쪽의 물, 공기혼합체가 올라가는 원리를 이용한 펌프이다.
㉡ 물속에 이물질이 있어도 잔고장이 없는 것이 장점이지만, 효율이 낮은 것이 단점이다.
㉢ 오수처리장치에서 오수 이송용 펌프로 사용된다.

03 유·공압 기계

(1) 개 요

① **응용분야** : 선박의 경우, 조타기, 가변피치프로펠러, 배기밸브, 클러치, 각종 제어용 기기 등에 널리 사용되고 있으며, 특히 각종 기계 및 장치의 자동화 및 제어용으로 널리 사용되고 있다.

② **파스칼의 원리**

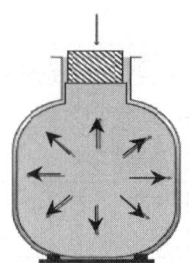

"밀폐된 용기 내에 정지된 유체의 일부에 가해진 압력은 같은 크기로 각 부에 전달된다."
유압작동유 또는 공기를 매체로 하여 기계동력을 유체동력으로 바꾸고, 이것을 다시 기계동력으로 되돌려서 이용하는 장치이기에 유체의 정압에 대한 이론인 파스칼의 원리가 유·공압기계의 원리에 적용된다.

(2) 특 징

① **장점**
  ㉠ 비교적 소형의 장치에서 큰 힘과 큰 동력을 얻을 수 있다.
  ㉡ 속도, 회전속도, 힘, 토크를 정밀하고 신속하게 제어할 수 있다.
  ㉢ 회전운동, 직선운동이 가능하다.
  ㉣ 자동화가 용이하며 전기, 공기기기 등과 조합함으로써 원격조작, 집중제어가 가능하다.
  ㉤ 운동부분에 따로 윤활을 고려할 필요가 없으며, 해상과 같은 가혹한 환경에서도 견딘다.

② **단점**
  ㉠ 기름의 누설문제가 발생할 수 있다.
  ㉡ 온도변화에 따른 성능의 변화가 발생한다.
  ㉢ 동력전달효율이 그다지 높지 않다.
  ㉣ 설치비가 비싸다.

(3) 구 성

① **유압동력원**
유압을 발생시키는 부분으로서 원동기, 유압펌프, 릴리프밸브 등으로 구성된다.

② 액추에이터

유체동력을 기계동력으로 변환시키는 부분으로서 유압실린더, 유압모터로 구성된다.

③ 액추에이터 제어부

액추에이터를 사용자의 요구대로 제어해주는 곳이며 압력제어밸브, 유량제어밸브, 방향제어밸브 등으로 구성된다.

④ 부속기기류

기름탱크, 유온조절기, 어큐뮬레이터, 필터, 각종 계기류 등이 있다.

(4) 기호 및 설명

구성요소	명 칭	기 호	용도 및 비고
기본요소	실선	———	주관로, 전기 신호선
	파선	…………	파일럿 조작 관로
	대원	○	에너지 변환 기기(펌프, 압축기, 전동기 등)
	정사각형	□	제어기기
	마름모	◇	유체 조정 기기(필터, 주유기 등)
	직사각형	▭	실린더, 밸브
	캡슐형	⬭	밀폐식 유압류 탱크, 공기압 탱크, 어큐뮬레이터
	기타	⌐⌐	개방형 탱크
기능요소	정삼각형	▶	유압
	정삼각형	▷	공기압 또는 기타의 기체압
	사선 화살표	↗	가변 조작 또는 조정 수단
	직선 화살표	↑↓	직선 운동, 밸브 내의 유체의 경로와 방향
	기타	∧∧	스프링
관로	배기구	▽ ◯	공기압 전용, 접속구가 없는 것
조작기구	인력조작		
	단동 솔레노이드		1방향 조작
	복동 솔레노이드		2방향 조작

펌프 및 모터	유압 펌프		정용량형, 1방향 유동
	유압 모터		가변 용량형, 1방향 유동
	공기압 모터		정용량형, 1방향 유동
	가변 용량형인 경우 ↗ 로 표시한다.		
밸브	스톱 밸브		
	체크 밸브		
	파일럿 체크 밸브		파일럿 신호가 없는 경우 ↑ 방향으로만 유체가 흐름. 점선으로 표시된 파일럿 신호가 작동하면 밸브는 폐쇄됨. 따라서 ↑ 방향이나 ↓ 방향 모두 유체의 흐름은 폐쇄됨.
			파일럿 신호가 없는 경우 ↑ 방향으로만 유체가 흐름. 점선으로 표시된 파일럿 신호가 작동하면 밸브는 열리고 체크 밸브의 기능이 없어짐. 따라서, 압력이 높은 곳에서 낮은 곳으로 ↑ 방향이나 ↓ 방향으로 유체가 흐를 수 있음.
	릴리프 밸브		스프링의 설정 압력을 초과하면 밸브는 열리고 유체는 ↓ 방향으로 흘러서 개방형 탱크로 배출됨.
	2포트 수동 전환 밸브		손으로 누르면 A와 P 포트가 열림.
	2포트 전자 전환 밸브		솔레노이드가 여자되면 A와 P 포트가 열림.

Chapter I 유체기계

명칭	기호	설명
3포트 밸브		
4포트 전환 밸브	A B / P	밸브가 작동하면 A-P, B-T 사이의 포트가 연결되며, B포트의 유체는 개방형 탱크로 배출됨.
4포트 전환 밸브	A B / P R	밸브가 작동하면 A-P, B-P 사이의 포트가 연결됨.
유량 조절 밸브		

명칭	기호	명칭	기호	명칭	기호
단동 실린더		압력 표시기		필터	
복동 실린더		압력 계측기		드레인 배출기	
어큐뮬레이터		유면계		에어 드라이어	
공기 탱크		온도계		주유기	

제1장 기출 및 예상문제

01 보기를 구동하는 원동력에 의한 분류에 해당되지 않는 것은?
① 공기 구동
② 증기 구동
③ 전기 구동
④ 유압 구동

02 보조기계는 기관실 밖의 보기와 기관실 내의 보기로 분류된다. 기관실 밖의 보기에 해당되는 것은?
① 조수 장치
② 위생수 펌프
③ 조타 장치
④ 소화 펌프

03 갑판 보기를 유압 구동하는 가장 큰 이유는?
① 속도변동과 기동토크가 커야 하므로
② 누전이 없으므로
③ 폭발이 없으므로
④ 값이 싸므로

> **해설** 속도변동과 기동토크가 크게 되면 제어가 용이하게 된다.

04 선박보조기계의 구동 장치로 현재 가장 널리 사용되고 있는 것은?
① 증기
② 직류 전동기
③ 교류 전동기
④ 주기관의 출력

> **해설** 교류는 직류보다 발전·배전이 용이하고 준비보급이 편리하며, 경제적이라 최근에는 대부분 교류를 사용한다.

Answer 01. ① 02. ③ 03. ① 04. ③

Chapter Ⅰ 유체기계

05 펌프를 통과하는 유체가 펌프로부터 얻는 동력을 마력의 단위로 나타낸 것을 무엇이라 하는가?
① 수마력　　　　　　　　② 축마력
③ 제동마력　　　　　　　④ 지시마력

06 선체의 흘수 상태를 조절하는 데에 주로 이용되는 펌프는?
① 버터 워어드 펌프　　　② 밸러스트 펌프
③ 순환 펌프　　　　　　④ 급수펌프

07 선수에 장비되는 보기는?
① 양묘기　　　　　　　　② 계선기
③ 양하기　　　　　　　　④ 조타장치

08 원심 펌프와 비교하여 왕복 펌프의 특징으로 맞는 것은?
① 대용량에 적합하다.
② 흡입성능이 양호하다.
③ 기동시 실린더에 물을 채워야 한다.
④ 고속운전해야 한다.

09 선박에서 주해수 밸브를 열 때 가장 좋은 방법은?
① 완전히 열어 둔다.
② 1/2만 열어 둔다.
③ 완전히 연 후 약간 죄어 둔다.
④ 1/3만 열어 둔다.

Answer　05. ①　06. ②　07. ①　08. ②　09. ③

10 펌프를 작동원리에 의해 분류하였을 때 터보형 펌프는?
① 베인 펌프
② 벌류트 펌프
③ 버킷 펌프
④ 나사 펌프

11 터보형 펌프를 회전차(임펠러)의 형상에 따라 분류할 때 해당되지 않는 것은?
① 혼류식
② 축류식
③ 반경류식
④ 직류식

12 원심 펌프에서 주축의 중량을 지지하며, 그것을 일정 위치로 유지시키는 역할을 하는 것은?
① 임펠러
② 베어링
③ 케이싱
④ 축봉 장치

13 터보형 펌프와 비교한 용적형 펌프의 특성이다. 관계 없는 것은?
① 일반적으로 효율이 높다.
② 호수를 필요로 하지 않는다.
③ 저수두, 대용량용이다.
④ 송출유량은 어떤 송출 수두 조건에서도 거의 일정하다.

　해설　③은 저수두, 저용량용이라고 해야 옳다.

14 표준 대기압 하에서 펌프가 흡입할 수 이론상의 깊이는?
① 7미터
② 10미터
③ 10.33미터
④ 12미터

Answer 10. ②　11. ④　12. ②　13. ③　14. ③

15 복동펌프란 다음 중 어느 것인가?

① 피스톤의 1왕복 운동에 대해서 1회 송출작용이 일어나는 펌프
② 피스톤의 1왕복 운동에 대해서 2회 송출작용이 일어나는 펌프
③ 실린더 및 피스톤이 2개 있는 펌프
④ 한 번 흡입에 2회에 걸쳐 송출작용이 일어나는 펌프

16 원심 펌프의 기동시 주의 사항 중 잘못된 것은?

① 펌프 내부의 공기 배제
② 터닝하여 각부 이상 유무 확인
③ 송출밸브를 연다.
④ 각 주유장소에 충분히 주유

17 펌프가 물을 흡입하지 못하는 원인은 무엇인가?

① 물의 온도가 너무 높다.
② 물의 온도가 너무 낮다.
③ 흡입 양정이 너무 작다.
④ 흡입 관로의 저항이 너무 작다.

18 이론적으로 원심 펌프가 물을 흡입할 수 있는 최대 높이는 약 얼마인가?

① 5[m]   ② 7[m]
③ 10[m]   ④ 15[m]

19 펌프의 총양정이란?

① 실양정 + 손실 양정
② 송출 양정 − 흡입 양정
③ 실양정 − 손실 양정
④ 송출 양정 + 흡입 양정

Answer 15. ② 16. ③ 17. ① 18. ③ 19. ①

20 펌프의 실제 흡입 양정이 이론적 양정보다 낮은 이유가 아닌 것은?
① 흡입측에 완전 진공을 형성하지 못한다.
② 흡입 파이프 계통에서 마찰로 인한 손실 수두가 있다.
③ 펌프가 작다.
④ 펌프가 낡아서 흡입 수두 손실이 증가한다.

21 다음 중 흘수를 조정하여 선박의 균형을 유지하기 위해 주로 사용되는 펌프는?
① 밸러스트 펌프　　　② 빌지 펌프
③ 주급수 펌프　　　　④ 주복수 펌프

22 다음 중 회전차의 회전에 의해 발생하는 원심력을 이용하여 유체를 이송하는 펌프는?
① 벌류트 펌프　　　　② 프로펠러 펌프
③ 플런저 펌프　　　　④ 베인 펌프

　해설　벌류트 펌프 : 반경유식으로 회전차의 회전에 의한 원심력을 이용한다.

23 원심 펌프의 양수 원리에 해당되는 것은?
① 회전차의 원심력을 이용한다.
② 회전차의 원심력과 양력을 이용한다.
③ 회전차의 양력을 이용한다.
④ 회전차 케이싱과 회전차 사이의 마찰력을 이용한다.

24 원심펌프를 기동할 때 올바른 방법은?
① 송출밸브를 잠그고 펌프를 기동한 후에 송출밸브를 서서히 연다.
② 흡입밸브를 잠그고 펌프를 기동한 후에 송출밸브를 서서히 연다.
③ 송출밸브를 전개하여 펌프를 기동한 후에 송출밸브를 적당히 잠근다.
④ 흡입, 송출밸브를 다 잠그고 기동하여 송출밸브를 연 다음에 흡입밸브를 열어서 유량을 조절한다.

Answer　20. ③　21. ①　22. ①　23. ②　24. ①

25 해수 펌프의 회전차(임펠러)로 적합한 재료는?
① 청동
② 주철
③ 포금
④ 니켈

　해설　회전차의 재료 선정시 내식성과 무게를 고려해야 한다.

26 원심 펌프를 기동하기 전에 점검, 준비해야 할 사항이 아닌 것은?
① 베어링의 주유상태
② 축을 손으로 돌려본다.
③ 펌프 안의 공기를 뺀다.
④ 흡입, 송출밸브를 잠근다.

27 벌류트 펌프의 케이싱 역할을 가장 바르게 설명한 것은?
① 임펠러에서 나온 유체를 송출관으로 인도할 뿐이다.
② 펌프를 단지 보호한다.
③ 유체를 송출관으로 인도하여 속도수두를 압력수두로 바꾼다.
④ 유체를 송출관으로 인도하여 압력수두를 속도수두로 바꾼다.

28 원심 펌프의 원판 마찰손실이란?
① 임펠러와 케이싱과의 마찰손실이다.
② 임펠러가 수중에서 회전할 때의 마찰손실이다.
③ 임펠러의 회전축과 베어링의 마찰손실이다.
④ 마우스링의 마찰손실이다.

29 원심 펌프를 안내 깃의 유무에 따라 분류하면?
① 단단 – 다단
② 벌류트 – 터빈
③ 반경류식 – 혼류식
④ 분할형 – 원통형

Answer　25. ①　26. ④　27. ③　28. ②　29. ②

30 펌프 흡입측의 공기가 배제되거나 흡입측에 액체가 미리 채워져 있어야만 연속적으로 액체를 송출하는 펌프는?

① 버킷 펌프　　② 피스톤 펌프
③ 기어 펌프　　④ 터빈 펌프

31 다음 펌프 중에서 안내 날개가 있고 고양정에 사용되는 펌프는?

① 벌류트 펌프　　② 터빈 펌프
③ 플런저 펌프　　④ 이모 펌프

32 원심 펌프에서 마우스 링(또는 웨어 링)의 설치 장소는?

① 임펠러와 케이싱 사이　　② 임펠러 끝
③ 안내 날개　　④ 임펠러 축

33 다음은 원심 펌프를 기동하기 전의 점검사항이다. 틀린 것은?

① 손으로 터닝시켜 본다.
② 베어링의 주유상태를 확인한다.
③ 펌프 내의 물을 빼낸다.
④ 펌프 내의 공기를 배제시킨다.

34 터빈 펌프에서 평형 디스크가 하는 역할은?

① 스러스트 방지　　② 진동의 방지
③ 임펠러 손상방지　　④ 토출량의 균일

해설　스러스트 : 축의 진동, 유체의 흐름방향 변경을 유도한다.

Answer　30. ④　31. ②　32. ①　33. ③　34. ①

35 랜턴 링의 설치 위치와 역할은?

① 펌프 축에 설치되며 기밀과 윤활의 역할을 한다.
② 펌프 케이싱에 설치되며 호수의 역할을 한다.
③ 임펠러와 케이싱 사이에 설치되며 기밀의 역할을 한다.
④ 펌프와 구동모터 사이에 설치되며 모터 보호의 역할을 한다.

해설 ② : 토출관의 역할, ③ : 마우스링의 역할, ④ : 베어링의 역할

36 원심 펌프의 구성 요소에서 펌프의 성능 및 효율 등에 영향을 가장 크게 미치는 것은?

① 케이싱(casing)   ② 임펠러(impeller)
③ 슬리브(sleeve)   ④ 글랜드 패킹(gland packing)

37 원심 펌프에서 호수의 목적은?

① 송출량을 증가시키기 위해서
② 송출 압력을 일정히 유지시키기 위해서
③ 시동시 흡입측의 공기 배제를 위하여
④ 회전수를 증가시키기 위하여

38 흡입측 액체 표면에서 송출측 액체 표면까지의 수직거리를 무엇이라 하는가?

① 압력수두(압력양정)   ② 송출수두(송출양정)
③ 실수두(실양정)   ④ 흡입수두(흡입양정)

39 다음 중 원심 펌프의 호수(프라이밍)방식이 아닌 것은?

① 펌프 자체에 진공 펌프를 부속시킨다.
② 별개의 펌프로서 시동하고자 하는 펌프에 물을 공급한다.
③ 흡입측 밸브를 닫고 회전수를 증가시킨다.
④ 펌프의 상부 깔때기에 급수한다.

40 원심 펌프의 송출유량을 조절하는 방법 중에서 가장 많이 사용하는 방법은?
① 송출유체를 바이패스시키는 방법
② 흡입밸브의 개도를 조절하는 방법
③ 펌프의 회전속도를 조절하는 방법
④ 송출밸브의 개도를 조절하는 방법

41 원심 펌프의 추력을 방지하는 방법이 아닌 것은?
① 스러스트 베어링 사용
② 양흡입 임펠러 사용
③ 크기가 2배인 임펠러 사용
④ 평형 원판 사용

42 원심 펌프의 축 추력 방지책이 아닌 것은?
① 평형공 설치
② 편흡입 회전차 사용
③ 평형원판 설치
④ 스러스트 베어링 사용

43 회전수를 일정하게 하고 송출량과 양정, 축마력 효율과의 관계를 나타낸 것은?
① 특성 곡선   ② 비교 회전도
③ 효율 곡선   ④ 속도 선도

44 다음 중 윤활유를 이송하는 데 적합한 펌프는?
① 프로펠러 펌프   ② 원심 펌프
③ 제트 펌프   ④ 기어 펌프

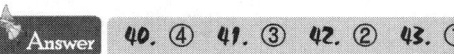
Answer 40. ④ 41. ③ 42. ② 43. ① 44. ④

45 현재 가장 많이 사용되는 방법으로 운전 효율이 약간 떨어지나 가장 간단하게 원심펌프의 송출량을 조절할 수 있는 방법은?
① 회전수 조절법　　　　　　② 송출밸브 조절법
③ 흡입밸브 조절법　　　　　④ 바이패스밸브 조절법

46 다음은 축류 펌프의 특성에 관한 설명이다. 잘못된 내용은?
① 대유량, 저양정용에 적합하고 고속 회전이 가능하다.
② 날개를 가동형으로 할 수 있고 송출량을 쉽게 조절할 수 있다.
③ 송출량 변동에 따른 양정, 소요 동력 및 효율의 변화가 크다.
④ 송출량 0에서의 소요 동력이 가장 적다.

47 왕복 펌프의 특징이 아닌 것은?
① 흡입성능이 양호하다.
② 소양정, 대유량용으로 사용한다.
③ 무리한 운전에 잘 견딘다.
④ 주로 빌지 펌프 등에 사용한다.

48 다음은 차동형 왕복 펌프에 관한 설명이다. 잘못된 내용은?
① 단동 펌프와 같은 구조이다.
② 펌프의 송출이 1 왕복에 2회 일어난다.
③ 피스톤의 지름에 비해 로드의 지름을 비교적 크게 한다.
④ 공기실은 필요하지 않다.

49 전동기 구동 왕복 펌프에서 송출 유량 조절법으로 가장 보편적으로 사용되는 방법은?
① 흡입측 스톱밸브 조절　　　② 펌프의 피스톤 행정 조절
③ 흡·송출 바이패스밸브 조절　④ 송출측 스톱밸브 조절

Answer　45. ②　46. ④　47. ②　48. ④　49. ③

50 킹스턴 밸브란?

① 2중저에 설치되는 배수밸브
② 기관실 바닥에 설치되는 주해수밸브
③ 원심펌프에 설치되는 호수밸브
④ 왕복동펌프에 설치되는 집합밸브

51 킹혼 밸브의 밸브 두께는?

① 1.5~3mm ② 1.5mm
③ 3mm   ④ 3~6mm

52 밸브의 상하 운동을 정확하게 하기 위하여 3~4개의 안내 날개가 설치되어 있는 밸브는?

① 원판 밸브   ② 원뿔 밸브
③ 링 밸브   ④ 플랩 밸브

53 큰 밸브 1개 대신 작은 밸브 4개를 사용하면 직경은 몇 배로 되는가?

① 0.25배로 작아진다.
② 4배로 커진다.
③ 0.5배로 작아진다.
④ 2배로 커진다.

54 왕복 펌프의 피스톤이 구비해야 할 조건이 아닌 것은?

① 액체의 누설이 적을 것
② 내구력이 풍부할 것
③ 접촉 마찰이 클 것
④ 피스톤과 실린더의 중심선이 조금 어긋나도 운전에 지장이 없을 것

Answer 50. ② 51. ① 52. ② 53. ④ 54. ③

55 운전 중인 해수 펌프의 글랜드 패킹에 관한 설명 중 적절하지 않은 것은?

① 글랜드 패킹의 종류에는 원심식과 축류식이 있다.
② 랜턴 ·링은 글랜드 패킹의 안쪽에 위치하고 있다.
③ 랜턴 링은 펌프의 토출측과 튜브로 연결되어 압력수를 공급받는다.
④ 랜턴 링은 패킹부의 냉각과 윤활에 도움을 준다.

56 로스트 모션의 설치 목적과 거리가 먼 것은?

① 증기 압력 일정   ② 송수 작용 균일
③ 송출량 균일   ④ 기어 펌프

57 왕복 펌프의 송출유량을 줄이고자 한다. 적절하지 못한 방법은?

① 펌프의 회전수를 낮춘다.
② 가변행정 펌프에서 피스톤의 행정 길이를 줄인다.
③ 송출 밸브를 닫아서 조절한다.
④ 흡입측 스톱 밸브의 열려있는 정도를 가감한다.

58 기어 펌프에 대한 설명 중 틀린 것은?

① 일반적으로 소용량에 적합하다.
② 토출밸브를 죄어서 토출량을 조절한다.
③ 연료유와 같이 윤활성이 있는 액체에 대해서는 편리하다.
④ 기어 펌프에서도 추력이 일어난다.

59 회전 펌프에 관한 설명이다. 잘못된 것은?

① 1개 또는 2개의 회전자에 의하여 유체를 이송하는 펌프이다.
② 왕복 펌프와 같은 밸브를 내장하고 있다.
③ 무게, 부피가 작은 잇점이 있다.
④ 유류와 같이 점도가 높은 액체를 이송하는 데 적합하다.

Answer 55. ① 56. ④ 57. ③ 58. ② 59. ②

60 기어 펌프와 같은 용적형 펌프에서 송출량의 올바른 조절법은?
① 흡입밸브로 한다.
② 송출밸브로 한다.
③ 바이패스밸브로 한다.
④ 흡입·송출밸브로 한다.

61 점도가 높은 액체에 사용하기 좋은 펌프는?
① 기어 펌프　　　② 원심 펌프
③ 제트 펌프　　　④ 왕복 펌프

62 아래 보기 중에서 나사 펌프에 해당되는 것은?
① 슬라이딩 베인 펌프
② 트로코이드 펌프
③ 로브 펌프
④ 이모 펌프

63 체크밸브 설치의 주목적은?
① 유체의 압력을 조절한다.
② 유체의 유속을 변화시킨다.
③ 유체가 한 방향으로만 흐르게 한다.
④ 유체의 유동방향을 바꾼다.

64 이모 펌프는 몇 개의 나사축이 물고 돌아가는 펌프인가?
① 2개　　　② 3개
③ 4개　　　④ 5개

 60. ③ 61. ① 62. ④ 63. ③ 64. ②

65 베인 펌프의 장점이다. 해당되지 않는 것은?
① 베인이 마멸해도 효율의 저하가 덜하다.
② 구조에 관계 없이 추력이 발생되지 않는다.
③ 송출 유량에 맥동이 적다.
④ 구조가 간단하다.

66 축류 펌프의 특성이 아닌 것은?
① 저양정, 대유량용에 적합하다.
② 송출량 0에서 축마력이 가장 적은 값이다.
③ 양정, 소요동력 및 효율변화가 크다.
④ 날개를 가동형으로 하여 송출량을 조절할 수 있다.

67 다음은 나시 펌프에 관한 설명이다. 잘못된 것은?
① 액체와 기체의 혼합체를 취급하는 데 가장 적합한 펌프이다.
② 원심 펌프에 부속된 호수 펌프로 널리 사용된다.
③ 원형의 케이싱과 후굴형 깃을 가지는 회전차로 구성되어 있다.
④ 추기용으로 사용할 때에는 보급구를 통하여 액을 보충할 필요가 있다.

  해설 나시 펌프의 회전차는 타원형의 케이싱과 전굴형 안내깃으로 구성되어 있다.

68 마찰 펌프의 특징이다. 잘못된 것은?
① 대유량, 저양정의 펌프로 적합하다.
② 자흡성이 없으므로 시동시 호수를 필요로 한다.
③ 물, 석유 또는 화학약품 등의 액체 수송용으로 사용된다.
④ 최고 효율은 40~50% 정도이다.

69 노즐을 통해 유체를 분출함에 따라 발생하는 진공압을 이용하여 피이송 유체를 흡인, 이송하는 펌프는?
① 마찰 펌프   ② 나시 펌프
③ 진공 펌프   ④ 제트 펌프

Answer 65. ② 66. ② 67. ③ 68. ① 69. ④

70 제트 펌프의 이점을 열거하였다. 잘못된 것은?
① 운동 부분이 없으므로 고장의 우려가 적다.
② 형태가 작아서 설치 공간이 작아도 된다.
③ 흙탕물, 오수 등을 이송하는 데 사용해도 지장이 없다.
④ 효율이 50% 이상으로 양호하다.

71 다음 중 관계가 잘못 짝지어진 것은?
① 가변 송출 펌프 – 조타 장치에 사용
② 슬라이딩 베인 펌프 – 갑판 유압기계에 사용
③ 원심 펌프 – 청수 이송에 사용
④ 기어 펌프 – 해수 이송에 사용

72 헬리컬 기어 펌프에서 이중 헬리컬 기어를 채용하는 주된 이유는?
① 펌프 진동방지
② 송출 방향 바꿈
③ 송출량 증가
④ 축방향 추력 방지

73 밀폐된 용기 내에 정지된 유체의 일부에 가해진 압력은 같은 크기로 유체의 각 부에 전달된다. 이것은 무엇을 설명한 것인가?
① 파스칼의 원리
② 만유인력의 법칙
③ 보일의 법칙
④ 절대 온도

해설 파스칼의 원리 : 어느 물체 안에 들어있는 액체의 한 부분에 압력을 가하면 같은 크기의 압력이 액체의 모든 부분에 압력을 전달하는 원리

74 유·공압 장치는 일반적으로 4부분으로 구성된다. 4부분이 올바르게 나열된 것은?
① 원동기 – 액추에이터 – 유압 펌프 – 릴리프펌프
② 유압 동력원 – 액추에이터 – 액추에이터 제어부 – 부속 기기류
③ 모터 – 실린더 – 원동기 – 펌프
④ 압력제어회로 – 어큐뮬레이터 – 유압 동력원 – 실린더

해설 액추에이터(actuator) : 전기나 유압, 압축공기를 이용하는 원동기의 총칭

Answer   70. ④   71. ④   72. ④   73. ①   74. ②

75 유압 장치의 작동 원리는?

① 베르누이의 정리
② 파스칼의 원리
③ 보일의 법칙
④ 토리첼리의 진공

76 다음은 유·공압 장치의 유압 펌프로 많이 사용되는 피스톤 펌프에 관한 설명이다. 잘못 설명된 것은?

① 축방향 피스톤 펌프, 반지름 방향 피스톤 펌프 등이 있다.
② 축방향 피스톤 펌프는 다른 펌프보다 고압, 고속 회전, 고효율이 얻어진다.
③ 반지름 방향 피스톤 펌프는 윌리엄스 – 재니펌프라 부르기도 한다.
④ 사판식 축방향 피스톤 펌프에서는 사판의 경사각 조절에 의해 송출 유량이 제어된다.

> 해설 윌리엄스-재니펌프는 축방향 피스톤 펌프의 일종이고 반지름 방향 피스톤 펌프의 종류로는 헬레쇼 펌프가 있다.

77 다음의 유·공압 기호 중에서 1방향형 유압 펌프를 나타내는 것은?

78 액추에이터의 운동 방향을 제어하기 위해 유체 흐름의 방향을 바꾸거나 정지시키는 밸브는?

① 방향제어 밸브   ② 유량제어 밸브
③ 시퀀스 밸브   ④ 셔틀 밸브

Answer 75. ② 76. ③ 77. ④ 78. ①

79 유압장치 기호 중 다음 그림은 무엇을 나타내는 것인가?

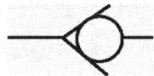

① 온도제어 밸브
② 압력제어 밸브
③ 체크 밸브
④ 유량제어 밸브

80 다음 배관기호 ─┼─ 는 무엇을 나타내는가?

① 드레인 관로
② 관로의 접속
③ 관로의 교차
④ 파일럿 관로

81 유압장치 기호 중 다음 그림은 무엇을 나타내는 것인가?

① 양방향형 유압 펌프
② 가변용량형 유압 펌프
③ 공기 압축기
④ 1방향형 유압 펌프

82 A를 일의 열당량이라고 할 때 A의 값이 올바르게 표시된 것은?

① $A = \dfrac{1}{427}$ kcal/kgf·m
② $A = 632$ kcal/kgf·m
③ $A = 427$ kcal/kgf·m
④ $A = \dfrac{1}{623}$ kcal/kgf·m

Answer   79. ③   80. ③   81. ④   82. ①

환경오염 방지기기

01 유수분리장치

(1) 개 요

빌지, 밸러스트용 물 또는 탱크 클리닝시의 폐수 등 오손된 물을 선 외로 배출할 때, 기름성분이 함께 배출되지 않도록 물 속에 포함되어 있는 기름성분을 물로부터 분리해 주는 장치이다. 배출 중의 기름농도 허용값은 15ppm(육지로부터 12해리보다 먼 바다에서는 100ppm) 미만이다.

(2) 유수분리방식

① **평행판을 사용한 중력분리법** : 다수의 평행판 사이를 저속으로 기름이 섞인 물을 통과시키면서 비중차에 의해 기름입자를 부상 분리시키는 방법이다.

② **특수필터에 의한 방법** : 왁스, 우레탄폼, 유리섬유 등의 여과제를 통하여 기름이 섞인 물을 흘려 미세한 기름입자가 여과재에 흡착되고 여기에 새로운 기름입자가 충돌, 결합함에 따라 더욱 큰 기름입자가 되어 여과재를 통과하면서 분리되는 방법이다.

③ **원심분리법** : 단독으로 사용되기보다는 보조적으로 원심력을 이용하여 기름입자의 분리 효과를 높이는 데 사용된다.

02 폐유소각장치

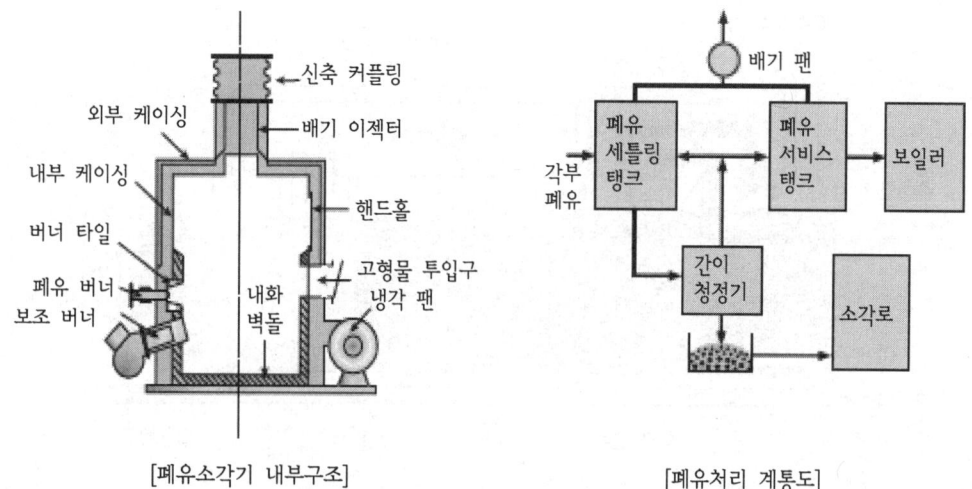

[폐유소각기 내부구조]　　　　[폐유처리 계통도]

(1) 개 요

선박에서 나오는 폐유, 유수분리기에서 분리되는 기름 및 유청정기에서 나오는 슬러지 등은 양륙해서 처리하거나 선내에서 소각처리해야 한다.

(2) 내부구조

내부 화로와 외부 케이싱으로 구성되어 있어, 외부에 냉각팬, 폐유버너, 폐유펌프, 보조버너, 제어판 등이 부착되어 있다.

03 오수처리장치

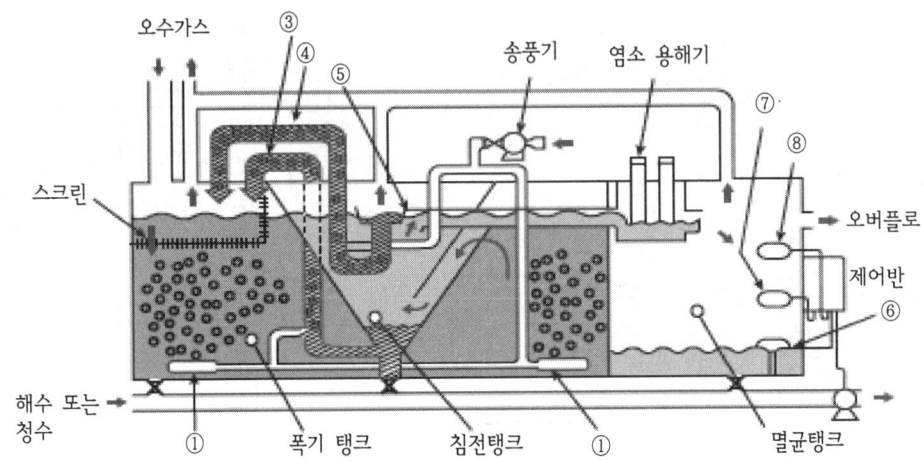

① 산기기(air diffuser 또는 aerator) ② 배출 펌프 ③ 공기 상승관(활성 슬러지 반송)
④ 공기 상승관(부유 찌꺼기 반송) ⑤ 스키머(skimmer) ⑥ 저수위 플로트 스위치
⑦ 고수위 플로트 스위치 ⑧ 이상 고수위 플로트 스위치

(1) 관련법규 개요

① 선박으로부터의 배출물로 인한 해양 오염의 문제는 전세계적인 과제이며, 1973년의 선박에 의한 해양 오염 방지를 위한 국제 협약에 관한 1978년의 의정서(MAR-POL 73/78 조약)에 의해 자세히 규제되고 있다. 1988년에 동 조약의 부속서 Ⅴ(폐기물에 관한 규칙)가 국제적으로 발효됨에 따라, 우리나라에서도 선박 내에서 선원 등의 일상생활에 따라 발생하는 폐기물 배출에 관한 규칙을 국내법에 수용하게 되었다.

② 위의 조약 부속서 Ⅴ에 따르면 총톤수 200톤 이상의 선박 또는 최대 승무 인원 10명을 초과하는 선박은 모든 생활 오수를 연안 4해리 이내에서는 배출 금지, 4해리부터 12해리까지는 생물 화학적 산소 요구량(BOD) 50ppm 이하, 부유 고형물(suspended solids) 50ppm 이하, 대장균 군수 200/100mL 이하로 처리되어 있지 않으면 배출할 수 없으며, 12해리 이상에서 선박이 4노트 이상의 속도로 항행 중일 때에는 특별한 제한은 없다.

③ 국내외의 오수처리장치 제작사들은 위의 조약에서 규정하는 처리 기준을 만족시키는 오수처리장치를 제작하고 있으며, 일반적으로 호기성 미생물 또는 호기성 미생물막에 의해 오수를 생물 화학적으로 분해하여 정화시키고 있다.

(2) 구성요소

공기용해탱크, 침전탱크, 멸균탱크의 3개 부분과 블로어, 배출펌프, 염소용해기, 공기디퓨저, 공기상승관 등의 기기로 구성되어 있다.

제2장 기출 및 예상문제

01 다음 중 유수분리장치에서 기름의 점도를 낮추어 분리를 촉진시키는 역할을 하는 것은?
① 가열코일　　　② 에어벤트
③ 슬러지 배출관　　④ 저지판

02 유수분리기를 운전하기 전에 분리기 속에는 무엇을 채우는가?
① 청수　　　② 폐유
③ 해수　　　④ 윤활유

03 다음은 유수분리장치의 운전요령이다. 잘못된 것은?
① 운전시작 전 맑은 물을 가득 채운다.
② 유수혼합액의 흡입량은 정격 이상이어야 한다.
③ 가열코일을 이용하여 가열시킨다.
④ 처리수의 유분농도는 허용한도 이내이어야 한다.

04 다음 중 해양오염방지설비에 속하는 것은 어느 것인가?
① 15ppm 빌지분리장치　　② 청정기
③ 발전기　　　　　　　　④ 보일러

Answer 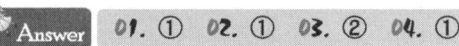　01. ①　02. ①　03. ②　04. ①

05 필터식 유수분리장치에서 물속의 기름을 분리하는 원리는?
① 필터의 화학적 작용으로 분리
② 필터에 기름 성분을 흡착시켜 분리
③ 필터에 고전압을 걸어서 분리
④ 필터 속의 액체에 원심력을 가하여 분리

06 선박에서 나오는 폐유, 기름여과장치에서 분리된 기름, 유청정기에서 나오는 슬러지 등을 선내에서 소각 처리하는 장치는?
① 기름여과장치 ② 유청정기
③ 오수처리장치 ④ 폐유소각장치

07 폐유소각장치에서 폐유에 포함된 수분이 몇 % 정도 이상일 때 보조버너를 사용하는가?
① 30% ② 50%
③ 70% ④ 90%

08 폐유소각기에서 과열을 방지하기 위해 화로의 내면에 설치되는 것은?
① 방열판 ② 내화벽돌
③ 이중벽 ④ 석고보드

09 다음 중 오수처리장치에서 오수 이송용 펌프나, 어류양식장에서 물 순환용 펌프로 사용되는 것은?
① 기포 펌프
② 제트 펌프
③ 마찰 펌프
④ 수격 펌프

Answer 05. ② 06. ④ 07. ② 08. ② 09. ①

10 생물 화학적 오수처리장치는 폭기 탱크, 침전 탱크, (   )의 3개 부분의 탱크로 분할되어 있다. (   )에 알맞은 말은?

① 보조 탱크 ② 저장 탱크
③ 빌지 탱크 ④ 멸균 탱크

Answer 10. ④

냉동공학 및 공기조화장치

C.H.A.P.T.E.R. **III**

01 냉 동

(1) 냉동의 개요

① 냉동의 정의 : 물체 또는 특정한 장소로부터 열을 빼앗아 그 온도를 주위의 온도보다 낮은 상태로 유지하는 것을 말한다.

② 냉장과 냉동의 차이 : 냉장은 식품을 얼지 않을 정도의 낮은 온도로 저장하는 것을 말하고, 냉동은 빙점 이하의 저온도로 동결시키는 것을 말한다.

③ 냉동을 행하는 방법
  ㉠ 융해열을 이용 : 기한제(얼음과 소금의 혼합 : -21.2℃까지 온도하강이 가능하다)
  ㉡ 승화열을 이용 : 드라이아이스로 주위의 열을 빼앗아 증발하면 냉동물질의 온도가 하강하는 원리를 이용
  ㉢ 증발열을 이용 : 가스압축식, 흡수식 냉동장치가 이에 속한다.
  ㉣ 열전냉동법 : 펠티어 효과를 이용한 것이다.

④ 열역학의 기초
  ㉠ 열역학 제1법칙 : 기계적 일이 열로 변화하거나 또는 열이 기계적 일로 변화해도 양자의 비는 일정하다(에너지 불멸의 법칙).
  ㉡ 열역학 제2법칙 : "열은 고온의 물질에서 저온의 물질로 이동할 수 있으나, 저온의 물질에서 고온의 물질로 스스로 이동할 수 없다."

(2) 냉 매

① 냉매의 정의 : 냉동사이클의 동작요소로서 저온의 물체에서 열을 빼앗아 고온의 물체에 열을 운반해 주는 매체

② 직접냉매
  ㉠ 암모니아 : 대규모 냉동장치에 널리 사용되는 냉매로 극심한 자극성 냄새가 나며 독성이 강하다.
  ㉡ 탄산가스 : 냄새, 연소성, 부식이 없는 매우 안정한 냉매이지만 임계온도가 낮은 것

이 결점이다.
ⓒ 프레온 : 여러 가지 결점을 보완한 냉매이나 오존층 파괴물질이다.
② 직접냉매가 갖추어야 할 요건(물리적 조건과 화학적 조건)

냉매의 종류	액체의 색	임계온도	응고점	잠열	유독성	냄새	부식성
암모니아	무색	133℃	-77.7℃	313.5 kcal/kgf	많다	구린내	구리
프레온	무색	115℃	-155℃	38.6 kcal/kgf	거의 없다	없다	거의 없다

③ 간접냉매 : 물, 공기, 브라인 등이 간접냉매의 종류에 속하나 브라인이 가장 많이 사용되고 있다. 브라인이란, 증발기에서 발생하는 냉매의 증발잠열을 피냉각물질에 전달함으로써 열전달의 중계역할을 하는 부동액을 말한다.

④ 냉동능력, 냉동톤, 제빙능력
  ㉠ 냉동능력 : 냉동기가 단위시간 동안 흡수할 수 있는 열량
  ㉡ 냉동톤 : 실용상의 단위이며, 0℃의 순수한 물 1톤을 24시간을 걸쳐서 0℃의 얼음으로 바꾸는 냉동능력
  ㉢ 제빙능력 : 제빙공장에서 1일 제빙량을 톤으로 나타낸 것
    ▶ 1톤의 제빙능력은 1.4~1.8 냉동톤의 능력에 상당하는 능력이기에 혼동하기 쉬우므로 주의를 요한다.
    ▶ 냉동사이클 : 역카르노 사이클

⑤ 몰리에르선도 : 일정한 압력에서의 상태변화와 교축작용(냉동장치에서 팽창밸브에서의 작용)이 직선적으로 표시되므로, 냉동장치의 성능을 분석하는 데 매우 편리한 선도

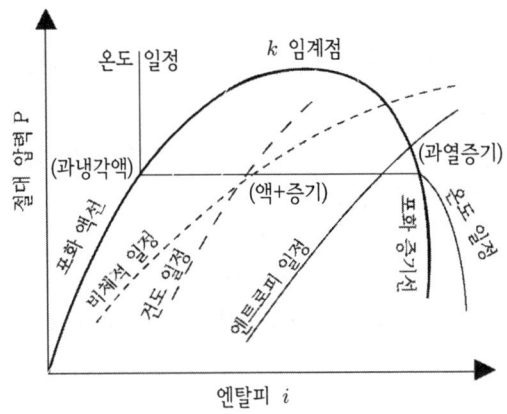

⑥ 표준냉동사이클
증발온도(-15℃), 응축온도(+30℃), 압축기의 흡입가스온도(-15℃), 팽창밸브 직전의 액온도(+25℃)

(3) 가스 압축식 냉동기의 구성요소

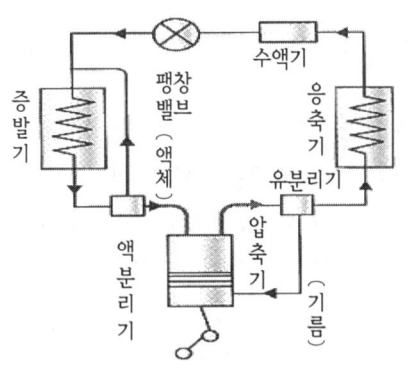

① **압축기** : 저온부에서 열을 흡수하여 액체에서 기체로 변환냉매를 흡입하고, 응축기에서 냉각물질의 온도로 액화할 수 있을 정도의 압력까지 압축하는 기계
② **응축기** : 압축기에서 압축된 고온·고압의 기체를 받아들여서 그의 열을 빼앗아 액화시키는 열교환기의 일종이다. 보통 공기, 청수, 해수를 냉각한다.
③ **팽창밸브** : 응축기에서 액화한 고압의 액체를 교축작용(일종의 감압작용)에 의하여 냉장고 내의 낮은 온도에서 쉽게 기화할 수 있는 압력까지 감압시켜 주는 밸브이다.
④ **증발기** : 냉장고 내에 설치된 기기로 팽창밸브를 통해 감압되고 저온도로 된 액체가 주위로부터의 열을 흡수하여 기화하는 장치를 말한다.
⑤ **수액기** : 응축기에서 응축된 냉매를 저장하는 데 사용하는 용기이다.
⑥ **유분리기** : 기름이 응축기나 증발기 등에 들어가서 열전달표면에 부착함으로써 열의 이동을 방해하여 냉동능력을 감소시킬 수 있으므로 압축기 출구에 설치되어 냉매 중에 포함된 기름을 분리 제거하는 장치이다.
⑦ **액분리기** : 증발기에서 증발하지 못한 액상의 냉매를 분리시키는 역할을 하는 장치이다.
⑧ **건조기** : 프레온가스냉동기에서는 액관에 건조기를 설치하여 냉매속의 수분을 흡수·제거해야 한다.
⑨ **안전밸브** : 장치내의 압력이 규정압력보다 상승할 경우 이 가스를 도출시켜 장치의 파손을 방지한다.
⑩ **가스퍼저** : 장치에 불응축가스가 축적되었다고 판단시 응축기에 부착된 퍼지밸브로 배출시키는데 대형냉동장치에서는 이러한 역할을 가스퍼저가 실시한다.
⑪ **여과기** : 냉동장치 배관 내에 녹이나 먼지가 있을 경우 모세관을 막거나 자동밸브의 동작을 방해하게 되는데 이러한 불순물을 제거해 주는 장치이다.
⑫ **제상장치** : 증발기의 증발관 표면에 공기 중의 수분이 얼어붙게 되면, 증발관에서의 전열작용이 현저히 저하된다. 따라서 증발관에 붙은 얼음을 제거해야 하는데 이러한 목적으로 사용되는 장치이다.

▶ 압축기, 응축기, 팽창밸브, 증발기를 냉동기의 4대 요소라 한다.
▶ 4대 요소 각 기기마다 사용방법 및 여러 가지 형태로 분류된 종류를 조사 및 확인하고 문제에 임하도록 한다.

(4) 냉동장치의 운전시험

① **내압시험** : 압축기, 냉매 펌프, 윤활유 펌프, 압력용기 등의 조립품에 액압을 작용시켜 안전한 사용에 필요한 내압강도와 변형유무를 조사하기 위한 시험이다.

② **기밀시험** : 내압시험에 합격한 압축기, 압력용기 등의 기기에 가스압력을 작용시켜 기기의 기밀성능을 조사하는 시험이다.

③ **누설시험** : 배관공사가 끝난 다음 방열시공을 하기 전에 배관 전 계통에 누설여부를 조사하기 위해 진공시험 전에 실시하는 시험이다.

④ **진공시험** : 압력시험에서 누설하지 않는 것이 확인되면, 장치내의 공기 및 수분 등을 완전히 제거시킴과 동시에 장치의 누설여부를 재확인하기 위해 시험을 실시한다.

⑤ **냉각시험** : 시설되어 있는 모든 압축기를 사용하여 냉각 및 동결시킬 부분이 지정시간 또는 계획 시간 내에 소정의 온도로 냉각되는지, 운전이 확실하고 각 부에 이상이 없는지를 확인하는 시험이다.

⑥ **보냉성능시험** : 방열벽이 바깥면 등에 이슬 또는 서리 맺힘이 없고, 냉각 중이나 냉각 정지 후에 각 부의 온도유지에 이상이 없는지를 확인하는 시험이다.

02 공기조화장치

(1) 공기조화의 개요

① 공기조화 4요소 : 특정장소의 공기온도, 습도, 청정도, 기류속도
② 기능 : 공기의 냉각·가열, 공기의 가습·감습, 공기유속의 균일화, 공기의 청정화

(2) 공기조화의 종류

쾌감용 공기조화와 산업용 공기조화로 구분한다.

건물의 온도	여 름		겨 울	
	온도(℃)	습도(%)	온도(℃)	습도(%)
주택, 사무실, 병원	25~26	50~45	23	35~30
은행, 백화점, 점포	25.5~27	50~45	22~23	35~30
교회, 식당, 극장	25.5~27	60~50	22~23	40~35
공장	27~29.5	60~50	20~22	35~30

(3) 공기조화의 구성

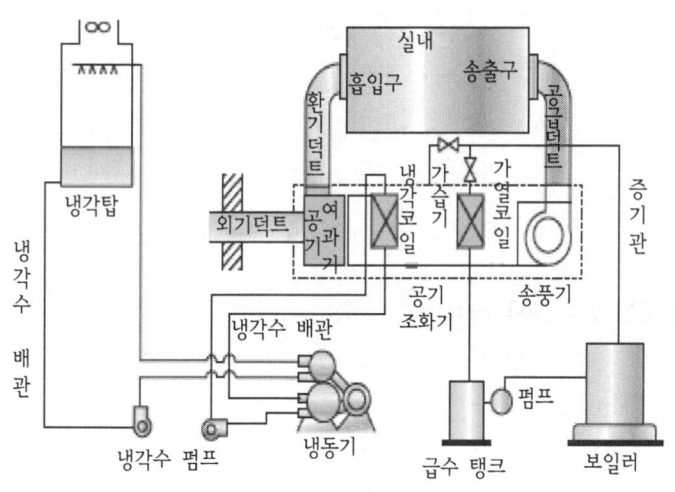

① **공기조화기** : 공기조화를 목적으로 하는 공간에 보낼 조화된 공기를 만드는 장치이다.
② **열운반장치** : 송풍기, 덕트, 냉온수펌프, 증기·냉매·연료 펌프 및 배관
③ **열원장치** : 공기조화장치의 전체의 냉방, 난방 열부하를 처리하기 위한 장치이다.
④ **자동제어장치** : 공기조화를 하고 있는 실내의 온도와 습도를 일정하게 유지하고 장치의 경제적 운전을 위하여 자동적으로 제어하는 장치이다.

03 냉장

(1) 냉장의 개요
식품의 신선도를 유지하면서 장기간 보존하는 방법이다.

(2) 빙장법
식품에 쇄빙을 뿌리든지, 또는 식품을 얼음물 속에 담가 저장하는 방법이다.

(3) 냉장법
식품을 냉장실 또는 이에 준하는 저온실에 넣어 그 품질 변화를 방지하기 위해서 빙점 이상의 저온으로 냉각하여 저장하는 방법이다.

(4) 동결저장법
식품을 동결하여 식품 중의 대부분의 수분을 빙결시킨 상태에서 식품온도를 보존하면서 저장하는 방법이다.

(5) CA저장법
'온도와 습도'에 'CA조건'을 갖춘 저장방법이다. 생체식품의 저장 기간 동안 호흡을 억제하기 위해 공기 중의 산소를 줄이고 이산화탄소를 늘린 인공공기를 저장고 안에 불어넣어서 체내 성분의 소비를 줄여 장기간 품질을 유지하게 하는 저장방법이다.

04 송풍기

(1) 용적식 송풍기
피스톤 왕복식 공기압축기

(2) 원심식 송풍기와 용적식 송풍기의 비교시 장점
① 진동과 소음이 작다.
② 형태 및 중량이 작아서 값이 싸다.
③ 기계 내부는 윤활이 필요 없으므로 송풍 중에 기름이 혼입되지 않는다.
④ 베어링 이외에는 기계적으로 접촉하는 부분이 없으므로 고장이 적다.
⑤ 고속 회전에 적합하며, 송출이 연속적이다.

(3) 날개 형상에 따른 분류

① 전굴날개 : 다익송풍기에 사용

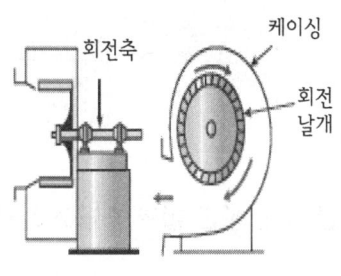 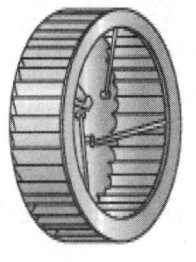 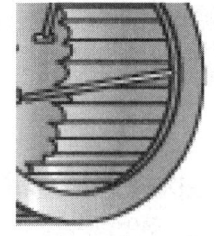

② 방사날개 : 반경류 송풍기에 사용

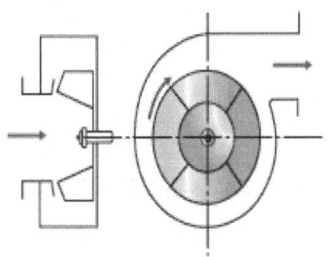 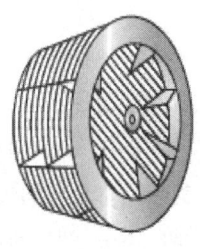

③ 후굴날개 : 터보 송풍기에 사용

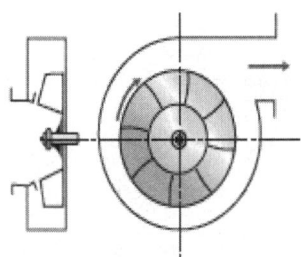 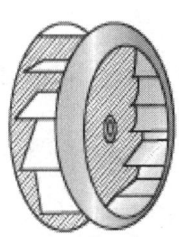

제3장 기출 및 예상문제

01 기체의 상태 변화에는 여러 가지가 있는데 변화를 하는 동안 열의 출입이 전혀 없는 변화는 무엇인가?
① 정적 변화
② 폴리트로픽 변화
③ 등온 변화
④ 단열 변화

02 엔트로피에 관한 설명으로 올바른 것은?
① 액체와 기체가 가지고 있는 모든 에너지를 열량의 단위로 나타낸 것
② 어떤 물질이 일정 온도 하에서 얻은 열량을 그의 절대온도로 나눈 값
③ 어떤 물질의 내부 에너지와 외부 에너지의 값
④ 어떤 물질이 그 부피의 팽창을 통하여 외부에 일을 행할 수 있는 에너지

해설 엔트로피 : 어떤 물질이 일정 온도에서 얻은 열량을 절대온도로 나눈 값

03 냉동기에 있어서 증발기의 서리제거 방법 중 옳지 않은 것은?
① 와이어 브러시로 쓸어낸다.
② 고온가스를 이용한다.
③ 물을 살포하여 녹인다.
④ 냉동기를 정지시킨다.

04 냉동기의 성적 계수란?
① 흡수 열량과 압축일의 열당량과의 비
② 토출 열량과 흡수 열량과의 비
③ 응축기의 냉각수량과 압축기의 일의 열당량과의 비
④ 응축기의 냉각수량과 흡수 열량과의 비

Answer  01. ④ 02. ② 03. ① 04. ①

05 다음은 냉동톤에 관한 설명이다. 잘못된 것은?
① 제빙톤이라고도 한다.
② 냉동능력의 단위로 사용된다.
③ 1냉동톤 = 3320kcal/h이다.
④ 0℃의 순수한 물 1톤을 24시간에 0℃의 얼음으로 바꾸는 냉동능력

06 냉동기의 팽창밸브는 어떤 역할을 하는가?
① 냉매의 속도가 빨라지도록 분출시킨다.
② 냉매의 통과량이 많으므로 통과량을 조절한다.
③ 낮은 압력에서 냉매가 기화할 수 있도록 온도를 내린다.
④ 낮은 온도에서 냉매가 기화할 수 있도록 압력을 내린다.

07 자연 냉동법에서 저온도를 얻는 방법 중 틀린 것은?
① 증발　　　　　　　　② 승화
③ 융해　　　　　　　　④ 응고

08 가스 압축식 냉동장치 중 유분리기에서 분리된 기름은 어디로 가는가?
① 대기 중　　　　　　② 수액기
③ 증발기　　　　　　　④ 크랭크실

09 일반적으로 1냉동톤당의 소요 동력은 증발 온도가 5℃ 저하함에 따라 약 몇 %정도 증가하는가?
① 5%　　　　　　　　② 10%
③ 20%　　　　　　　　④ 30%

Answer　05. ①　06. ④　07. ④　08. ④　09. ③

10 기준 냉동 사이클에서 응축온도는 몇 도인가?

① -15℃ ② +15℃
③ +25℃ ④ +30℃

해설 표준 냉동 사이클 온도 규정조건

증발온도	-15℃
응축온도	+30℃
압축기의 흡입가스온도(건포화증기)	-15℃
팽창밸브 직전의 액온도	+25℃

11 간접 팽창식 냉동장치에 관한 설명이다. 잘못 설명된 것은?

① 직접 냉매가 순환하는 관로가 짧게 된다.
② 직접 냉매가 누설되어 피냉동 물질을 상하게 하는 일이 있다.
③ 증발기와 냉동실 사이에는 간접 냉매가 사용된다.
④ 직접 냉매량이 적어도 된다.

12 직접 냉매가 갖추어야 할 화학적 조건으로 부적당한 것은?

① 누설되어도 눈에 띄지 않을 것
② 독한 냄새나 독성이 없을 것
③ 화학적으로 안정할 것
④ 냉동장치에 사용하는 재료를 부식시키지 않을 것

해설 화학적 조건에서는 윤활유와 반응하여 변질시키지 않을 것, 가격이 싸고 쉽게 구할 수 있어야 한다.

13 다른 냉매들의 여러 가지 결점을 해결한 이상적인 냉매이나 성층권의 오존층을 파괴하는 냉매는?

① 메틸 클로라이드 ② 탄산가스
③ 암모니아 ④ 프레온

Answer 10. ④ 11. ② 12. ① 13. ④

14 가스 압축식 냉동기에서 이용하는 열은?
① 승화열 ② 응고열
③ 증발열 ④ 융해열

15 브라인이 구비해야 할 조건이 아닌 것은?
① 철과 강에 대한 부식성이 없을 것
② 물에 용해가 잘 되지 않을 것
③ 사용 온도에서 비열 및 열 전달률이 클 것
④ 값이 싸고 공급이 용이할 것

16 흡입한 가스의 체적을 압축시켜 고압의 가스로 만드는 방식이 아닌 것은?
① 왕복식 ② 회전식
③ 스크루식 ④ 원심식

17 다음 중 가스 압축식 냉동기에서 사용되는 냉매는?
① 암모니아 ② 메 탄
③ 부 탄 ④ 알코올

18 프레온(R-22)냉매 누설 검출법이 아닌 것은?
① 유황을 태우면 흰 연기 발생 ② 비눗물을 칠하여 본다.
③ 할로겐 누설 검지기 사용 ④ 헬라이드 토치 사용

19 냉동기에 필요한 가장 중요한 4요소는?
① 응축기, 유분리기, 증발기, 압축기 ② 압축기, 응축기, 팽창밸브, 증발기
③ 증발기, 유분리기, 액분리기, 압축기 ④ 압축기, 팽창밸브, 응축기, 건조기

Answer 14. ③ 15. ② 16. ④ 17. ① 18. ① 19. ②

20 다음은 가스 압축식 냉동기의 왕복식 압축기에 있어서 안전 커버의 특성이다. 잘못된 것은?

① 안전커버는 실린더 상부에 볼트로써 고정되어 있다.
② 일종의 안전밸브 역할을 한다.
③ 통상 송출밸브가 그 곳에 함께 설치된다.
④ 안전커버는 피스톤과 함께 압축실을 구성한다.

21 압축기에 안전 덮개를 설치하는 원인이 되는 현상은?

① 액해머 현상   ② 도출 현상
③ 드레인 현상   ④ 에멀전 현상

22 냉동 압축기의 흡입·송출 밸브로 사용되는 종류가 아닌 것은?

① 킹혼 밸브
② 포핏 밸브
③ 리드 밸브
④ 플레이트 밸브

23 응축기를 냉각 방식에 따라 분류할 때 가장 널리 사용되는 방식은?

① 수냉식   ② 공랭식
③ 증발식   ④ 압축식

24 냉동기의 응축기 내에 불응축가스가 축적되었을 때의 영향은?

① 응축기 효율이 나빠진다.
② 냉매가스의 온도가 낮아진다.
③ 응축기 내부 압력이 저하된다.
④ 냉매량이 많아진다.

Answer 20. ① 21. ① 22. ① 23. ① 24. ①

25 2중관식 응축기는 수냉식이다. 결점은 어떤 것이 있는가?
① 공급 수량이 많아야 한다.
② R-12 냉동기에서만 사용 가능하다.
③ 고압에 견디지 못한다.
④ 냉각관의 부식 발견이 어렵다.

26 고속 다기통 냉동기 압축기에서 오일펌프 고장 또는 기름 여과기 막힘 등에 의한 압축기 소손을 방지하기 위하여 설치되는 것은?
① 유압보호 스위치 ② 제상 장치
③ 안전밸브 ④ 바이패스 장치

27 공랭식 응축기의 냉각관에 구리 또는 알루미늄의 지느러미(fin)을 붙이는 이유는 무엇인가?
① 공기가 잘 통하도록 하기 위하여
② 표면적을 증대시키기 위하여
③ 미관을 좋게 하기 위하여
④ 파손을 방지하기 위하여

28 냉동장치의 응축기에서 냉각수 출입구 온도의 이상적 차는 대략 몇 ℃인가?
① 1 ② 5
③ 10 ④ 15

29 다음 중 냉동사이클을 순서대로 바르게 열거한 것은?
① 응축 → 증발 → 팽창 → 압축
② 팽창 → 응축 → 증발 → 압축
③ 압축 → 증발 → 응축 → 팽창
④ 압축 → 응축 → 팽창 → 증발

Answer 25. ④ 26. ① 27. ② 28. ② 29. ④

30 온도식 자동 팽창 밸브에 부속된 감온통(thermo-bulb)의 역할은 무엇인가?
① 과열도 감지 ② 증발열 축적
③ 압축기 기동 ④ 액분리

31 자동 팽창 밸브의 종류에 속하지 않는 것은?
① 정압 팽창 밸브
② 플로트식 팽창 밸브
③ 모세관식 팽창 밸브
④ 전자 팽창 밸브

32 프레온 냉매를 사용하는 자동 냉동장치에서 응축기의 송출측으로부터 설치되는 순서는?
① 탈수기 - 증발 압력 조절 밸브 - 전자 밸브 - 자동 팽창 밸브
② 증발 압력 조절 밸브 - 자동 팽창 밸브 - 전자 밸브 - 탈수기
③ 탈수기 - 자동 팽창 밸브 - 전자 밸브 - 증발 압력 조절 밸브
④ 탈수기 - 전자 밸브 - 자동 팽창 밸브 - 증발 압력 조절 밸브

33 다음에 열거한 것 중에서 가장 독성이 작은 냉매는?
① 암모니아
② R-22(프레온)
③ 아황산가스
④ 메칠 클로라이드

34 증발기를 용도에 따라 분류할 때 종류가 다른 것 하나는?
① 셸 튜브식 ② 셸 코일식
③ 탱크식 ④ 나관 코일식

Answer 30. ① 31. ③ 32. ① 33. ② 34. ④

35 압축식 냉동기에서 팽창밸브의 위치는?
① 압축기와 응축기 사이
② 증발기와 압축기 사이
③ 응축기와 수액기 사이
④ 수액기와 증발기 사이

36 공기와 같은 불응축 가스가 응축기 내부에 축적되어 있을 때의 영향으로 잘못된 것은?
① 응축기의 전열 작용을 저하시킨다.
② 응축기의 냉각수 출구온도가 저하된다.
③ 응축 압력이 높아진다.
④ 송출 가스의 온도가 높아져 윤활유의 탄화가 촉진된다.

37 프레온 냉동기의 패킹재료로 사용해서는 안 되는 것은?
① 가죽   ② 천연고무
③ 펠트(felt)   ④ 구리

38 증발관의 제상 방법으로 부적당한 것은?
① 고온 고압가스에 의한 방법   ② 분수에 의한 방법
③ 전열에 의한 방법   ④ 건조에 의한 방법

39 냉동장치에서 압축기가 가동되지 않을 때 그 원인이 아닌 항목은?
① 극심한 냉매 부족으로 저압스위치가 작동되고 있다.
② 솔레노이드 밸브가 열려 있다.
③ 과부하로 차단 장치가 작동했다.
④ 유압 보호 스위치가 작동했다.

Answer 35. ④ 36. ② 37. ② 38. ④ 39. ②

40 고압가스 안전관리법에 규정된 시험인 내압 시험의 시험 압력은?

① 누설 시험 압력과 같이 한다.
② 누설 시험 압력의 1.25배 이상으로 한다.
③ 누설 시험 압력의 1.5배 이상으로 한다.
④ 누설 시험 압력의 1.75배 이상으로 한다.

41 냉동기의 액분리기에서 분리된 냉매액을 보내는 곳은?

① 압축기 입구
② 증발기 입구
③ 증발기 출구
④ 압축기 출구

42 냉동장치의 시험에서 압력 시험 완료 후 장치 내의 공기 및 수분 등을 완전히 제거시키고, 장치의 누설 여부를 재확인하기 위하여 실시하는 시험은?

① 기밀 시험
② 누설 시험
③ 내압 시험
④ 진공 시험

43 물의 어는 점을 0(℃), 끓는 점을 100(℃)로 정하고, 그 사이를 100등분하여 표시하는 온도는?

① 섭씨온도
② 화씨온도
③ 켈빈온도
④ 랭킨온도

44 다음은 냉동장치에 대한 설명이다. 맞지 않는 것은?

① 팽창밸브는 등엔탈피 교축을 한다.
② 증발기는 식품을 냉각시키고 가습 작용도 겸한다.
③ 압축기는 냉매를 등엔트로피 압축을 한다.
④ 응축기는 고온·고압의 가스를 냉각하여 액화시킨다.

Answer 40. ③ 41. ② 42. ④ 43. ① 44. ②

45 직접냉매가 갖추어야 할 물리적 조건으로 적합하지 않은 것은?
① 임계온도가 낮을 것
② 증발잠열이 클 것
③ 증발온도가 적을 것
④ 응고온도가 낮을 것

46 공기조화장치 중 서모탱크의 설치 목적에 속하지 않는 것은?
① 선실내 환기
② 선실내 난방
③ 선실내 화재 예방
④ 선실내 냉방

47 건조기에 사용되는 흡습제로 적당한 것은?
① 염화나트륨
② 브라인
③ 활성 알루미나
④ 하이라이드

48 냉동장치에서 냉매의 순환 순서는?
① 압축기 – 응축기 – 팽창밸브 – 증발기
② 압축기 – 증발기 – 팽창밸브 – 응축기
③ 압축기 – 팽창밸브 – 증발기 – 응축기
④ 압축기 – 응축기 – 증발기 – 팽창밸브

49 다음 중에서 공기조화장치에서 조절대상에 해당되지 않는 것은?
① 온도
② 압력
③ 습도
④ 공기청정도

  해설 공기조화장치의 4요소는 온도, 습도, 청정도, 기류속도이다.

50 공기의 수송관을 무엇이라 하는가?
① 통풍통
② 언로더
③ 덕트
④ 밸로스

 45. ① 46. ③ 47. ③ 48. ① 49. ② 50. ③

51 솔레노이드 밸브의 역할과 거리가 먼 것은?
① 공기의 청정도
② 압력을 제어
③ 온도의 제어
④ 냉매유량의 제어

52 조습장치에서 공기 중의 습도를 조절하는 방법을 크게 2가지로 분류하면?
① 밀폐법과 개방법
② 직접법과 간접법
③ 고압유도형유닛법과 팬코일유닛법
④ 흡착제 이용법과 냉동기 이용법

53 냉장에서 식품에 쇄빙을 뿌리거나, 또는 식품을 얼음물 속에 담가 저장하는 방법은?
① 동결저장법
② CA저장법
③ 냉장법
④ 빙장법

54 원심식 송풍기 중 날개수가 보통 6~12매이며 날개가 평판모양이므로 플레이트송풍기라고도 하는 날개형태는?
① 익형날개형
② 전굴날개형
③ 방사날개형
④ 후굴날개형

55 원심식 송풍기를 용적식 송풍기와 비교했을 때, 장점으로 잘못된 내용은?
① 저속운전에 적합하다.
② 형태의 작다.
③ 소음이 작다.
④ 송출이 연속적이다.

Answer 51. ① 52. ④ 53. ④ 54. ③ 55. ①

기타 보조기계

01 공기압축기

(1) 시동용 공기압축기

① 시동용공기압축기의 정격압력은 일반적으로 30kgf/cm² 이다.
② 압축기의 구성은 동일용량의 2대 압축기와 제어용 공기 압축기 및 비상용 공기압축기 각각 1대가 있다.
③ 각 국의 선급규정에는 2대 이상의 공기압축기를 반드시 설치하도록 규정하고 있다.
④ 직접 반전식 주기관을 가진 선박에서는 12회 이상, 간접 반전식 주기관을 가진 선박에서는 6회 이상 연속시동이 가능한 압축기를 설치해야 한다.

(2) 제어용 및 작업용 압축공기 시스템

① 독립된 잡용 공기 압축기 및 탱크가 마련되어 있지 않은 중, 소형 선박의 경우에는 시동용 압축공기를 감압밸브를 거쳐서 7~10kgf/cm²까지 감압해서 사용한다.
② 터보식 공기압축기 : 원심 압축기, 축류 압축기
③ 회전식 공기압축기 : 로브 압축기, 베인 압축기, 스크루 압축기, 왕복식 압축기

02 열교환기

(1) 열교환기

서로 다른 온도에 있는 둘 또는 그 이상의 유체 사이에 열전달이 가능하도록 하는 장치

(2) 열교환기에서 유체유동방향과 열전달과의 관계 : 역류, 평행류, 직교류

(3) 선박에서 열교환기의 용도

① 연료유 및 윤활유 계통 : 중유 가열기, 윤활유 냉각기
② 냉동장치 : 응축기, 증발기
③ 조수장치 및 청수계통 : 증발기, 증류기, 청수냉각기
④ 보일러 및 증기계통 : 공기예열기, 절탄기, 복수기

(4) 열교환기의 종류

원통다관식 열교환기, 2중관식 열교환기, 코일식 열교환기, 핀 튜브식 열교환기, 판형 열교환기

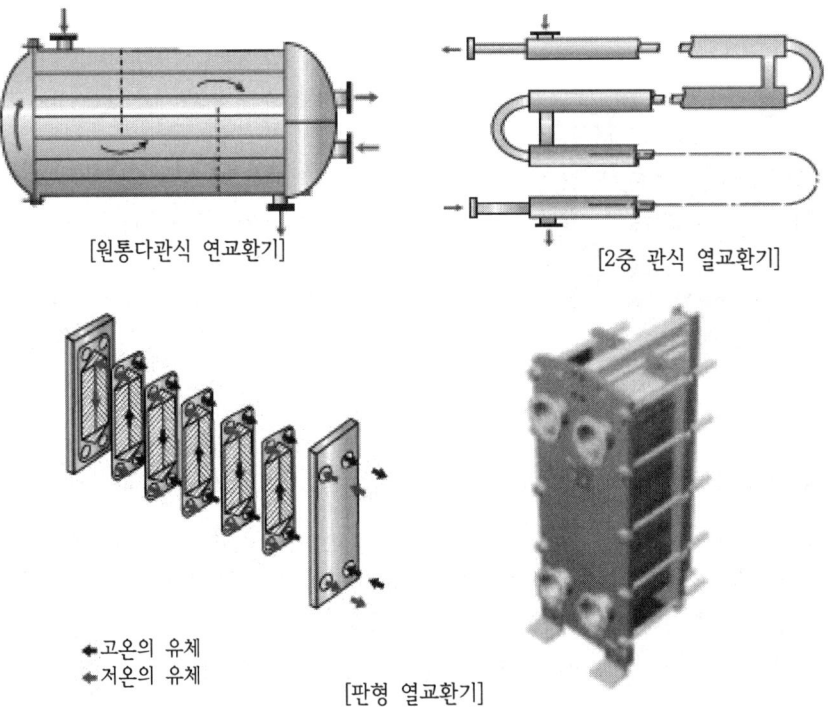

[원통다관식 연교환기]   [2중 관식 열교환기]

← 고온의 유체
← 저온의 유체

[판형 열교환기]

03 조수장치

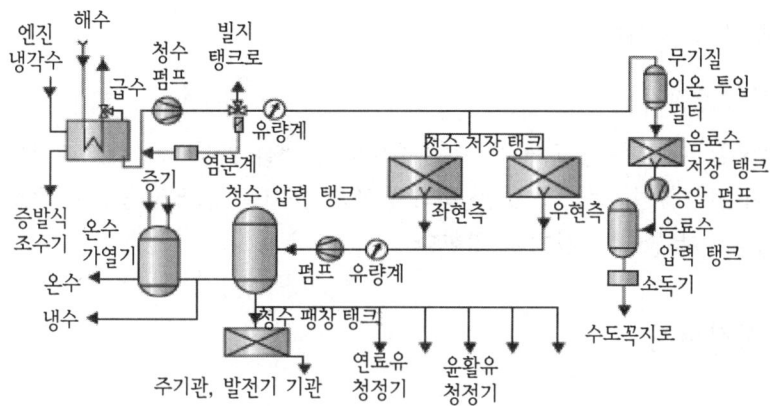

(1) 청수공급계통

① 음료수 압력탱크 내의 압력은 공기쿠션장치에 의하여 유지되며, 압력이 정해진 하한치(3kgf/㎠) 이하로 떨어지면 압력 스위치의 작동으로 승압 펌프가 작동하여 압력을 상한치(5kgf/㎠)까지 상승시킨다.
② 온수 가열기에서는 증기식 혹은 전식 가열방식에 의하여 소요 온도(60℃)까지 가열하며, 자동온도 조절장치에 의하여 제어된다.
③ 청수를 제작하는 방법으로는 현재까지 사용되고 있는 증발식과 역삼투 원리에 의한 방식이 있다.
④ 청수 계통 설계를 위해서는 선내의 소요 청수량을 정확히 파악하는 것이 중요하다.

(2) 증발식 조수장치

① **침관식 조수장치** : 증발기 내의 급수면 아래에 설치한 가열관에 가열증기 또는 디젤기관으로부터 나온 냉각청수를 공급하여 증기를 발생시키는 장치
  ㉠ 디젤기관선용 침관식 조수장치 : 디젤기관에서부터 나온 냉각청수(70~80℃)의 일부는 가열기를 통해 흐르게 되고 가열관 바깥쪽의 해수를 가열한다. 그 사이에 냉각청수의 온도는 5~10℃로 저하된다.
    ♪ 일반적으로 주기관 출력 1000마력당 1일 약 9톤의 청수 제조가 가능하다.
  ㉡ 터빈선용 침관식 조수장치(디젤선용 침관식 조수장치와 거의 동일하게 운영되나 약

간의 차이가 있음).
ⓐ 물 이젝터 대신 증기 이젝터를 사용한다.
ⓑ 가열용 열교환기 내를 흐르는 가열매체로 디젤기관 냉각청수 대신 저압의 증기를 사용한다.
② 플래시식 조수장치

(3) 역삼투식 조수장치

서로 융해할 수 있는 농도가 다른 두 종류의 용액을 반투막으로 격리하면 자연 상태의 삼투현상이 발생하며, 농도가 낮은 쪽의 용액의 용매는 농도가 높은 쪽으로 이동한다. 이러한 원리를 이용한 조수장치를 말한다.

04 유청정장치

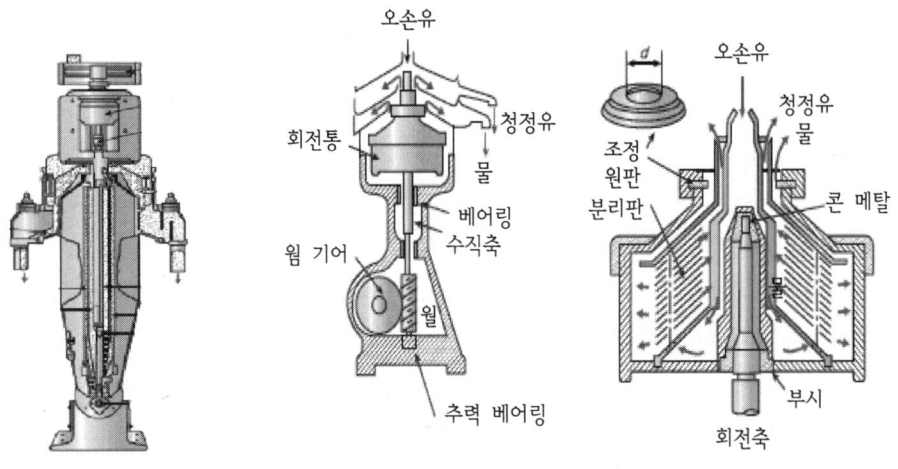

[샤플레스 유청정기]   [드 라발 유청정기]   [드 라발 유청정기의 회전통]

(1) 원심식 유청정기

① 개요 : 기름 속에 포함된 물이나 슬러지의 비중이 기름의 비중과 다르기 때문에 발생하는 침강현상을 이용하는 청정방법이다. 정지상태의 용기 속에서 중력만에 의한 중력침강법과 고속회전하는 회전통에서의 원심침강법이 있다.
② 구조에 따라 원통형과 분리판형으로 구분된다.
③ 종류 : 샤플레스 유청정기, 드 라발 유청정기, 셀프 젝터 유청정기, 그래비트롤 유청정기
④ 취급방법 : 봉수 → 회전통청소 → 처리유의 가열온도 → 유청정기의 능력

(2) 여과식 유청정기

① 자동 청소식과 수동 청소식 유청정기로 구분된다.
② 선박에서 가장 널리 사용되는 유청정기는 분리판형 자동 청소식 유청정기이다.
③ 자동 청소식 여과기는 디젤기관 윤활유계통에서 원심식 유청정기와 함께 사용하는 것이 보통이다. 이 때, 여과기는 기관에 가장 근접하게 설치하여 기관 내의 윤활 부위로 고형 이물질이 침입하는 것을 막는 역할을 한다.

05 조타장치

(1) 구성요소

① **조타장치** : 선박이 일정한 침로로 항행하려면 타가 필요하고 소형선을 제외하고는 조타장치가 있다.
② 조종장치, 원동기, 추종장치, 타장치의 4요소로 구성되어 있다.
③ **조종장치** : 브리지에서 조타륜을 돌려 조타신호를 발생시키는 곳으로부터 조타기에 회전방향과 타각의 신호를 전달하는 곳까지의 장치
④ **원동기** : 타를 움직이는 동력장치
⑤ **추종장치** : 타가 소요의 각도만 돌아갈 때 그 신호를 피드백하여 자동적으로 타를 움직이거나 정지시키는 장치
⑥ **타장치** : 원동기의 기계적 에너지를 체인, 기어, 쿼드런트, 러더틸러, 타심재 등을 거쳐서 타로 전달하여 타가 원하는 방향으로 회전하도록 하는 장치

(2) 필요기능

각국 선급규정에 의하면, 배가 만재흘수상태에서 연속최대속력으로 항진 중에 한 쪽 현 최대타각(35°)으로부터 반대쪽 현 최대타각(35°)까지 70°까지 전타를 30초 이내에 수행할 수 있는 용량을 갖추도록 규정하고 있다. 예선 등 특수선에서는 전타속도를 20 혹은 25초로 하기도 한다.

(3) 타의 형상 및 종류

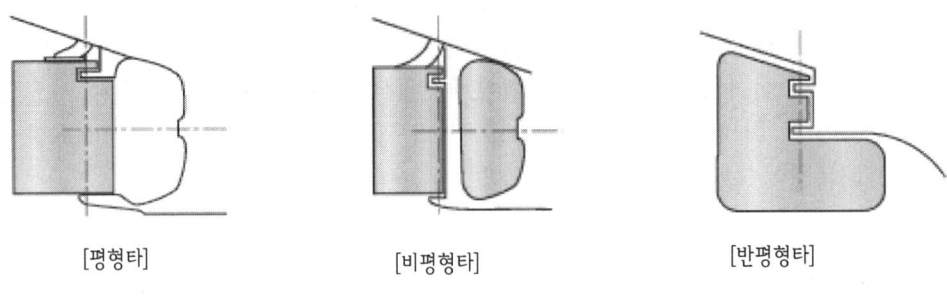

[평형타]   [비평형타]   [반평형타]

타의 종류

06 하역장치

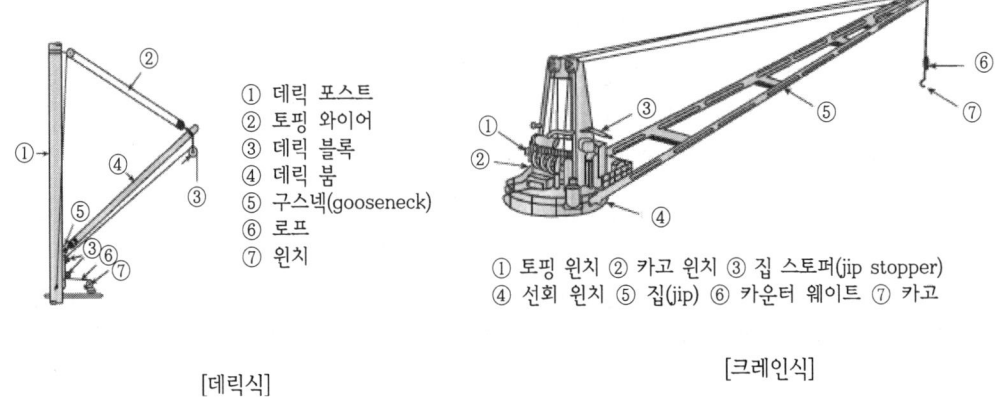

① 데릭 포스트
② 토핑 와이어
③ 데릭 블록
④ 데릭 붐
⑤ 구스넥(gooseneck)
⑥ 로프
⑦ 윈치

① 토핑 윈치 ② 카고 윈치 ③ 집 스토퍼(jip stopper)
④ 선회 윈치 ⑤ 집(jip) ⑥ 카운터 웨이트 ⑦ 카고

[데릭식]   [크레인식]

(1) 개 요

① 하역 : 선박에 짐을 싣고 내리는 작업
② 크게 데릭식과 크레인식으로 구분한다.
③ 특수하역장치 : 컨테이너선의 하역장치(예 : 스프레더), 셀프 언로더

(2) 하역용 윈치

① 전동식 윈치 : 하역능률의 향상과 노동력을 최소로 줄이기 위한 자동화의 요구에 따라 널리 사용되고 있다.
② 전동식 윈치의 종류 : 직류 전동 윈치, 워드 레너드 방식 윈치, 극수 변환 농형 유도 전동기 방식 윈치, 사이리스터 제어방식 윈치
③ 유압식 윈치 : 저압식과 고압식 윈치가 있다.

07 양묘 및 계선장치

(1) 양묘장치

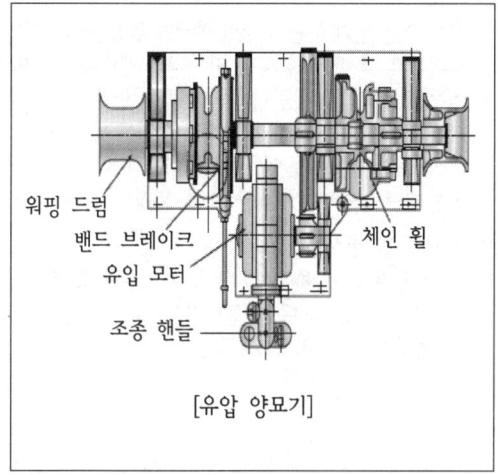

[유압 양묘기]

① 닻과 앵커 : 정박뿐만 아니라, 좁은 수역에서 선박을 회전시키거나 긴급한 감속을 위한 보조 수단으로 사용된다.
② 닻의 종류 : 스톡 앵커와 스톡리스 앵커가 있다.
③ 양묘기 : 닻을 감아올리는 기계로서, 보통 선수부 최상갑판에 설치하며 다음과 같은 구비조건이 필요하다.
  ㉠ 하중의 변동이 심하기에 넓은 속도범위에서 속도제어가 가능할 것
  ㉡ 양묘와 투묘의 조작 및 변환이 손쉽게 이루어질 것
  ㉢ 정확하게 작동되는 브레이크를 정비할 수 있을 것
  ㉣ 원동기는 닻과 앵커체인은 매분 9m의 속도로 감아올릴 수 있는 출력을 갖출 것

(2) 계선장치

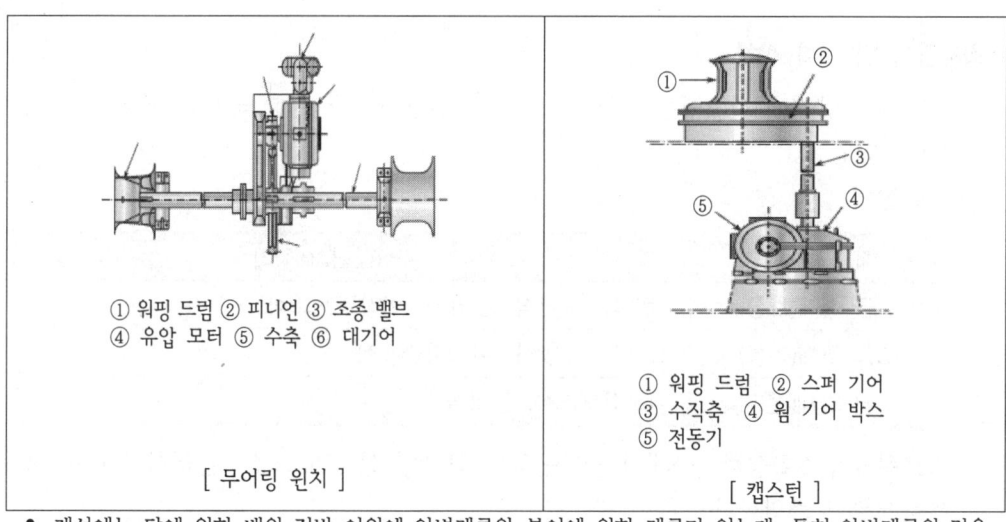

① 워핑 드럼 ② 피니언 ③ 조종 밸브
④ 유압 모터 ⑤ 수축 ⑥ 대기어

[무어링 윈치]

① 워핑 드럼 ② 스퍼 기어
③ 수직축 ④ 웜 기어 박스
⑤ 전동기

[캡스턴]

▶ 계선에는 닻에 의한 배의 정박 이외에 안벽계류와 부이에 의한 계류가 있는데, 특히 안벽계류의 경우 계선삭을 감아올려서 선체를 안벽에 붙이기 위해 사용하는 계선장치로서, 무어링 윈치와 캡스턴이 있다.
▶ **자동장력 계선장치** : 최근 대형선에서는 무어링 윈치나 캡스턴의 계선삭에 작용하는 장력의 최대값을 일정값 이하로 설정할 수 있는 장치가 사용되고 있다.

08 사이드 스러스터

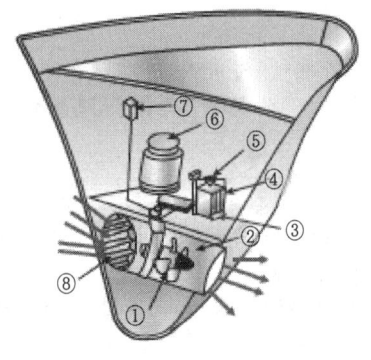

① 프로펠러 ② 터널 ③ 유압 펌프
④ 윤활유 탱크 ⑤ 제어 밸브 ⑥ 전동기
⑦ 중력 탱크 ⑧ 철망

(1) 개요

선수 또는 선미 부근에 수면 아래에 옆방향으로 터널을 설치하고 그 내부에 고정 피치 프로펠러를 장치하여, 이것을 원동기로 구동함으로써 물을 한쪽 현으로부터 다른 쪽 현으로 내보내어 선수나 선미를 옆방향으로 이동시키는 장치이다. 이 장치를 사용하면 선박의 정지 또는 저속항행 때의 조선성능을 향상시킬 수 있다.

(2) 사용처 및 형식
① **사용처** : 일반화물선, 탱커, 광석운반선, 컨테이너선, 조사선, 등대선, 샐비지선, 준설선 등
② **형식** : 프로펠러식, 펌프식

09 그밖의 보조 기계

(1) 화재경보 및 소화 장치

① 선박 화재방지에 관해서는 기본적으로 해상인명안전에 관한 국제협약(SOLAS)에 규정되어 있다.
② 소화장치

화재의 종류	적합한 소화기
A급 화재(보통)	방수식, 포말식, 분말식, 이산화탄소식
B급 화재(기름)	포말식, 분말식, 이산화탄소식
C급 화재(전기)	이산화탄소식, 분말식

③ 스프링클러 소화장치 : 화재시 소화구역의 천장에 설치된 스프링클러를 통하여 물을 분무함으로써 소화한다.

(2) 불활성 가스 장치

① 유조선이나 LPG선에서는 탱크 내의 가연성 가스에 의한 화재발생을 방지하기 위해서 탱크 내에 불활성 가스를 넣어서 활성 가스(공기)를 제거해야 하며, 여기에 사용하는 장치를 불활성 가스장치라 한다. 불활성 가스로는 보일러의 배기가스, 질소가스 등이

사용된다.

② 유조선의 화물유 탱크에서 폭발 한계 산소농도값은 체적으로 11~12%이다.

(3) 해양생물 부착방지장치(MGPS)

① 화학약품에 의한 방식 : 프로필렌 글리콜, 프로필 알코올 등이 있다.

② 해수의 전기분해 방식 : 해수에 전기작용을 통해 산소를 발생시켜 살균효과를 발휘한다.

(4) 방수 및 배수설비

① 수밀구획 : 선체의 전 길이에 걸쳐 선박 내의 공간을 수밀격벽에 의해 여러 구획으로 나누고 L형, T형, I형 등의 강재로 보강하여 선박의 강도를 높임과 동시에, 만약 한 구획이 침수되어도 그 구획에만 재해가 한정되어 침수피해를 최소화한다. 이러한 구획을 말한다.

② 2중저 : 선체의 전길이 또는 대부분에 걸쳐 외저판 안쪽에 내저판을 설치하여 선저를 2중으로 하는 것을 말한다.

③ 2중 선각 : 선박의 외판 전 부분을 2중으로 한 것을 말한다.

④ 침수에 대한 응급조치

㉠ 피해 장소와 피해 정도를 확실하게 파악한다.

㉡ 관련 펌프를 총동원해서 배수에 노력한다.

㉢ 파손부분을 방비하는 응급작업을 취한다.

㉣ 배의 경사를 수정한다.

제4장 기출 및 예상문제

01 고속 다기통 압축기에 관한 설명이다. 잘못된 것은?
① 회전수를 고속화하여 소형으로 큰 능력을 발휘할 수 있다.
② 베어링의 마멸이 빠르고 윤활유 소모가 많다.
③ 압축비 감소로 인한 체적 효율의 감소가 심하다.
④ 설치 면적이 적고 용량 제어가 쉽다.

02 왕복식 압축기의 일종인 수직형 압축기에 관한 설명이다. 잘못된 것은?
① 보통 2~4개의 실린더를 수직으로 배열하여 만든다.
② 회전수는 1,500~1,600 RPM 정도이다.
③ 구조가 간단하고 자동 운전이 어렵다.
④ 용량 제어나 자동 운전이 어렵다.

03 선박에서 압축공기의 용도가 아닌 것은?
① 주기 시동용　　　　② 제어용
③ 청소용　　　　　　④ 주방 취사용

04 다음은 스크루식 압축기의 특징이다. 잘못된 것은?
① 3,000 RPM 이상의 고속 운전이 가능하다.
② 압축기의 체적에 비해 큰 냉동능력이 얻어진다.
③ 흡입·송출 밸브의 구조가 간단하다.
④ 체적 효율이 높다.

Answer　01. ③　02. ②　03. ④　04. ③

05 일반적으로 주기관에 많이 사용되는 시동용 압축공기의 압력(kgf/cm²)은?
① 1~10   ② 10~20
③ 20~30   ④ 30~40

06 압축기의 과열원인이다. 잘못된 것은?
① 급유펌프가 고장일 때
② 실린더 재킷의 냉각수가 부족할 때
③ 과열 가스를 흡입하여 압축률이 커졌을 때
④ 저압 스위치가 작동하고 있을 때

07 압축기의 압력이 높고 소요 공기량이 적은 경우에 사용되는 압축기는?
① 원심식 압축기   ② 축류식 압축기
③ 왕복식 압축기   ④ 회전식 압축기

08 2단 왕복식 공기압축기에서 중간 냉각기의 설치 위치는?
① 저압실린더와 고압실린더 사이
② 저압실린더 전
③ 고압실린더 후
④ 고압측 밸브와 공기탱크 사이

09 공기압축기의 시동방법에 대한 설명 중 잘못된 것은?
① 먼저 중간냉각기 및 후부냉각기에 있는 드레인 콕을 잠그고 부하상태로 시동한다.
② 압축기의 회전수가 규정회전수에 이르면 냉각수가 각 부에 공급되는지 확인한다.
③ 각 부의 온도에 주의하며, 만약 과열되었다면 즉시 운전을 정지하고 조사한다.
④ 공기탱크의 충전이 끝나면, 공기탱크의 충전밸브를 잠그기 전에 운전을 정지한다.

Answer 05. ④ 06. ④ 07. ③ 08. ① 09. ①

10 공기압축기를 다단압축하는 이유 중 가장 거리가 먼 것은?

① 압축기의 온도가 높아지지 않는다.　② 압축일이 감소한다.
③ 효율이 좋다.　④ 기름 속에 수분을 제거하기 위해서

11 다음 열교환기 중 장치의 단위 체적당 전열면적이 가장 큰 것은?

① 코일식　② 2중관식
③ 핀 튜브식　④ 나관식

12 열교환기의 형태 중 고온유체와 저온유체의 유동방향을 가장 효과적으로 교환할 수 있는 형태는?

① 병행류　② 혼합류
③ 직교류　④ 역류

13 선박에서 사용되는 열교환기가 아닌 것은?

① 냉각기　② 복수기
③ 증발기　④ 연소기

14 역삼투식 조수장치에서 해수와 청수 사이에 설치되어 역삼투압 작용이 생기는 것은?

① 반투막　② 여과지
③ 플랑크론 필터　④ 탄소 필터

15 조수기 장치에서 저압형 증발기의 특징이 아닌 것은?

① 발생증기압력은 대기압보다 약간 높다.
② 스케일 부착이 적고 소제가 쉽다.
③ 대용량에 적합하다.
④ 기관 냉각수를 이용할 수 있으므로 경제적이다.

Answer　10. ④　11. ③　12. ④　13. ④　14. ①　15. ①

16 항해중 디젤기관선용 침관식 조수장치에서 급수의 가열은 주로 무엇으로 하는가?
① 주기관 냉각수 ② 증기
③ 전기히터 ④ C-중유의 연소열

17 디젤기관선용 침관식 조수장치에서 제조청수의 염분농도한계는 대략 어느 정도인가?
① 1PPM ② 5PPM
③ 10PPM ④ 15PPM

18 역삼투조수장치에 필요 없는 장치는 다음 중 어느 것인가?
① 반투막 ② 플랑크톤 필터
③ 증발기 ④ 고압펌프

19 사이드 스러스터(side thruster)장치의 회두력이 최대가 되는 선속은?
① 20노트 ② 10노트
③ 2~4노트 ④ 0노트

20 저압증발증류장치(조수기)에서 청수를 만드는 용량이 줄어드는 원인을 열거한 것이다. 틀린 것은?
① 열교환기 튜브에 스케일 형성
② 장치내의 진공도가 낮음
③ 열교환기에 전달되는 열이 불충분
④ 증발온도가 너무 낮음

21 저압식 조수장치에서 증발실 내부를 감압시키는 장치는?
① 오리피스 ② 브라인펌프
③ 기수분리기 ④ 이젝터

Answer 16. ① 17. ③ 18. ③ 19. ④ 20. ④ 21. ④

22 증발기 내의 급수면 하에 가열관을 설치하고 여기에 가열증기 또는 디젤기관으로부터 나온 냉각청수를 공급하여 증기를 발생시키는 방식의 조수장치는?

① 플래시식　　　　　　　② 침관식
③ 역삼투식　　　　　　　④ 증기식

23 유청정기를 운전하고자 할 때 회전통 안에 기름을 공급하기 전에 먼저 공급해야 하는 것은?

① 그리스(grease)　　　　② 베어링 윤활유
③ 봉수　　　　　　　　　④ 슬러지

24 아래 내용은 드 라발 유청정기에 관한 설명이다. 사실과 다른 것은?

① 분리판형 회전통식 유청정기의 대표적인 것이다.
② 회전수는 6,000~8,000rpm 정도이다.
③ 회전통 지름은 50~200mm 정도이다.
④ 침강속도 확대율은 4,000~5,000배이다.

25 유청정기를 처음 기동시킬 때 봉수(sealing water)를 사용하는 이유는?

① 물 출구로 기름이 빠져나가는 것을 방지한다.
② 기름 출구로 물이 들어가는 것을 방지한다.
③ 초기 윤활작용을 돕기 위해서이다.
④ 기름의 온도를 올리기 위해서이다.

26 다음은 셀프 이젝터 유청정기를 설명한 것이다. 잘못 설명된 것은?

① 작동밸브를 조작함으로써 슬러지를 자동적으로 배출할 수 있다.
② 종래의 드 라발 유청정기를 개량한 것이다.
③ 오손유펌프와 청정유펌프는 회전통 구동축으로부터 동력을 받는다.
④ 처리할 오손유의 비중 변화에 대한 적응성이 풍부하다.

　해설　④는 그래비트롤 유청정기의 특징임

Answer　22. ②　23. ③　24. ③　25. ①　26. ④

27 다음 중 유청정기에서 비중이 다른 기름을 청정하고자 할 때 바꾸어 주어야 할 것은?
① 전동기의 전압
② 댐링(조정원판)
③ 가열 시간
④ 봉수의 양

28 크래비트롤 유청정기 작동시 순환수량은 노즐로부터 배출되는 양보다 많기 때문에 다시 탱크로 돌아가야 한다. 어디를 통해서 탱크로 가는가?
① 조정판
② 리젝터 댐
③ 밸브 실린더
④ 송출 링

29 드라발 유청정기 운전 중 청정유층, 수분층, 슬러지층의 형성 위치는 회전통의 중심에서 볼 때 어떻게 되나?
① 청정유층 – 수분층 – 슬러지층
② 청정유층 – 슬러지층 – 수분층
③ 수분층 – 슬러지층 – 청정유층
④ 슬러지층 – 수분층 – 청정유층

30 수분이 함유된 연료유를 청정 처리하는 것은?
① 클래티파이어
② 퓨리파이어
③ 필터
④ 스트레이너

31 분리판형 유청정기에서 다수의 고깔모양 분리판의 역할은?
① 청정유의 비중을 조절함.
② 기름과 물의 경계면 위치를 조절함.
③ 회전체의 스러스트를 상쇄시킴.
④ 오손유 속의 이물질 분리거리를 단축시킴.

Answer 27. ② 28. ② 29. ① 30. ② 31. ④

32 자동식 유청정기의 슬러지 배출조정시간은?
① 30초 이내   ② 1분 이내
③ 3분 이내   ④ 5분 이내

33 현재 중·대형선에서 가장 널리 사용되고 있는 조타장치는?
① 공압식   ② 증기식
③ 전동 유압식   ④ 전동식

34 기계식 조타장치의 단점이다. 잘못된 것은?
① 운동이 신속하지 못하다.
② 수밀격벽 관통부의 기밀유지가 어렵다.
③ 각 베어링에 공급되는 윤활유 때문에 갑판이 오손된다.
④ 계통 내의 공기제거가 곤란하다.

35 다음 중 조타기의 구성요소가 아닌 것은?
① 조종장치   ② 원동기
③ 추진장치   ④ 타장치

36 조타장치의 4대 요소는 어느 것인가?
① 조종장치, 추종장치, 원동기, 타장치
② 조종장치, 타장치, 완충장치, 전탐장치
③ 원동기, 추종장치, 완충장치, 전탐장치
④ 원동기, 타장치, 완충장치, 조종장치

Answer 32. ② 33. ③ 34. ④ 35. ③ 36. ①

37 유압식 조종장치에 사용되는 액체는?
① 글리세린   ② 수은
③ 암모니아   ④ 알코올

〉해설 특수 광유도 사용됨.

38 조타장치에서 타가 소요 각도만큼 회전하였을 때 타를 그 위치에 고정시키는 장치는?
① 추종장치   ② 타 장치
③ 조종장치   ④ 원동기

39 타 장치에 요구되는 사항으로 부적당한 것은?
① 갑작스런 충격에 대비한 완충장치를 설치할 것
② 타각은 원하는 만큼 제한 없이 움직일 것
③ 황천시라도 필요시 예비장치와 쉽게 교환할 수 있을 것
④ 기구가 간단하고 확실하게 동력 전달이 될 것

40 타 장치에 요구되는 사항 중 옳지 않은 것은?
① 타각에 제한 장치를 두지 않을 것
② 동력을 확실하고 효과적으로 전할 수 있을 것
③ 완충장치를 설치할 것
④ 황천 시에도 필요에 따라 예비장치와 쉽게 교환할 수 있을 것

41 선내 보기의 역할별 분류에서 계선 및 하역 장치에 해당되지 않는 것은?
① 양묘기   ② 캡스턴
③ 윈치   ④ 스태빌라이저

Answer 37. ① 38. ① 39. ② 40. ① 41. ④

42 갑판 보기의 윤활제로 많이 사용되는 것은?
① 모빌유 ② 그리스
③ 연료유 ④ 타르

43 아래의 갑판 보기 중 종류가 다른 것은?
① 데릭 ② 윈드라스
③ 카고윈치 ④ 데크크레인

44 양하기(윈치)를 원동기의 종류에 따라 분류하면?
① 전동식 – 유압식 – 증기식 ② 기계식 – 유압식 – 전기식
③ 전기식 – 유압식 – 증기식 ④ 전동식 – 기계식 – 유압식

45 일반화물선에서 널리 사용되는 하역장치는?
① 컨베이어 ② 데릭윈치
③ 짚크레인 ④ 셀프 언로더

46 선창 내에 화물을 싣기 위한 가장 큰 창구를 무엇이라 하는가?
① 해치 ② 갑판
③ 갱웨이 ④ 선교

47 유압장치에서 릴리프 밸브는 어떤 경우에 작동하는가?
① 유압이 감소할 때
② 유압이 릴리프 밸브의 설정압력에 도달하였을 때
③ 방향변환 밸브를 작동시킬 때
④ 전동기에 정격전류가 흐를 때

Answer 42. ④ 43. ③ 44. ① 45. ② 46. ① 47. ②

48 선박의 선수나 선미를 옆 방향으로 이동시키는 장치는?
① 스태빌라이저 ② 스크루 프로펠러
③ 양묘기 ④ 사이드 스러스터

49 앵커체인의 평균지름이 어느 정도 마모되면 교체하는가?
① 1/5 ② 1/10
③ 1/15 ④ 1/20

50 다음 중 닻을 감아 올리는 기계는?
① 양묘기(윈드라스)
② 양화기(카고윈치)
③ 계선기(캡스턴)
④ 조타기(스티어링 기어)

51 선박의 정지 또는 저속 항행 때의 조선능력을 향상시키기 위한 것으로 선수나 선미를 옆방향으로 이동시키기 위한 장치는?
① 가변피치 프로펠러 ② 사이드 스러스터
③ 캡스턴 ④ 자동장력 계선장치

52 유조선에 설치한 불활성 가스 장치의 역할은 무엇인가?
① 탱크 내의 가연성 가스에 의한 화재 발생 방지
② 연료유의 안전한 선적
③ 화재 발생시 신속한 경보
④ 유류에 의한 해양오염 방지

Answer 48. ④ 49. ② 50. ① 51. ② 52. ①

53 선박에 사용되는 해수 배관, 위생수 계통의 배관에는 해수 중에 서식하는 패류, 해조류 등이 번식하여 관의 필터를 막거나 부식을 일으키는데 이를 방지하기 위한 장치를 무엇이라 하는가?

① 해양생물 부착방지장치
② 불활성 가스 장치
③ 오수처리장치
④ 부식방지장치

54 습도 조절 방법의 일종으로 흡착제나 흡수제를 이용하는 방법이 있다. 흡착제나 흡수제로 사용되지 않는 것은?

① 트리 에틸렌 글리콜 ② 브롬화리튬
③ 알루미나 겔 ④ 탄산 마그네슘

55 대기압 이상의 압력을 측정할 때 사용되는 것은?

① 진공계 ② 압력계
③ 점도계 ④ 복합계

56 유조선이나 LPG선에서 공선시 안전을 위해 설치하는 것은?

① 비상소화장치 ② CO_2 소화장치
③ 스프링클러 장치 ④ 불활성 가스 장치

57 선박에서 2중저 탱크의 용도로 부적합한 것은?

① 청수 탱크 ② 연료유 탱크
③ 밸러스트 탱크 ④ 화물유 탱크

Answer 53. ① 54. ④ 55. ② 56. ④ 57. ④

58 자동 화재경보 장치의 종류가 아닌 것은?
① 연관식
② 공기관식
③ 전기서모스탯식
④ 전자식

59 구명정을 올리고 내리는데 와이어 로프(wire rope)를 사용하는 경우에는 무엇을 사용하는가?
① 보트 윈치
② 현제 윈치
③ 라인 홀러
④ 엘리베이터

Answer 58. ④ 59. ①

제 2 편 모의고사

제2편 모의고사 제1회

01 기관의 종류에 관계없이 설치되는 펌프는?
① 주순환수 펌프　　② 주복수 펌프
③ 빌지 펌프　　　　④ 연료밸브 냉각수 펌프

02 펌프의 실제 흡입 양정이 이론적 양정보다 낮은 이유가 아닌 것은?
① 흡입측에 완전 진공을 형성하지 못한다.
② 흡입파이프계통에서 마찰로 인한 손실수두가 있다.
③ 펌프가 작다.
④ 펌프가 낡아서 흡입 수두 손실이 증가한다.

03 펌프를 작동원리에 따라 분류할 때 회전차의 회전에 의하여 발생하는 원심력 또는 양력을 이용하는 펌프는?
① 터보형 펌프　　② 용적형 펌프
③ 회전식 펌프　　④ 마찰식 펌프

04 원심펌프의 시동순서이다. 보기 중에서 가장 먼저 행할 일은?
① 펌프내의 공기를 배제한다.
② 터닝하여 각 부의 이상 유무를 확인한다.
③ 베어링 주유량을 점검하고 주유 개소에 충분히 주유한다.
④ 송출관의 정지밸브를 잠근다.

05 이모펌프에 관한 설명 중 잘못된 것은?
① 나사펌프의 일종이다.
② 원동기로 구동되는 1개의 구동나사와 2개의 종동나사로 되어 있다.
③ 종동나사는 구동나사에 의해 회전한다.
④ 구동나사에는 평형피스톤이 설치되어 있다.

06 유·공압 장치는 일반적으로 4부분으로 구성된다. 4부분이 올바르게 나열된 것은?
① 원동기 - 액추에이터 - 유압펌프 - 릴리프 밸브
② 유압동력원 - 액추에이터 - 액추에이터 제어부 - 부속기기류
③ 모터 - 실린더 - 원동기 - 펌프
④ 압력제어회로 - 어큐뮬레이터 - 유압 동력원 - 실린더

07 가스 압축식 냉동기의 안전 헤드란?
① 실린더 내 압력이 이상하게 높아질 때를 대비하여 설치한 실린더 커버이다.
② 안전밸브의 덮개이다.
③ 냉매의 허용 최고 압력을 말한다.
④ 피스톤의 상부를 말한다.

08 냉동장치의 냉동관 계통에 공기가 침입했을 때의 영향은?
① 열교환기에서 전열 효과가 양호하다.
② 냉각수압이 저하한다.
③ 압축 압력이 높아진다.
④ 패킹의 수명이 단축된다.

09 냉동장치에서 응축기의 냉각수 온도를 높이면 냉동 능력은?
① 감소한다.   ② 증가한다.
③ 변하지 않는다.   ④ 경우에 따라 다르다.

10 조수기 장치에서 플래시형 증발기에 해당되지 않는 것은?
① 증발기 내의 압력을 브라인의 포화 압력보다 낮게 한다.
② 가열된 해수를 증발기내에 분입한다.
③ 증발기 내의 진공은 추기 이젝터로 유지한다.
④ 이 형식의 증발기는 대체로 고압형이다.

11 원심식 유청정기를 회전통의 구조에 따라 구분하면?
① 원통형과 분리판형
② 그래비트롤형과 셀프 이젝터형
③ 퓨리파이어형과 클래리파이어형
④ 기어형과 무한 벨트형

12 그래비트롤 유청정기에서 회전통에 오손유를 공급하면 슬러지는 분리판 사이에서 분리되고 노즐로부터 물과 함께 탱크로 배출된다. 분리판의 수는 대략 몇 매인가?
① 10~14매
② 30~34매
③ 60~64매
④ 90~94매

13 공기 조화란 공기와 관계되는 몇 가지를 동시에 조절하는 것이다. 관계없는 것은?
① 습도
② 온도
③ 청정도
④ 압력

14 선박의 침수 발생시 조치 사항으로 잘못된 것은?
① 피해 장소를 확실하게 파악한다.
② 관련 펌프를 총동원해서 배수에 노력한다.
③ 파손 부분을 방비하는 응급 작업을 취한다.
④ 더 이상의 침수를 방지하기 위해 배의 경사를 수정하면 안 된다.

15 터빈선용 침관식 조수 장치를 디젤선용 침관식 조수 장치와 비교시 차이점은?

① 물 이젝터 대신 증기 이젝터를 사용한다.
② 열교환기용 가열 매체로서 기관 냉각수를 사용한다.
③ 증발식 내부의 진공압이 다르다.
④ 복소기가 필요치 않다.

16 2단 왕복식 공기 압축기에서 중간 냉각을 하는 이유는?

① 압축기의 진동을 감소시킨다.
② 용적 효율이 증가되고 피스톤의 윤활이 양호하게 된다.
③ 압축기 소음을 감소시킨다.
④ 효율을 증가하고 고속 운전을 할 수 있다.

17 냉동장치의 진공 시험에 관한 설명이다. 잘못된 것은?

① 630mmHg 이상의 진공도 하에서 적어도 12시간 이상 방치한다.
② 계통 내의 모든 전자 밸브 및 스톱 밸브는 닫혀 있어야 한다.
③ 진공도 강하가 5~10mmHg 이내이면 양호하다.
④ 진공계는 지름이 300mm 정도의 정확한 것을 써야 한다.

18 증발기를 용도에 따라 분류할 때 종류가 다른 것 하나는?

① 셸 튜브식(shell tube type)
② 셸 코일식(shell and coil type)
③ 탱크식(tank type)
④ 나관 코일식(bare tube coil)

19 압축식 냉동장치의 4요소가 올바르게 나열된 것은?

① 압축기, 수액기, 액분리기, 응축기
② 팽창밸브, 증발기, 수액기, 유분리기
③ 증발기, 팽창밸브, 응축기, 압축기
④ 응축기, 유분리기, 증발기, 압축기

온라인 강의 에듀마켓

20 유·공압장치에 사용되는 릴리프 밸브에 관한 설명으로 잘못된 것은?
① 압력제어밸브의 일종이다.
② 최고 압력을 제한하는 기능을 한다.
③ 구조상 평형 피스톤형과 불평형 피스톤형의 두가지 형태가 있다.
④ 유·공압 회로 내의 압력을 일정한 압력으로 유지시킨다.

21 냉동을 행하는 방법은?
① 얼음이나 기한제의 융해열을 이용하는 방법
② 드라이 아이스의 승화열을 이용하는 방법
③ 액체가 증발할 때 흡수하는 증발열을 이용하는 방법
④ 기체가 액화할 때 발생되는 액화열을 이용하는 방법

22 다음은 냉동장치의 정지 순서를 나열한 것이다. 순서를 올바르게 나열하면?

> (가) 팽창 밸브 직전의 밸브를 완전히 닫는다.
> (나) 압축기 흡입측 스톱밸브를 닫는다.
> (다) 전동기를 정지시킨다.
> (라) 압축기의 송출측 스톱밸브를 완전히 잠근다.

① (나) - (다) - (가) - (라)　② (다) - (나) - (라) - (가)
③ (라) - (다) - (나) - (가)　④ (가) - (나) - (다) - (라)

23 종래의 드라발 유청정기를 개량한 구조로 작동 밸브의 조작에 의해 슬러지를 자동적으로 배출할 수 있는 유청정기는?
① 샤플레스 유청정기　② 그래비트롤 유청정기
③ 셀프 이젝터 유청정기　④ 스파이럴형 유청정기

24 선박의 2중저 구조에 대한 설명으로 틀린 것은?
① 연료유를 저장한다.　② 화물유를 저장한다.
③ 선박의 방수설비이다.　④ 선박의 종강도를 보강한다.

25. 통풍통 중에서 급기와 배기를 하는 데에 모두 사용되는 가장 능률적인 것은?

① 고깔형(cowl head type)
② 버섯형(mushroom type)
③ 구즈넥형(goose neck type)
④ 원형

정답

01	02	03	04	05	06	07	08	09	10	11	12	13	14	15	16	17	18	19	20
③	③	①	③	③	②	①	③	①	④	①	③	④	④	①	②	②	④	③	③

21	22	23	24	25
④	④	③	②	①

모의고사 제 2 회

01 선박에 설치되어 있는 기계 중 보조기계에 속하지 않는 것은?
① 발전기 구동기관　　② 공기압축기
③ 주 보일러　　　　　④ 캡스턴

02 펌프가 물을 흡입하지 못하는 원인은 무엇인가?
① 물의 온도가 너무 높다.
② 물의 온도가 너무 낮다.
③ 흡입양정이 너무 작다.
④ 흡입관로의 저항이 너무 작다.

03 다음은 원심펌프에서 발생되는 여러 가지 손실이다. 수력 손실에 해당되는 것은?
① 베어링과 축봉장치에서의 손실
② 회전차 입·출구에서의 충돌 손실
③ 회전차의 회전에 의해 그 바깥쪽에서 생기는 마찰 손실
④ 다단 펌프의 각 단에서 격판의 부시와 축 사이의 간극에서 생기는 손실

04 킹혼 밸브는 직경이 다른 몇 개의 얇은 포금제의 원판으로 되어 있는가?
① 5개　　　　　　　② 4개
③ 3개　　　　　　　④ 2개

05 마찰 펌프의 특징이다. 잘못된 것은?
① 대유량, 저양정의 펌프로 적합하다.
② 자흡성이 없으므로 시동시 호수를 필요로 한다.
③ 물, 석유 또는 화학약품 등의 액체수용으로 사용된다.
④ 최고 효율은 40~50% 정도이다.

06 응축기를 냉각 방식에 따라 분류할 때 가장 널리 사용되는 방식은?
① 수냉식　　　　　② 공랭식
③ 증발식　　　　　④ 압축식

07 온도식 자동 팽창 밸브와 비교한 전자 팽창 밸브의 특징은?
① 구조가 간단하다.
② 냉매 유량을 정확하게 제어할 수 있다.
③ 작동이 신속하다.
④ 설치비가 저렴하다.

08 냉동장치의 시험에서 압력 시험 완료 후 장치 내의 공기 및 수분 등을 완전히 제거시키고, 장치의 누설 여부를 재확인하기 위하여 실시하는 시험은?
① 기밀 시험　　　　② 누설 시험
③ 내압 시험　　　　④ 진공 시험

09 냉동 압축기의 송출측 압력이 낮아지는 원인으로 부적당한 것은?
① 불응축 가스가 있다.　　　② 응축기의 냉각수량이 너무 많다.
③ 송출 밸브가 누설한다.　　④ 증발기에서 액화 냉매가 유입한다.

10 자동식 유청정기의 슬러지 배출 조정 시간은?
① 30초 이내　　　　② 1분 이내
③ 3분 이내　　　　　④ 5분 이내

11 주공기 조화 장치에서 외기를 청정하고 냉각 조습한 공기를 각 실에 설치한 유닛의 노즐에서 분출함으로써 실내 공기를 유인 순환시키는 방식은?
① 구역 재열 유닛 방식
② 고압 유도형 유닛 방식
③ 팬 코일 유닛 방식
④ 이중 덕트 방식

12 머드 박스(mud box)란 무엇인가?
① 빌지 웰 밑바닥에 설치되는 스트레이너
② 빌지 펌프 흡입측에 설치되는 스트레이너
③ 빌지 관계 도중의 공통 흡입관에 설치되는 스트레이너
④ 주 해수 펌프 흡입측에 설치되는 스트레이너

13 아래의 유청정기의 종류 중에서 퓨리파이어와 클래리파이어의 양쪽 성격을 겸한 1단 유청정기로 볼 수 있는 것은?
① 샤플레스 유청정기
② 드 라발 유청정기
③ 셀프 이젝터 유청정기
④ 그래비트롤 유청정기

14 선박에서 나오는 폐유, 유수 분리기에서 분리되는 기름 및 유청정기에서 나오는 슬러지 등을 선내에서 처리하는 장치는?
① 보일러
② 절탄기
③ 폐유 소각기
④ 배기 보일러

15 최근 모든 선박에서 빌지가 해상으로 배출되는 것을 막기 위해서 설치되는 장치는?
① 유청정 장치
② 유수 분리 장치
③ 사이드 스러스터 장치
④ 폐유 소각기

16 연료유의 청정 방법 중에서 선박에서 통상 실시하는 방법은?
① 필터에 의한 청정법
② 중력 분리와 원심 분리를 병용하는 방법
③ 초음파에 의한 청정법
④ 증기 세척에 의한 청정법

17 응축기에서 액화한 고온·고압의 냉매가 기화하기 쉽도록 감압 팽창시키는 장치는?
① 압축기　　　　　　　　② 응축기
③ 팽창밸브　　　　　　　④ 증발기

18 1단의 압축비는 1.2정도로서 보통 다단식을 사용하며, 다량의 기체를 압송하기 위하여 동익과 고정익을 교대로 조합하는 구조의 공기 압축기는?
① 원심식 압축기　　　　② 축류식 압축기
③ 왕복식 압축기　　　　④ 회전식 압축기

19 저압 증발 증류 장치(조수기)에서 청수를 만드는 용량이 줄어든 원인을 열거한 것이다. 틀린 것은?
① 열교환기 튜브에 스케일 형성　② 장치 내의 진공도가 낮음.
③ 열교환기에 전달되는 열이 불충분　④ 증발 온도가 너무 낮음.

20 다음 중 이상적인 냉동기의 운전 상태에서 발생하는 현상은?
① 실린더 근처까지 서리가 낀다.
② 흡입 스톱 밸브 근처까지 서리가 낀다.
③ 송출 스톱 밸브 근처까지 서리가 낀다.
④ 증발관 이후부터는 서리가 끼지 않는다.

21 압축기, 냉매 펌프, 윤활유 펌프, 압력 용기 등에 액압을 작용시켜 안전한 사용에 필요한 강도와 변형 유무를 조사하기 위한 시험은?
① 기밀 시험　　　　　　② 내압 시험
③ 진공 시험　　　　　　④ 냉매 누설 시험

22 냉동장치에서 방식 아연판의 설치위치는?
① 응축기의 냉각수측　　② 증발기 코일
③ 압축기의 크랭크 케이스　④ 응축기의 냉매측

온라인 강의 에듀마켓

23 대규모의 냉동장치에 널리 사용되며, 철은 부식시키지 않으나 구리 및 구리합금을 부식시키는 냉매는?

① 메틸 클로라이드 ② 탄산가스
③ 암모니아 ④ 프레온

24 공기와 같은 불응축 가스가 응축기 내부에 축적되어 있을 때의 영향으로 잘못된 것은?

① 응축기의 전열 작용을 저하시킨다.
② 응축기의 냉각수 출구온도가 저하된다.
③ 응축 압력이 높아진다.
④ 송출 가스의 온도가 높아져 윤활유의 탄화가 촉진된다.

25 "열은 고온도의 물체에서 저온도의 물체로 이동할 수 있으나 자기 스스로의 물체에서 고온도의 물체로 이동할 수 없다."는 법칙은?

① 에너지 불멸의 법칙 ② 열역학 제1법칙
③ 열역학 제2법칙 ④ 줄의 법칙

정답

01	02	03	04	05	06	07	08	09	10	11	12	13	14	15	16	17	18	19	20
③	①	②	③	①	①	②	④	①	②	②	③	④	④	②	①	③	②	④	②

21	22	23	24	25
②	①	③	②	③

모의고사 제3회

01 고속 다기통형 압축기의 피스톤 형상에서 피스톤상에 흡입밸브가 없는 피스톤의 형상은?
① 트렁크형 피스톤　　② 플러그형 피스톤
③ 크로스헤드형 피스톤　　④ 분리형 피스톤

02 냉동장치의 증발기에 낀 서리는 무엇인가?
① 냉매 속의 수분이 얼은 것
② 냉장고 속의 공기 중의 수분이 얼은 것
③ 냉매가 얼어붙은 것
④ 냉각수가 얼어붙은 것

03 고속 다기통 냉동기에서 언로더 장치의 역할은?
① 흡입 압력 조절　　② 송출 압력 조절
③ 유압 조절　　④ 용량 조절

04 냉동장치에서 증발기의 서리를 제거해야 되는 이유는?
① 증발 코일이 부식하므로
② 증발 코일의 중량이 커져서 파괴되므로
③ 증발 코일의 전열이 나쁘게 되므로
④ 냉동물을 손상시키므로

05 냉동기에 있어서 응축기 내의 냉각수량이 감소하면 동력 소비량은?
① 감소한다. ② 증가한다.
③ 변하지 않는다. ④ 일정치 않다.

06 냉동장치 내에 불응축 가스가 있으면?
① 응축 압력이 높게 된다.
② 증발 압력이 높게 된다.
③ 유분리가 나빠진다.
④ 액분리가 나빠진다.

07 냉동장치에서 냉매의 순환순서는?
① 압축기 – 응축기 – 팽창밸브 – 증발기
② 압축기 – 증발기 – 팽창밸브 – 응축기
③ 압축기 – 팽창밸브 – 증발기 – 응축기
④ 압축기 – 응축기 – 증발기 – 팽창밸브

08 가열된 해수를 오리피스를 통해 저압의 증발실 내로 분입하여 따뜻한 해수가 갖는 열량을 증발 잠열로 이용하여 급속히 증발시키는 형식의 조수장치는?
① 침관식 조수장치
② 플래시식 조수장치
③ 역삼투식 조수장치
④ 증기식 조수장치

09 유청정기에 관한 설명 중 틀린 것은?
① 청정하려는 기름은 가열되어야 한다.
② 윤활유의 청정에는 사용되지 않는다.
③ 비중이 다른 기름도 청정이 가능하다.
④ 슬러지도 제거한다.

10 원심식 유청정기에서 오손유를 가열하면 어떤 효과가 있는가?
① 기름의 비중량이 증가되므로 청정이 효과적이다.
② 기름의 점성이 증가되므로 청정이 효과적이다.
③ 기름의 점성이 낮게 되므로 청정이 효과적이다.
④ 유화물과 산부패물의 분리가 효과적이다.

11 유수 분리 장치에서 할 수 없는 작업은?
① 빌지 처리   ② 밸러스트용 물 처리
③ 탱크 클리닝시의 폐수   ④ 유청정기에서 나온 슬러지

12 다음 중 방수장치에 해당되는 것은?
① 2중저   ② 전성관
③ 통풍통   ④ 애내힐레이터(anihilator)

13 수분이 함유된 연료유를 청정 처리하는 것은?
① 퓨리파이어   ② 클래리파이어
③ 필터   ④ 스트레이너

14 원심식 유청정기의 작동 원리는?
① 비체적의 차이를 이용한 것이다.
② 중력의 차이를 이용한 것이다.
③ 원심력에 의한 비중 확대율을 이용한 것이다.
④ 기름의 휘발성을 이용한 것이다.

15 날개수가 많아 다익 송풍기라고도 불리며 압력이 낮고 많은 공기 유량을 필요로 하는 곳에 적합한 원심 송풍기는?
① 전굴 날개형   ② 방사 날개형
③ 후굴 날개형   ④ 회전 날개형

16 자동냉방 장치에서 압축기의 기동 부하 경감 장치를 작동하는 것은?
① 윤활유 압력 또는 냉매 가스 송출 압력
② 냉매 가스의 흡입 압력
③ 전동기의 기동기와 바이패스 밸브
④ 솔레노이드 밸브와 고전압 스위치

17 가변조리개밸브를 사용하게 되면 밸브 개도가 일정한 경우라도 부하에 따라 유량이 변하게 된다. 이러한 결점을 보완한 밸브는?
① 니들밸브   ② 유량조정밸브
③ 셔틀밸브   ④ 스풀밸브

18 회전차의 재료를 선택함에 있어 고려되지 않는 것은?
① 주조가 용이할 것   ② 내마멸성을 가질 것
③ 적당한 강도를 가질 것   ④ 열전도성이 양호할 것

19 교류전기기계를 이용하는 것보다 유압을 사용할 때 갖는 장점이 아닌 것은?
① 기구가 간단하고 시설비가 싸다.
② 과부하가 되지 않는다.
③ 속도제어가 용이하다.
④ 중량이 조금 크지만 견고하다.

20 원심펌프에 설치되는 마우스 링의 위치는?
① 안내날개에   ② 임펠러와 케이싱 사이에
③ 임펠러 끝에   ④ 임펠러 축에

21 킹혼밸브란?
① 원추밸브의 일종   ② 원판밸브의 일종
③ 링 밸브의 일종   ④ 볼 밸브의 일종

22 베인펌프의 장점이다. 해당되지 않는 것은?
① 베인이 마멸해도 효율의 저하가 덜하다.
② 구조에 관계없이 추력이 발생되지 않는다.
③ 송출 유량에 맥동이 적다.
④ 구조가 간단하다.

23 유압장치의 장점을 열거하였다. 잘못된 것은?
① 비교적 소형의 장치에서 큰 힘과 큰 동력을 얻을 수 있다.
② 회전운동, 직선운동이 모두 가능하다.
③ 운동부분에 따로 윤활을 고려할 필요가 없다.
④ 동력 전달 효율이 높다.

24 기어펌프에서 소음 발생이 작도록 하기 위한 방법은?
① 이중 헬리컬 기어를 사용한다.   ② 회전수를 증가시킨다.
③ 치차 수를 많게 한다.   ④ 치차 폭을 크게 한다.

25 공랭식 응축기의 냉각관에 구리 또는 알루미늄의 지느러미(fin)을 붙이는 이유는 무엇인가?
① 공기가 잘 통하도록 하기 위하여
② 표면적을 증대시키기 위하여
③ 미관을 좋게 하기 위하여
④ 파손을 방지하기 위하여

정답

01	02	03	04	05	06	07	08	09	10	11	12	13	14	15	16	17	18	19	20
②	②	④	③	②	①	①	②	②	③	④	①	①	③	①	①	②	④	④	②
21	22	23	24	25															
②	②	④	①	②															

모의고사 제4회

01 냉동장치에서 서모스텟은?
① 온도 작동 스위치　　② 압력 작동 스위치
③ 과열 작동 스위치　　④ 배압 작동 스위치

02 배관 공사가 끝난 다음 방열 시공을 하기 전에 배관의 전 계통에 걸쳐 누설 여부를 조사하기 위해 진공 시험 전에 실시하는 시험은?
① 기밀 시험　　② 내압 시험
③ 방열 시험　　④ 누설 시험

03 냉동 압축기의 송출측 압력이 너무 높은 경우의 원인이 되는 것은?
① 응축기의 냉각수 부족
② 증발기의 냉각수 부족
③ 솔레노이드 밸브가 열린 채로 고착
④ 응축기의 냉각수 과다

04 암모니아 누설 사고시의 응급 처치에서 먹는 해독제가 아닌 것은?
① 물로 적당히 묽게 한 식초
② 살균된 광물유
③ 식초와 올리브유를 같은 양으로 섞은 것
④ 우유

05 증발식 조수 장치를 증발기의 형식에 따라 분류하면?
① 고압식과 진공식
② 여과식과 역삼투식
③ 압축식과 흡입식
④ 침관식과 플래시식

06 다음 중에서 자동 청소식 유청정기에 해당되는 것은?
① 드 라발 유청정기
② 그래비트롤 유청정기
③ 샤플레스 유청정기
④ 스파이럴 유청정기

07 다음 중 유류의 해상 유출의 확산을 방지하는 데 사용하는 것은?
① 터빈
② 오일 펜스
③ 구명정
④ 과급기

08 공기 조화 장치의 계획상 유의점이다. 잘못된 것은?
① 중량과 용적이 충분히 클 것
② 장치 자체의 진동이나 소음이 되도록 적을 것
③ 자동 조절의 범위를 충분히 검토할 것
④ 염분을 포함한 공기나 해수에 견딜 수 있을 것

09 로즈 박스(rose box)란 무엇인가?
① 빌지 웰 밑바닥에 설치되는 스트레이너
② 빌지 펌프 흡입측에 설치되는 스트레이너
③ 빌지 관계 도중의 공통 흡입관에 설치되는 스트레이너
④ 주 해수 펌프 흡입측에 설치되는 스트레이너

10 송풍기를 구조에 따라 분류할 때 종류에 속하지 않는 것은?
① 용적식 송풍기
② 원심식 송풍기
③ 프로펠러 송풍기
④ 회전식 송풍기

11 저질 중유의 선내 처리에서 가장 많이 이용하는 청정법은?
① 무주수 청정법　　② 주수 청정법
③ 알칼리 세척 청정법　　④ 증기 세척 청정법

12 두 대의 원심 분리기로 유중의 슬러지와 물을 제거할 때 어떤 방법으로 처리하는 것이 가장 좋은가?
① 한 대는 퓨리파이어로 다른 한 대는 클래리파이어로 직렬
② 두 대를 퓨리파이어로 직렬
③ 두 대를 클래리파이어로 병렬
④ 두 대를 퓨리파이어로 병렬

13 폐유 소각기에서 할 수 없는 작업은?
① 폐유 처리　　② 유수 분리기에서 분리된 기름
③ 빌지　　④ 유청정기에서 나온 슬러지

14 선내 송풍장치에서 덕트란 무엇인가?
① 공기의 수송관　　② 공기의 냉각기
③ 송풍기의 일종　　④ 공기 정화기

15 흡입측 액체 표면에서 송출측 액체 표면까지의 수직거리를 무엇이라 하는가?
① 실수두　　② 송출수두
③ 흡입수두　　④ 손실수두

16 냉동장치에서 솔레노이드 밸브는 다음 중 무엇을 제어하는가?
① 증발기 코일로 들어가는 냉매량
② 팽창 밸브로 가는 냉매량
③ 압축기로 가는 냉매량
④ 증발기 코일로 가는 냉매의 압력

17 압축기가 기동하지 않을 때의 원인으로 부적당한 것은?

① 송출 밸브가 누설할 때
② 과부하로 차단 장치가 작용했을 때
③ 자동식에서 솔레노이드 밸브가 닫혀 있을 때
④ 저압 스위치가 작용하고 있을 때

18 원심식 송풍기 중 날개수가 보통 6~12매이며 날개가 평판 모양이므로 플레이트 송풍기 라고도 불리는 형은?

① 전굴 날개형
② 방사 날개형
③ 후굴 날개형
④ 회전 날개형

19 규정 이상으로 압력이 높아졌을 때 위험을 방지하는 릴리프 밸브는 어디에 설치하는가?

① 회전 펌프의 송출측
② 제트 펌프의 송출측
③ 회전 펌프의 흡입측
④ 왕복 펌프의 흡입측

20 이론적 냉동 사이클의 순서는?

① 단열팽창 - 등온팽창 - 단열압축 - 등온압축
② 단열팽창 - 단열압축 - 등온팽창 - 등온압축
③ 단열팽창 - 등온압축 - 등온팽창 - 단열압축
④ 단열팽창 - 단열압축 - 등온압축 - 등온팽창

21 직접 냉매가 갖추어야 할 물리적 조건으로 부적당한 것은?

① 임계 온도가 어느 정도 높을 것
② 상온에서 응축압력이 그다지 높지 않을 것
③ 대기압 하에서 증발 온도가 낮을 것
④ 증발한 가스의 비체적이 클 것

22 냉동장치 운전 중 냉매가 부족할 때 발생되는 현상이다. 잘못된 것은?
① 액 관로가 평상시보다 차가워진다.
② 증발기 및 응축기의 압력이 양쪽 다 낮아진다.
③ 팽창 밸브에서 쉬 하는 소리가 난다.
④ 냉동 작용이 나빠진다.

23 냉동기의 압력계를 이용한 고장 진단 방법 중 고압 압력계는 지나치게 높고 저압 압력계는 정상인 경우에 해당되지 않는 것은?
① 응축기의 수측 오염
② 토출측 조작 밸브가 반쯤 열려 있음
③ 냉각수량의 적음
④ 팽창 밸브의 막힘

24 증류장치(Evaporator)에서 증발기의 가열 증기 압력 조정 방법 중 가장 좋은 방법은?
① 수동에 의한 방법
② 감압 밸브에 의한 방법
③ 오리피스에 의한 방법
④ 팽창 밸브에 의한 방법

25 다음 중 해양 오염 방지 장치에 속하는 것은?
① 유수 분리기
② 청정기
③ 발전기
④ 보일러

정답

01	02	03	04	05	06	07	08	09	10	11	12	13	14	15	16	17	18	19	20
①	④	①	②	④	②	②	①	①	④	①	②	③	①	①	①	②	①	①
21	22	23	24	25															
④	①	③	③	①															

모의고사 제 5 회

01 선박보조기계의 구동장치로 현재 가장 널리 사용되고 있는 것은?
① 증 기
② 직류전동기
③ 교류전동기
④ 주기관의 출력

02 다음 중 회전차의 회전에 의해 발생하는 원심력을 이용하여 유체를 이송하는 펌프는?
① 벌류트 펌프
② 프로펠러 펌프
③ 플런저 펌프
④ 베인 펌프

03 터빈펌프에서 평형 디스크가 하는 역할은?
① 스러스트 방지
② 진동의 방지
③ 임펠러 손상 방지
④ 토출량의 균일

04 임펠러가 침식되고 펌프의 성능이 저하되는 현상은?
① 공동현상
② 스러스트 현상
③ 역류현상
④ 프라이밍 현상

05 밸브가 한번 상하면 기밀유지가 어려운 관계로 고압용으로는 부적합하며 중유나 윤활유 등과 같이 점도가 높은 액체를 취급하는 계통에서 많이 사용되는 밸브는?
① 볼 밸브 ② 링 밸브
③ 원뿔 밸브 ④ 원판 밸브

06 윤활유와 같이 점성이 큰 액체의 수송에 적당한 펌프는 어느 것인가?
① 터빈 펌프 ② 기어 펌프
③ 진공 펌프 ④ 벌류트 펌프

07 유·공압 장치의 작동원리와 관계되는 기초 원리는?
① 파스칼의 원리
② 베르누이의 방정식
③ 줄의 원리
④ 보일-샤를의 원리

08 아래 보기 중에서 나사 펌프에 해당되는 것은?
① 슬라이딩 베인 펌프 ② 트로코이드 펌프
③ 로브 펌프 ④ 이모 펌프

09 선박에서 원심 펌프에 부속된 호수 펌프로 널리 사용되는 펌프는 무엇인가?
① 기포 펌프 ② 베인 펌프
③ 마찰 펌프 ④ 나사 펌프

10 피스톤 양쪽에서 어느 방향으로나 압력 유체가 작용할 수 있는 유압 실린더를 무엇이라고 하는가?
① 단동형 실린더 ② 램형 실린더
③ 단동 편로드 실린더 ④ 복동형 실린더

11 다음 냉동장치의 기기 중 송출가스 중에 포함되어 있는 윤활유를 분리하여 압축기로 보내는 것은?

① 수액기　　　　　　　　② 유분리기
③ 응축기　　　　　　　　④ 액분리기

12 다음 중 선박용으로 널리 사용되는 냉동의 종류는?

① 압축식 냉동기　　　　② 흡착식 냉동기
③ 흡수식 냉동기　　　　④ 전자냉동기

13 압축기에서의 압력비가 너무 높게 될 때의 문제점이다. 관계없는 것은?

① 냉동 능력이 감소한다.
② 압축기의 소음이 증대된다.
③ 성적계수가 저하된다.
④ 윤활유의 열화가 조장된다.

14 크랭크축을 관통하는 부분에서 냉매의 누설을 방지하기 위한 설비는?

① 축봉장치　　　　　　　② 팽창밸브
③ 안전덮개　　　　　　　④ 피스톤 크라운

15 횡형 원통 다관식 응축기의 결점은?

① 전열효과가 나쁘다.
② 수액기를 겸할 수 없다.
③ 냉각관의 청소가 어렵다.
④ 설치시 높이에 제한을 받는다.

16 자동 팽창 밸브의 종류에 속하지 않는 것은?

① 정압 팽창 밸브　　　　② 플로트(float)식 팽창 밸브
③ 모세관식 팽창 밸브　　④ 전자 팽창 밸브

17 온도식 자동 팽창 밸브에서 감온통의 설치 위치는?
　① 응축기 출구　　　② 증발기 출구
　③ 수액기 출구　　　④ 압축기 출구

18 압력 스위치 중에서 2개의 압력 검출용 벨로스가 있으며 타이머 기구를 가지는 스위치는?
　① 고압 차단 스위치
　② 유압 보호 스위치
　③ 저압 차단 스위치
　④ 안전 스위치

19 프레온 냉매의 누설 검사법과 관계없는 것은?
　① 비눗물을 칠해본다.
　② 헬라이드 토치를 사용한다.
　③ 할로겐 누설 검지기를 사용한다.
　④ 황을 태워본다.

20 냉동장치에서 팽창 밸브를 너무 열 때 일어나는 현상이 아닌 것은?
　① 흡입 압력이 높다.
　② 냉매의 일부가 액체로서 실린더에 흡입된다.
　③ 압축기 흡입 파이프에서 서리가 녹는다.
　④ 안전 헤드가 열린다.

21 다음 중 구리와 아연을 부식시키는 냉매는?
　① 암모니아
　② 프레온
　③ 황산 가스
　④ 이산화탄소

22 냉동 압축기에서 압축비가 너무 높을 때와 관계없는 것은?
① 불응축 가스가 있을 때
② 냉각수 온도가 높을 때
③ 냉각수량이 부족할 때
④ 송출 밸브가 누설할 때

23 선박에서 압축 공기의 사용법으로 적합하지 않는 것은?
① 도구 구동   ② 소 제
③ 기관 시동   ④ 난 방

24 다음 중 열에너지나 전기에너지를 이용하지 않고 청수를 얻는 방법은?
① 증발법   ② 냉동법
③ 역삼투법   ④ 전기투석법

25 선박에서 사용하는 가장 중추적인 윤활유 청정법은?
① 중력에 의한 분리 청정법
② 여과에 의한 청정법
③ 원심식 청정법
④ 증기 세척법

정답

01	02	03	04	05	06	07	08	09	10	11	12	13	14	15	16	17	18	19	20
③	①	①	①	①	②	①	④	④	④	②	①	②	①	③	③	②	②	④	③

21	22	23	24	25
①	④	④	③	③

제 3 편 기관 (3)

제3편 기관(3)

전기공학 및 전기기기

C.H.A.P.T.E.R.

01 전기의 본질

(1) 물질과 전기
① 모든 물질 : {양자(+) 수 = 전자(-) 수} → 중성
② 전자 : 궤도 전자(고정) + 자유 전자(이동 가능)
③ 양전기(+) : 자유 전자 이탈, 음전기(-) : 자유 전자 들어 옴

02 직류 회로의 성질

(1) 전 류
① 전류 : 양 전하의 이동(+에서 -로) I [A : 암페어]
② 전위 : 전하의 위치에너지
③ 전위차 : 전류를 흐르게 하는 힘
   → 전압 : V [V : 볼트]
④ 기전력 : 연속적으로 발생하는 전압

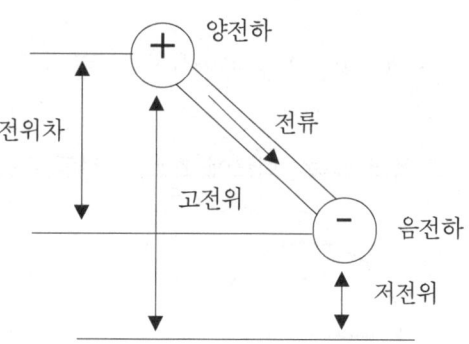

⑤ 직류와 교류

　　㉠ 직류 : 크기와 방향이 일정함.　　　㉡ 교류 : 크기와 방향이 변화함.

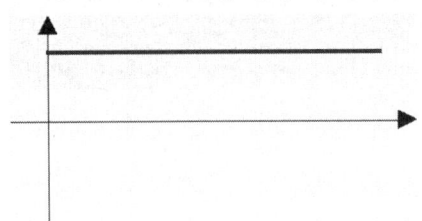　　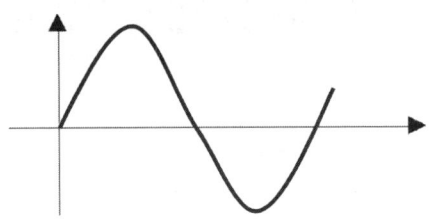

(2) 도체와 절연체

① 도체(Conductor) : 전하(전기)의 이동이 쉬운 물질 ➡ 금속
② 절연체(Insulator) 또는 부도체(Non-conductor) : 전하(전기)의 이동이 어려운 물질 ➡ 공기, 유리, 비닐
③ 반도체(Semi-conductor) : 도체와 절연체의 중간(저온 → 부도체, 고온 → 도체) ➡ 셀렌(Se), 게르마늄(Ge), 규소(Si)

(3) 옴의 법칙

① 전기 저항 : 전류의 흐름을 방해하는 성질. R [Ω : 옴]
　　▶ 절연 저항 : [MΩ : 메가 옴]

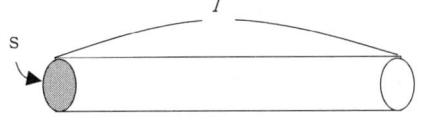

$R \propto \dfrac{l}{s}$: 길이에 비례 단면적에 반비례

$\therefore R = \rho \dfrac{l}{s}$ (ρ : 고유저항 → 물질의 종류에 따라 다름)

② 옴의 법칙 : 회로에 흐르는 전류는 전압에 비례하고 저항에 반비례한다.

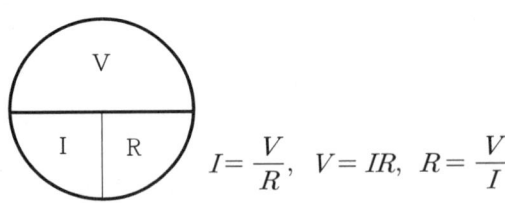

$I = \dfrac{V}{R}, \quad V = IR, \quad R = \dfrac{V}{I}$

(4) 전력과 전류의 열작용

① 전력 : 전기가 단위시간(s : 초)에 하는 일. P [W : 와트]

$$P = VI = \frac{V^2}{R} = I^2 R$$

② 전력량 : 전력 × 시간 [Wh : 와트시]
  (1[KW] = 1000[W] , 1[PS] = 0.735[KW], 1[KW] = 1.36[PS])

③ 줄의 법칙 : 전류가 흐를 때 열 발생.
  → 줄 열(Joule's heat) H = 0.24I²Rt [cal : 칼로리]

(5) 저항의 접속

① 직렬 접속 : $R \propto \frac{l}{s}$: 길이 증가, 단면적 일정 → 증가

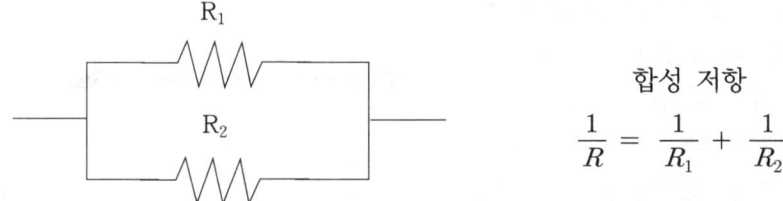

② 병렬 접속 : $R \propto \frac{l}{s}$: 길이 일정, 단면적 증가 → 감소

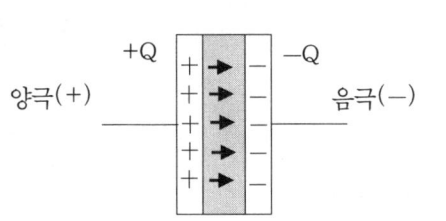

합성 저항
$$\frac{1}{R} = \frac{1}{R_1} + \frac{1}{R_2}$$

③ 메거 테스터(Megger tester)는 절연저항을 측정하는 기기이다. (단위[MΩ])

(6) 콘덴서

① 콘덴서(Condenser) : 두 도체사이에 유전체(절연체)를 두고 전하를 모으는 장치
  → 일명 커패시터(Capacitor)

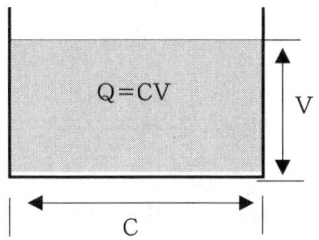

② 도체 면적 : S, 도체사이의 간격 : d, 용량 $C \propto \dfrac{S}{d}$ → 면적에 비례, 간격에 반비례

③ 정전 용량 : 콘덴서가 전하를 수용할 수 있는 능력을 나타내는 비례상수 → C [F : 패럿]
  ➧ 축척된 전기량 Q [C]는 Q = CV [C]

④ 콘덴서의 직렬 접속 : $C \propto \dfrac{S}{d}$: 면적 일정, 간격 증가 → **감소**

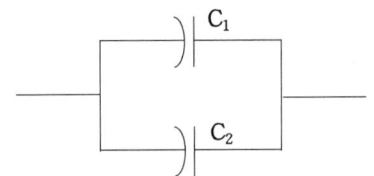

합성 용량 $\dfrac{1}{C} = \dfrac{1}{C_1} + \dfrac{1}{C_2}$: 저항과 반대

⑤ 콘덴서의 병렬 접속 : $C \propto \dfrac{S}{d}$: 면적 증가, 간격 일정 → **증가**

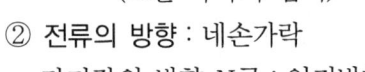

합성 용량 $C = C_1 + C_2$: 저항과 반대

(7) 자 기

① 전류에 의한 자기장
  ㉠ 전류의 방향 : 오른 나사의 진행방향
  ㉡ 자기장의 방향 : 오른 나사의 회전방향
    → 앙페르의 법칙(Ampere's law)
    (오른 나사의 법칙)

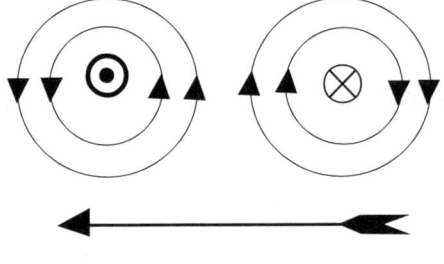

② 전류의 방향 : 네손가락
  자기장의 방향 N극 : 엄지방향
  → 자석의 세기 ∝ (코일에 감은 횟수 N × 흐르는 전류 I)

③ 전자력과 플레밍의 왼손 법칙
  ㉠ 전자력 : 자기장과 전류 사이에 작용하는 힘
  ㉡ 플레밍의 왼손 법칙(Fleming's left hand's rule)
    엄지 : 힘의 방향
    검지 : 자속의 방향
    중지 : 전류의 방향
    → 전동기에 적용

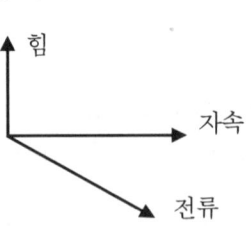

④ 전자유도와 플레밍의 오른손 법칙
  ㉠ 전자유도 : 코일을 통과하는 자속이 변화

→ 코일에 기전력이 유도되는 현상
ⓒ 플레밍의 오른손 법칙(Fleming's right hand's rule)
「자속과 도체 교차 → 기전력 발생」
엄지 : 운동의 방향
검지 : 자속의 방향
중지 : 기전력의 방향
→ 발전기에 적용

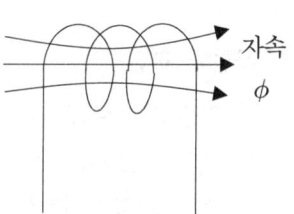

⑤ 자체 유도와 상호 유도
ⓐ **자체 유도** : 코일에 흐르는 전류가 변화할 때 코일을 관통하는 자속이 변화 → 코일자체에 자속의 변화를 방해하는 방향으로 기전력이 발생하는 현상

ⓑ **상호 유도** : 코일A의 전류를 변화시키면 전류에 의해 자속이 변화 → B코일도 자속의 영향권에 있으므로 자속 변화를 방해하려는 기전력이 발생하는 현상
  ‣ 변압기의 동작원리

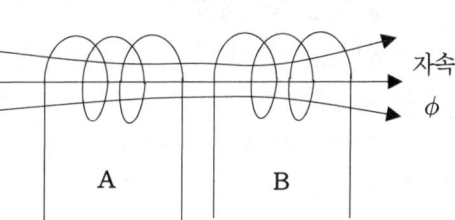

03 교류 이론

(1) 교 류

① 파형 : 사인파(Sine wave)가 표준
② 주파수 : 1초 동안의 사이클의 수
  → f = 60Hz(전력용)

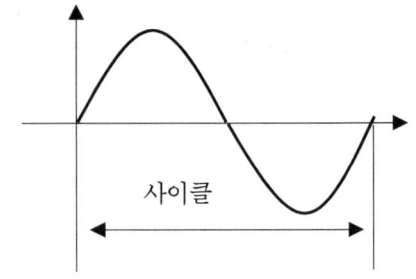

(2) 사인파 교류

① 기전력 $e = E_m \sin\theta$ [V], E_m : 최대값($\sin\theta$ 최대값 = 1), $\theta = \omega t = 2\pi f t$
② 교류의 표시법
  ㉠ 순시값 : 시각에 따라 변화(식으로 표시) → e, i
  ㉡ 최대값 : 최대일 때의 값 → E_m, I_m 실효값의 $\sqrt{2}$ 배
    ▶ $\sqrt{2}$ = 1.414
  ㉢ 실효값 : 실제 사용하는 값 → E, I
  ㉣ 평균값
③ 위상각과 위상차 : 교류의 순시값은 위상각 θ의 크기에 따라 결정

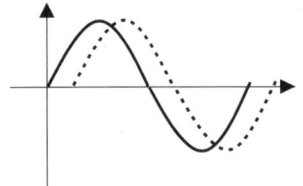

[위상차 : 다른 경우 위상의 차이]

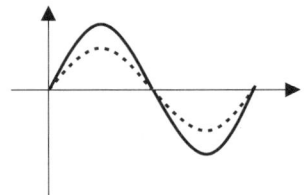

[동상 : 위상이 같은 경우]

(3) 교류 회로

① 저항 회로(R)

$I = \dfrac{E}{R}$: 벡터 그림 ────▶ $\dot{E}$: E와 I는 동상

② 인덕턴스 회로(L)
  ㉠ 코일(⎍⎍⎍)의 전류변화(교류) → 역기전력 발생(전류변화 방해 : 저항작용)
  ㉡ 유도 리액턴스 $X = 2\pi f L$(f와 L에 비례)

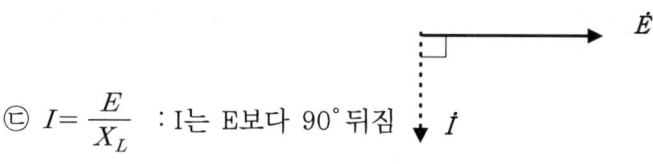

ⓒ $I = \dfrac{E}{X_L}$: I는 E보다 90° 뒤짐

③ 용량 회로(C)
   ㉠ 콘덴서(⊣⊢)에 교류 → 충·방전작용(전압변화 방해 : 저항과 같은 작용)
   ㉡ 용량 리액턴스 $X_C = \dfrac{1}{2\pi f C}$ (f와 C에 반비례)

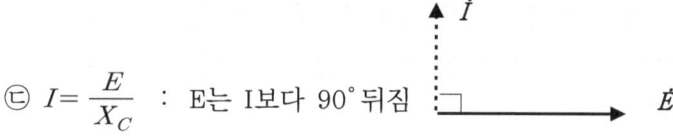

   ㉢ $I = \dfrac{E}{X_C}$: E는 I보다 90° 뒤짐

④ R – L – C 직렬 회로
   ㉠ 저항 R에 걸리는 전압 : $E_R = IR$ → I와 동상
   ㉡ 인덕턴스 L에 걸리는 전압 : $E_L = IX_L$ → I보다 90° 앞섬
   ㉢ 용량 C에 걸리는 전압 : $E_C = IX_C$ → I보다 90° 뒤짐

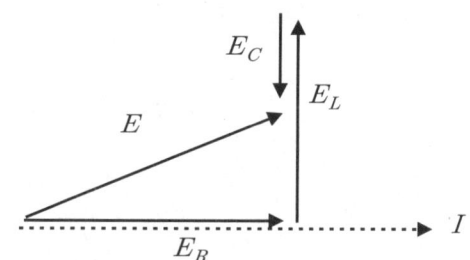

   ㉣ $E = \sqrt{E_R^2 + (E_L - E_C)^2} = I \cdot Z$ [V]
   ㉤ 임피던스 : 전류의 흐름을 제한하는 양 → 기호 : Z, 단위 : [Ω]
      $Z = \sqrt{R^2 + X^2}$ [Ω], ($X = X_L - X_C$)

⑤ 교류 전력
   $P = EI\cos\phi$ [W]
   → 전압과 전류의 위상이 같은 성분을 곱한 값
   ㉠ 피상전력(Pa) : 역률과 관계없이 전압과 전류의 실효값
      을 곱한 값으로, 교류전원의 출력(Pa = E × I [VA], 동
      기발전기, 변압기 등)

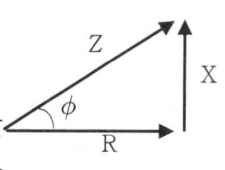

ⓒ 유효전력(P) : 전압과 전류의 위상이 같은 성분을 곱한 값으로, 부하에서 소비되는 전력($P = EIcos\Theta$ [W])

ⓒ 무효전력(Pr) : $\text{Pr} = EIsin\Theta\,[Var]$

ⓔ 역률 = $\dfrac{유효전력}{피상전력} = \dfrac{P}{EI} = \dfrac{EIcos\phi}{EI} = cos\phi,\ cos\phi = \dfrac{R}{Z}$

(4) 3상 교류

① 3상 교류 : 크기가 같고 위상이 다른(위상차 : 120°) 3개의 전류

② 3상 회로의 결선

ⓐ Y결선(직렬) : 선간 전압 = 상전압의 $\sqrt{3}$배, 선전류 = 상전류

ⓑ △결선(병렬) : 선간 전압 = 상전압, 선전류 = 상전류의 $\sqrt{3}$ 배

♣ $\sqrt{3} = 1.732$

ⓒ V결선 : 선간 전압 = 상전압, 선전류 = 상전류

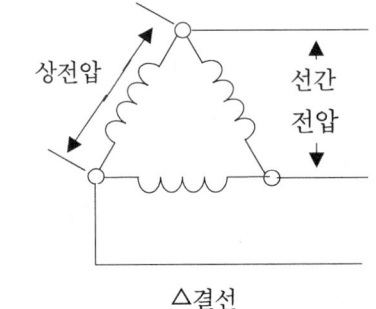

△결선

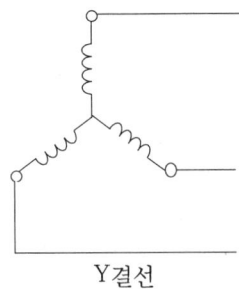

Y결선

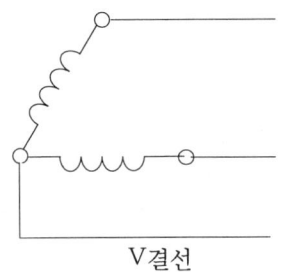

V결선

③ 3상 전력 : $P = \sqrt{3}\,EIcos\phi$ [W],
E, I : 선간 전압, 선전류

♣ 3상은 단상의 3배가 아니고 $\sqrt{3}$ 배이다.

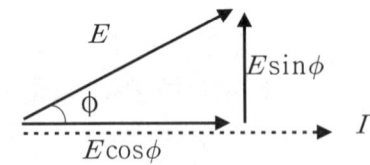

04 전기 기기

(1) 직류 발전기

① 주요 구성 요소
  ㉠ 계자(field magnet) : 자기장을 형성하여 자속을 발생시키는 부분
  ㉡ 전기자(armature) : 자속과 도체가 교차하여 기전력을 발생시키는 부분
  ㉢ 정류자(comutator) : 브러시와 접촉하여 교류를 직류로 바꾸는 부분
  ㉣ 브러시(brush) : 정류자와 접촉하여 전류를 외부로 보내는 부분

② 계자 : 계철과 자극(계자 철심, 계자 권선)으로 구성
  → 계철 : 자기회로 형성, 기계전체의 틀

③ 전기자 : 전기자 철심과 전기자 권선으로 구성
  ㉠ 전기자 철심 : 0.35~0.5mm의 규소 강판(규소 함량 : 1~2%)을 성층하여 사용
    → 규소강판 : 히스테리시스 손실 감소
    → 성층 : 맴돌이 전류(와류) 손실 감소
      ▶ 철손 : 히스테리시스 손 + 와류 손

④ 정류자 : 정류자편과 편간 절연물인 마이카(mica : 운모)로 구성
  → 정류자편 : 경인동
  ▶ 하이 마이카(high mica) : 정류자편보다 마이카가 높아지는 현상
    → 접촉 불량으로 인한 정류 불량 초래
    → 언더 컷(under cut) 정류자로 방지

⑤ 브러시 : 전기흑연질 브러시를 주로 사용, 브러시 압력 0.15~0.25kg/cm³

⑥ 전기자 권선법
  ㉠ 중권(lap winding) → 대전류용, 주로 사용
  ㉡ 파권(wave winding) → 고전압용

⑦ 유도 기전력 : $E = k\varnothing n$ (자속과 회전수에 비례)

⑧ 전기자 반작용 : 발전기의 전기자 전류(부하)에 의한 자기장이 계자의 주자기장에 영향을 주는 현상
  ㉠ 결과 : 전기적 중성점의 이동
  ㉡ 방지책 : 보극 설치(자극 끝), 보상 권선 설치(자극과 자극 사이)

⑨ 손실(loss) : 입력에너지 중 출력에너지로 되지 못하는 에너지(손실 = 입력 – 출력)
  ▶ 발전기 : 기계적 에너지(mechanical energy) → 전기적 에너지(electric energy)
  ㉠ 철손(iron loss) : 철심에서 발생(no-load loss : 무부하손)
    → 히스테리시스손, 와류손

　　ⓒ 구리손(copper loss) : 전류가 흐르는 부분에서 발생(load loss : 부하손)
　　　→ 권선 저항손, 브러시와 정류자의 접촉 저항손
　　ⓒ 기계손(mechanical loss) : 마찰에 의한 손실(no-load loss : 무부하손)
　　　→ 베어링 마찰손, 브러시 마찰손, 공기 마찰손
⑩ 효율(efficiency) : 입력(in put)과 출력(out put)의 비
　　㉠ 실측 효율 $= \dfrac{출력}{입력} \times 100[\%]$ → 기계적 에너지(입력)는 측정이 곤란
　　㉡ 규약 효율 $= \dfrac{출력}{출력 + 손실} \times 100[\%]$ (발전기)
　　　　　　　 $= \dfrac{입력 - 손실}{입력} \times 100[\%]$ (전동기)
⑪ 전압 변동율 $= \dfrac{V_o - V_n}{V_n} \times 100[\%]$ (V_o : 무부하 전압, V_n : 정격 전압)
⑫ 직류 발전기의 종류
　　▶ 분류 방법 : 여자(exciting) 방식에 따라 분류
　　㉠ 타여자(seperately excited) 발전기 : 계자가 전기자와 분리
　　　→ 워드 레너드(Ward-leonard) 방식 제어용
　　㉡ 직권(series-wound) 발전기 : 계자가 전기자와 직렬
　　㉢ 분권(shunt-wound) 발전기 : 계자가 전기자와 병렬, 전압 일정
　　　→ 일반적으로 사용(여자기, 축전지 충전용)
　　㉣ 복권(compound-wound) 발전기
　　　ⓐ 직권 계자 + 분권 계자
　　　ⓑ 평복권 → 부하변동 심한 곳
⑬ 시험과 운전
　　㉠ 절연 시험 : 500V 메거(megger)로 1MΩ 이상
⑭ 전압 조정법($V = E - I_a R_a = k\phi n - I_a R_a$)
　　㉠ 계자 조정법 : 주로 사용
　　㉡ 전기자 조정법 : 손실이 크다.
　　㉢ 원동기 속도 조정법 : 잘 사용하지 않음.

(2) 직류 전동기

① 역기전력 : 전동기 회전시 발생 → 공급 전압과 반대 방향($E = k\emptyset n$)

② 토크(torque) : 회전 모멘트 → $T = k'\emptyset I_a$ (자속과 전기자 전류에 비례)

③ 속도 : 회전수 $n = k\dfrac{V - I_a R_a}{\emptyset}$ ($= \dfrac{E}{\emptyset}$) : 전압(역기전력)에 비례, 자속에 반비례

④ 구조 : 직류 발전기와 같다.

⑤ 특성 및 용도
  ㉠ 타여자 전동기 : 광범위하고 세밀한 속도제어가 가능
    → 워드 레너드(Ward-leonard)방식 제어용
  ㉡ 직권 전동기 : 기동 토크가 매우 크다. (Ia의 제곱에 비례) → 전차, 크레인
    ♣ 무부하시는 과속하여 파손 우려
  ㉢ 분권 전동기 : 정속도 특성 → 펌프, 송풍기
  ㉣ 복권 전동기 : 가동 복권이 주로 사용 → 직권 단점 보완(토크도 크고 무부하 가능)

⑥ 운전 및 속도 제어
  ㉠ 기동(starting) : 기동시의 전기자 전류 제한이 주목적
    ♣ 기동기 : 기동저항기
  ㉡ 속도 제어 : 계자 제어 → 간단하고 손실이 적다.
    전기자 저항 제어(저항 제어) → 손실이 크다.
    전압 제어 → 주로 타여자용, 광범위하고 세밀한 제어가 가능
    ♣ 워드 레나드 방식, 다이리스터 레나드 방식

(3) 동기 발전기

① 회전 계자형 : 전기자 고정, 계자 회전
  → 제작이 유리하고, 안전함. 고전압 대전류 가능

② 동기 속도 : 일정 주파수(60 Hz)를 얻기 위한 회전 속도
  ♣ 교류 발전기 = 동기 발전기

동기속도 $N_s = \dfrac{120}{p} f$ [rpm] (주파수 f에 비례, 극 수 p에 반비례)

주파수 $f = \dfrac{p}{2} \times \dfrac{Hs}{60} [Hz]$

  → 고속 발전기 : 극 수 적다. (터빈 발전기)
  → 저속 발전기 : 극 수 많다. (수차 발전기)

③ 구조 : 고정자(stator) → 전기자 부분
    회전자(rotor) → 계자 부분

- 고속 : 지름 小 길이 길다.
  - 저속 : 지름 大 길이 짧다.
④ 전기자 권선법 : 중권, 2층권, 분포권, 단절권 채택
⑤ 유도 기전력 : $E = 4.44 K_w f ø Z$ [V] → ø만 변화 ∴ 전압 제어 : 계자 조정
⑥ 전기자 반작용
  ㉠ 기전력(전압)과 전류가 동상(동상 부하 : 역률 100%)
  ㉡ 기전력보다 전류가 $\frac{\pi}{2}$(90°) 뒤진 경우(지상 부하 : 뒤진 역률) : 전압강하(↓)
  ㉢ 기전력보다 전류가 $\frac{\pi}{2}$(90°) 앞선 경우(진상 부하 : 앞선 역률) : 전압상승(↑)
⑦ 전압 조정법 : 계자(여자) 조정
  - 자동전압조정기(AVR) : Automatic Voltage Regulator로 단자 전압이 변할 때마다 일일이 수동으로 여자 전류를 조정하는 것이 힘들기 때문에 설치
⑧ 동기 발전기 정격 : kVA[킬로 볼트 암페어]
⑨ 병렬 운전 : 대용량 1대 대신에 소용량 여러 대의 발전기로 전력 공급
  ㉠ 병렬 운전 조건 : 기전력의 순시값이 같을 것(전압이 항상 같을 것)
    ⓐ 기전력의 크기가 같을 것
       실효값
    ⓑ 기전력의 위상이 일치할 것 → 동기 검정기로 확인, 원동기 속도 조정
    ⓒ 기전력의 주파수가 같을 것 → 원동기 속도 조정
    ⓓ 기전력의 파형이 같을 것
    ⓔ 기전력의 상의 순서가 같을 것
    - 달라도 되는 것 : 용량, 출력, 부하, 속도, 극 수
⑩ 난조(hunting) : 병렬운전중인 동기발전기가 동기속도로 중심으로 진동하는 현상
  ㉠ 난조 방지책 ─ 플라이 휠 설치(디젤발전기)
                 ─ 제동권선 설치
                 ─ 조속기 감도 둔화
⑪ 동기발전기의 고장
  ㉠ 접지(earth : 어스) : 선체와 한 부분의 전기적 접촉 → 누전
  ㉡ 단락(short : 쇼트) : 선체와 두 부분 이상의 전기적 접촉 → 합선
  ㉢ 단선(cut) : 접속부의 차단
    - 어스 램프(earth lamp) : 누전 여부 감시

(4) 동기 전동기

① 특성
　㉠ 이점 → 속도가 부하와 관계없이 일정, 효율이 좋다.
　㉡ 결점 → 기동토크가 작고, 속도조정이 불가능

(5) 변압기

① 작동원리 : 상호 유도 작용(1차 전력 → 2차 전력)

② 전압비 $\dfrac{V_1}{V_2} \fallingdotseq \dfrac{E_1}{E_2} = \dfrac{N_1}{N_2} = a$ (권수비 : 전압비), 전류비 $\dfrac{I_1}{I_2} = \dfrac{N_2}{N_1} = \dfrac{1}{a}$

1차 전력 = 2차 전력 ($V_1 I_1 = V_2 I_2$)

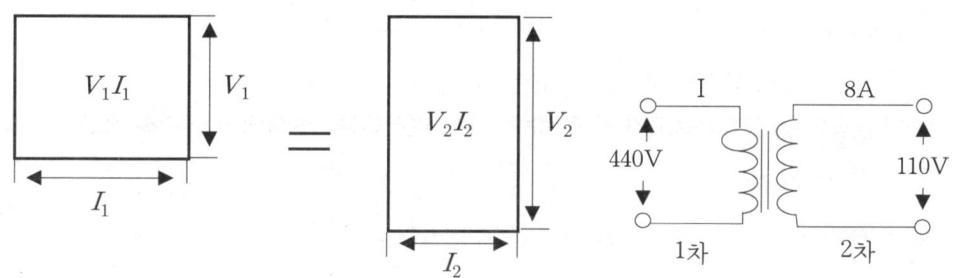

❥ 전압이 증가하면 전류는 감소

③ 변압기 정격 : kVA[킬로볼트 암페어]
④ 각종 변압기
　㉠ 단권변압기 : 유도전동기나 동기전동기의 기동기용
　㉡ 누설변압기(정전류변압기) : 용접용 전원
　㉢ 계기용변성기 : P.T → 고전압 측정용, C.T → 대전류 측정용

(6) 유도전동기

① 원리
　㉠ 고정자가 만드는 회전자기장 속에 단락 도체를 넣으면 회전(상호 유도)
　㉡ 회전자기장 속도 $N_s = \dfrac{120}{p} f$ [rpm] → 동기속도

② 구조
　㉠ 고정자 → 회전자기장 형성(입력) : 1차 측

　　　ⓒ 회전자 → 회전력 발생 (출력) : 2차 측
③ 종 류
　　㉠ 농형
　　　　ⓐ 절연하지 않은 단락 도체(회전자)
　　　　ⓑ 특성
　　　　　• 구조가 간단하고 운전특성(효율, 최대토크)이 좋다. → 소형
　　　　　• 기동 특성이 좋지 않고 속도 조정이 어렵다.
　　㉡ 권선형
　　　　ⓐ 절연 3상 권선을 외부저항에 접속(회전자)
　　　　ⓑ 특성
　　　　　• 기동 특성이 좋고 속도 조정이 쉽다. → 대형
　　　　　• 구조가 복잡하고 운전특성(효율, 최대토크)이 좋지 않다.
④ 회전속도와 슬립
　　㉠ 회전 속도(회전자 속도) < 동기 속도(고정자 속도)
　　㉡ 슬립(slip) : 회전속도가 동기 속도보다 늦은 비율 → 슬립이 클수록 속도는 늦다. (부하 ≒ 슬립)

　　　슬립 $s = \dfrac{n_s - n}{n_s} \times 100[\%]$, 슬립의 범위 : 1 < s < 0

　　　회전속도 $n = (1-s)n_s = \dfrac{120}{p}f(1-s)[rpm]$

　　　▶ 전부하 시 슬립 : 중·대형 → 3~5%, 소형 → 8%
⑤ 회전 토크

　　　$T = K' \cdot E_2^2 \cdot \dfrac{\dfrac{r_2}{s}}{(\dfrac{r_2}{s})^2 + X_2^2}[Nm]$, (단, $K' = \dfrac{K}{4.44k_2w_2f}$)

　　　→ 전압 E_2의 제곱에 비례, 주파수 f에 반비례
⑥ 비례 추이(proportional shifting) : 권선형 유도전동기에 적용
　　　→ 2차 저항 r_2를 증가시키면, 슬립 s도 비례 증가
⑦ 3상 유도전동기의 기동법(기동시 전류 제한법)
　　㉠ 농형(공급전압을 강하시켜 전류를 제한, 결점 : 토크도 감소함)
　　　　ⓐ 직접 기동법 : 소형, 전전압 기동, 정격 4~6배 전류 흐름
　　　　ⓑ Y-△ 기동법 : 기동시 Y결선, 운전시 △결선. 전류 1/3로 감소
　　　　ⓒ 기동보상기법 : 단권변압기 사용(탭 전압 : 3단)

ⓓ 리액터 기동법
ⓒ 권선형 : 2차 저항 증가 → 전류 제한, 토크 증가. 속도가 상승함에 따라 2차 저항을 감소

⑧ 속도 제어 $n = (1-s)n_s = \dfrac{120}{p}f(1-s)$

→ 주파수 f 변화, 극 수 p 변화, 2차 저항 r_2 변화(슬립 s 변화)
㉠ 주파수 변환법 : 전기 추진 선박
㉡ 극 수 변환법 : 농형에 적용
㉢ 2차 저항 조정법 : 권선형에 적용(기동에 병용)

⑨ 역전 : 2선을 서로 바꾼다.
⑩ 제동법(braking)
㉠ 기계적 제동 : 직접 마찰 → 수동 제동, 발 제동, 공·유압 제동, 전자 제동
㉡ 전기적 제동 : 마찰 없음 → 발전 제동 : 고속용, 회생 제동 : 과속 방지용, 단상 제동 : 중속용, 역상 제동 : 플러깅(plugging) 역상 토크 이용, 저속용

> **단상 유도전동기**
> ① **특성** : 자력 기동이 불가능. 주 권선과 보조 권선(기동 권선)이 있음
> ② **종류(기동방법)**
> 　㉠ 분상 기동형 : 주 권선 보조 권선 간격 전기각 $\dfrac{\pi}{2}$(90°)
> 　㉡ 콘덴서 기동형, 영구 콘덴서형, 쌍 콘덴서형
> 　㉢ 셰이딩 코일형 : 셰이딩 코일 방향으로 회전 → 역전 불가능.
> 　㉣ 반발 기동형 : 기동 토크가 크다.

(7) 선박용 전지

① 전지의 개요
㉠ 전지의 구성 : 전극(양극, 음극), 전해액
　ⓐ 1차 전지 : 화학 에너지 —방전→ 전기 에너지
　ⓑ 2차 전지 : 화학 에너지 ⇄(방전/충전) 전기 에너지 → 축전지(battery)
㉡ 볼타 전지(voltaic cell)
　양극(+) : 구리(Cu), 음극(-) : 아연(Zn), 전해액 : 묽은 황산(H_2SO_4)

② 납축전지
　㉠ 음극 : 납(Pb), 양극 : 과산화납(PbO_2), 전해액 : 묽은 황산(H_2SO_4)
　　※ 묽은 황산 : 증류수에 진한 황산을 첨가
　㉡ 구조 : 극판, 격리판, 전해액, 전조(용기)
　㉢ 방전 특성 : 전압↓, 전해액 비중↓
　　▶ 방전 상태 파악 : 비중 측정
　　▶ 전해액 부족 : 증류수 보충
　㉣ 용량 : 방전 전류 [A] × 방전 시간 [h] → [Ah : 암페어시]
③ 니켈 - 알칼리 축전지 : 전해액 → 수산화칼륨(KOH)용액
　▶ 전해액 부족 : 증류수 보충

참 고

1 납축전지의 구조
① 용기 내에 여러 개의 단전지가 있고, 각 단전지 내부에는 극판군(여러 장의 양극판과 음극판 및 격리판으로 구성)과 전해액이 들어 있다.
② 극판군 : 축전지의 용량을 증가시키기 위하여 연결편으로 각각 같은 극판끼리 여러 장을 병렬로 접속시킨 형태로서 연결편 한쪽에 극심을 용접해 놓고 있다.
③ 극판 : 작용 물질을 전해액과의 접촉 면적이 넓도록 한 모양으로 기초판에 부착시킨 것이다.
④ 적갈색의 과산화납으로 만들어진 양극판과 청회색의 해면상 납으로 만들어진 음극판은 격리판을 사이에 두고 교차로 배열되어 있다.
⑤ 양극판보다 음극판이 한 장 더 많으며, 가장 바깥 부분에 들어가 있다. 이것은 양극판이 음극판보다 결합력이 약하므로 충·방전시의 부작용을 방지하기 위한 것이다.
⑥ 두 극판 사이의 단락을 막기 위해 그 사이에 격리판을 두는데, 재질은 다공질의 유리 솜이나 경질 고무·나무등의 절연체로 만든다.
⑦ 전해액
　㉠ 전지 내에서 극판의 작용물질과 결합하여 충·방전할 때 화학작용의 매개역할을 하며, 도체로서 음극에서 양극으로 전기를 통하게 한다.
　㉡ 전해액은 비중 1.835~1.842 정도의 진한 황산과 증류수를 혼합하여 비중 1.2 내외로 하여 사용한다.

2 납축전지의 특성
① 전해액의 온도에 따라 축전지의 용량이 변한다. 전해액의 온도가 올라가면 축전지의 용량은 늘어나고, 온도가 내려가면 적어진다. 이것은 황산의 분자 또는 이온 등의 이동이 온도가 내려감에 따라 감소하고, 묽은 황산의 비저항의 증가로 인한 전압 강하가 발생하기 때문이다.
② 자기 방전
　㉠ 충전된 축전지는 사용하지 않아도(무부하 상태에서도) 자연적으로 방전이 일어나는데, 이것을 자기 방전이라 한다.

　　ⓒ 원인
　　　ⓐ 전해액 중의 불순물 등으로 인한 국부전지 형성
　　　ⓑ 극판에서 떨어진 작용물질에 의한 극판의 단락
　　　ⓒ 축전지 표면의 불순물에 의한 누설전류 발생
　　ⓒ 자기 방전은 충전 직후에 가장 크며, 전해액의 비중이 클수록, 주위의 온도나 습도가 높을수록, 오래된 축전지일수록 크다.

3 납축전지의 수명
① 황산화 현상 : 납축전지를 방전상태에서 장시간 방치하면 황산납은 온도가 높아짐에 따라 그 일부가 전해액에 녹아 있다가 온도가 떨어질 때 극판의 표면에 석출되어 큰 결정이 된다. 이 때 충전을 해도 본래의 작용물질로 환원되기 어려운 영구 황산납이 되어 극판이 흰색으로 변하게 되는 현상이다.
② 황산화의 영향
　ⓐ 극판이 휘거나 내부 저항이 증가한다.
　ⓑ 용량이 저하된다.
③ 황산화의 원인
　ⓐ 과방전이나 불완전한 충전이 되풀이될 경우
　ⓑ 전해액이 부족하여 극판이 노출되었을 경우
　ⓒ 전해액의 비중이 너무 높을 경우
　ⓓ 전해액에 불순물이 함유되었을 경우
④ 납축전지는 충·방전을 되풀이함에 따라 다음과 같은 현상의 발생으로 점차 용량이 저하된다.
　ⓐ 황산화
　ⓑ 극판의 굽음
　ⓒ 작용 물질의 탈락
　ⓓ 다공성의 상실
⑤ 축전지의 수명 : 그 용량이 최초 용량의 80~90% 정도로 떨어질 때까지의 충·방전 횟수로 나타낸다.

4 납축전지의 취급상 주의
① 일반적 주의사항
　ⓐ 비중을 측정하여 방전상태를 파악하여 둔다.
　ⓑ 전해액은 순도가 높은 것을 사용하고 증류수만을 사용한다.
　ⓒ 전해액면은 극판 위 1~1.5cm로 각 전해조마다 같게 한다.
　ⓓ 될 수 있는 한 충격이나 진동을 주지 않는다.
　ⓔ 액 마개는 가볍게 잠가, 액은 새지 않지만 가스는 통하게 하고 화기에 주의한다.
　ⓕ 축전지 표면은 항상 청결히 하며 통풍이 잘 되고 직사광선을 피할 수 있는 장소에 둔다.
② 충전시의 주의
　ⓐ 결선을 정확히 한다.
　ⓑ 전해액의 온도 상승에 주의하고, 충전시에는 45℃를 넘지 않도록 한다.

ⓒ 과충전이 되지 않도록 한다.
　　　ⓔ 극판의 색깔에 주의한다.
　　　ⓜ 전지군 중 특히 비중이 낮은 것에 주의한다.
　③ 방전시의 주의사항
　　　㉠ 특히 비중이 낮은 것은 없는지, 온도에 이상이 있는지, 전해액면이 일정한지 살펴본다.
　　　㉡ 가스의 발생에 주의한다.
　　　㉢ 방전 전류의 세기 및 과방전에 주의한다.
　④ 납축전지를 오랫동안 사용하지 않을 때의 주의사항
　　　㉠ 충분히 충전해 둔다.
　　　㉡ 될 수 있는 한 어둡고, 온도가 높은 곳이나 낮은 곳 등은 피한다(약 20℃ 정도가 좋다).
　　　㉢ 적어도 1개월에 한 번씩 적당한 저항으로 방전한 후 완전 충전한다.
　　　㉣ 장시간 사용하지 않을 때에는 완전 충전 후 전해액을 빼내고, 충전지를 건조시켜 보관한다.
　⑤ 한랭시의 주의
　　　㉠ 실내온도가 내려가지 않도록 한다.
　　　㉡ 전해액의 온도는 -15℃ 이상이 되도록 하며, 전해액의 동결에 주의한다.
　　　㉢ 전해액의 비중은 완전 충전상태에서 비중 1.3 이하로 하며, 비중 1.2 이하의 상태로 방치해 두어서는 안 된다.

(8) 선내 배선의 전압 및 주파수

① 전압 : 실제 사용 → 전열용 등(주로) 220V, 선내사용 최고전압 → 250V
　　　　　실제 사용 → 동력용 (3상) 440V, 선내사용 최고전압 → 450V
② 상용 주파수 : 60㎐
③ 전선의 굵기 : 허용 전류에 따라 결정
④ 배선공사 후 시험 : 도전 시험, 절연 시험
　▶ 부하 시험, 절연 내력 시험 등은 전기 기계에서만 실시
⑤ 냉동실 : 형광 수은 방전등

(9) 계측 장치

① 계기의 접속 : 전압계 → 병렬, 전류계 → 직렬
　▶ 가동 코일형 : 직류 전용

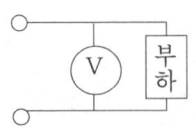 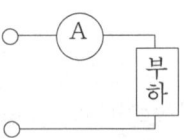

　㉠ 배율기(측정 범위 확대 : 고전압 측정) → 전압계와 직렬(큰 저항)
　㉡ 분류기(측정 범위 확대 : 대전류 측정) → 전류계와 병렬(작은 저항)
② 더미스터[thermister : thermo(열)+resistor(저항기)] : 온도 저항 소자

제1장 기출 및 예상문제

01 다음 중 전압의 단위는?
① 볼트[V]   ② 패럿[F]
③ 암페어[A]   ④ 와트[W]

02 다음 중 단위의 표시가 잘못된 것은?
① 교류전압 : [V]   ② 직류전압 : [V]
③ 저항 : [F]   ④ 전류 : [A]

03 다음 중 도체에 해당하는 것은?
① 수 정   ② 유 리
③ 백 금   ④ 고 무

04 다음 중 전기가 잘 통하는 도체가 아닌 것은?
① 해 수   ② 전해액
③ 금 속   ④ 운 모

05 옴의 법칙을 올바르게 나타낸 것은? (단, E는 전압, I는 전류, R은 저항이다.)
① E = R/I   ② E = I/R
③ E = IR   ④ E = $I^2 R$

 01. ① 02. ③ 03. ③ 04. ④ 05. ③

06 저항 R만의 회로에서 교류전압 E를 가할 때 교류전류 I는?

① I = E^2/R
② I = E/R
③ I = R/E
④ I = E/R^2

07 다음 중 단위가 [Ω]인 것은?

① 주파수
② 전 력
③ 저 항
④ 전 압

08 2[PS] 전동기를 하루 5시간씩 10일간 사용했을 때 총 사용전력은 몇 [KWh]인가? (단, 1[PS] = 0.735[KW]이다)

① 1.47
② 7.35
③ 36.75
④ 73.5

09 다음 중 전력을 나타내는 단위는?

① 킬로와트[kW]
② 킬로미터[km]
③ 센티미터[cm]
④ 암페어[A]

10 직류회로에서 부하에 공급하는 전압과 전류를 V[V], I[A]라 할 때 전력 P[W]는?

① P = VI
② P = VI^2
③ P = VIcosΘ
④ P = VIsinΘ

11 1[kW]는 몇 와트[W]인가?

① 100[W]
② 150[W]
③ 550[W]
④ 1,000[W]

Answer 06. ② 07. ③ 08. ④ 09. ① 10. ① 11. ④

12 다음은 전기 기기에 대한 크기 또는 용량의 단위이다. 틀린 것은?
① 직류발전기 : [kW]
② 전구 : [W]
③ 퓨즈 : [A]
④ 전력 : [Ω]

13 다음 중 단위가 킬로와트(kW)나 와트(W)인 것은?
① 저 항
② 전 류
③ 전 력
④ 전 압

14 100[Ω] 저항인 백열전구 4개를 직렬접속할 때 합성저항[Ω]은?
① 200[Ω]
② 300[Ω]
③ 400[Ω]
④ 500[Ω]

15 절연저항 측정 단위로 사용되는 단위는?
① 옴[Ω]
② 킬로옴[kΩ]
③ 메가옴[MΩ]
④ 밀리옴[mΩ]

16 절연저항을 메거(Megger tester)에서 나타내는 단위는?
① [pΩ]
② [Ω]
③ [kΩ]
④ [MΩ]

17 하나의 전원에 연결된 여러 개의 전등은 어느 경우에 가장 밝은가?
① 각 전등을 직렬로 연결할 때
② 각 전등을 병렬로 연결할 때
③ 직·병렬로 혼합 연결할 때
④ 연결방법에 관계없이 밝기가 같다.

   해설 병렬일 경우, 각 전등에 똑같은 전류가 들어가기 때문에 밝다.

Answer 12. ④ 13. ③ 14. ③ 15. ③ 16. ④ 17. ②

18 전류의 흐름은 전자의 흐름과 어떤 관계인가?

① 전자의 흐름과 같은 방향이다.
② 전자의 흐름과 반대 방향이다.
③ 전자의 흐름과 관계 없다.
④ 전자가 흐르는 방향이 변해도 일정하다.

> **해설** 전류는 전자의 흐름과 반대이다. 음전하쪽에서 양전하쪽으로 전자가 이동하는 반면, 양전하쪽이 전기적으로 전위가 높기 때문에 전류는 양전하쪽에서 음전하쪽으로 흐른다.

19 전류의 단위는 무엇인가?

① 암페어(A) ② 옴
③ 볼트(V) ④ 와트(W)

> **해설** ② 저항의 단위, ③ 전압의 단위, ④ 전력의 단위

20 전압의 단위는?

① 암페어(A) ② 옴
③ 볼트(V) ④ 와트(W)

21 전기저항의 크기에 대해서 올바르게 나타낸 것은?

① 길이에 비례하고 단면적에 반비례한다.
② 길이에 반비례하고 단면적에 비례한다.
③ 길이와 단면적 모두에 비례한다.
④ 길이와 단면적 모두에 반비례한다.

> **해설** 도체의 길이가 길면 전류가 흘러가는 데에 받는 저항도 그만큼 커서 비례하고, 단면적이 크면 전류가 흐르는 통로가 크게 되므로 저항이 작게 되어 반비례한다.

22 회로 시험기(tester)로 측정할 수 없는 것은?

① 교류전압 측정 ② 직류전류 측정
③ 전기 기기의 열량 측정 ④ 전기 기기의 저항 측정

Answer 18. ② 19. ① 20. ③ 21. ① 22. ③

23 멀티테스터 사용 중 가장 위험한 경우는?
① 선택스위치를 전압측정으로 선택한 후 저항을 잴 때
② 선택스위치를 저항측정으로 선택한 후 전압을 잴 때
③ 선택스위치를 전압측정으로 선택한 후 전압을 잴 때
④ 선택스위치를 저항측정으로 선택한 후 저항을 잴 때

24 콘덴서가 전하를 수용할 수 있는 능력을 말하는 것은?
① 리액턴스　　　　　　② 옴
③ 정전용량　　　　　　④ 전하량

25 전기회로도에서 아래 보기의 그림이 의미하는 것은?

① 가변저항　　　　　　② 콘덴서
③ 코 일　　　　　　　④ 다이오드

26 전기회로도에서 다음 그림의 표시는 무엇을 의미하는가?

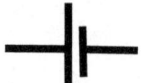

① 저 항　　　　　　　② 퓨 즈
③ 전 지　　　　　　　④ 콘덴서

27 다음 중 전하를 모을 수 있는 것은?
① 백열전구　　　　　　② 콘덴서
③ 코일　　　　　　　　④ 저항기

Answer 23. ② 24. ③ 25. ② 26. ③ 27. ②

28 극성이 있기 때문에 극성에 유의하여 사용해야 하는 콘덴서는?
① 공기 콘덴서 ② 종이 콘덴서
③ 전해 콘덴서 ④ 세라믹 콘덴서

29 다음 중 플레밍의 오른손 법칙이 적용되는 전기 기기는?
① 변류기 ② 발전기
③ 전동기 ④ 변압기

30 전동기의 회전방향을 알 수 있는 법칙은?
① 플레밍의 오른손 법칙
② 플레밍의 왼손 법칙
③ 암페어의 오른나사 법칙
④ 렌쯔의 법칙

31 전동기나 발전기는 다음 중 어떠한 성질을 이용한 것인가?
① 마찰 성질 ② 전파의 직진성
③ 전자석의 성질 ④ 탄성의 성질

32 다음 중 무효전력의 단위는?
① [VA] ② [W]
③ [VAR] ④ [V]

33 다음 중 단위가 [Ω]이 아닌 것은?
① 저항 ② 어드미턴스
③ 임피던스 ④ 리액턴스

Answer 28. ③ 29. ② 30. ② 31. ③ 32. ③ 33. ②

34 교류의 전류 및 전압의 파형은 어떻게 변하는가?
① 크기만 변화한다.
② 방향만 변화한다.
③ 크기와 방향이 동시에 변화한다.
④ 파형의 크기가 직선으로서 일정하다.

35 직류와 교류에 대해서 올바르게 나타낸 것은?
① 교류는 도체의 내부를 한쪽 방향으로만 흐르는 전류이다.
② 전지로부터 나오는 전류는 크기 및 방향이 모두 일정하므로 교류이다.
③ 직류는 시간에 따라 크기와 방향이 변하는 전류이다.
④ 가정용 전등은 크기와 방향이 주기적으로 변하므로 교류이다.

> **해설** ①과 ②는 직류, ③은 교류에 대한 설명이다.

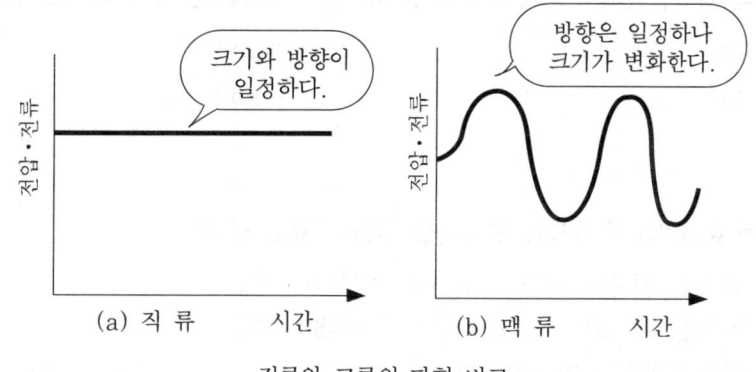

직류와 교류의 파형 비교

36 직류에 관한 설명이다. 이 중 틀린 것은?
① 크기가 일정하다. ② 방향이 일정하다.
③ 주파수가 0이다.   ④ 방향이 변한다.

> **해설** ①, ②, ③은 직류, ④는 교류에 대한 설명이다.

Answer **34.** ③ **35.** ④ **36.** ④

37 교류전류의 성질은?
① 크기만 변화한다.
② 방향만 변화한다.
③ 크기와 방향이 변화한다.
④ 자속변화가 안된다.

　해설　교류전류는 항상 sin파와 cos파를 그리고 있으므로 크기와 방향이 변한다.

38 일반적으로 3상 유도전동기의 회전속도는?
① 회전가계와 동일하다.
② 회전자계보다 빠르다.
③ 회전자계보다 약간 늦다.
④ 회전자계와 관계없다.

39 선박 설비규정에서 정하고 있는 동력용 3상 교류의 선내 사용 최고 전압은 몇 〔V〕인가?
① 24
② 100
③ 220
④ 450

40 직류발전기의 정류자와 브러시는 어떤 역할을 하나?
① 교류를 직류로 바꾸고 외부로 끌어내는 역할
② 직류를 교류로 바꾸고 외부로 끌어내는 역할
③ 유도기전력을 발생시킨다.
④ 주파수를 증가시킨다.

41 다음 중 발전기 외부로부터 여자전류가 공급되는 방식의 발전기는?
① 자여자 발전기
② 직권 발전기
③ 분권 발전기
④ 타여자 발전기

 37. ③ 38. ③ 39. ④ 40. ① 41. ④

42 발전기란 어떤 원리를 이용한 기계인가?

① 전자 유도 작용 ② 키르히호프의 법칙
③ 옴의 법칙 ④ 회전자계

43 직류 발전기에서 정류를 양호하게 하는 것은?

① 계 자 ② 전기자
③ 정류자 ④ 브러시

> **해설** ① 계자 : 자속을 만드는 부분으로, 계철과 자극으로 이루어져 있다.
> ② 전기자 : 기전력을 유도하는 도체와 그것을 지지하면서 계자와 함께 자기 회로를 만든다.
> ③ 정류자 : 정류를 하며 도전율이 높은 경인동을 사용하고 절연재로는 마이카가 사용된다.
> ④ 브러시 : 정류를 양호하게 한다. 탄소 브러시 또는 흑연 브러시가 주로 사용된다.

44 직류 발전기에서 자속을 만드는 부분은?

① 계 자 ② 전기자
③ 정류자 ④ 브러시

45 직류 발전기 중 영구자석을 계자로 사용하며, 매우 작은 소형 발전기에 사용되는 것은?

① 자석 발전기 ② 타여자 발전기
③ 자여자 발전기 ④ 복권 발전기

> **해설** ① 자석 발전기 : 영구자석을 계자로 사용하며, 매우 작은 소형 발전기에 사용된다.
> ② 타여자 발전기 : 다른 전원으로부터 여자 전류를 공급받는다.
> ③ 자여자 발전기 : 발전기 자체에서 발생한 기전력의 일부를 계자 전류로 보내어 자속을 만든다.

46 직류전동기의 속도를 변화시키는 방법 중 효율이 가장 좋지 못한 방법은?

① 공급전압을 바꾸는 방법
② 계자전류를 가감하는 방법
③ 저항을 전기자와 직렬로 삽입하는 방법
④ 계자전류와 공급전압을 동시에 가감하는 방법

> **해설** 전기자 회로는 전류가 많이 흐르는 곳이고 저항이 삽입되면 I^2R의 열손이 증가하게 된다.

 42. ①　43. ④　44. ①　45. ①　46. ③

47 직류 발전기의 전기자 반작용에 대한 설명으로 틀린 것은?
① 보상 권선으로 브러시의 불꽃을 없앤다.
② 보극으로 중성선을 이동시켜 브러시의 불꽃을 없앤다.
③ 전기적인 중성선과 기계적인 중성선이 다를 때 발생한다.
④ 전기적인 중성선과 기계적인 중성선이 같을 때 일어난다.

48 직류 발전기를 기동할 때 원동기를 기동하여 정격 속도로 올린 뒤에 하게 되는 일은?
① 분로 개폐기를 닫아 전력을 공급한다.
② 몇 번 터닝을 하여 이상 유무를 확인한다.
③ 2~3분간 무부하로 운전한다.
④ 주 개폐기의 열림상태를 확인한다.

> **해설** ②④ 원동기를 기동하기 전에 해야 할 사항
> ③ 원동기 기동 후 정격속도로 올리기 전에 해야 할 사항

49 다음은 직류 발전기를 정지하는 순서이다. 가장 나중에 하는 것은?
① 분로 개폐기를 차단한다.
② 주 개폐기를 차단한다.
③ 원동기를 정지시킨다.
④ 계자 저항기의 저항을 최대로 올려 전압을 내린다.

> **해설** 전원을 차단하여 무부하인 상태에서 발전기를 정지시켜야 한다.

50 직류 발전기 중 교류 기전력을 직류로 바꾸는 것은?
① 계 자   ② 전기자
③ 정류자   ④ 브러시

> **해설** 정류자 : 정류한다는 것은 교류로 만들어진 기전력을 직류로 바꾸는 것이다.

Answer 47. ④ 48. ① 49. ③ 50. ③

51 교류 발전기에서 회전 부분으로서 자극을 포함하고 있는 것은?

① 고정자
② 회전자
③ 브러시
④ 베어링

해설 회전자 : 회전부분으로, 자극(계자 철심, 계자코일, 제동권선), 회전자 계철, 스파이더, 주축 및 슬립 링 등으로 이루어져 있다.

52 교류 발전기에서 정지하고 있는 부분으로서 전기자 철심을 포함하고 있는 것은?

① 고정자   ② 회전자
③ 브러시   ④ 베어링

해설 고정자 : 정지하고 있는 부분으로, 고정자 틀, 전기자 철심, 고정자 코일 등으로 이루어져 있다.

53 교류 발전기에서 고정자 틀, 전기자 철심, 고정자 코일 등으로 이루어져 있는 부분은?

① 고정자   ② 회전자
③ 브러시   ④ 베어링

54 교류 발전기의 운전요령으로 적합하지 않은 것은?

① 각 부를 점검하여 이상 유무를 확인한다.
② 원동기를 기동하여 즉시 규정 회전수로 올린다.
③ 원동기를 저속 운전하면서 이상이 없는지 확인한다.
④ 주파수계용 스위치를 달아 주파수를 확인한다.

해설 원동기를 기동하면 저속 운전하면서 이상이 없는지 먼저 확인한 뒤 규정 회전수로 조금씩 올린다.

Answer 51. ② 52. ① 53. ① 54. ②

55 교류 발전기의 정지요령으로 적합하지 않은 것은?
① 자동 전압 조정기를 수동으로 전환하여 조정한다.
② 원동기를 정지한 후에 차단기를 내려 전력 공급을 차단한다.
③ 발전기의 회전이 떨어진 다음에 여자기의 전압을 내린다.
④ 원동기 정지 후 바로 각 부의 과열 유무를 점검한다.

해설 원동기를 정지하기 전에 차단기를 내려 전력 공급을 먼저 차단한다.

56 교류 발전기의 병렬 운전의 조건에 속하지 않는 것은?
① 기전력의 크기가 같아야 한다. ② 출력이 같아야 한다.
③ 기전력의 위상이 같아야 한다. ④ 기전력의 주파수가 같아야 한다.

57 교류 발전기의 병렬 운전의 조건과 관계없는 것은?
① 위 상   ② 주파수
③ 조속기 감도   ④ 상의 순서

58 교류 발전기를 병렬 운전하려면 주파수가 일치되어야 하는데, 다음 중 어느 것을 보고 확인할 수 있는가?
① 전압계   ② 계자 가감 저항기
③ 동기 검정기   ④ 역률계

해설 동기 검정기를 보고 주파수와 위상이 일치되도록 병렬 운전하고자 하는 발전기의 속도를 조정한다.

59 교류 발전기를 병렬 운전할 때 양 발전기의 역률은 어떻게 해야 하는가?
① 같게 한다.   ② 다르게 한다.
③ 같게 하거나 다르게 하거나 관계없다. ④ 병렬 운전할 때의 상태로 유지한다.

해설 양 발전기의 계자 가감 저항기를 조정해서 전류계와 역률계를 보고 양 발전기의 역률을 같게 한다.

Answer 55. ② 56. ② 57. ③ 58. ③ 59. ①

60 다음 중 동기발전기의 여자 전류는?
① 교류　　　　　　　　② 직류
③ 맥류　　　　　　　　④ 고주파

61 동기발전기의 계자 저항기는 무슨 역할을 하는가?
① 저항값을 조정하여 회전수를 올린다.
② 여자전류를 조정하여 발생 전압의 크기를 조정한다.
③ 저항값을 조정하여 회전수를 내린다.
④ 부하전력을 조정한다.

62 다음 중 발전기용 배전반의 계측기에서 바로 알 수 없는 것은?
① 운전전압　　　　　　② 부하전류
③ 부하저항　　　　　　④ 부하전력

63 선박에 전력원으로서 가장 널리 사용되는 동기발전기의 형태는?
① 회전계자형　　　　　② 회전전기자형
③ 유도자형　　　　　　④ 브러시형

64 극수가 6극인 동기 발전기가 1,200(rpm)으로 회전한다면 주파수는 몇 (Hz)인가?
① 20　　　　　　　　　② 50
③ 60　　　　　　　　　④ 80

65 다음 중 동기발전기에 적용되는 법칙은?
① 패러데이의 전자유도법칙　② 암페어의 법칙
③ 플레밍의 왼손법칙　　　　④ 옴의 법칙

60. ②　61. ②　62. ③　63. ①　64. ③　65. ①

66 교류발전기 운전 중 주파수의 조정은 무엇으로 하는가?
① 부하를 증감시켜 주파수를 조정
② 가버너로 발전기 회전수를 증감시켜 조정
③ 계자 전류를 증감시켜 주파수를 조정
④ 계자 전압을 증감시켜 주파수를 조정

67 교류발전기의 단자 전압을 조정하려면 무엇으로 하는가?
① 회전자 권선수
② 여자기의 여자전류로
③ 회전자의 공극 간격으로
④ 회전자의 권선의 굵기로

68 다음 중 3상 동기발전기 출력의 단위는?
① V[볼트]
② A[암페어]
③ Wb[웨버]
④ kVA[킬로볼트암페어]

69 자동전압조정기의 약어는?
① OCR
② AVR
③ NFB
④ PB

70 동기발전기를 병렬운전하고자 할 때 지켜야 할 사항이 아닌 것은?
① 기전력의 크기가 같아야 한다.
② 기전력의 위상이 일치해야 된다.
③ 기전력의 파형이 같아야 한다.
④ 발전기의 용량이 같아야 한다.

Answer 66. ② 67. ② 68. ④ 69. ② 70. ④

71 극수가 4극이고 주파수가 60[Hz]인 동기발전기의 동기속도는 몇 [rpm]인가?
① 900   ② 1200
③ 1800   ④ 2400

72 동기발전기에 적용되는 법칙은?
① 패러데이의 전자유도법칙   ② 암페어의 법칙
③ 플레밍의 왼손법칙   ④ 옴의 법칙

73 변압기 철심을 규소강판으로 성층하여 사용하는 이유는?
① 전압을 높이기 위해   ② 전류를 높이기 위해
③ 철손을 줄이기 위해   ④ 저항을 작게 하기 위해

74 변압기를 구성하는 요소로 알맞은 것은?
① 철심, 1차전선, 2차전선   ② 자력선, 1차전선, 2차전선
③ 1차전선, 부하, 자속   ④ 상호유도작용, 자속, 전선

75 변압기란 무엇인가?
① 전압을 변화시키는 장치   ② 주파수를 변화시키는 장치
③ 전력을 변화시키는 장치   ④ 저항을 변화시키는 장치

76 유도전동기에서 발생되는 슬립(Slip)에 대한 올바른 설명은?
① 무부하시 전압과 정격전압시 부하와의 차
② 안정점에서 발생되는 속도 변화 현상
③ 공급에너지가 일로 전환된 비율
④ 동기속도와 회전자속도의 차를 동기속도로 나눈 것

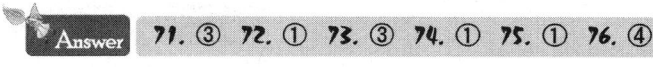

Answer 71. ③ 72. ① 73. ③ 74. ① 75. ① 76. ④

77 전동기의 온도 상승에 대한 보호는?
① 과부하 보호　　② 누전 보호
③ 부족전압 보호　④ 과속 보호

78 3상 유도전동기의 회전수는?
① 전동기 극수에 반비례하고 주파수에 비례한다.
② 전압에 비례한다.
③ 주파수에 반비례한다.
④ 전압에 반비례한다.

79 3상 유도전동기의 역회전법 가운데 올바른 것은?
① 3상 전원 중 세선을 서로 바꾼다.
② 3상 전원 중 두선을 서로 바꾼다.
③ 3상 전원 중 한선을 차단한다.
④ 3상 전원 중 두선을 차단한다.

80 선박에서 비상전등 및 비상통신을 위한 전원은 다음 중 어느 것으로 공급하는가?
① 1차 전지　　② 축전지
③ 주발전기　　④ 보조발전기

　해설　선박에서의 축전지는 비상전등 및 비상통신을 위한 전원, 비상용 발전기 기동시까지의 임시 전원, 보안용 전원 등으로 사용된다.

81 충전에 의한 재생이 불가능한 전지는?
① 1차 전지　　② 납축전지
③ 2차 전지　　④ 니켈-알칼리 축전지

Answer　77. ①　78. ①　79. ②　80. ②　81. ①

82 다음 중 선박에서 가장 널리 사용되고 있는 축전지는?
① 1차 전지 ② 니켈-알칼리 축전지
③ 납축전지 ④ 수은 전지

83 선박에서 축전지의 용도에 해당되지 않는 것은?
① 비상전등이나 비상통신을 위한 전원용
② 선내 통신용 전원
③ 비상용 발전기 기동시까지의 임시 전원용
④ 주기관 연료 펌프 구동용 전원

84 축전지는 다음 중 어디에 속하는가?
① 1차 전지
② 2차 전지
③ 1차 전지 또는 2차 전지
④ 1차 전지와 2차 전지 어느 것에도 속하지 않는다.
   해설 축전지는 몇 번이고 충전하여 재사용할 수 있는 2차 전지이다.

85 축전지를 선내 비상용 전원으로 사용할 경우 비상용의 전부하에 대해서 적어도 몇 시간 이상 공급할 수 있는 용량이어야 하는가?
① 12시간 ② 24시간
③ 36시간 ④ 48시간

86 축전지를 주기관 시동용으로 사용할 경우 직접 역전식 기관에서는 몇 회 이상 연속하여 시동할 수 있어야 하는가?
① 3회 ② 6회
③ 9회 ④ 12회

Answer 82. ③ 83. ④ 84. ② 85. ③ 86. ④

87 축전지를 주기관 시동용으로 사용할 경우 간접 역전식 기관에서는 몇 회 이상 연속하여 시동할 수 있어야 하는가?

① 3회   ② 6회
③ 9회   ④ 12회

88 납축전지의 전해액은 다음 중 어느 것을 사용하는가?

① 소금물
② 황산과 증류수의 혼합물
③ 황산과 소금물의 혼합물
④ 수돗물

　해설　전해액은 비중 1.835~1.842 정도의 진한 황산과 증류수를 혼합하여 비중 1.2내외 로 하여 사용한다.

89 납축전지에서 일반적으로 양극판과 음극판의 수를 비교하면 어떤가?

① 양극판보다 음극판이 한 장 더 많다.
② 양극판보다 음극판이 한 장 더 적다.
③ 수량이 같다.
④ 양극판보다 음극판이 두 배 더 많다.

　해설　양극판보다 음극판이 한 장 더 많으며 가장 바깥 부분에 들어가 있다. 이것은 양극판이 음극판보다 결합력이 약하므로 충·방전시의 부작용을 방지하기 위함이다.

90 납축전지의 내부에는 극판군이 있는데 그 구성부분이 아닌 것은?

① 양극판   ② 음극판
③ 격리판   ④ 구리 패킹

91 납축전지에서 양극판과 음극판 사이의 단락을 막기 위해 그 사이에 두는 것은?

① 양극판   ② 음극판
③ 격리판   ④ 구리 패킹

Answer 87. ② 88. ② 89. ① 90. ④ 91. ③

92 납축전지에서 극판의 작용물질과 결합하여 충·방전할 때 화학작용의 매개역할을 하며, 도체로서 음극에서 양극으로 전기를 통하게 하는 것은?
① 양극판
② 음극판
③ 격리판
④ 전해액

93 납축전지의 전해액은 진한 황산과 증류수를 혼합하여 사용하게 되는데, 비중을 얼마 내외로 하는가?
① 0.5
② 1.2
③ 2.0
④ 3.2

94 납축전지는 기온이 내려가서 전해액의 온도가 내려가면 용량에 어떤 영향을 미치는가?
① 용량이 커진다.
② 용량이 적어진다.
③ 용량의 변화가 없다.
④ 용량이 커지기도 하고 적어지기도 한다.

95 충전된 축전지는 사용하지 않아도 자연적으로 방전이 일어나는데, 이것을 무엇이라 하는가?
① 자기 방전
② 자기 충전
③ 부하 방전
④ 부하 충전

96 축전지에서 자기 방전의 원인에 해당되지 않는 것은?
① 전해액 중의 불순물
② 극판의 단락
③ 축전지 표면의 불순물
④ 축전지 받침대 교환

 92. ④ 93. ② 94. ② 95. ① 96. ④

97 납축전지를 방전상태에서 장시간 방치하여 황산화 현상이 발생하면 극판은 무슨 색깔로 변하는가?

① 검은색 ② 빨간색
③ 흰색   ④ 노란색

98 납축전지에서 황산화의 영향이 아닌 것은?

① 극판이 휜다.   ② 내부저항이 증가한다.
③ 용량이 저하된다.   ④ 용량이 증가한다.

99 축전지의 수명은 최초 용량의 80~90% 정도로 떨어질 때까지의 어떤 횟수로 나타내는가?

① 충전횟수   ② 방전횟수
③ 충·방전횟수   ④ 증류수 보충횟수

100 다음 중 납축전지의 취급상의 주의사항으로 옳지 않은 것은?

① 비중을 측정하여 방전상태를 파악하여 둔다.
② 전해액은 순도가 높은 것을 사용하고 증류수만을 사용한다.
③ 될 수 있는 한 충격이나 진동을 주지 않는다.
④ 액 마개는 단단히 잠가, 액과 가스 모두 통하지 않게 한다.

101 다음 중 납축전지의 충전시 주의사항이 아닌 것은?

① 약간 과충전이 되도록 한다.
② 결선을 정확히 한다.
③ 극판의 색깔에 주의한다.
④ 전해액의 온도가 45도를 넘지 않도록 한다.

Answer 97. ③ 98. ④ 99. ③ 100. ④ 101. ①

102 다음 중 납축전지를 오랫동안 사용하지 않을 때의 주의사항과 관계없는 것은?
① 충분히 충전해 둔다.
② 될 수 있는 한 어둡고 온도가 높은 곳에 둔다.
③ 적어도 1개월에 한 번씩 적당한 저항으로 방전한 후 완전 충전한다.
④ 약 20도 정도의 장소에 두는 것이 좋다.

103 다음 중 납축전지의 한랭시 주의사항이 아닌 것은?
① 실내온도가 내려가도록 한다.
② 전해액이 동결되지 않도록 주의한다.
③ 전해액의 온도를 −15도 이상이 되도록 한다.
④ 전해액의 비중은 1.2 이하의 상태로 방치해 두어서는 안 된다.

104 3상 전원의 상순을 알아내는 방법은?
① 3선각의 전압을 측정한다.
② 각 상의 전력을 측정한다.
③ 3선간의 전류를 측정한다.
④ 3상 유도전동기를 연결한다.
  해설 전동기의 회전방향으로 결정. 교정하는 방법은 3선중 아무 2선만 바꿔서 연결하면 된다.

105 윈치의 전자제동기가 동작하지 않는 경우는?
① 전원이 상실될 때
② 부하가 무거울 때
③ 전동기가 정지할 때
④ 전동기가 갑자기 작동하지 않을 때
  해설 전동기가 어떤 원인이든 정지하면 제동장치는 동작하여 화물이 떨어지는 것을 방지한다.

Answer 102. ② 103. ① 104. ④ 105. ③

106 납축전지 전해액의 혼합방법은?
① 증류수에 황산을 혼합시켜서 만든다.
② 증류수에 염산을 혼합시켜서 만든다.
③ 염산에 황산을 혼합해서 만든다.
④ 초산에 황산을 혼합해서 만든다.

107 납축전지의 음극 재료는?
① 납   ② 철
③ 구 리   ④ 아 연

108 납축전지의 취급상 주의사항을 열거하였다. 해당되지 않는 것은?
① 충전시에는 액 마개를 열어 놓는다.
② 전해액은 순도가 높은 것을 사용하고, 보충시에는 증류수를 사용한다.
③ 비중을 측정하여 방전 상태를 파악하여 둔다.
④ 가능한 진동을 주지 않는다.

109 축전지의 2차 전지란?
① 방전 후에 다시 충전하여 사용할 수 있는 것이다.
② 사용한 직류전지는 다시 사용할 수 없는 것이다.
③ 교류를 직류로 바꾸는 것이다.
④ 직류를 교류로 바꾸는 것이다.

110 다음 중 납축전지의 주요 구조물이 아닌 것은?
① 중극판   ② 양극판
③ 음극판   ④ 격리판

Answer 106. ① 107. ① 108. ① 109. ① 110. ①

111 묽은 황산을 전해액으로 사용하는 전지는?

① 알칼리 전지　　　　　　② 건전지
③ 산화은전지　　　　　　④ 납축전지

112 납축전지의 전해용액이 부족할 때의 조치 중 적합하지 않은 것은?

① 전해 용액은 순도가 높은 증류수만을 사용한다.
② 전해 액면은 극판위 1~1.5[cm]로 한다.
③ 전해 액면은 극판 끝단까지만 채운다.
④ 전해 용액은 새지 않게 하고 가스는 통하게 한다.

113 축전지 단자의 양극(+)을 표시하는 방법 중 올바른 것은?

① 검은 색 - P표시
② 붉은 색 - P표시
③ 검은 색 - N표시
④ 붉은 색 - N표시

114 납축전지에서 단자의 극성 표시를 맞게 나타낸 것은?

① N은 "+", P는 "-"이다.
② N은 "-", P는 "+"이다.
③ 청색은 "+", 적색은 "-"이다.
④ 단자의 극성표시는 동일하다.

115 납축전지는 단전지 여러 개로 구성되곤 한다. 단전지 하나의 전압은 약 몇 (V)인가?

① 1.2~1.6[V]　　　　　　② 2.2~2.6[V]
③ 3.2~3.6[V]　　　　　　④ 4.2~4.6[V]

111. ④　112. ③　113. ②　114. ②　115. ②

116 100(Ah)의 축전지 용량에 대하여 가장 올바른 설명은?
① 10[A]로 8시간 사용 가능한 용량을 의미한다.
② 5[A]로 10시간 사용 가능한 용량을 의미한다.
③ 4[A]로 20시간 사용 가능한 용량을 의미한다.
④ 4[A]로 25시간 사용 가능한 용량을 의미한다.

117 선박에서 전기 화재가 발생했을 때 제일 먼저 취해야 할 조치사항은?
① 소화기로 진화한다.   ② 발전기 상태 확인
③ 기관장에게 알린다.   ④ 전기의 흐름을 차단한다.

118 600(V) 비닐 절연 전선은 다음의 무엇에 약한가?
① 기 름   ② 열
③ 물   ④ 약 품

119 다음은 전선 재료의 구비 조건이다. 가장 거리가 먼 것은?
① 가공과 접속이 쉬울 것   ② 도전율이 클 것
③ 저항 값이 클 것   ④ 내식성이 클 것

120 선박설비규정에서 정하고 있는 동력용 3상 교류의 선내 사용 최고 전압은 몇 (V)인가?
① 24   ② 100
③ 220   ④ 450

121 교류 전압계가 지시하는 교류의 값은?
① 최대값   ② 실효값
③ 평균값   ④ 순시값

Answer 116. ④ 117. ④ 118. ② 119. ③ 120. ④ 121. ②

전자공학 및 전자회로

C.H.A.P.T.E.R. II

01 전자관과 반도체

(1) 전자관

① 전자관 : 전자 또는 이온에 의해 정류, 증폭, 발진, 스위칭 작용 → 진공관 등
　㉠ 전자 방출 : 물질의 표면으로부터 전자가 튀어나오는 현상
　㉡ 일 함수 : 전자 방출에 필요한 최소 에너지
　㉢ 전자 방출 방법 : 열전자 방출, 광전자 방출, 전기장 방출, 2차 전자 방출
② 2극관(diode) : 음극(cathode : K) → 열전자 방출
　　　　　　　　 양극(plate : P) → 열전자 받음
　　　　　　　　 기능 : 정류 작용
③ 3극관(triode) : 음극, 양극, 제어 그리드로 구성
　　　　　　　　　기능 : 증폭 작용
　▶ 4극관(그리드 2개), 5극관(그리드 3개)

(2) 반도체

① 진성 반도체 : 단일 원소로 구성 → 게르마늄(Ge),
　　　　　　　　실리콘(Si) : 가전자 4개
② P형과 N형 반도체
　㉠ P형 반도체 : 4가 + 3가 첨가(doping) → 정공(+) 발생
　㉡ N형 반도체 : 4가 + 5가 첨가(doping) → 자유전자(−) 발생

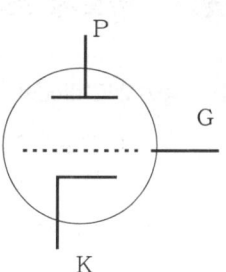

> **캐리어(carrier)**
>
> 전하 운반 → P형 다수 캐리어 : 정공
> 　　　　　　N형 다수 캐리어 : 자유전자

> **참고**
>
> ① 3가 : 붕소(B), 갈륨(Ga), 인듐(In)
> ② 5가 : 비소(As), 안티몬(Sb) → 5가는 영어(원소 기호)와 이름이 틀림{5 : 오(誤)}

③ PN 접합과 그 성질
　㉠ 공핍층 : PN 접합부분에 정공과 자유전자가 결합하여 캐리어 소멸
　㉡ 순방향 접속과 역방향 접속

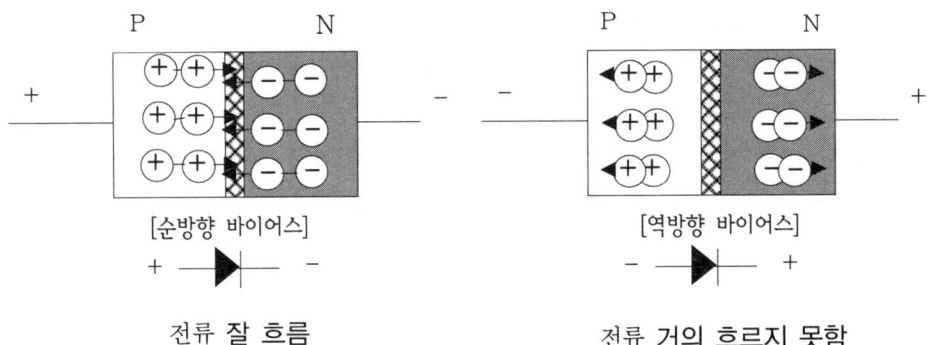

▶ ▨ : 공핍층

02 반도체 소자

(1) **다이오드(diode)** : P-N 접합소자(단자 2개)

　① 다이오드 : 양극(+) → 애노드(anode : A)
　　　　　　　음극(-) → 캐소드(cathode : K)

　　▶ 용도 : 정류 (교류 → 직류)

　② 제너(zenor) 다이오드 : 정전압 다이오드

　　▶ 역방향 특성을 이용

　③ 발광 다이오드(LED) : 순방향 바이어스 시 빛을 발생

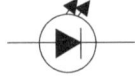

④ 포토(photo) 다이오드 : 역방향 바이어스하고
　　빛을 받으면 전류 흐름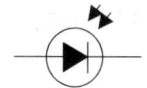
　　　▶ 기타 광전 변환 소자 : CdS(황화 카드뮴)
　　　　→ 보일러 화염 검출소자 포토 트랜지스터

(2) 트랜지스터(transistor) : transfer(전송) + resistor(저항기)
　　P형과 N형이 3층인 접합 반도체 → 증폭 기능
　　① TR.의 구조와 기호

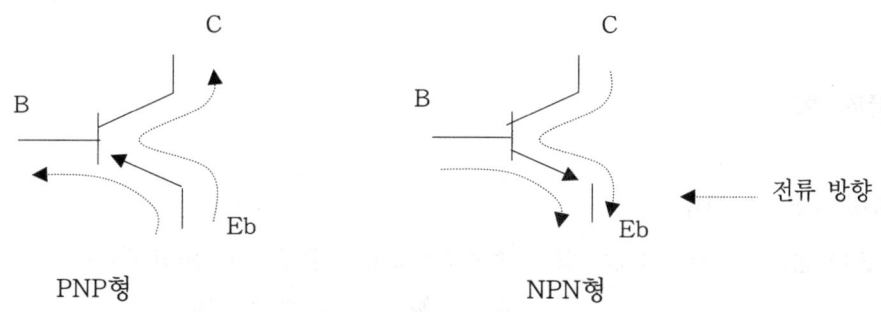

　　PNP형　　　　　　　　　　　NPN형

　　㉠ 이미터(E) : 캐리어(전자 또는 정공) 방출
　　㉡ 컬렉터(C) : 캐리어 받음
　　㉢ 베이스(B) : 캐리어 제어
　　　　ⓐ UJT(uni-junction TR.)　ⓑ FET(전기장 효과 TR.)　ⓒ TRIAC
　　　→ 톱니파 발생　　　　→ 일반 TR. 기능　　　→ 교류 전력 제어

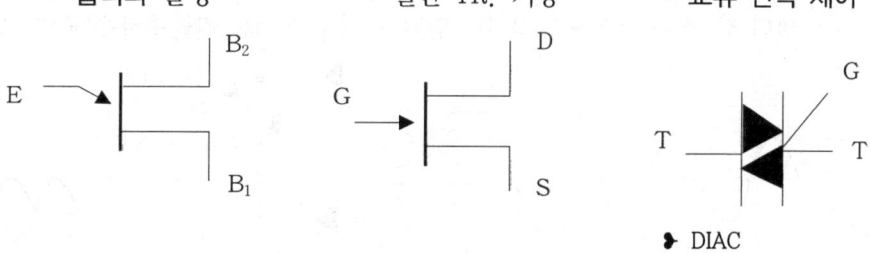

　　　　　　　　　　　　　　　　　　　　　　▶ DIAC

　② SCR(실리콘제어정류기) : 직류 제어 → 다이오드 + 스위치

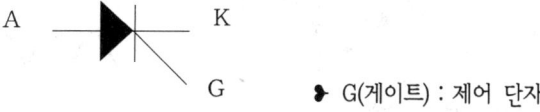

　　　　　　　　▶ G(게이트) : 제어 단자

　　㉠ SCR의 동작(on) : A와 K간 순방향 전압, G에 순방향(+), 신호(pulse)
　　㉡ SCR의 정지(off) : 역방향 전압, 영(0) 전압, 입력 전원 제거

③ 연산 증폭기(OP Amp) : 연산(가감산, 미적분) 기능을 고 증폭도 IC 소자

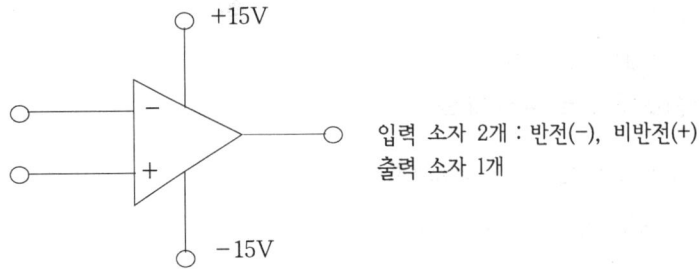

입력 소자 2개 : 반전(-), 비반전(+)
출력 소자 1개

03 전원 회로

(1) 정류 회로(교류 → 직류)

　① 반파 정류(다이오드 1개) : 입력 주파수 60Hz, 리플주파수(출력) 60Hz

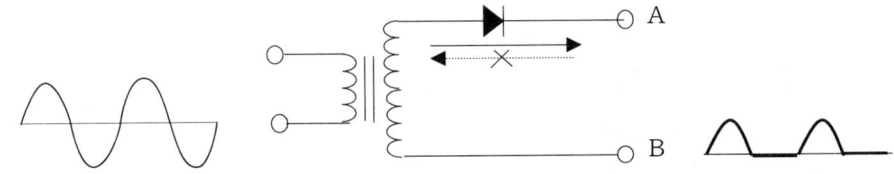

　② 전파 정류
　　㉠ 센터 탭 정류(다이오드 2개) : 입력 주파수 60Hz, 리플주파수(출력) 120Hz

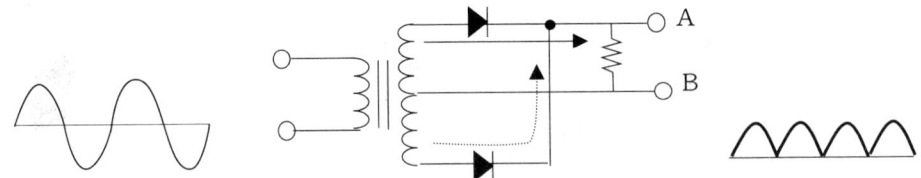

　　㉡ 브리지 정류(다이오드 4개) : 입력 주파수 60Hz, 리플주파수(출력) 120Hz

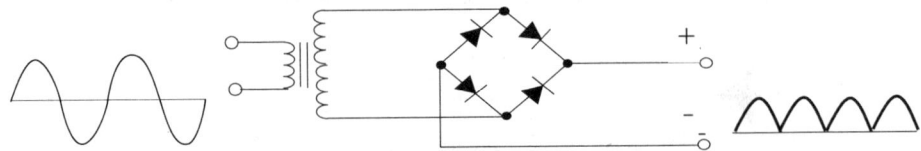

　▶ 다이오드 수 : 3상 반파 → 3개, 3상 전파 → 6개

(2) 평활 회로(맥동 감소)

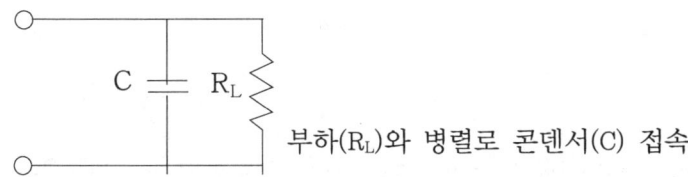

부하(R_L)와 병렬로 콘덴서(C) 접속

(3) 정전압 회로(일정 전압 이하로 유지) → 전기적 안전밸브 역할, 제너 다이오드 이용

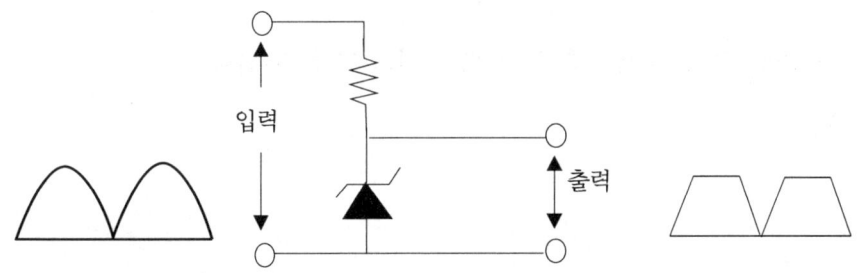

04 논리 회로

① AND 회로 : 입력이 모두 "1"일 때만 출력 "1", 논리식 $T = A \cdot B$ (논리곱)

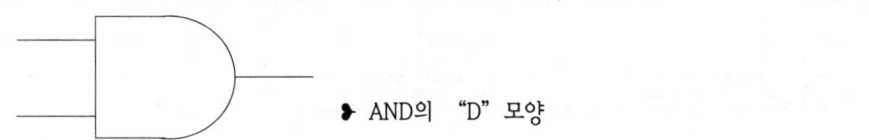

♦ AND의 "D" 모양

② OR 회로 : 입력이 모두 "0"일 때만 출력 "0", 논리식 $T = A + B$ (논리합)

♦ OR의 오(O)목하다.

③ NOT 회로 : 출력이 입력과 반대, 논리식 $T = \overline{A}$ (부정)

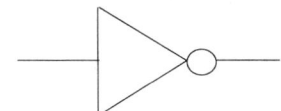

④ NAND 회로 : 입력이 모두 "1"일 때만 출력 "1"이 아님(0), 논리식 $T=\overline{A \cdot B}$

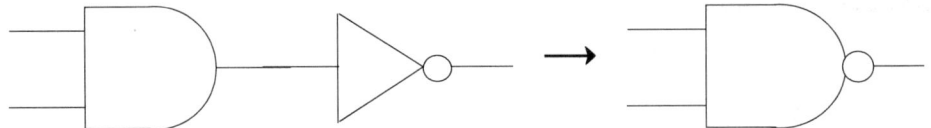

⑤ NOR 회로 : 입력이 모두 "0"일 때만 출력 "0"이 아님(1), 논리식 $T=\overline{A+B}$

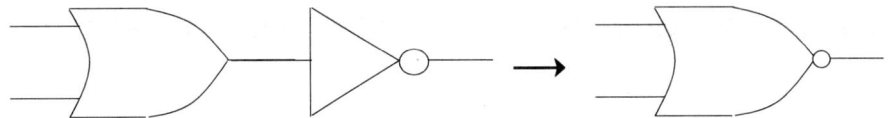

⑥ Exclusive OR(배타적 논리합) 회로 : 입력이 서로 다를 때 출력 "1" $T = A \oplus B$

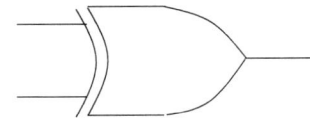

▶ 진리표

A	B	T				
		$A \cdot B$	$A+B$	$\overline{A \cdot B}$	$\overline{A+B}$	$A \oplus B$
0	0	0	0	1	1	0
0	1	0	1	1	0	1
1	0	0	1	1	0	1
1	1	1	1	0	0	0

05 시퀀스 제어-접점의 종류

(1) a, b, c 접점

① a 접점(make contact) : 평상시 → 차단(off)
　　　　　　　　　　　　외부 입력 → 접속(on)

② b 접점(break contact) : 평상시 → 접속(on)
　　　　　　　　　　　　외부 입력 → 차단(off)

③ c 접점(change-over contact) : a접점과 b접점이 함께 작동

(2) 동작 원리에 따른 분류

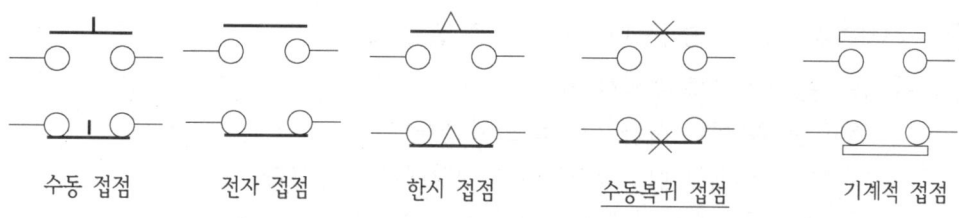

수동 접점　　전자 접점　　한시 접점　　수동복귀 접점　　기계적 접점

⇩

열동 계전기에 사용
(전동기 과부하 보호)

제2장 기출 및 예상문제

01 전기회로에서 전류의 흐름을 제한하는 역할을 하는 것은?
① 저항기　　　　　　② 검류기
③ 기동기　　　　　　④ 정류기

02 전자회로 기판(PCB)를 다루는 방법 중 틀린 것은?
① 습기를 피하도록 주의한다.
② 주위온도가 너무 올라가지 않도록 한다.
③ 기판을 절연저항계로 측정하여 누전상태를 점검한다.
④ 진동이 심한 곳은 피해서 설치한다.

03 반도체로 만든 PN접합 다이오드의 작용은?
① 발진작용　　　　　② 정류작용
③ 증폭작용　　　　　④ 변조작용

04 백열전구에 비해 형광등의 특성을 설명한 것이다. 다음 중 틀린 것은?
① 비교적 효율이 좋다.
② 백열전구에 비해 수명이 길다.
③ 점등할 때 깜박거림이 있다.
④ 백열전구보다 열이 많이 발생한다.

Answer　01. ①　02. ③　03. ②　04. ④

05 전자 결합으로 전자가 빠져나간 빈자리를 무엇이라 하는가?
① 정 공
② 도 너
③ 엑셉터
④ 캐리어

06 전기회로도에서 아래 그림기호의 의미는?

보기

① 직류 전원
② 교류 전원
③ 콘덴서
④ 접 지

07 직류 전원회로의 구성회로가 아닌 것은?
① 정전압회로
② 정류회로
③ 평활회로
④ 발진회로

Answer 05. ① 06. ① 07. ④

제 3 편 모의고사

모의고사 제1회

01 전동기의 원리를 설명한 것은?
① 플레밍의 왼손 법칙
② 암페어의 오른나사 법칙
③ 플레밍의 오른손 법칙
④ 패러데이의 법칙

02 동기 발전기에서 회전 계자형의 장점이 아닌 것은?
① 절연이 용이하다.
② 소형화가 가능하다.
③ 슬립 링이 2개면 족하다.
④ 제작이 어렵다.

03 다음 중 충전에 의해서 화학 물질의 재생이 불가능한 전지는?
① 알칼리 축전지
② 납축전지
③ 전지
④ 카드뮴 축전지

04 전동기를 장기간 방치 후 운전하고자 한다. 절연 저항의 값이 최소 얼마 이상이어야 하는가?
① 1[MΩ]
② 5[MΩ]
③ 10[MΩ]
④ 0.5[MΩ]

05 직류 발전기에서 하이 마이카(High mica)란 어떤 현상인가?
① 언더컷이 된 상태
② 브러시 스프링의 강도가 약한 상태
③ 정류자에 불순물이 들어있는 상태
④ 마이카가 도체보다 높아지는 현상

06 선내 절연 시험에 사용되는 메거의 종류는?

① 500[V] 메거 ② 1000[V] 메거
③ 150[V] 메거 ④ 100[V] 메거

07 아래 그림과 같은 전기 회로도가 나타내는 발전기는?

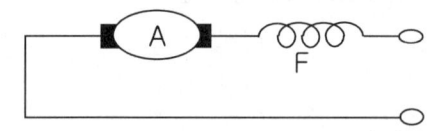

① 직권 발전기 ② 분권 발전기
③ 복권 발전기 ④ 타여자 발전기

08 정류 회로에서 평활한 직류를 얻기 위한 방법으로 알맞은 것은?

① 콘덴서를 부하와 직렬로 연결한다.
② 콘덴서를 부하와 병렬로 연결한다.
③ 부하 저항을 작게 한다.
④ 부하 저항을 크게 한다.

09 어떤 도체에 2초 동안 10[C]의 전하가 이동했을 때 전류의 크기는?

① 5[A]   ② 10[A]
③ 20[A] ④ 2.5[A]

10 발전기를 비롯한 선내의 제반 기기를 집중 제어하는 전기 설비는?

① 배전반   ② 개폐기
③ 기중 차단기 ④ 동기 검정기

11 백열전구에 봉입되는 기체로 알맞은 것은?

① 나트륨 가스 ② 질소
③ 아르곤과 질소 ④ 수은 증기

12 교류 발전기가 4(극), 주파수 60(Hz)일 때, 동기 속도는?
① 1,200[RPM] ② 1,400[RPM]
③ 1,800[RPM] ④ 1,900[RPM]

13 증폭기 기본 회로 중 가장 많이 사용되는 증폭 방식은?
① 컬렉터 접지 ② 베이스 접지
③ 이미터 접지 ④ 공통 접지

14 브리지 정류 회로에서 입력이 가해지는 곳은?

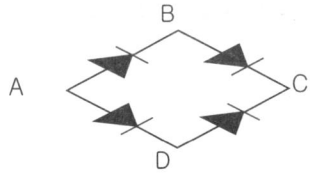

① AB간 ② AC간
③ BD간 ④ CD간

15 다이오드에 역방향 전압을 인가하면 P형 영역과 N형 영역 사이에 전자나 정공이 거의 존재하지 않는 영역은?
① 공핍층 ② 사양대
③ 에너지대 ④ 허용대

16 발전기에 있어서 출력 전압을 자동적으로 일정하게 하기 위해 설치하는 장치는?
① HFB ② NVR
③ AVR ④ OCR

17 AC 발전기의 윤활 상태가 원활하지 못할 때 일어날 수 있는 현상은?
① 온도 상승의 과대
② 전압이 발생하지 않는다.
③ 부하시 전압이 발생하지 않는다.
④ 무부하에서 충분한 전압이 발생하지 않는다.

18 동기 전동기의 주파수를 f, 극수를 p라고 하면 회전자의 회전수는?
① f및 p에 비례한다.
② f와 p에 비례한다.
③ f에 비례하고 p에 반비례한다.
④ f에 반비례하고 p에 비례한다.

19 교류 발전기의 용량을 볼트-암페어(VA)로 표시하는 이유로 옳지 않은 것은?
① 교류는 역률에 따라 전력이 결정되기 때문이다.
② 교류의 전압과 전류가 항상 동상이 아니기 때문이다.
③ 교류에는 부하에 따라 전류와 전압의 위상차가 있기 때문이다.
④ 교류에서의 전압과 전류는 항상 같기에 용량을 볼트-암페어[VA]로 표기한다.

20 변압기를 구성하는 요소로 알맞은 것은?
① 철심, 1차, 2차권선
② 자력선, 1차, 2차권선
③ 1차권선, 부하, 자속
④ 상호 유도 작용, 자속, 권선

21 다음 중 전력의 방향이 바뀌면 동작하는 계전기는?
① 과전압 계전기
② 지락 계전기
③ 역상 계전기
④ 방향 전력 계전기

22 직류 발전기를 직렬로 연결 운전하였을 때 알맞은 것은?
① 전압은 같다.
② 전류는 같다.
③ 저항은 같다.
④ 전압, 전류, 저항 모두 같다.

23 직류 전동기에서 기동기가 필요한 이유는?
① 강한 회전력을 얻기 위하여
② 공급 전압을 감소시키기 위하여
③ 역기전력을 감소시켜 손실을 막기 위해
④ 기동시 과대한 전기자 전류를 억제하기 위해

24 보극이 있는 직류 분권 전동기의 회전방향을 반대로 하는 방법은?
① 보극권선의 전류가 반대로 되게 결선한다.
② 전동기의 +, - 단자를 바꿔서 전원에 연결한다.
③ 전기자 전류와 보극권선의 전류를 함께 반대로 되게 한다.
④ 전기자 전류만 반대로 될수 있게 전기자 단자의 결선을 반대로 한다.

25 직류기가 과열되는 원인이 되지 않는 것은?
① 과부하
② 진동
③ 부하의 변동
④ 통풍계동 이상

정답

01	02	03	04	05	06	07	08	09	10	11	12	13	14	15	16	17	18	19	20
①	④	③	①	④	①	①	②	①	①	③	③	③	①	③	①	③	①	④	①

21	22	23	24	25
④	②	④	③	③

모의고사 제 2 회

01 플레밍의 왼손 법칙에서 중지가 표시하는 방향은?
① 운동의 방향 ② 유도 기전력의 방향
③ 공급 전류의 방향 ④ 자기장의 방향

02 동기 발전기의 계자에 직류 전원을 공급해 주는 장치는?
① 전기자 ② 여자기
③ 정류기 ④ 브러시

03 황산과 증류수를 전해액으로 한 2차 전지는?
① 납축전지 ② 알칼리 축전지
③ 수은 전지 ④ 볼타 전지

04 전동기에 불이 붙었을 때 가장 먼저 해야 할 일은?
① CO_2를 사용한다. ② 건조한 소화기를 사용한다.
③ 전동기의 전원을 끊는다. ④ 속도를 줄인다.

05 발전기의 전기자 전류가 증가하면 전기자 반작용은?
① 감소한다. ② 변화 없다.
③ 증가한다. ④ 전기자 전류와는 무관하다.

06 전동기를 장기간 방치 후 운전하고자 한다. 절연 저항의 값이 최소 얼마 이상이어야 하는가?

① 1[MΩ]　　　　　　　　② 5[MΩ]
③ 10[MΩ]　　　　　　　 ④ 0.5[MΩ]

07 전기자 반작용에 대한 설명 중 틀린 것은?

① 보상 권선으로 브러시 불꽃을 없앤다.
② 보극으로 중성면을 이동시켜 브러시에 불꽃을 없앤다.
③ 전기적인 중성면과 기계적인 중성면이 다를 때 형성된다.
④ 전기적인 중성면과 기계적인 중성면이 같을 때 일어난다.

08 아래 회로의 용도로 알맞은 것은?

① 정전압을 얻기 위해
② 정전류를 얻기 위해
③ 구형파를 얻기 위해
④ 톱니파를 얻기 위해

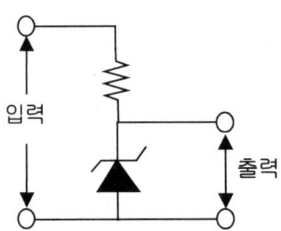

09 저항 $R[\Omega]$인 균일한 굵기의 전선 길이를 ℓ [m], 단면적을 S[m²], 고유 저항을 ρ[Ω·m]라고 하면, 이때 이 전선의 저항 R은?

① $R = \dfrac{\ell}{\rho S}$　　　　　　② $R = \dfrac{\rho S}{\ell}$

③ $R = \rho \dfrac{\ell}{S}$　　　　　　④ $R = \dfrac{S}{\rho \ell}$

10 배전반에서 볼 수 없는 계기는?

① 전압계　　　　　　　② 전류계
③ 개폐기　　　　　　　④ 건전지

11 100(V), 100(W)의 백열전구 A와 100(V), 500(W)의 백열전구 B를 직렬로 160(V)의 전원에 연결하였을 때 알맞은 것은?

① A가 B보다 밝다.　　② B가 A보다 밝다.
③ 밝기가 같다.　　　　④ 곧 꺼진다.

12 유도 기전력의 방향을 밝힌 법칙으로서, "유도 기전력은 자속의 변화를 방해하는 방향으로 발생한다."라는 법칙은?

① 패러데이의 법칙　　② 렌츠의 법칙
③ 키르히호프의 법칙　④ 옴의 법칙

13 트랜지스터 증폭기의 기본 회로에 들어가지 않는 것은?

① 유도 접지 회로
② 베이스 접지 회로
③ 이미터 접지 회로
④ 컬렉터 접지 회로

14 브리지 정류 회로에서 정류용 다이오드 하나가 단선되면 직류 전압은?

① 1/2로 떨어진다.　　② 0으로 된다.
③ 1/4로 떨어진다.　　④ 변화가 없다.

15 다이오드가 주로 하는 역할로 알맞은 것은?

① 정류 작용　　　　　② 증폭 작용
③ 연산 작용　　　　　④ 발진 작용

16 운전 중인 교류 발전기의 전압을 올리려면 어떻게 하여야 하는가?
① 회전 속도를 올려준다.
② 계자 전류를 많이 흘린다.
③ 부하를 많이 가한다.
④ 속도와 계자 전류를 동시에 올려준다.

17 AC 발전기의 각종 손실이 예상보다 많을 때 일어날 수 있는 현상은?
① 전압이 발생하지 않는다.
② 부하시 전압이 발생하지 않는다.
③ 무부하에서 충분한 전압이 발생하지 않는다.
④ 온도 상승의 과대

18 NFB 구성의 성질 중 적당치 않은 것은?
① 페놀 수지계이다.   ② 변형이 생기지 않을 것
③ 기계적 강도가 클 것   ④ 팽창 및 수축되는 재료를 써야 한다.

19 권수비가 2인 변압기에서 2차측에 8[A]의 전류가 흐른다면 1차측에 흘러야 할 전류는?
① 8[A]   ② 2[A]
③ 6[A]   ④ 4[A]

20 교류 발전기의 규약 효율을 계산하는 식은?
① $\dfrac{출력+손실}{출력} \times 100[\%]$ ② $\dfrac{손실}{출력} \times 100[\%]$

③ $\dfrac{출력}{출력+손실} \times 100[\%]$ ④ $\dfrac{출력-손실}{출력} \times 100[\%]$

21 직류 발전기 병렬 운전에서 동일 용량이 아니라도 단자 전압만 같으면 병렬 운전 가능한 것은?
① 복권 발전기   ② 직권 발전기
③ 분권 발전기   ④ 가동 복권 발전기

22 직류 발전기에서 정류 불량의 원인이 아닌 것은?
① 공극이 일정하지 않을 때 ② 브러시 접촉 불량
③ 주자극과 보극의 간격이 상이할 때 ④ 언더컷 정류자 사용

23 직류 전동기에서 역기전력이 가장 적을 때는?
① 정지하고 있을 때
② 경제 속도로 회전하고 있을 때
③ 무부하로 회전하고 있을 때
④ 정격 부하로 회전하고 있을 때

24 직류 발전기의 불발전의 이유가 아닌 것은?
① 브러시의 위치 불량
② 잔류 자기가 극히 적다.
③ 계좌의 극성이 부적당하다.
④ 분권계자회로의 저항이 적다.

25 3상 전원의 상순을 알아내는 방법으로 옳은 것은?
① 3선각의 전압을 측정한다.
② 3상 유도전동기를 연결한다.
③ 3선간의 전류를 측정한다.
④ 각 상의 전력을 측정한다.

정답

01	02	03	04	05	06	07	08	09	10	11	12	13	14	15	16	17	18	19	20
③	②	①	③	③	①	④	①	③	④	①	②	③	④	①	②	④	④	④	③
21	22	23	24	25															
③	④	①	④	②															

모의고사 제3회

01 교류 발전기에 대한 설명 중 틀린 것은?
① 회전 계자형이 일반적이다.
② 여자 전류를 증가시키면 전압은 증가한다.
③ 회전자의 rpm을 변화시켜 전압 조절을 한다.
④ 여자 코일에는 직류를 가하고 전기자 코일에서 교류를 얻는다.

02 전자력을 이용하지 않는 것은?
① 발전기　　　　　② 전동기
③ 축전지　　　　　④ 전압계

03 납축전지에 사용하는 전해액은?
① 묽은 황산　　　　② 염산
③ 가성 소다　　　　④ 염화칼슘

04 삼상 유도 전동기를 정지를 거치지 않고 순방향에서 역방향으로 바로 접속을 바꾸는 데 가장 적합한 회로는?
① 신입 신호 우선 회로
② 기억 회로
③ 전원측 우선 회로
④ 선행 동작 우선 회로

05 회전 계자형 교류 발전기에 대한 설명은?
① 고정자가 계자인 발전기이다.
② 회전자가 계자인 발전기이다.
③ 기전력의 주파수가 같아야 한다.
④ 기전력의 위상차가 같아야 한다.

06 배전반의 절연 저항으로 알맞은 것은?
① 1[MΩ] 이상
② 1[MΩ] 이하
③ 2[MΩ] 이상
④ 0.5[MΩ] 이하

07 직류기에 있어서 전기자 반작용을 경감하는 방법은?
① 보극에 의해서
② 정류 작용에 의해서
③ 카본 브러시에 의하여
④ 저항에 의하여

08 다음과 같은 회로에서 그림과 같은 입력파가 들어가면 출력 파형으로 알맞은 것은?

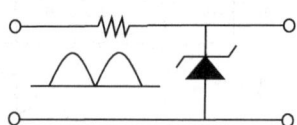

① ⌐⌐ ② ⌐‾⌐
③ ⌐‾ ④ ∿

09 다음 중 전기의 도체에 해당하는 것은?
① 전해액
② 유황
③ 기름
④ 에보나이트

10 병렬 운전하는 발전기 배전반에서 주로 설치되는 보호 계전기는?
① 접지 계전기와 과전류 계전기
② 역전력 계전기와 과전류 계전기
③ 과전압 계전기와 과전류 계전기
④ 과전력 계전기와 과전류 계전기

11 동기 검정기는 병렬 운전하는 발전기의 무엇을 알 수 있는가?

① 주파수를 알아내는 것이다. ② 출력차를 알아내는 것이다.
③ 위상차를 알아내는 것이다. ④ 속도차를 알아내는 것이다.

12 "코일을 관통하는 자속이 변화할 때 발생하는 유도 기전력은 코일을 관통하는 자속이 매초 변화하는 양과 코일의 감은 횟수에 비례한다."라는 법칙은?

① 패러데이의 법 ② 렌츠의 법칙
③ 키르히호프의 법칙 ④ 옴의 법칙

13 다음 중 트랜지스터가 바르게 동작하도록 전원이 연결된 것은?

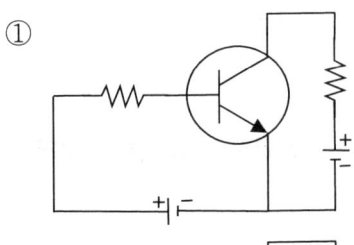
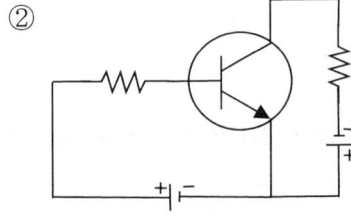
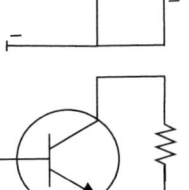
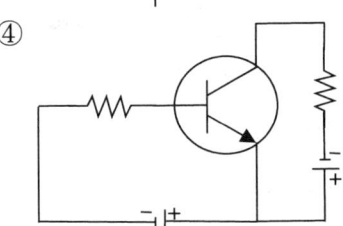

14 브리지 정류 회로의 다이오드 1개가 파손되면 나타나는 현상은?

① 반파 정류 ② 전파 정류
③ 분류 정류 ④ 배압 정류

15 교류를 직류로 바꾸는 데 사용하는 반도체는?

① 트랜지스터 ② 특수 변압기
③ 발전기 ④ 다이오드

16 교류 발전기에서 전압의 조정은?
① 구동 기관의 회전수 조정
② 아마추어 권선의 길이
③ 회전자의 공극 간격 조정
④ 여자기의 직류 전압 조정

17 교류 발전기에서 온도 상승이 과대해지는 원인으로 틀린 것은?
① 윤활 상태 불량
② 냉각 방법이 불량
③ 손실이 예상보다 많을 때
④ 실제 역률이 예상보다 낮을 때

18 기관실의 조도는 몇 럭스 정도가 적당한가?
① 30   ② 60
③ 90   ④ 120

19 전기 기기의 온도가 상승되었을 때의 영향 중 가장 적은 것은?
① 절연물의 파괴, 절연 내력 저하   ② 화재의 원인
③ 브러시나 베어링 소손   ④ 철심의 변질, 철손 증가

20 전기기계의 온도 계측 방법이 아닌 것은?
① 저항법   ② 온도계법
③ 메거법   ④ 매입 온도계법

21 권수비가 30인 변압기의 1차측에 3,300(V)를 가했을 때 2차측 전압은 얼마나 되는가?
① 220[V]   ② 110[V]
③ 150[V]   ④ 250[V]

22 직류 배전반의 계자 저항기를 사용하는 목적으로 알맞은 것은?
① 분권 발전기의 누전을 막기 위해서
② 분권 발전기의 용량을 증가시키기 위해서
③ 분권 발전기와 직류 배전반을 연결하기 위해서
④ 분권 발전기의 계자 전류를 가감하여 전압을 조종하기 위해서

23 직류 전동기의 종류에서 계자 권선과 전기자 권선이 직렬로 접속된 전동기는?
① 타여자 전동기 ② 직권 전동기
③ 분권 전동기 ④ 복권 전동기

24 직류 전동기의 회전수 변화로 알맞은 것은?
① 수식으로는 $N = E \times IR/K\Phi$이다.
② 역기전력, 공급 전압에 비례하고 자속에 반비례한다.
③ 자속 및 공급 전압에 비례하고 전기자 전류에 반비례한다.
④ 자속에 반비례하고 역기전력에 비례하고 공급 전압에 반비례한다.

25 발전기 또는 전동기 권선의 온도를 가능한 정확히 측정할 수 있는 온도계는?
① 저항온도계 ② 열전대온도계
③ 표준온도계 ④ 수은온도계

정답

01	02	03	04	05	06	07	08	09	10	11	12	13	14	15	16	17	18	19	20
③	③	①	①	②	①	①	①	①	②	③	①	①	④	④	④	②	④	④	③

21	22	23	24	25
②	④	②	②	①

제3편 모의고사 제4회

01 자속 밀도가 일정할 때 교번 자속에 의해서 생기는 히스테리시스 손실에 비례하는 것은?
① 자계의 세기　　　　　　② 유도자기
③ 잔류자기　　　　　　　④ 주파수

02 교류 발전기에 대한 설명 중 맞는 것은?
① 회전 전기자형은 전기자가 고정되어 있고 계자가 회전한다.
② 회전 발전자형은 계자가 고정되어 있고 전기자가 회전한다.
③ 유도자형은 계자와 전기자가 같이 고정되고 유도자라는 철심이 회전한다.
④ 니켈-크롬강 등 특수강이 사용된다.

03 축전지용 전해액을 만들기 위해 황산과 증류수를 혼합할 때 필요한 절차는?
① 황산과 증류수를 함께 넣는다.
② 증류수에 황산을 첨가한다.
③ 황산에 증류수를 첨가한다.
④ 증류수와 황산을 교대로 넣는다.

04 직류기의 정류자에 대한 설명 중 틀린 것은?
① 경도가 높아야 한다.
② 도전율이 낮아야 한다.
③ 정류자편 사이에는 절연이 필요하다.
④ 정류자와 브러시는 접촉이 좋아야 한다.

05 교류 발전기에 있어서 여자기는 어떤 역할을 하는가?
① 교류 주파수의 크기를 조정한다.
② 부하 분담의 역할을 한다.
③ 교류 발전기의 속도를 조정한다.
④ 직류 전류를 공급하는 역할을 한다.

06 반도체 내에서 전하를 운반할 수 있는 입자는?
① 자유 전자   ② 정공
③ 자유 전자와 정공   ④ 전기력선

07 발전기의 보극에 대한 설명으로 옳지 않은 것은?
① 보극은 전기자 반작용을 없애기 위함이다.
② 보극의 권선은 계자 권선과 직렬로 연결되어 있다.
③ 보극의 권선은 전기자 권선과 직렬로 연결되어 있다.
④ 보상 권선과 같은 효과를 얻고 발전기의 보극 극성은 회전 방향으로 다음 주자극의 극성과 같다.

08 2개의 자극을 그 자리에서 2배의 거리만큼 떼어 놓았다면 상호간에 작용하는 자력은 처음의 몇 배인가?
① 2배   ② 4배
③ 1/2배   ④ 1/4배

09 아래 논리 기호의 함수로 알맞은 것은?

① AND   ② OR
③ NOT   ④ NAND

10 선내 전기 회로에서 갑자기 단락 회로가 생겼을 때 배전반에 생기는 현상으로 틀린 것은?
① 전선이 과열된다.
② 저전압 계전기가 작동한다.
③ 과전류 계전기가 작동한다.
④ 저전압 계전기를 작동하여서 안된다.

11 선박의 교류 발전기의 RPM이 1200이다. 이 교류 발전기의 극수는?(단, 주파수는 60Hz)
① 4극   ② 6극
③ 8극   ④ 10극

12 전압 이득이 100배인 증폭기의 이득을 데시벨(dB)로 나타내면?
① 20   ② 40
③ 60   ④ 100

13 진공관에 비해 트랜지스터의 장점이 아닌 것은?
① 진공이 필요 없다.
② 잡음이 많다.
③ 수명이 길다.
④ 필라멘트의 가열 전원이 필요 없다.

14 다이오드의 설명으로 알맞지 않은 것은?
① 선형 특성을 갖는다.   ② 정류 작용을 한다.
③ 역방향 저항이 매우 크다.   ④ 순방향 저항은 매우 작다.

15 교류 발전기의 병렬 운전 조건에 해당되지 않는 것은?
① 두 발전기의 전력이 같을 것   ② 기전력의 위상이 같을 것
③ 주파수가 같을 것   ④ 파형이 같을 것

16 교류 발전기의 유효 기전력의 크기와 관계없는 것은?
① 주파수　　　　　　　② 권수
③ 자속　　　　　　　　④ 위상

17 3상 동기 발전기에서 무부하 전압보다 90°늦은 전기자 전류가 흐를 때 전기자 반작용은?
① 교차 자화 작용　　　② 증자 작용
③ 자기 여자 작용　　　④ 감자 작용

18 전기 기기의 절연 상태가 불량하게 되는 원인이 아닌 것은?
① 습기가 있을 때　　　② 먼지 등이 있을 때
③ 과전류가 있을 때　　④ 전류가 흐를 때

19 변압기에 성층 철심을 사용하는 이유는?
① 구리손의 감소　　　② 유전체손의 감소
③ 맴돌이 전류손의 감소　④ 히스테리시스손의 감소

20 분권 발전기에서 극성이 전환 될 수 없는 경우는?
① 역전류가 흐를 때
② 회로에 단락이 생겼을 때
③ 회로에 단선이 생겼을 때
④ 여자기로 사용하고 있는 경우

21 분권 전동기에 부하를 걸었을 때 발생하는 현상으로 알맞은 것은?
① 속도 감소, 역기전력 증가
② 속도 증가, 역기전력 감소
③ 속도 증가, 역기전력 증가
④ 속도 감소, 역기전력 감소

22 권선형 유도 전동기의 설명 중 옳은 것은?

① 낮은 기동 전류와 함께 낮은 기동 회전력을 얻을 수 있다.
② 낮은 기동 전류와 함께 높은 기동 회전력을 얻을 수 있다.
③ 높은 기동 전류와 함께 낮은 기동 회전력을 얻을 수 있다.
④ 높은 기동 전류와 함께 높은 기동 회전력을 얻을 수 있다.

23 전동기를 오랜 시간 동안 사용하지 않아 습기가 있어 절연이 매우 나빠져 건조시켜야 할 때 한계온도는?

① 60~75°C
② 45~60°C
③ 85~100°C
④ 100~115°C

24 직류와 교류에 대해서 올바르게 나타낸 것은?

① 직류는 시간에 따라 크기와 방향이 변하는 전류이다.
② 교류는 도체의 내부를 한쪽 방향으로만 흐르는 전류이다.
③ 가정용 전등은 크기와 방향이 주기적으로 변하므로 교류이다.
④ 전지로부터 나오는 전류는 크기 및 방향이 모두 일정하므로 교류이다.

25 직류 발전기에서 맥동이 적은 직류 전압을 사용할수 있는 방법은?

① 정류자 편수를 많이 한다.
② 계자의 코일수를 많이 한다.
③ 정류자 편수를 적게 한다.
④ 브러시를 많이 설치한다.

정답

01	02	03	04	05	06	07	08	09	10	11	12	13	14	15	16	17	18	19	20
④	②	②	②	④	③	②	④	④	④	②	②	②	①	①	④	④	④	③	③

21	22	23	24	25
④	②	③	③	①

제3편 모의고사 제5회

01 발전기의 회전방향으로 알 수 있는 법칙은?
① 플레밍의 오른손 법칙 ② 플레밍의 왼손 법칙
③ 렌츠의 법칙 ④ 패러데이의 법칙

02 동기 발전기에서 회전 계자형의 장점이 아닌 것은?
① 절연이 용이하다. ② 소형화가 가능하다.
③ 슬립 링이 2개면 족하다. ④ 제작이 어렵다.

03 다음 설명 중 옳지 않은 것은?
① 동종의 전하끼리는 반발한다. ② 전류는 +에서 -로 흐른다.
③ 이종의 전하끼리는 흡인한다. ④ 전자의 흐름은 +에서 -이다.

04 병렬 운전 중인 2대의 발전기에서 조속기 특성이 불량한 발전기가 전동기로 되는 것을 방지하는 계전기는?
① 역전력 계전기 ② 과전류 계전기
③ 미터용 계전기 ④ 중계 계전기

05 정류자면과 면 사이의 절연물로 적합한 것은?
① 나무 조각 ② 고무 절연물
③ 마이카 ④ 에보나이트

06 다음 중 전기 회로의 통전 유무를 확인하고자 할 때 가장 적당한 계기는?

① 테스터 ② 메거
③ 더블 브리지 ④ 옴계

07 아래 그림과 같은 전기 회로도가 나타내는 발전기는?

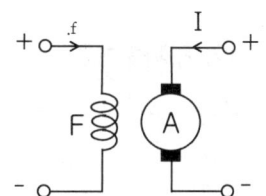

① 자여자 발전기
② 직권 발전기
③ 타여자 발전기
④ 분권 발전기

08 반도체 소자가 아닌 것은?

① 다이오드 ② 트랜지스터
③ 다이리스터 ④ 콘덴서

09 아래 회로의 합성 정전 용량은?

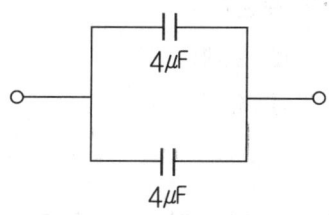

① 2[μF] ② 4[μF]
③ 8[μF] ④ 16[μF]

10 선박에 교류를 사용하는 이유로 알맞지 않는 것은?

① 변압이 쉽다.
② 구조가 간단하다.
③ 배전반이 간단하다.
④ 육상용 전기 기구를 사용할 수 있다.

11 퓨즈를 사용하는 목적은?
   ① 개폐 작용을 하기 위해서
   ② 접지 상태를 확인하기 위해서
   ③ 단자 전압 하강을 방지하기 위해서
   ④ 회로의 단락에 의한 과전류를 방지하기 위해서

12 회전수 1,200(rpm), 극수가 8극인 교류 발전기의 주파수는?
   ① 40[Hz]   ② 50[Hz]
   ③ 70[Hz]   ④ 80[Hz]

13 그림과 같이 파형을 바꾸는 반도체 소자의 명칭은?

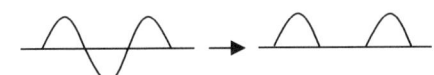

   ① 트랜지스터   ② UJT
   ③ 다이오드   ④ SCR

14 단상 브리지 정류 회로에 필요한 다이오드 수는?
   ① 1[개]   ② 2[개]
   ③ 3[개]   ④ 4[개]

15 P-N 접합에서 전류가 잘 흐르게 하려면 어떻게 연결해야 하는가?
   ① 순방향 전류를 흘린다.   ② 역방향 저항을 건다.
   ③ 순방향 저항을 건다.   ④ 역방향 전류를 흘린다.

16 AVR의 동작 특성으로 적당하지 않은 것은?
   ① 신뢰도   ② 적당한 난조
   ③ 구조가 간단하여 고장이 적다. ④ 전압 변화에 대한 응답이 빨라야 한다.

17 AC 발전기 운전 중 전압이 발생하지 않을 때의 조치 사항이 아닌 것은?
① 전기자 권선 조사   ② 여자 극성 조사
③ 부하 모터 조사   ④ 계자 권선의 단선 조사

18 발전기의 과속도 트립을 시험하기 위한 절차는?
① 전부하를 스스로 트립되게 한다.
② 긴급시를 제외하고는 손대지 않는다.
③ 전부하까지 올려 트립되게 한 뒤에 리세트시켜 둔다.
④ 천천히 속도를 올려 운전 중에 트립되게하고 리세트시켜 둔다.

19 직류기에 대한 설명으로 옳은 것은?
① 정류자는 직류를 교류로 만든다.
② 전기자, 정류자, 권선, 고정자로 구성된다.
③ 직류 발전기와 직류 전동기는 구조가 같다.
④ 분권 발전기는 직권 전동기와 구조가 같다.

20 전기 장치에서 변압기의 사용 목적은?
① 전압을 증감시켜 사용하기 위함
② 전압을 감소시켜 사용하기 위함
③ 전류를 감소시켜 사용하기 위함
④ 전류를 증감시켜 사용하기 위함

21 전력을 검출하여 검출된 크기에 따라 동작하는 계전기는?
① 상 불평형 계전기   ② 전력 계전기
③ 과전압 계전기   ④ 역상 계전기

22 직류 발전기의 시험이 아닌 것은?
① 온도 시험   ② 도전 시험
③ 절연 내력 시험   ④ 절연 저항

23 전동기에서 일어나는 역기전력은?
① 공급 전압에 대항한다. ② 부하의 변화를 방해한다.
③ 공급 전압을 높여준다. ④ 공급 전압과 합해져서 힘을 낸다.

24 전기기계의 온도가 상승하면 철손은?
① 변함없다. ② 조금 증가한다.
③ 조금 감소한다. ④ 크게 증가한다.

25 전기 기계의 시험 순서가 옳은 것은?
① 온도상승시험, 절연저항측정, 절연내력시험
② 온도상승시험, 절연내력시험, 절연저항시험
③ 절연저항측정, 절연내력시험, 온도상승시험
④ 절연저항측정, 온도상승시험, 절연내력시험

01	02	03	04	05	06	07	08	09	10	11	12	13	14	15	16	17	18	19	20
①	④	④	①	③	①	③	④	③	③	④	④	③	④	①	②	③	④	④	①

21	22	23	24	25
②	②	①	③	④

제 4 편 직무일반

제4편 직무일반

당직근무 및 직무일반

C.H.A.P.T.E.R. I

01. 당직에 대한 사관의 책임과 권한

① 기관장 : 선장과 상의하여 적절한 기관당직 배치, 안전한 기관당직 유지. 선장의 지시 및 선장이 작성하는 지침 시행의 협조.
② 기관사 : 선박안전에 영향을 미치는 기계의 안전하고 효율적인 작동 유지. 당직기관사는 선교 또는 기관장으로부터 받은 명령 수행.

[일반선의 항해당직]

당직 시간	기관당직	
	사관	부원
04 : 00 ~ 08 : 00 16 : 00 ~ 20 : 00	1등기관사	기관수
00 : 00 ~ 04 : 00 12 : 00 ~ 16 : 00	2등기관사	기관수
08 : 00 ~ 12 : 00 20 : 00 ~ 24 : 00	3등기관사	기관수

[무인화선의 항해당직]

당직 시간	기관당직	
	사관	부원
08 : 00 ~ 익일 08 : 00	1등기관사	기관수
08 : 00 ~ 익일 08 : 00	2등기관사	기관수
08 : 00 ~ 익일 08 : 00	3등기관사	기관수
비 고	3명의 기관사가 1일씩 돌아가면서 당직에 임한다.	

(1) 항해 중 당직

① 기관당직 수칙
  ㉠ 선박의 속력 또는 기기작동과 관련된 선교로부터의 지시를 이행해야 한다.
  ㉡ 안전운항에 영향을 미치는 제 기기 및 장비는 계속하여 감시해야 하고 주기적으로 기관실 및 타기실을 순찰하여 정상운전 범위(온도, 압력, 소음, 진동 등)을 벗어나는 기기는 그 상태를 기록하여 기관장에게 보고해야 한다.
  ㉢ 기기의 손상, 화재, 침수, 충돌, 좌초 또는 다른 원인으로 인한 피해를 최소화하기 위해 필요한 조치를 취해야 한다.
  ㉣ 주기관과 관련 보기, 조타장치 및 이들의 제어장치의 작동상태를 지속적으로 점검 확인하여 정상상태를 유지, 긴급상황시 수동으로 작동할 수 있어야 한다.
  ㉤ 당직 중 발생하는 제반 경보는 반드시 원인을 제거하고 운전을 계속해야 하며 당직 기관사가 원인 제거를 할 수 없을 때는 즉시 기관장에게 보고해야 한다.

② 기관의 정기 점검
  ㉠ 주기, 보기, 보일러, 제어장치의 지시판 및 연락장치
  ㉡ 주기, 보기, 보일러의 연소 및 배기상태
  ㉢ 조타장치 및 관련장치의 기능
  ㉣ 기관실 빌지 상태
  ㉤ 유수분리기 및 소각기의 기능과 상태
  ㉥ 제어장치와 기기장치를 포함한 각종 배관의 누설 여부, 기기 및 정비 보수관리 상태

③ 선교 보고
  ㉠ 추진장치의 정지나 변경
  ㉡ 안전운항을 위태롭게 할 수 있는 제반 기기의 손상 또는 불안전한 상태 발견
  ㉢ 화재 또는 선속을 감속시켜야 하는 기관실내 긴급상황 발생
  ㉣ 해양오염을 일으킬 수 있는 작업 시행
  ㉤ 기타 인명 및 선박의 안전을 저해할 수 있는 상황 발생

④ 당직 인계인수
  ㉠ 당직기관사는 교대 기관사가 그 임무를 유효하게 수행할 수 없는 상태에서는 당직을 인계해서는 안된다.
  ㉡ 교대기관사는 적어도 다음 사항을 확인한 후 당직을 인수하여야 한다.
    ⓐ 선교로부터의 운항관련 지시 또는 요청사항
    ⓑ C/E's Standing Order 및 C/E's Special Instructions, 정비 보수계획 및 조치사항
    ⓒ 진행중인 작업의 내용, 인원 및 예상되는 위험 요소
    ⓓ 연료유, 윤활유, Bilge Well, Bilge Tank의 상태, 양 및 내용물의 사용 또는 처리

ⓔ 주기와 각종 보기의 상태 및 특기사항
ⓕ Control Consol의 상태, 수동으로 작동되고 있는 기기, 장비의 상태
ⓖ 악천후, 빙해, 오염수 또는 천수(shallow Water) 등으로 발생되거나 예견할 수 있는 기기손상 위험
ⓗ 기기 및 장비의 고장 조치 내용
ⓘ C/E's Log Book의 작성 완료 상태
ⓙ 정상운전범위(온도, 압력, 소음, 진동 등)를 벗어나는 모든 기기의 상태
ⓚ 경보가 발생되는 기기의 List, 상태 및 전임 당직기관사가 조치한 내용
ⓛ 기관실 무인 운전의 경우 전임자가 서면으로 작성한 인계사항

⑤ 제한된 시정과 연안 및 선박 폭주해역에서의 기관당직 근무
㉠ 제한된 시정 : 당직기관사는 음향신호용 전기, 공기 또는 증기의 압력이 지속적으로 이용이 가능하게 하고 항상 기관회전수와 방향의 변화에 관계되는 선교의 명령이 즉시 이행 가능 및 조선에 필요한 보조기계도 즉시 사용될 수 있게 준비하여야 한다.
㉡ 연안 및 선박 폭주해역 : 당직기관사는 선박이 폭주해역에 있다고 통보 받았을 경우에는 선박의 조종과 관련된 주기관과 보조기기가 즉시 수동 운전 방식으로 운전될 수 있게 하여야 한다. 당직기관사는 또한 조타와 기타 조선 요건을 위해 적절한 예비동력을 이용할 수 있도록 해두어야 한다. 비상용 조타장치와 기타 조종상 필요한 보조장치는 즉각적으로 작동할 수 있도록 준비하여야 한다.

(2) 정박 중 당직

① 통상 업무
㉠ 기관장의 업무지시, 정비, 보수계획에 따른 지시사항을 이행한다.
㉡ 작동중인 제반 기기의 정상운전, 안전관리 및 해양오염방지에 유의하고 사고 발생시 조치하고 보고한다.
㉢ 기관관련 각 탱크(연료유, 윤활유, 슬러지 및 분뇨저장 등)의 잔량 및 상태를 확인한다.

② 정비·하역·수급작업 및 검사 대비
㉠ 제반 기기의 정비, 보수계획내용 확인, 집행 및 보고
㉡ 하역에 필요한 제반 기기, Ballast 주입, 배출과 관련한 기기 및 기타 선박안전설비에 관련된 수항사·1항사 또는 당직항해사의 요구사항
㉢ 연료유, 윤활유, 기부속, 선용품 등의 수급 및 비상계획 이행(단, 연료유 수급시 담당 책임사관은 재선하여야 한다.)
㉣ 정박 중 각종 검사 대비

③ 비상대책
  ㉠ 당직항해사의 지시에 따른 긴급 출항 또는 비상운전을 위한 주기의 준비 및 보기의 작동이 가능하도록 한다.
  ㉡ 유류 및 선내 폐기물에 의한 오염방지 규정을 준수한다.
  ㉢ 주기관은 정비, 보수중인 경우를 제외하고 항상 운전 가능상태를 유지하도록 한다.

④ 당직교대 및 당직수칙
  ㉠ 정박 당직의 교대
    ⓐ 당직원 및 기관부원의 동정상황
    ⓑ 주요보기의 운전상황 및 휴지기관의 상태
    ⓒ 빌지, 연료탱크, 청수탱크의 현상태
    ⓓ 기관부의 작업상태 및 하역작업의 상황
    ⓔ 기관장 또는 1등기관사로부터 지시사항 및 외부와의 연락사항
    ⓕ 기관일지 및 당직일지
  ㉡ 정박당직 수칙
    ⓐ 당직기관사는 정박중이라도 되도록 기관실내의 상황을 확인하기 위하여 순찰을 하고 특히 취침 전 및 기상 직후에는 반드시 기관실내의 화기, 빌지의 상황, 빌지밸브, 선외밸브 등의 개폐상태를 확인하여야 한다.
    ⓑ 기관실내에서 실시중인 작업상태를 확인 점검하고 입거중 등에는 특히 화기의 단속을 엄정히 하여야 한다.
    ⓒ 기관실내에서 작업이 행하여지지 않는 경우라도 개방중 제기계의 보안 및 정리, 빌지와 화기 등에 대하여 주의해야 한다.
    ⓓ 당직 기관부원에 대하여는 언제나 사고 발생방지에 노력하도록 주의를 기울여야 하고 이상이 있는 경우에는 즉시 당직기관사에게 보고하도록 지도하여야 한다.

(3) **무인당직**
  ① 기관실 무인화 운전의 개시와 종료
    ㉠ 상용 항해상태로 기관의 응용이 지시된 다음, 기관실 무인화 운전 검검 리스트에 따라 기관 각 부의 상태를 확인하고 기관장이 기관실 무인화 운전이 가능하다고 판단한 다음 브릿지에 연락하여 선장의 승인을 받은 다음 기관실 무인화 운전을 행한다.
    ㉡ 기관실 무인화 운전의 원활을 기하기 위하여 기관부에 당번제도를 실시한다. 당번 기관사의 교대는 통상 매일 정오로 하고, 기관실 무인화 운전 일지에 필요사항을 기재하여 정오에 기관사에게 제출하며 기관장으로부터 선장에게 기관실 무인화 운전을 보고한다.

ⓒ 기관 및 각 기기의 이상, 입출항이나 협수로 등 조선상 기관실 무인화 운전에 지장이 발생하였을 경우 기관실 무인화 운전을 종료하고 당번 기관사에 의한 제어실 감시 당직으로 들어간다.

ⓔ 항해 중 기관실 무인화 운전 개시, 종료 시각은 기관일지에 기록한다.

② 무인당직 수칙

ⓐ 주간의 작업시간 내에 기관실 무인화 운전에 필요한 점검, 확인 및 기기조작, 경보 발생시 필요한 조치를 취한다.

ⓑ 기관실 무인화 운전 점검 리스트에 의하여 기관 각부의 점검, 확인을 행한다(일반적으로 15 : 00 ~ 17 : 00).

ⓒ 당직기관사는 기관실 무인화 운전 중 기관에 이상이 발생하였을 경우 응급조치를 행하는 외에 필요한 연락창구가 된다.

ⓓ 작업시간 중에는 원칙적으로 기관실내의 작업에 종사하고 필요한 기록, 확인, 인계를 수행하며 필요사항을 기관장에게 보고한다.

ⓔ 작업시간 외에는 원칙적으로 경보설비가 있는 장소에 있어 경보 발생시에 대비한다.

ⓕ 경보는 반드시 작동 상태로 놓고, 램프 테스트, 버저 테스트를 자주 시행한다.

ⓖ 경보 발생시는 버저를 정지하고 제어실에서 이상 개소를 확인한 다음, 램프 리셋을 행한다.

ⓗ 브릿지로부터 스탠바이 지령, 제어당직시 또는 긴급한 주기 조작시에는 제어실로 가 기관장에게 보고함과 동시에 필요한 확인, 조작, 연락을 수행한다.

ⓘ 기관실 무인화 점검리스트는 기관의 종류, 형식, 출력 등에 따라 배마다 다르나 각종 계기(회전수, 마력, 토크, 추력계 및 각 계측점은 각 선급협회의 경보점에 의한다.)

③ 무인당직 시 유의사항

ⓐ 당직기관사는 무인화 점검 후 항상 경보를 청취할 수 있는 위치에 있어야 하며, 야간에 침실 또는 경보를 청취할 수 있는 장소에 위치해야 한다.

ⓑ 당직기관사가 혼자 기관실에 출입하는 경우 반드시 당직항해사에게 통보하여야 하고, 기관실 내에서는 30분 간격으로 자신의 소재를 보고하여 안전을 확보하여야 한다.

ⓒ 만약 Dead Man Alarm System이 설치된 선박에서는 이 System을 이용하는 것으로 당직항해사에게 통보하는 것을 대신할 수 있다.

ⓓ 당직기관사는 당직 교대시 전임 당직기관사가 서면으로 인계한 당직기관사 인계인수사항(Duty Engineer Hand Over Items)을 숙지하고 서명하여야 한다.

02 출항 전에 준비해야 할 사항

(1) 주기관

① 주기관의 종류나 상태에 따라 다르지만 일반적으로 출항 30분 전에 시운전한다.
② 시운전 실시의 여부를 브릿지에 연락하여 선미부근 기타의 상황에 지장이 없음을 통지 받은 후에 시운전을 한다.
③ 시운전을 하기 전에 Turning Gear의 이탈(disengagement)을 확인한다.
④ 주기관이 내연기관일 때는 전후진으로 1회씩만 하는 것이 보통이지만, 증기기관일 때는 전후진으로 수 회전씩 교대로 5~6회전 정도 되풀이한다.
⑤ 기관의 시동상황과 운전상태에 주의하여 항해에 지장이 없음을 확인한다.
⑥ 기관 시동시는 특별히 조심해서 조작하고 급회전을 시켜서는 안 된다.
⑦ 시운전이 종료되면 그 결과를 브릿지에 통보한다.

(2) 기타

① 조타기관의 시운전은 주기관 시운전 전에 담당 기관사가 항해사의 입회하에 하고 그 결과를 기관장과 1등기관사에게 보고한다.
② 출항준비로서 Telegraph, Whistle, Navigation Light 등의 시험을 하여 모두 항해에 지장이 없음을 확인한다.
③ 출항준비에 관련된 여러 사항의 점검은 출항 점검표를 사용하여 누락없이 점검하도록 한다.

03 선교로부터 주기관의 급정지나 급후진이 발령됐을 때 해야 할 사항

① 즉시 Telegraph에 응답을 하고 주기관을 조작하여 지령대로의 정지 또는 후진으로 한다.
② 기관장과 1등기관사에게 보고한다.
③ 기관부 예비원을 보안응급부서에 배치한다.
④ 다음에 오는 지령에 대비해서 즉시 응할 수 있도록 보조기계들의 준비 또는 기동을 한다.
⑤ Steam Ship에서는 주기관의 부하가 갑작이 줄어들었기 때문에 보일러의 압력이 높아져 Safety Valve가 열릴 염려가 있으므로 보일러의 연소도를 최소로 하고 상황에 따라서는 급수량을 증가시키는 등 압력의 상승을 최대한 억제한다.
⑥ Motor Ship에서는 주기용 공기압축기를 시동하여 Air Tank의 충기를 서두른다.

04 항해 중 발전기가 급정지했을 때 조치해야 할 사항

① 브릿지에 알리고 즉시 휴지중인 발전기를 시동하여 발전기 교체의 준비를 한다.
② 주기관 회전수를 내리든지 일시 정지한다.
③ 전동보기의 기동기 가운데 자동적으로 전로가 열려지지 않는 것은 그 핸들을 정지 위로 놓는다.
④ 전원을 복구하여 송전한다.
⑤ 브릿지에 고장상황을 통보한다.
⑥ 사용 중이던 보기의 운전을 복구한다. 또 보일러가 정전정지 때문에 소화되어 있으면 점화한다.
⑦ 주기회전수를 올려 운전제원을 복구한다.
⑧ 정상으로 되었음을 브릿지에 통보한다.
⑨ 급정지한 발전기의 고장원인을 통보한다.
⑩ 고장개소를 수리하여 시운전의 결과가 좋으면 필요에 따라 교체해서 사용한다.

05 황천 항해 운전법

(1) 주기관이 내연기관인 경우

① 기관이 공회전이 심해짐으로 Governor의 작동상태에 주의하고 상황에 따라서 그 조정을 바꾸어서 작동을 예민하게 조정한다.
② 조정핸들 앞을 떠나지 않고 감시하며 점점 더 공회전이 심해가면 핸들을 수동으로 가감하고 공전을 피하고 기관의 급회전을 방지하도록 하여야 한다.
③ 사용 회전수의 범위 안에서 위험회전수가 있을 때에는 특히 조심해서 이 위험회전수에 빠지지 않도록 조정하여야 한다.
④ 황천 운전 중 실린더 내 최고 압력, 배기온도 등에 특히 주의한다.

(2) 주기관이 증기기관인 경우

① 불규칙한 회전수의 급격한 변동으로 각 운동부의 발열이나 이완 등의 사고가 일어나기 쉬우므로 미리 방지할 수 있도록 노력한다.
② 복수기의 진공상태를 잘 감시하고, 경우에 따라서는 진공도를 약간 떨어지게 하여 급격한 부하의 변동범위를 줄인다.
③ 윤활유의 압력을 약간 높여서 운전하고 감속치차 등에서 발생하는 음향에 주의한다.
④ 보일러의 Water Level을 낮게 유지하여 Priming을 시키지 않도록 유의한다.

⑤ 해수 순환펌프의 흡입구를 저수위로 바꾼다.
⑥ 빌지에 주의하여 각 흡입구도 자주 소제하여 동요에 의해 막히지 않도록 주의하여야 한다.
⑦ 조종실이나 기관실내의 주요 통로에는 Floor Plate에 매트를 깔아 당직자가 미끄러지지 않도록 배려하고 각 요소에 로프를 쳐 안전을 확보해 둘 필요가 있다.
⑧ 황천 항해 중 가장 중요한 기계는 주기관과 조타기관이므로 그 운전상태에는 특히 주의하여야 한다.

06 고온해역이나 혹한해역에서의 기관 및 관련 장치에 대한 관리

(1) 고온해역
① 냉각수 계통의 파이프는 미리 잘 소제하여 유량이 줄어드는 일이 없도록 하고, 부속 밸브 등도 미리미리 점검해서 정비해 둔다.
② 냉각수 온도에 항상 유의하여 유량을 조절해서 적당한 온도를 유지하는데 노력하여야 하며 전력을 기울여도 부족할 경우에는 예비 펌프를 사용하여 보충한다.
③ 전동기기는 그 온도에 조심하여 열의 발산이 잘 되도록 하고 과도하게 온도가 상승하는 일이 없도록 한다.

(2) 혹한해역
① 갑판상의 모든 증기기관의 실린더, 증기파이프 및 배기파이프의 보온피복(Lagging)을 보수하며, 특히 평상시에 래깅되어 있지 않은 T부분, 프렌지, 밸브 등도 적당한 재료로 래깅을 실시한다.
② 청수관, 해수관으로서 갑판상에 노출되어 있는 것은 적당한 보온피복을 하여 동파를 미연에 방지한다.
　㉠ 보일러 주의사항
　　ⓐ 보일러실은 가능한 고온도로 유지하고 빙점 이하가 되지 않도록 유의할 것, 특히 정박 중 야간은 온도가 예상외로 떨어지기 쉬우므로 각 개구부의 폐쇄에 유의한다.
　　ⓑ 입항 후 보일러 전부를 소화한다든지 또는 장시간에 걸친 보일러 휴지는 피한다.
　　ⓒ 보일러 휴지 중 만수 상태가 되지 않도록 하고 항상 수면계에 유의하고, 급수밸브가 누설하지 않도록 한다.
　　ⓓ Boiler Water를 전부 Blow Off하는 것은 부득이한 경우 외에는 피하고 만일 전부 Blow Off한 경우는 화구에 물을 넣어서 급냉하는 일이 없도록 한다.
　　ⓔ Steaming Up은 가능한 장시간 동안 서서히 한다.

07 안전관리

① 크레인, 체인블럭 또는 택클(Tackle) 등의 작동이 완전하도록 한다.
② 발판을 확실하게 설치하여 절대로 불안전해서는 안된다.
③ 와이어, 로프 등은 강도가 충분한 것을 사용한다.
④ 조명이 충분하고 이동 작업 등에서 누전하는 일이 없어야 한다.
⑤ 화기 사용시에는 연료탱크, 빌지 등에 부유하고 있는 인화 물질 등에 주의하고, 소화기 등을 근처에 준비하고 감시원을 배치(절단, 용접작업시에도 감시원 배치)한다.
⑥ 인화성이나 발화성이 높은 도료 등을 사용할 때는 불꽃을 내거나 가열작업을 해서는 안된다.
⑦ 오일탱크 등의 밀폐된 장소에서 작업을 할 때는 완전히 환기를 한 다음에 작업한다.
⑧ 압력용기의 너트는 한꺼번에 동시에 풀면 안되고, 내부압력이 0이 된 것을 확인한 다음 개방한다.
⑨ 선저밸브는 Dry Dock 중이 아니면 개방해서는 안되고, 증기계통을 작업할 때에 계통의 Root Valve를 닫고 밸브핸들을 열지 못하도록 묶어둔다.
⑩ 전기기기나 전기선로 보수 중에는 스위치계통의 퓨즈를 빼어 놓거나 스위치 등을 봉쇄하여 작업도중 전류가 흐르지 않도록 한다.

제1장 기출 및 예상문제

01 입출항시 당직항해사에게 통보할 사항이 아닌 것은?
① 청수 보유량　　② 유류 보유량
③ 당직교대 사항　　④ 주기관 중요부 수리 계획사항

02 항해 중 당직기관사가 기관일지에 기입하지 않아도 되는 것은?
① 기관의 기동·정지시간
② 항해 중 속력 증감시간
③ 기관의 이상발생 상황 및 시간
④ 기관의 최대출력

03 다음 중에서 기관실 내에 설치하지 않아도 되는 것은?
① 발전기　　② 유청정기
③ 주기관　　④ 냉동기

04 황천 항해 중의 기관 당직요령으로 옳지 않은 것은?
① 프로펠러의 공회전이 심하므로 조속기 작동에 주의한다.
② 위험회전수에 들어가지 않게 조작한다.
③ 연료유 탱크는 가능한 한 유면을 낮게 유지한다.
④ 중량물이 움직이지 않도록 고정시킨다.

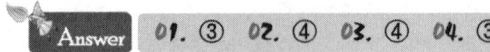
Answer　01. ③　02. ④　03. ④　04. ③

05 출항 전 기관사의 유의사항 중 옳지 않은 것은?
① 기관실과 브리지의 시계를 정확히 조정한다.
② 유류량과 청수량을 파악한다.
③ 기관 부원의 미귀선 유무를 조사한다.
④ 선미관의 글랜드를 해수가 침입하지 않게 꽉 잠근다.

06 황천 항해시 기관의 공회전은 일반적으로 어떻게 되는가?
① 약해진다.   ② 심해진다.
③ 일정하다.   ④ 관계없다.

07 기관부에 비치할 서류가 아닌 것은?
① 벨 북   ② 항해일지
③ 기관장일지   ④ 기관검사 관계서류

08 일반적으로 선미관과 선미축과의 간극은 언제 계측하는가?
① 공선인 상태에서 항만에 계류 중일 때
② 만재흘수 상태일 때
③ 입거 대기 중에
④ 입거 수리 중에

09 다음의 당직근무 요령 중 적절하지 않은 것은?
① 당직근무 중인 기관사는 함부로 기관실을 떠나서는 안 된다.
② 정박 중에는 당직근무를 하지 않는다.
③ 기관의 회전수 및 출력감시를 철저히 한다.
④ 기관의 이상 유무를 확인하고 이상발생시 응급조치를 한다.

 05. ④ 06. ② 07. ② 08. ④ 09. ②

10 기관일지의 기입이 잘못된 경우는 어떻게 하는가?
① 칼로 긁어내고 그 위에 다시 쓴다.
② 잘못된 부분은 두 줄로 긋고 여백에 올바르게 다시 쓴다.
③ 잘못된 부분은 종이를 붙이고 그 위에 쓴다.
④ 잘못된 장을 찢어내고 다음 장에 쓴다.

11 항해 당직 중 당직기관사가 해서는 안 될 행동은?
① 기관실을 떠나서는 안 된다.
② 일정시간마다 윤활 상태를 조사
③ 배기색 및 배기온도 조사
④ 이상이 없으면 기관실을 비워도 좋다.

12 안전을 위하여 기관당직의 일부를 구성하는 부원의 훈련 항목에 해당하지 않는 것은?
① 빌지, 밸러스트 등의 펌프 작동에 관한 기초지식
② 전기설비 등에 관한 기초지식
③ 선용품의 적부 등에 관한 기초지식
④ 주기관 조작 훈련에 관한 기초지식

13 당직 중 기관일지에 기재할 사항과 거리가 먼 것은?
① 주기관 주요부의 온도와 압력
② 시동공기 탱크의 압력
③ 보일러의 증기 압력
④ 선실의 실내 온도

14 기관을 정비할 때의 주의사항이 아닌 것은?
① 작업에 적합한 공구를 사용한다.
② 순서에 의하여 분해 및 조립을 한다.
③ 개방한 부품을 모두 예비품으로 교환한다.
④ 정비 후에 시운전을 하여 이상이 없음을 확인한다.

Answer 10. ② 11. ④ 12. ③ 13. ④ 14. ③

15 입거시의 중요한 작업에 해당하지 않는 것은?
① 선체의 수리
② 안전보호구의 점검
③ 선체의 개조
④ 선저도장

16 방수 및 배수장치가 아닌 것은?
① 수밀격벽
② 2중저
③ 빌지펌프
④ 보일러

17 선내에서 선체 경사를 수정하기 위하여 사용되는 탱크는?
① 서비스 탱크
② 침전 탱크
③ 평형수(밸러스트) 탱크
④ 섬프 탱크

18 다음 중 그 출입문이 수밀문이 아닌 것은?
① 선장실
② 기관실
③ 선수갑판창고
④ 선미측 터널

19 다음 중 당직기관사가 유의하여야 할 사항이 아닌 것은?
① 추운 날씨에는 기관실 통풍기를 모두 차단한다.
② 유류 및 소모품 등을 절약한다.
③ 선교와의 연락을 긴밀히 한다.
④ 기관실 경보 발생에 잘 대처한다.

Answer 15. ② 16. ④ 17. ③ 18. ④ 19. ①

20 다음 중 당직항해사에게 통보하거나 협의하지 않아도 되는 사항은?
① 갑판기기를 수리하고자 할 때
② 송전에 이상이 있을 경우
③ 냉동기를 수리하고자 할 때
④ 기관의 속도를 변경할 때

21 주기관 및 주요 보기의 운전상태, 연료의 소비량과 잔량을 기록하는 서류는?
① 선박검사수첩   ② 기관일지
③ 항해일지   ④ 선원수첩

Answer   20. ③ 21. ②

선박에 의한 해양오염 방지

C.H.A.P.T.E.R.

01 해양환경관리법

(1) 오염물질의 배출금지 등

누구든지 선박으로부터 오염물질을 해양에 배출하여서는 아니 된다.

① 폐기물을 배출하는 경우 : 선박의 항해 및 정박 중 발생하는 폐기물을 배출하고자 하는 경우에는 해양수산부령으로 정하는 해역에서 해양수산부령으로 정하는 처리기준 및 방법에 따라 배출할 것

② 기름을 배출하는 경우

㉠ 선박에서 기름을 배출하는 경우에는 해양수산부령이 정하는 해역에서 해양수산부령이 정하는 배출기준 및 방법에 따라 배출할 것

> **선박으로부터의 기름 배출**
> 1. 선박(시추선 및 플랫폼을 제외한다)의 항해 중에 배출할 것
> 2. 배출액 중의 기름 성분이 0.0015퍼센트(15ppm) 이하일 것. 다만, 「해저광물자원 개발법」에 따른 해저광물(석유 및 천연가스에 한한다)의 탐사·채취 과정에서 발생한 물의 경우에는 0.004퍼센트 이하여야 한다.
> 3. 기름오염방지설비의 작동 중에 배출할 것. 다만, 시추선 및 플랫폼에서 스킴 파일[skim pile, 분리된 기름을 수집하는 내부 칸막이(baffle plate)를 가진 바닥이 개방된 수직의 파이프]의 설치를 통하여 기름을 배출하는 경우는 제외한다.

㉡ 유조선에서 화물유가 섞인 선박평형수, 화물창의 세정수(洗淨水) 및 선저폐수를 배출하는 경우에는 해양수산부령이 정하는 해역에서 해양수산부령이 정하는 배출기준 및 방법에 따라 배출할 것

㉢ 유조선에서 화물창의 선박평형수를 배출하는 경우에는 해양수산부령이 정하는 세정도(洗淨度)에 적합하게 배출할 것

③ 유해액체물질을 배출하는 경우

㉠ 유해액체물질을 배출하는 경우에는 해양수산부령이 정하는 해역에서 해양수산부령이 정하는 사전처리 및 배출방법에 따라 배출할 것

㉡ 해양수산부령이 정하는 유해액체물질의 산적운반(散積運搬)에 이용되는 화물창(선

박평형수의 배출을 위한 설비를 포함한다)에서 세정된 선박평형수를 배출하는 경우에는 해양수산부령이 정하는 정화방법에 따라 배출할 것

(2) 선박에서의 해양오염방지

① 폐기물오염방지설비의 설치 등
   ㉠ 해양수산부령으로 정하는 선박의 소유자는 그 선박 안에서 발생하는 해양수산부령으로 정하는 폐기물을 저장·처리하기 위한 설비(이하 "폐기물오염방지설비"라 한다)를 해양수산부령으로 정하는 기준에 따라 설치하여야 한다.
   ㉡ 설치된 폐기물오염방지설비는 해양수산부령이 정하는 기준에 적합하게 유지·작동되어야 한다.

② 기름오염방지설비의 설치 등
   ㉠ 선박의 소유자는 선박 안에서 발생하는 기름의 배출을 방지하기 위한 설비(이하 "기름오염방지설비"라 한다)를 해당 선박에 설치하거나 폐유저장을 위한 용기를 비치하여야 한다. 이 경우 그 대상선박과 설치기준 등은 해양수산부령으로 정한다.
   ㉡ 선박의 소유자는 선박의 충돌·좌초 또는 그 밖의 해양사고가 발생하는 경우 기름의 배출을 방지할 수 있는 선체구조 등을 갖추어야 한다. 이 경우 그 대상선박, 선체구조기준 그 밖에 필요한 사항은 해양수산부령으로 정한다.
   ㉢ 설치된 기름오염방지설비는 해양수산부령이 정하는 기준에 적합하게 유지·작동되어야 한다.

③ 유해액체물질오염방지설비의 설치 등
   ㉠ 유해액체물질을 산적하여 운반하는 선박으로서 해양수산부령이 정하는 선박의 소유자는 유해액체물질을 그 선박 안에서 저장·처리할 수 있는 설비 또는 유해액체물질에 의한 해양오염을 방지하기 위한 설비(이하 "유해액체물질오염방지설비"라 한다)를 해양수산부령이 정하는 기준에 따라 설치하여야 한다.
   ㉡ 유해액체물질을 산적하여 운반하는 선박으로서 해양수산부령이 정하는 선박의 소유자는 선박의 충돌·좌초 그 밖의 해양사고가 발생하는 경우 유해액체물질의 배출을 방지하기 위하여 그 선박의 화물창을 해양수산부령이 정하는 기준에 따라 설치·유지하여야 한다.
   ㉢ 선박의 소유자는 해양수산부령이 정하는 기준에 따라 유해액체물질의 배출방법 및 설비에 관한 지침서를 작성하여 해양수산부장관의 검인을 받아 그 선박의 선장에게 제공하여야 한다.
   ㉣ 설치된 유해액체물질오염방지설비는 해양수산부령이 정하는 기준에 적합하게 유지·작동되어야 한다.

④ 선박오염물질기록부의 관리
  ㉠ 선박의 선장(피예인선의 경우에는 선박의 소유자를 말한다)은 그 선박에서 사용하거나 운반·처리하는 폐기물·기름 및 유해액체물질에 대한 다음의 구분에 따른 기록부(이하 "선박오염물질기록부"라 한다)를 그 선박(피예인선의 경우에는 선박의 소유자의 사무실을 말한다) 안에 비치하고 그 사용량·운반량 및 처리량 등을 기록하여야 한다.
    ⓐ 폐기물기록부 : 해양수산부령이 정하는 일정 규모 이상의 선박에서 발생하는 폐기물의 총량·처리량 등을 기록하는 장부. 다만, 제72조 제1항의 규정에 따라 해양환경관리업자가 처리대장을 작성·비치하는 경우에는 동 처리대장으로 갈음한다.

> 기재사항
> 1. 폐기물을 해양에 배출할 때[배출일시, 선박의 위치(경도 및 위도를 말한다. 이 경우 화물잔류물은 배출의 시작과 종료된 위치를 포함하여야 한다), 배출된 폐기물의 종류, 폐기물 종류별 배출량(단위는 미터톤으로 한다), 작업책임자의 서명]
> 2. 폐기물을 수용시설 또는 다른 선박에 배출할 때[배출일시, 항구, 수용시설 또는 선박의 명칭, 배출된 폐기물의 종류, 폐기물 종류별 배출량(단위는 미터톤으로 한다), 작업책임자의 서명]
> 3. 폐기물을 소각할 때[소각의 시작 및 종료 일시, 선박의 위치(경도 및 위도를 말한다), 소각량(단위는 미터톤으로 한다), 작업책임자의 서명]
> 4. 폐기물을 사고 또는 그 밖의 예외 규정에 따라 해양에 배출할 때[사고 일시, 사고시 선박의 위치(경도 및 위도를 말한다) 또는 항구명, 사고시 배출된 폐기물의 종류 및 양, 처분, 유실 또는 손실의 상황과 그 사유 및 일반 참고사항]

  ⓑ 기름기록부 : 선박에서 사용하는 기름의 사용량·처리량을 기록하는 장부. 다만, 해양수산부령이 정하는 선박의 경우를 제외하며, 유조선의 경우에는 기름의 사용량·처리량 외에 운반량을 추가로 기록하여야 한다.

> 기재사항
> 1. 모든 선박에서 행하는 다음의 사항
>   가. 연료유탱크에 선박평형수의 적재 또는 연료유탱크의 세정
>   나. 연료유탱크로부터의 선박평형수 또는 세정수의 배출
>   다. 기관구역의 유성찌꺼기 및 유성잔류물의 처리
>   라. 선저폐수의 처리
>   마. 선저폐수용 기름배출감시제어장치의 상태
>   바. 사고, 그 밖의 사유로 인한 예외적인 기름의 배출
>   사. 연료유 및 윤활유의 선박 안에서의 수급

> 2. 유조선에서 행하는 다음의 사항
>   가. 화물유를 선박에 싣는 것
>   나. 항해 중 화물유의 선박 안에서의 이송
>   다. 화물유를 선박에서 내리는 것
>   라. 화물창 및 맑은평형수탱크에 선박평형수를 싣거나 배출하는 것
>   마. 화물창의 세정(원유에 의한 세정을 포함한다)
>   바. 선박평형수의 배출(분리평형수탱크에서의 배출은 제외한다)
>   사. 선박평형수용 기름배출감시제어장치의 상태
>   아. 혼합물탱크에서 혼합물을 배출하는 것
>   자. 화물창의 잔류물처리

ⓒ 유해액체물질기록부 : 선박에서 산적하여 운반하는 유해액체물질의 운반량·처리량을 기록하는 장부

> ❖ 기재사항
> 1. 선박 안에서 화물을 옮기는 것과 화물을 싣거나 내리는 것에 관한 사항
> 2. 화물의 잔류물 또는 혼합물을 수용시설에 배출시 그 배출에 관한 사항
> 3. 화물창의 세정에 관한 사항
> 4. 화물창 세정수, 선박평형수, 잔류물의 해양배출에 관한 사항 또는 그 정화방법에 관한 사항
> 5. 화물창에 선박평형수를 싣거나 배출하는 것에 관한 사항
> 6. 사고, 그 밖의 사유로 인한 유해액체물질의 예외적인 배출에 관한 사항

ⓒ 선박오염물질기록부의 보존기간은 최종기재를 한 날부터 3년으로 하며, 그 기재사항·보존방법 등에 관하여 필요한 사항은 해양수산부령으로 정한다.

(3) 해양시설에서의 해양오염방지 중 해양시설오염물질기록부의 관리

① 기름 및 유해액체물질을 취급하는 해양시설 중 해양수산부령이 정하는 해양시설의 소유자는 그 시설 안에 기름 및 유해액체물질의 기록부(이하 "해양시설오염물질기록부"라 한다)를 비치하고 기름 및 유해액체물질의 사용량과 반입·반출에 관한 사항 등을 기록하여야 한다.

② 해양시설오염물질기록부의 보존기간은 최종기재를 한 날부터 3년으로 하며, 그 기재사항·관리방법 등에 관하여 필요한 사항은 해양수산부령으로 정한다.

(4) 해양오염방지를 위한 선박의 검사 등

① 정기검사 : 폐기물오염방지설비·기름오염방지설비·유해액체물질오염방지설비 및 대기오염방지설비(이하 "해양오염방지설비"라 한다)를 설치하거나 선체 및 화물창을 설

치·유지하여야 하는 선박(이하 "검사대상선박"이라 한다)의 소유자가 해양오염방지설비, 선체 및 화물창(이하 "해양오염방지설비 등"이라 한다)을 선박에 최초로 설치하여 항해에 사용하려는 때 또는 제56조의 규정에 따른 유효기간이 만료한 때에는 해양수산부령이 정하는 바에 따라 해양수산부장관의 검사(이하 "정기검사"라 한다)를 받아야 한다.

② 중간검사 : 검사대상선박의 소유자는 정기검사와 정기검사의 사이에 해양수산부령이 정하는 바에 따라 해양수산부장관의 검사(이하 "중간검사"라 한다)를 받아야 한다.

> **종류**
> 1. 제1종 중간검사 : 배관·밸브 및 콕(이하 "배관 등"이라 한다)의 위치 확인과 압력시험을 제외한 검사
> 2. 제2종 중간검사 : 작동시험

③ 임시검사 : 검사대상선박의 소유자가 해양오염방지설비 등을 교체·개조 또는 수리하고자 하는 때에는 해양수산부령이 정하는 바에 따라 해양수산부장관의 검사(이하 "임시검사"라 한다)를 받아야 한다.

④ 임시항해검사 : 검사대상선박의 소유자가 해양오염방지검사증서를 교부받기 전에 임시로 선박을 항해에 사용하고자 하는 때에는 해당 해양오염방지설비 등에 대하여 해양수산부령이 정하는 바에 따라 해양수산부장관의 검사(이하 "임시항해검사"라 한다)를 받아야 한다.

⑤ 방오시스템검사 : 해양수산부령이 정하는 선박의 소유자가 방오시스템을 선박에 설치하여 항해에 사용하려는 때에는 해양수산부령이 정하는 바에 따라 해양수산부장관의 검사(이하 "방오시스템검사"라 한다)를 받아야 한다.

⑥ 대기오염방지설비의 예비검사 등 : 해양수산부령이 정하는 대기오염방지설비를 제조·개조·수리·정비 또는 수입하려는 자는 해양수산부령이 정하는 바에 따라 해양수산부장관의 검사(이하 "예비검사"라 한다)를 받을 수 있다.

⑦ 에너지효율검사 : 제41조의2 제1항에 따른 선박의 소유자 또는 제41조의3 제1항에 따른 선박의 소유자는 해양수산부령으로 정하는 바에 따라 해양수산부장관이 실시하는 선박에너지효율에 관한 검사(이하 "에너지효율검사"라 한다)를 받아야 한다.

⑧ 협약검사증서의 교부 등 : 해양수산부장관은 정기검사·중간검사·임시검사·임시항해검사 및 방오시스템검사(이하 "해양오염방지선박검사"라 한다)에 합격한 선박의 소유자 또는 선장으로부터 그 선박을 국제항해에 사용하기 위하여 해양오염방지에 관한 국제협약에 따른 검사증서(이하 "협약검사증서"라 한다)의 교부신청이 있는 때에는 해양수산부령이 정하는 바에 따라 협약검사증서를 교부하여야 한다.

⑨ 재검사 : 해양오염방지선박검사, 예비검사 및 에너지효율검사를 받은 자가 그 검사결과

에 대하여 불복이 있는 때에는 그 결과에 관한 통지를 받은 날부터 90일 이내에 그 사유를 갖추어 해양수산부장관에게 재검사를 신청할 수 있다.

(5) 자재 · 약제 비치기준 등

① **선박에 비치할 자재 · 약제 비치기준 등** : 오염물질의 방제 · 방지를 위한 자재 및 약제(이하 "자재 · 약제"라 한다)를 갖추어두어야 하는 선박은 다음과 같다.
  ㉠ 총톤수 100톤 이상의 유조선
  ㉡ 추진기관이 설치된 총톤수 1만톤 이상의 선박(유조선은 제외한다)

② **해양시설의 자재 · 약제 비치기준 등** : 오염물질의 방제 · 방지를 위한 자재 및 약제(이하 "자재 · 약제"라 한다)를 갖추어두어야 하는 해양시설은 다음과 같다.
  ㉠ 오염물질을 300킬로리터 이상 저장할 수 있는 시설
  ㉡ 총톤수 100톤 이상의 유조선을 계류하기 위한 계류시설

③ **보관시설의 자재 · 약제 비치기준 등** : 보관시설의 범위는 다음과 같다.
  ㉠ 해양시설의 소유자가 해양시설에 갖추어두어야 할 자재 · 약제를 보관하기 위하여 해당 항만에 설치한 시설(공동으로 설치한 것을 포함한다)
  ㉡ 항만관리청이 항만시설, 어항시설의 방제를 위한 자재 · 약제를 보관하기 위하여 항만 및 어항에 설치한 시설
  ㉢ 해양환경공단이 해양오염방제에 필요한 자재 · 약제를 보관할 목적으로 해당 항만에 설치한 시설

제2장 기출 및 예상문제

01 다음 중 해양환경관리법의 적용을 받지 않는 것은?
① 분뇨의 해상투기
② 폐유의 소각
③ 방사성 물질의 해양투기
④ 기관실 선저폐수의 배출

02 기관실 선저폐수나 기름을 배출한 후 그 사실을 기록하는 서류는?
① 기관일지
② 항해일지
③ 기름기록부
④ 선박 검사수첩

03 선박의 선저폐수를 공해상에 배출할 수 있는 유분함량은 몇 〔PPM〕이하인가?
① 15
② 25
③ 50
④ 60

04 유조선 외의 선박에 비치된 기름기록부에 기록하여야 할 작업내용이 아닌 것은?
① 연료유 탱크의 세정
② 선저폐수의 처리
③ 기관구역의 슬러지 처리
④ 폐기물의 소각

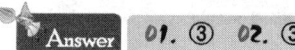
Answer 01. ③ 02. ③ 03. ① 04. ④

05 유조선에서 화물펌프실에 고인 기름 또는 화물 잔류물을 수집하는 유조를 무엇이라 하는가?
① 이중저 탱크 ② 서비스 탱크
③ 슬롭 탱크 ④ 침전 탱크

06 사고 시에 발생하는 해양오염 피해를 줄이기 위해서 일정 크기 이상의 선박 중 2중 선체로 건조되는 선박은?
① 어선 ② 화객선
③ 유조선 ④ 벌크선

07 해양오염방지 설비를 선박에 최초로 설치하여 항해에 사용하고자 할 때 받는 검사는?
① 정기검사 ② 중간검사
③ 임시검사 ④ 임시항해검사

08 해양환경관리법에서 배출을 금지한 기름에 포함되지 않는 것은?
① 원유 ② 알코올
③ 휘발유 ④ 중유

09 다음 중 선박 해양오염방지관리인이 될 수 없는 사람은?
① 1등항해사 ② 2등항해사
③ 통신장 ④ 기관장

10 선박에서 바다에 배출이 금지된 기름이 아닌 것은?
① 원유 ② 식물성유
③ 중유 ④ 윤활유

Answer 05. ③ 06. ③ 07. ① 08. ② 09. ③ 10. ②

11 해양오염방지를 위하여 선박 내에서 발생한 폐유처리에 관한 설명으로 틀린 것은?

① 자가처리시설에서 처리
② 공해상에서 배출
③ 방제·청소업자에게 인계
④ 저장시설운영자에게 인계

12 ( )에 알맞은 것은?

> 선박의 기름기록부는 최종기재일로부터 ( )년간 선내에 보존하여야 한다.

① 1
② 2
③ 3
④ 4

13 선박의 해양오염방지관리인의 업무 중 가장 올바른 것은?

① 기름 등 폐기물의 배출방지에 관한 업무를 관리한다.
② 구명정 및 안전장구를 관리한다.
③ 식수오염방지에 관한 업무를 주로 한다.
④ 선박의 안전사고 방지에 관한 것을 주업무로 한다.

14 ( )에 알맞은 것은?

> 유조선의 기관실 선저폐수를 포함하여 일반선박에서 배출할 수 있는 기름의 유분은 ( ) 이하이어야 한다.

① 100ppm
② 15ppm
③ 30ppm
④ 1,000ppm

15 선박에서 기름을 배출하는 자는 무슨 법에 의해서 처벌받는가?

① 선원법
② 선박안전법
③ 해양환경관리법
④ 선박직원법

Answer 11. ② 12. ③ 13. ① 14. ② 15. ③

16 해양환경관리법에서 선박의 기름 배출을 방지하기 위하여 설치되는 것이 아닌 것은?
① 빌지분리장치　　② 침전 탱크
③ 배출관장치　　④ 선저폐수 저장장치

17 해양환경관리법상 해양에 대량의 기름을 유출하였을 경우 신고사항이 아닌 것은?
① 위 치　　② 추정량
③ 해상기상상태　　④ 승무원명단

18 선박 내에서 유성혼합물과 폐유처리방법 중 적당하지 못한 것은?
① 물과 혼합하여 공해상에 배출한다.
② 방제 청소업자 또는 저장시설의 운영자에게 인도한다.
③ 선박 안에 저장한 후 자가 처리시설에서 처리한다.
④ 선박의 소각설비에 의하여 소각한다.

19 유조선의 화물구역 기름기록부에 기재하지 않아도 되는 사항은?
① 화물유의 적재
② 항해 중 화물유의 선내 이송
③ 선내 페인트 작업에 따른 희석제 소모량
④ 슬롭탱크에서 슬롭배출

20 해양환경관리법에서 선장을 보좌하여 선박에서 기름 등의 폐기물을 관리하는 사람은?
① 통신장　　② 1등항해사
③ 해양오염방지관리인　　④ 3등기관사

21 해양환경관리법(시행령)에 의하여 방제선 또는 방제장비의 배치 의무자는?
① 해양수산부장관　　② 해양경찰서장
③ 지방자치단체장　　④ 선박 또는 해양시설의 소유자

 16. ② 17. ④ 18. ① 19. ③ 20. ③ 21. ④

22 해양환경관리법에서 규정한 선저폐수는 무엇을 말하는가?
① 평형수   ② 슬러지
③ 화물유 잔량   ④ 기관실 선저폐수

23 해양의 오염을 방지하여 해양환경을 보전하고 국민의 건강과 재산을 보호하기 위해 제정된 법은?
① 선원법   ② 선박법
③ 선박직원법   ④ 해양환경관리법

24 선박의 항행 중 발생할 수 있는 해양오염물질이 아닌 것은?
① 폐유   ② 선저폐수
③ 분뇨   ④ 해저준설토사

25 선박의 기관실 빌지를 배출한 후 어디에 기록하여야 하는가?
① 기관일지   ② 기름기록부
③ 기관장일지   ④ 항해일지

26 다음 중 빌지를 배출할 때 가동시켜야 할 기계는?
① 유수분리기   ② 조수기
③ 유청정기   ④ 여과기

27 해양에 대량의 기름이 배출되는 경우 신고할 사항 중 적당하지 않은 것은?
① 기름 배출일시   ② 기름 배출장소
③ 기름 배출량   ④ 기름 배출 방지관리인 성명

Answer 22. ④ 23. ④ 24. ④ 25. ② 26. ① 27. ④

응급의료

C.H.A.P.T.E.R. Ⅲ

01 응급처치법의 정의

응급처치는 위급한 상황으로부터 자기 자신을 지키고 뜻하지 않은 부상자나 환자가 발생했을 때 그가 전문적인 의료서비스를 받기 전까지 적절한 처치와 보호를 해주어 고통을 덜어주고 생명을 구할 수 있게 하는 지식과 기술을 말한다.

(1) 응급처치 실시의 범위

① 응급처치 실시범위

응급처치는 어디까지나 전문적인 치료를 받기 전까지의 즉각적이고 임시적인 적절한 처치와 보호이며, 전문적인 의료서비스 요원에게 인계한 후에는 모든 것을 그의 지시에 따라 행동한다.

② 응급처치원은 다음사항을 지켜야 한다.
  ㉠ 처치원 자신의 안전을 최우선으로 확보한다.
  ㉡ 환자나 부상자에 대한 생사의 판정은 하지 않는다.
  ㉢ 원칙적으로 의약품을 사용하지 않는다.
  ㉣ 어디까지나 응급처치로 그치고, 그 다음은 전문 의료요원의 처치에 맡긴다.

(2) 응급처치 활동시의 일반적 유의사항

① 상황판단

대부분의 환자들은 더 이상의 큰 위험이 없거나 경증 환자로 의식이 있으면서 곧 회복될 수 있는 경우가 많다. 그러나 일부 환자는 매우 신속하게 응급처치하지 않으면 생명을 잃게 되는 경우도 더러 있다. 따라서 환자를 접할 때는 환자의 상태와 문제점이 무엇인지를 신속히 파악하고 그에 따른 적절하고 올바른 순서를 정하여 구체적인 응급처치를 해야 할 것이다.

② 환자의 생존을 위한 우선적 조치

환자의 생명을 가장 우선적인 순위에 놓아야 하는데 예를 들어 대출혈이 있으면 가장

먼저 지혈처치를 하고 심폐기능이 이상이 있으면 심폐소생술을 시행하며 그 다음으로 중독환자, 쇼크 환자의 순서로 처치한다.

③ 환자상태의 정확한 판단

환자의 상태를 면밀히 조사하여 질병과 부상에 대한 정확한 판단을 하고 치료 우선순위에 따라 부상처치를 한다. 우선순위에 따라서 다발성 손상치료를 먼저 시작하고 초기에 확인이 안 된 다른 손상이나 질병이 있을 수 있다는 가능성을 항상 염두에 두어야 한다.

④ 환자의 부상을 최소로 경감

환자의 불안감, 위험감, 초조감 및 동통 등을 해소시켜 주기 위하여 적절한 조치를 취한다.

02 구조호흡

(1) 구조호흡의 의의

구조호흡이란 어떠한 원인에 의해 호흡정지가 된 환자에게 인공적인 호기소생법을 실시함으로 다시 자력으로 호흡을 할 수 있게 하는 응급처치 방법이다. 사람은 호흡이 정지된다고 곧 죽는 것은 아니고 대개의 경우 심장은 얼마간 박동을 계속하다가 점차 조직중의 산소가 결핍되면 심장박동이 약해지다가 마침내 심장이 정지되면 죽게 된다. 구조호흡은 심장정지 이전의 극히 한정된 시간 내에 실시되는 응급처치이므로 촌각을 다투어 정확하게 실시할 수 있도록 숙련되어야 할 기술이다.

(2) 구조호흡이 필요한 경우

호흡이 끊어진 환자는 누구나 구조호흡을 필요로 하는 것이 아니며 다음의 경우에 한해서만 구조호흡으로 생명을 구할 수 있다.

① 물에 빠져 호흡이 중단되었을 때
② 감전으로 호흡이 중단되었을 때
③ 가스에 의한 중독으로 인하여 호흡이 정지되었을 때
④ 알코올, 수면제, 아편 등 마약에 의하여 호흡신경이 마비되어 호흡이 중단되었을 때
⑤ 폐가 눌려서 숨을 쉬지 못하여 호흡이 중단되었을 때
⑥ 목을 졸렸다든가 또는 그 밖의 이유로 공기가 폐로 들어가는 길이 막혀서 호흡이 중단되었을 때
⑦ 공기의 유통이 나쁜 곳, 즉 굴속이나 우물 속 또는 산에 올라갔을 때와 공기 중에 산소함유량이 희박하여 호흡이 곤란하였을 때
⑧ 머리부상으로 호흡중추신경에 타격을 받아 호흡이 중단되었을 때

이상의 경우를 제외하고는 구조호흡이 그 효력을 발휘하지 못한다.

03 쇼크(충격)

여러 가지 원인에 의해 정신적, 신체적으로 충격을 받은 경우에 혈액순환의 이변이나 혈압의 변화에 의해 생기는 것으로 몸 전체의 기능이 쇠약해져 부상 부위는 물론 전신으로 광범위하면서 막연하게 원기가 없는 상태를 말한다. 쇼크는 한순간 휘청거리는 것과 같은 가벼운 것에서부터 그것만으로도 사망할 수 있는 것까지 다양한 원인과 형태가 있으므로 늘 주의해야 한다.

(1) 쇼크의 원인
 ① 일시에 다량의 출혈을 한 경우
  출혈은 쇼크를 일으키는 큰 원인이 되며 보통 외상을 당한 경우에 출혈량이 1,000cc 정도 되면 출혈로 인한 쇼크상태가 유발된다. 또한 동량의 출혈이라도 단시간에 나오는 경우는 훨씬 위험성이 크다.
 ② 출혈이나 고통을 장시간 경과시킨 경우
  보통 정도의 출혈이라도 지혈처치를 하지 않고 오랫동안 방치해 두었을 때, 환자가 상당한 통증을 호소하거나 환자에게 상처를 보이는 등의 육체적, 정신적으로 고통이나 고통을 그대로 방치해 두면 그것만으로도 체력이나 기력이 쇠퇴해져 끝내는 쇼크를 일으키게 된다.
 ③ 환자 취급이 잘못됐을 경우
  환자를 난폭하게 다루었을 때 그로 인하여 쇼크를 일으키는 때가 있다. 모든 응급환자를 다루는 데 있어서는 어떤 경우라도 난폭하거나 거칠게 취급해서는 안된다. 왜냐하면 환자에게 쇼크를 일으켜서 상태를 악화시키는 일이기 때문이다.
 ④ 환자운반이 적절치 못한 경우
  환자의 운반이나 이동은 보다 조용하고 안전한 방법을 택해서 다소 시간이 걸리더라도 적당한 체위를 유지해서 신중하게 해야 한다.
 ⑤ 과도한 추위나 더위에 노출시킨 경우
  겨울철의 추위나 매우 온도가 낮은 장소에서 장시간 노출되었을 경우 또는 여름의 더위나 고온, 고열에 노출되게 두면 쇼크를 일으킬 위험성이 있으므로 그날의 기후나 장소에 따라서 보온을 하거나 시원하게 하여 미리 쇼크를 예방해야 한다.
 ⑥ 머리나 흉부가 손상된 경우
  머리나 흉부의 손상은 쇼크의 원인이 되기 쉬우므로 특히 주의해야 한다.
 ⑦ 기타의 경우
  심신의 피로나 쇠약, 수면부족, 기아, 질병 등이 쇼크의 원인이 된다. 또는 심리적인

불안, 공포 등도 쇼크를 일으킬 수 있으며 격심한 통증도 쇼크를 유발하는 중요한 요인이 된다. 노인, 유아, 어린이, 허약자, 실의에 빠진 사람 등은 건강한 사람에 비해 쇼크가 일어나기 쉬우며 중증으로 빠지는 예도 많다.

(2) 쇼크(충격)의 증상

쇼크에는 일시적이며 가벼운 정도의 것으로부터 죽음에 이르기까지의 여러 단계가 있다. 부상자는 모두 쇼크를 일으킬 가능성이 있으므로 쇼크 증상의 유무를 불구하고 쇼크가 있는 것으로 간주하여 처치하도록 한다. 쇼크의 증상은 보통 즉시 나타나기보다는 서서히 일어나는 것이 상례이다.

쇼크의 증상

① 안면, 입술, 수족, 피부색이 청백색으로 되고 축축하게 식은 땀을 흘린다.
② 맥박은 빠르고 미약하며 때로는 점차 미약하게 된다.
③ 기력이 쇠약해지고 힘이 빠지며 눈은 얼빠진 모양으로 광채가 없어진다.
④ 메스꺼움을 느끼며, 구토나 헛구역질을 한다.
⑤ 호흡은 얕고 불규칙하지만 점차 깊고 긴 호흡이 교차되어 나타난다.
⑥ 동공은 산대되어 크게 된다.
⑦ 심하면 의식이 없어진다.

04 출혈

(1) 출혈의 응급처치

① 출혈이 심하지 않은 경우
출혈이 심하지 않은 상처에 대한 처치는 병균의 침입을 막아 감염을 예방하는 것이다. 상처를 손이나 깨끗하지 않은 헝겊으로 함부로 건드리지 말고, 엉키어 뭉친 핏덩어리를 떼어내지 말아야 한다. 흙이나 더러운 것이 묻었을 때는 깨끗한 물로 상처를 씻어준다. 그리고 소독된 거즈를 상처에 대고 드레싱을 한 다음 의사의 치료를 받게 한다.

② 출혈이 심한 경우
출혈이 심하면 즉시 지혈을 하고 출혈 부위를 높게 하여 안정되게 눕히고, 출혈이 멎기 전에는 음료를 주지 않는다. 이는 수술을 받게 될지도 모르기 때문이다. 지혈방법은 직접압박, 지압점압박, 지혈대 사용 등의 방법이 있다.

(2) 지혈방법

① **직접 압박법**

거즈나 기타 깨끗한 헝겊을 두텁게 접어 상처 위에 대고 직접 누르고, 붕대로 단단히 감아준다 경우에 따라서 아무 헝겊이라도 접어 상처에 댈 부분을 간이 소독한 후 직접 압박한다.

② **간접 압박법**

정맥으로부터 심한 출혈이나 출혈 속도가 빠른 동맥 출혈 시에 피부 표면에 가까운 동맥(지혈점)을 심장 쪽에서 손가락이나 손바닥으로 눌러 압박하는 방법으로 각 부위에 따라 다소 차이는 있으나 원칙적으로 출혈 부위를 높게 하고 창상 부위와 심장사이의 지혈점 중 창상 부위에 가장 가까이 위치하고 있는 지혈점을 뼈를 향해 강하게 압박하도록 한다. 아무런 도구 없이 지혈점을 눌러서 완전히 지혈시킨다는 것은 대단히 어려운 일이나 큰 혈관의 출혈은 방지할 수 있다.

③ **직-간접 압박 병용법**

직접 압박법과 간접 압박법을 동시에 같이 사용하면 대부분의 출혈은 비교적 쉽게 지혈된다. 직접 압박법을 하여도 출혈이 심할 때 그 출혈되는 동맥을 찾아 지혈점을 눌러주면 많은 피가 나오지 못하기 때문에 출혈이 잘 멎지 않는 경우에는 병용법을 하게 되며 전 세계적으로 응급처치로 관심 있게 사용하고 있는 방법이다.

④ **지혈대 사용법**

팔이나 다리에 심한 출혈이 있을 때, 직접압박과 지압점 압박으로도 출혈을 막지 못할 경우에 최후의 수단으로 지혈대를 사용한다.

　㉠ 지혈대는 폭이 적어도 3~5cm 정도 되는 띠를 사용해야 하며 상처와 가장 가까운 곳에 완전 지혈이 되도록 꼭 매어야 한다.

　㉡ 지혈대를 맨 곳은 노출시키며 맨 시간을 기록하여 붙여 두어야 한다.

　㉢ 지혈대를 맨 후 시간이 오래 경과하지 않도록 지체 없이 병원에 이송해야 한다.

　㉣ 지혈대를 맨 곳은 노출시켜 잘 보이도록 하고 지혈대를 맨 시간을 기록한 쪽지를 달아준다.

　㉤ 지혈대를 매게 되면 의사의 지시가 있을 때에 풀도록 한다.

⑤ **지혈의 5대 요령**

　㉠ 상구를 압박한다.

　㉡ 상구를 심장부위보다 높게 올린다.

　㉢ 상구를 냉각시킨다.

　㉣ 상구 가까운 관절을 구부린다.

　㉤ 상구를 안정시킨다.

05 화상

화상이란 열작용에 의해 피부 및 기타 조직이 상해된 것으로 화염, 증기, 열상, 각종 폭발, 가열된 금속, 약품, 전류, 태양열 등에 의해 일어난다. 화상은 상처 입은 면적의 크고 작음에 의해 국부성 화상과 전신성 화상으로 구분된다. 또한 화상의 정도에 따라 여러 종류로 나누어지는데 일반적으로는 1도 화상, 2도 화상, 3도 화상의 3가지로 나눈다.

(1) 국부성 화상

① 제1도 화상
표피가 붉게 변하여 따끔따끔하며 쓰린 통증을 느끼는 정도의 화상으로 상처의 흔적은 남기지 않는다. 이것을 일명 홍반성 화상이라고 한다.

② 제2도 화상
열의 강도가 1도 화상일 때보다 강할 때 일어나는 화상으로 피부상층의 모세혈관뿐만 아니라 진피까지 손상되어 혈관으로부터 압출된 혈청 및 혈구가 상피와 진피 사이에 모여서 물집이 새기고 통증은 심하며 화농하는 경우도 있다. 이것은 수포성 화상이라 한다.

③ 제3도 화상
제1도 및 제2도 화상보다 열도가 심한 경우에 일어나는 화상으로 피하조직(진피 아래에 있는 지방)이나 근육조직의 손상으로 처음에는 희게 보이나 정도가 심한 경우는 조직이 검게 타서 사멸되어 짓무른 상태로 된다. 동통은 물론 심하고 화농하여 잘 낫지 않으며 심한 경우 케로이드(두드러져 당김)를 남긴다. 이것은 괴저성 탄화라 한다.

(2) 전신성 화상

① 전신성 화상은 열도의 강약이나 조직의 손상정도보다도 화상 면적의 크고 작음에 의해 위험도가 결정되어지는 것으로 화상이 체표 면적의 1/2 이상(50%)을 넘을 때는 거의 죽음을 면하기 어렵다고 보아야 한다. 이것은 체내 체액 성분의 감소와 혈구 및 조직의 괴저로 인한 자가중독에 의한 것이다. 또 처치를 잘못함으로 인하여 간혹 세균감염에 의해 파상풍이나 화농증을 병발하여 사망하게 되는 예도 있으므로 주의를 해야 한다.

② 화상을 입은 직후에는 단지 격심한 통증만 호소하고 의식은 명료하더라도 시간이 경과함에 따라서 점점 의식을 잃게 되어 헛소리를 하기도 하며 또는 경련을 일으키게 되고 이어서 혼수상태에 빠지고 중상의 경우에는 화상 입은 후 수 시간 또는 1~2일에 사망하게 된다. 때에 따라서는 수일 후 점차 쇠약해져서 사망하거나 화농을 일으켜 패혈증으로 사망하게 되는 경우도 있다.

(3) 화학약품에 의한 화상

① 화학약품이 눈에 들어간 경우

신속히 많은 물로 눈을 씻는다. 이런 경우 안구뿐만 아니라 안검 뒤까지 주의 깊게 세안하고 속히 안과의사의 치료를 받도록 한다. 이 때 눈을 씻는 적당한 용기가 없으면 대용으로서 주전자나 컵에 물을 넣고 환자를 반듯하게 눕히고 위에서 조심스럽게 씻어 내리도록 하면 좋다. 대야나 큰 그릇에 수돗물을 틀어 물에 담그고 눈을 물속에 잠기게 한 다음 눈을 깜박하면 씻어지기도 한다.

② 산을 뒤집어 쓴 경우(질산, 초산, 염산 등)

이와 같이 약품을 뒤집어 쓴 경우에 물을 사용하면 고열이 생겨 뜨겁게 느껴지나 그것은 일시적인 화학반응현상에 지나지 않으므로 그 뒤에 다량의 물을 사용하여 속히 씻어 낸다. 이 때의 응급처치는 우선 즉시 충분한 물로 씻어 내리고 그 후에 엷은 암모니아수로 중화시킨다. 그러고나서는 빠른 시간 내에 의사의 치료를 받도록 한다.

③ 알칼리를 뒤집어 쓴 경우(암모니아, 석회, 생석회 등)

즉시 물로서 충분히 씻어 내고 후에 붕산이나 우유로 중화시킨다. 역시 의사의 치료를 받도록 한다.

(4) 전기화상

① 전기손상에 의한 병변을 흔히 전기화상이라고 한다. 전기에 의한 손상은 1,000volt 이상의 고압일 경우 압궤손상에 가깝고, 1,000volt 이하의 경우에는 전류에 대한 조직의 저항으로 발생한 열에너지에 의한 막대한 열교환으로 말미암아 열에너지로 인한 열화상에 해당된다.

② 가장 흔한 전기손상은 낮은 전압의 직류전기에 의한 화상이고, 교류는 근육강축을 일으켜 전원에서 떨어지지 못하게 되거나, 골절, 심폐정지를 유발할 수 있다. 가정의 전류는 오히려 치명적으로 심부정맥이나 폐정지를 일으키기 쉽다. 380volt 이하의 낮은 전압의 경우 대부분 접촉성 화상이다.

③ 전기화상은 다른 화상과는 달리 전류의 입구와 출구에 심한 국소적 조직손상을 일으킨다. 전기화상에 의한 조직손상은 표재성 피부열 화상과 심부조직 화상으로 크게 나눌 수 있다. 피부화상은 작으면서도 심부조직은 광범위하게 손상될 수도 있어 피부부종, 발작, 근육압통, 신체기능 제한 등이 있으면 일단 심부화상을 의심하여야 한다.

④ 고압 전류에서 심장손상은 약 10%~25%가 오게 되며 심박동의 리듬과 심전도계의 장애가 초래될 수 있다. 두부에 전류가 흘러 중추신경계에 손상을 줄 경우에는 합병증으로 반신마비, 두통, 간질, 무어증 등이 드물게 나타날 수 있으며 말초조직의 손상도 있을 수 있으나, 국소조직의 손상이 동반되지 않으면 회복이 가능하다. 그 외 여러 가지 합병

증이 동반될 가능성이 많으므로 전기화상은 반드시 후송시켜야 한다.

(5) 치료기준에 따른 화상 면적(범위)의 측정법

화상의 심도와 범위를 함께 고려하여 치료의 기준으로 삼아 아래와 같이 분류한다. 여기에는 화상의 범위를 체표면적의 백분율(%)로 표시한 9의 법칙이 이용된다. 화상 상처의 심도는 매우 중요하며 동시에 화상을 입은 신체부위의 면적은 치료와 예후에 있어서 매우 중요하다.

① 경도화상(Minor burn) : 합병증이 없으면 보통 선내치료가 가능한 정도이다.
　㉠ 제1도 화상
　㉡ 제2도 화상이 15% 미만(소아 : 10%)
　㉢ 제3도 화상이 2% 미만

② 중등도 화상(Moderate burn) : 입원시켜서 경과를 관찰하여야 하는 정도이다.
　㉠ 제2도 화상이 15~30%(소아 : 10~20%)
　㉡ 제3도 화상이 10% 미만(소아 : 5%)

③ 중증화상, 위독화상(Major burn, Critical burn) : 반드시 입원시켜야 된다.
　㉠ 제2도 화상이 30% 이상(소아 : 20%)
　㉡ 제3도 화상이 10% 이상(소아 : 5%)
　㉢ 흡입화상이나 중요 골 및 연부조직의 손상이 동반된 경우
　㉣ 전기화상
　㉤ 제3도 화상이 얼굴, 손, 발에 있는 경우

(6) 일반적인 화상의 정도

① 가벼울 때는 전신에 걸쳐서 1/2의 광범위한 경우라도 생명에 위협을 주지 않는 경우도 있다.
② 그러나 2~3도의 화상일 때는 그 범위가 성인의 경우 18% 어린이의 경우 21% 이상이면 전신장해(쇼크)를 일으키는 등 생명을 위협할 수 있다.
③ 화상의 면적이 같더라도 특히 유아나 소아들에 있어서는 피해가 크므로 사망률은 성인에서는 화상면적이 50% 이상인 경우에 높은 반면 소아에서는 화상면적이 35%에서도 상당히 높다.
④ 종래에는 화상의 면적이 50%를 넘으면 대부분 사망하는 것으로 생각하였으나 의학기술이 발전함에 따라 현재로서는 화상면적이 60~80%일지라도 생명을 건지고 회복되는 경우도 많다.

(7) 화상의 응급처치

① 화상에서 최우선 조치는 냉각시키는 것

가벼운 화상의 처치는 즉시로 수돗물을 가볍게 흘리면서 5~10분간 냉각시키면 통증은 대개 사라지고 자연스럽게 치유된다. 그러나 깊은 화상이나 큰 화상의 처치는 다음과 같이 한다.

㉠ 즉시 상기와 같이 수돗물로 냉각시키는 방법이나 아니면 대야나 기타 용기에 물 1L에 중조(소다)를 티스푼으로 하나 정도 넣어 처치하면 효과적이다. 그러나 중조가 없을 때는 그것을 구하기 위하여 시간을 허비하는 것보다는 빨리 화상 입은 곳을 소다수 속에 담가 냉각시키는 것이 가장 우선되는 조치이다.

㉡ 환부를 노출시키지 않을 것과 통증이 어느 정도 없어질 때까지 냉각시키면서 아무것도 바르지 말고 멸균 거즈나 깨끗한 천을 대고 붕대로 가볍게 감고 환부 이외의 몸은 담요로 싸서 보온시켜서 의사의 치료를 받도록 한다. 그 외의 방법으로 기름이나 약을 의사의 지시 없이 바르는 것은 삼가야 한다.

㉢ 몸체나 하지 등 범위가 넓은 곳에 뜨거운 물로 화상을 입으면 즉시로 냉수를 부어서 냉각시키고 의복이 피부에 부착되어 있을 때는 그 부위를 가위로 잘라서 남겨 놓고 의복을 벗긴다. 그 위에 필요하다면 냉수 속에 파스타올을 담궈 그것으로 환부를 감싸고 그 위로부터 가끔씩 냉수를 끼얹어 냉각시킨다.

㉣ 다만 냉각법을 이용하는 것은 체표 면적의 20% 미만인 경우에만 하는 것이다.

② 감염시키지 말 것

화상의 응급처치에서 두 번째로 중요하게 여기는 것은 세균에 의한 감염방지이다. 응급처치할 때는 결코 손이나 불결한 것을 화상 부위에 직접적으로 접촉시켜서는 안 된다. 환부를 멸균거즈나 멸균거즈가 없을 때는 깨끗한 천으로 덮고서 의사에게 보낸다.

③ 반드시 쇼크의 예방과 응급처치를 할 것

㉠ 화상환자는 격심한 통증과 체액손실로 인해 심한 쇼크에 빠지는 경우가 많으므로 반드시 쇼크의 예방과 함께 응급처치를 해야 한다. 쇼크에 대한 응급처치는 환자의 안면색, 호흡상태 및 의식의 유무에 주의 깊게 관찰하고 안정을 유지하며 머리는 약간 낮게 하고 적당히 보온해야 한다.

㉡ 환자가 물을 찾을 때는 물을 넘기는 데 이상이 없다고 판단이 되면 1L의 물에 티스푼으로 반 스푼 정도의 식염과 동량의 중조(소다)를 넣은 것을 1/2컵 정도 마시도록 하며 계속해서 갈증을 호소하면 1/2컵 정도를 서서히 조금씩 먹인다.

06 검역법 관련 사항

(1) 출항시의 조치

이 조치는 출항 전에 심한 감염병이 출항항구에서 발생한 경우에만 행하는 조치로서 승선한 승객과 전 선원에 대한 감염병 감염유무를 확인하기 위한 검사를 말한다.

(2) 입항시의 조치

국제간을 항행한 후 입항하려는 선박의 선장은 선내의 모든 인원에 대한 건강상태를 확인하고 그 상태를 입항시 항구보건당국에 4주 이내의 보건상태에 대하여 보건상태신고서를 작성하여 제출하는 조치를 말한다. 이 신고서 내용은 아래와 같다.
① 검역감염병 또는 그 유사환자 발생여부
② 선내 페스트 또는 유사질환 발생여부 및 비정상적으로 사망한 쥐의 유무
③ 선내사고 이외의 사망유무
④ 감염성의 여부가 의심스러운 환자의 승선 또는 발생유무
⑤ 현재 선내환자의 유무
⑥ 선내 감염병 또는 질병전파가 가능한 기타 조건의 유무 등을 기록한다.

> **참고**
> 입항허가의 여부는 그 선박의 보건상태에 따라 결정된다. 입항 수 시간 전(우리나라의 경우 36시간 전)에 무전으로 입항예정 항구의 항구보건당국에 선장이 선내의 보건상태를 알려주고 무선검역증을 받아 입항허가를 받을 수도 있다.

제3장 기출 및 예상문제

01 감전사고 방지를 위한 것으로 잘못된 것은?
① 누전 개소가 있는지 살핀다.
② 용접시는 보호용구를 철저히 착용한다.
③ 누전 우려가 있는 곳은 전원을 접지시킨다.
④ 전기기기는 정격으로 운전한다.

02 감전된 사람을 구출하는 요령 중 틀린 것은?
① 전원스위치를 차단하고 구출한다.
② 신선한 공기가 있는 곳으로 옮기고 인공호흡을 시킨다.
③ 마사지를 해주고 보온을 하며 강심제 주사를 놓아준다.
④ 찬물로 씻어주어 정신이 들게 한다.

03 관절의 뼈가 제자리에서 이탈한 상태로 혈관, 인대, 신경에 손상을 준 상태를 무엇이라 하는가?
① 탈구
② 염좌
③ 강직
④ 타박상

 01. ③ 02. ④ 03. ①

04 환자에게 얼음주머니를 사용할 경우의 주의사항 중 틀린 것은?
① 직접 피부에 닿지 않도록 한다.
② 무거운 감을 느끼지 않도록 한다.
③ 얼음을 모가 나지 않게 하여 넣는다.
④ 공기를 넣어 부드럽게 한다.

05 일사병 환자의 응급처치법이 아닌 것은?
① 속히 시원한 곳으로 옮긴다.
② 옷은 느슨하게 하고 혁대나 단추는 풀어준다.
③ 알코올류나 뜨거운 음료를 준다.
④ 체온이 올라가면 신속히 체온을 낮춘다.

06 고압전류에 접촉되었을 때 발생하는 전격쇼크의 장애와 가장 거리가 먼 것은?
① 식도폐쇄 ② 호흡마비
③ 어지러움 ④ 의식상실

07 절상(切傷) 후에 서서히 흘러나오는 피를 막기 위한 적절한 방법은?
① 절상부위에 지혈대를 대는 것
② 붕대를 감는 것
③ 상처를 살짝 누르는 것
④ 절상부 아래에 지혈대를 대는 것

08 화상의 응급처치 시 일반적인 주의사항으로 가장 적합한 것은?
① 화상부위에 기름, 바세린 및 고약 등으로 우선 처치한다.
② 피부에 밀착된 옷은 억지로 떼어내서는 안 된다.
③ 화상부위는 깨끗하게 하기 위하여 가능한 한 빨리 물 등으로 씻는다.
④ 물집은 빨리 터뜨려서 약을 바른다.

04. ④ 05. ③ 06. ① 07. ③ 08. ②

09 기관작업에 있어서 외상(外傷) 및 기타 재해(災害)를 방지하기 위한 주의사항 중 틀린 것은?
① 휴식기간 중에는 충분한 휴식을 취해서 피로가 남지 않도록 해야 한다.
② 작업장의 발디딤대, 조명 등을 완전하게 하고 필요에 따라 안전모를 쓰고 장갑 등을 껴야 한다.
③ 타 부서는 작업, 인접 작업에 신경을 쓰고 연락을 할 필요까지는 없다.
④ 작업내용을 자세히 알아두고 작업에 들어가야 한다.

10 맥박을 짚어보는 이유가 아닌 것은?
① 호흡의 유무를 알 수 있다.
② 혈액의 순환을 확인할 수 있다.
③ 심장 박동을 알 수 있다.
④ 심장 박동 상태를 확인할 수 있다.

11 심장에서 출혈된 부위쪽으로 공급되는 혈류의 흐름을 지압점을 눌러 주어 차단시키는 지혈법은?
① 직접 압박법　　② 간접 압박법
③ 기압법　　　　④ 지혈대법

12 지혈법의 종류가 아닌 것은?
① 지혈대 사용법　② 직접 압박법
③ 지압점 압박법　④ 기압법

13 성인의 호흡은 1분간 몇 회가 정상인가?
① 4~6회　　　　② 8~10회
③ 16~18회　　　④ 24~26회

Answer 09. ③ 10. ① 11. ② 12. ④ 13. ③

14 응급환자에게 음료수를 주어도 무방한 경우는?
① 의식이 불확실하거나 의식이 없는 환자
② 구토나 구역질하는 환자
③ 대퇴부 골절환자
④ 두부 손상자나 복부 부상자

15 충격(쇼크)에 대한 원천적인 응급처치 방법이 아닌 것은?
① 적당한 자세　　　　② 적당한 보온
③ 적당한 운반　　　　④ 적당한 음료수

Answer　14. ③　15. ③

방화 및 소화요령

C.H.A.P.T.E.R. Ⅳ

01 방화 및 소화요령

(1) 화재시 비상조치표

① 비상부서배치표
  선내 비상사태 발생시 각 승무원의 임무수행 위치와 임무수행 내용을 나타낸 것으로 선내의 잘 보이는 곳에 게시하여야 한다.

② 선내 소화조직의 구성
  승무원의 수에 따라 약간씩 차이가 있으나, 소화조직을 지휘 및 당직반, 현장반을 크게 나누고 있으며 현장반은 기관실 이외에서 화재발생시 소화를 담당하는 소화1반(통상 1등항해사가 반장), 기관실 소화작업을 실시하는 소화2반(통상 1등기관사가 반장) 및 지원반(통상 2등항해사가 반장)으로 조직된다.

(2) 소방원 장구

① 방화복
  화재 가까이 접근할 때 사용하는 접근용 방화복(Proximity Suit), 짧은 시간동안 815.5°까지의 화염에 직접 접촉하여도 안전한 침투용 방화복(Entry Suit)이 있다.

② 호흡구
  호흡구는 자장식 호흡구(Self-contained Breathing Apparatus)와 수동이나 전기 구동의 펌프, 연결호스와 마스크 등으로 구성되어 있는 공기펌프식 호흡구(Air Pump Type Breathing Apparatus)가 있다(자장식 호흡구가 선박에서 주로 이용되며, 공기펌프식은 탱커선에서 필수적인 장비로 호스의 길이가 36m를 초과해서는 안된다).

③ 구명줄(Life line)

실행자	1회 당김	2회 당김	3회 당김	4회 당김	짧게 연속당김
소방원(호흡구 착용자)	이상유무/예	전진	후퇴	즉시 구조	긴급사태
보조자	이상유무/예	전진	후퇴	즉시 철수	긴급사태

④ 안전등
　㉠ 3시간 이상 조명시간을 가지는 전기식이어야 한다.
　㉡ 빛의 발사강도가 40cd 이상이어야 한다.
　㉢ 1.5m의 높이로부터 나무로 된 바닥에 계속 3회 낙하하여도 이상이 없어야 한다.
　㉣ 가연성 기체가 있는 공기중에서 점멸할 때 누화되지 않는 방폭형이어야 한다.
⑤ 방화도끼
　원양구역을 항해하는 모든 선박은 두 개의 방화도끼를 배치하여야 한다.

(3) 화재탐지장치(Fire Detector)

화재의 발생을 초기의 단계에 감지하여 자동적으로 경보를 울리게 하는 장치로 화재의 조기 발견 또는 화재의 징후를 잡아서 그 피해를 최소로 줄이는 동시에 안전을 확보하기 위한 장치이다.

(4) 화재 소화장비의 사용 및 점검요령

화재가 발생하면 초기에 진압하는 것이 중요하며 휴대식 소화기는 화재지역에 쉽게 접근하여 재빨리 소화할 수 있어 초기 진화에 유리하고, 소화약제의 용량이 한정되어 있어서 다른 소화장치를 동원하여 소화하여야 한다.

① 폼 소화기
　㉠ 일반화재(A급)와 유류화재(B급)에 사용할 수 있다.
　㉡ **사용방법** : 소화기를 똑바로 세운 상태를 유지하면서 화재지점까지 운반한 다음 누름 핀을 2~3번 누르고 노즐을 소화기 위 뚜껑과 함께 잡고 용기를 뒤집어 밑부분의 손잡이를 잡고 흔들면 용기 내 A, B 약제가 혼합되어 폼이 생성되며 동시에 압력이 생겨 호스와 노즐을 통하여 폼을 분사한다.
　㉢ A급화재 : 화재의 심부를 향해 분사, B급화재 : 화재의 뒷면이나 구조물에 사출하여 포말이 흘러 유면을 덮어씌우도록 방사

② 기계식 폼 소화기
　㉠ **사용방법** : 핸들과 레버 사이에 있는 안전핀을 뽑고 노즐을 잡고 핸들과 레버를 누르면 폼 수용액이 방사된다.

③ 이산화탄소 소화기
　㉠ 이산화탄소 소화기는 파악식, 피스톨식, 회전식 등이 있다. 일반적으로 파악식이 가장 많이 사용된다.
　㉡ **사용방법** : 소화기를 화재장소로 접근시켜 안전핀을 뽑고 호스를 잡고 화재방향으로 향하게 한 후 레버를 당겨 가스분사(연소분사시 핸들에 붙어 있는 D형링에 레버를 걸어둠)한다.

④ 분말 소화기
   ㉠ B, C급 화재에 효과적이다.
   ㉡ **사용방법** : 호스를 뽑아서 화재쪽으로 향하게 하고 반대편 손으로 안전핀을 뽑고 레버와 핸들을 당겨 분말이 분사한다.
⑤ 고정식 이산화탄소 소화장치
   ㉠ 저장용기, 화재탐지장치, 분사헤드, 제어함, 기동장치, 배관, 자동폐쇄장치, 비상전원, 음향경보장치 등으로 구성
   ㉡ **사용방법** : 자동 작동순서
      ⓐ Fire Control Station으로 이동
      ⓑ Control Cylinder Cabinet을 Open
      ⓒ Control Cylinder(통상 2개가 있으나 1개는 예비용)의 밸브를 Open
      ⓓ 전 승무원의 방출구역으로부터 탈출여부를 확인
      ⓔ 방출하는 구역의 Ball Valve를 Open
      ⓕ 압력계를 확인하고 정상적으로 실린더 압력이 하강하는지 여부를 확인
      ⓖ 자동방출이 실패한 경우 수동방출
   ㉢ 수동 작동순서
      ⓐ 방출하고자 하는 구역의 Main Valve를 수동으로 Open
      ⓑ 비상배치표에 의해 전승무원을 고정식 이산화탄소 소화장치에 배치
      ⓒ 선장의 지시에 의해 해당 실린더의 안전핀을 제거
      ⓓ 수동으로 실린더의 작동핀을 완전히 당기고 방출되었는지 확인

(5) **기관실 화재 발생**
   ① 화재 발생시 즉시 경보를 울리고 선교에 보고
   ② 가까운 곳에 있는 휴대식 소화기 등을 이용해서 초기 진화
   ③ 화재 발생구역의 개구부는 공기의 공급을 줄이고 화재가 다른 곳으로 확산되는 것을 방지하기 위해 폐쇄
   ④ 화재 종류에 따라 소화장비 사용

제4장 기출 및 예상문제

01 기관실 화재발생시 조치 사항과 거리가 먼 것은?
① 화재가 발생하면 즉시 경보를 울리고 선교에 보고한다.
② 가능한 한 가장 가까이에 있는 휴대식 소화기 등을 이용하여 초기진화를 해야 한다.
③ 기름화재 또는 전기화재의 진화에는 반드시 물을 사용해야 한다.
④ 화재 발생구역의 개구부는 공기의 공급을 줄이고 화재가 다른 곳으로 확산되는 것을 방지하기 위하여 폐쇄되어야 한다.

02 용접 등 열작업으로 인한 화재를 예방하기 위한 주의사항과 거리가 먼 것은?
① 작업지역은 통풍이 잘 되도록 할 것
② 적당한 휴대식 소화기와 즉시 물을 뿜을 수 있는 호스 및 노즐을 준비할 것
③ 가스토치용 가스용기는 항상 수평으로 유지할 것
④ 작업주위의 기름이나 먼지 등은 미리 소제하거나, 불가피하면 불에 강한 캔버스 등으로 완전히 덮고 감시할 것

03 화재구획의 공기를 흡입하여 공기 내에 연기가 존재하면 작동하는 화재 탐지기는?
① 정온식 탐지기
② 감온 전선식 탐지기
③ 연관식 탐지기
④ 차동식 탐지기

04 다음 중 A급 화재에 해당하는 것은?
① 목재 화재
② 유류 화재
③ 전기 화재
④ LPG 화재

Answer 01. ③ 02. ③ 03. ③ 04. ①

05 다음 중 소방원 장구에 해당되지 않는 것은?
　① 방화복　　　　　　　　② 방화도끼
　③ 무전기　　　　　　　　④ 호흡구

06 연료유에 의한 화재를 방지하기 위하여 주의해야 할 사항으로 적당하지 않은 것은?
　① 연료유로부터 발생하는 가스가 모이기 쉬운 곳에 불꽃을 가까이 하지 말 것
　② 되도록 인화점이 낮은 연료유를 사용할 것
　③ 연료유로부터 발생한 가스가 모이기 쉬운 곳은 충분히 환기할 것
　④ 연료유 누설이 없도록 하고 주위를 깨끗이 할 것

07 기관실의 기름에 용접 불꽃이 튀어 화재가 발생하였다. 화재의 분류는?
　① A급 화재　　　　　　　② B급 화재
　③ C급 화재　　　　　　　④ D급 화재

08 소화기의 보관 및 관리 요령으로 부적절한 것은?
　① 소화기는 눈에 잘 띄지 않는 구석진 곳에 설치한다.
　② 습기나 직사광선은 피한다.
　③ 통행에 지장을 주지 않는 곳에 설치한다.
　④ 한번 사용한 소화기는 다시 사용할 수 있도록 정비를 한다.

09 전기 화재의 예방요령으로 적합하지 않은 것은?
　① 외출시에는 전기 기구의 플러그를 뺀다.
　② 개폐기는 습기나 먼지가 없는 곳에 부착한다.
　③ 한 개의 콘센트에 여러 개의 전기기구를 사용한다.
　④ 옥내 배선은 반드시 절연 전선을 사용한다.

Answer　05. ③　06. ②　07. ②　08. ①　09. ③

10 기관실에 화재가 발생하여 진화하지 못할 경우 제일 먼저 조치해야 할 사항은?
① 값비싼 물품을 가지고 나온다.
② 인화물질을 가지고 나온다.
③ 공기탱크의 공기를 빼고 기관일지를 가지고 나온다.
④ 공구를 가지고 나온다.

11 선내 소화호스의 암나사 부분은 항상 (　)에 연결하여 사용해야 한다. (　)에 알맞은 말은?
① 노즐　　　　　　　　② 애플리케이터
③ 소화전　　　　　　　④ 소화펌프

12 다음 중 화재탐지장치의 종류가 아닌 것은?
① 연관식　　　　　　　② 수관식
③ 공기관식　　　　　　④ 전기 서모스탯식

13 수소화기는 주로 (　) 화재에 사용한다. (　)에 알맞은 것은?
① D급　　　　　　　　② C급
③ B급　　　　　　　　④ A급

14 선박 화재의 소화 방법으로 소화 작업을 완료하고 난 뒤의 조치사항이 아닌 것은?
① 화재 구역의 각 통로를 차단한다.
② 소화 장비를 재정비한다.
③ 승무원 1명을 배치하여 재발에 유의한다.
④ 화재로 인한 선체 손상여부를 점검한다.

 10. ③　11. ③　12. ②　13. ④　14. ①

15 기관실의 화재발생시 조치사항으로 틀린 것은?
① 초기의 작은 화재는 휴대용 소화기로 소화한다.
② 화재경보기를 작동시킨다.
③ 공기탱크에 공기를 충전시킨다.
④ 인화물질을 화재 장소로부터 격리시킨다.

16 화재의 분류에서 나무, 종이 등의 고체 화재는 어디에 해당하는가?
① A급 화재   ② B급 화재
③ C급 화재   ④ D급 화재

Answer 15. ③ 16. ①

비상 조치 및 손상제어

C.H.A.P.T.E.R.

01 선내에 침수하는 경우의 응급처치

침수장소와 정도를 먼저 파악하고, 펌프 등을 최대한 동원하여 배수를 하여야 하고, 파손된 부위를 막아야 하며 필요시 배의 경사를 조절(침수의 정도가 심하여 응급조치가 불가능한 경우 수밀문을 작동하여 그 구역을 폐쇄)한다.

침수시 응급조치의 일반적인 절차

① 침수사고시 선내통보와 보고는 신속히 행하고 상사의 지시, 다른 사람의 협력을 받는다(절대 혼자서 처리하려 하면 안된다).
② 선장은 즉시 방수 및 배수부서 배치를 명하고 방송을 들은 전 선원은 즉시 〈침수사고 비상배치표〉에 정해진 위치에서 정해진 임무를 수행한다.
③ 작은 파공에 의한 침수의 경우에는 적당한 방수기자재(방수매트)로 방수한다.
④ 충돌, 좌초 등과 같은 사고로 인해 큰 파공부가 발생하여 침수량이 큰 경우에는 즉시 방수작업과 빌지 배출을 병행하여야 한다(방수가 불가능하거나 한 구역에 대량 침수될 경우 그 구역 폐쇄).
⑤ 침몰의 우려가 있을 경우에는 기관장 일지 등의 중요반출물건을 반출해야 하며, 퇴선시 보일러의 소화 감압조작을 잊어서는 안된다. 가까운 연안국에 긴급 구조요청을 한다.

02 주기관 손상시 응급조치

① 기관당직자는 출·입항 중 또는 항해 중 주기관에 이상이 발생되어 운전 불능이 된 경우 즉시 선교 당직사관에게 연락한다.
② 선교 당직사관은 즉시 선장에게 연락하여 안전한 수역으로 선회시키고, 선내방송을 통해 비상상황임을 알림과 동시에 〈주기관 고장시 비상배치〉를 명한다.
③ 운전부 자유등화(홍등2개) 혹은 형상물(흑구2개)을 게양한다.
④ 주위의 다른 선박에 경고할 필요가 있을 경우 적절한 방법을 통해 주의 환기 신호를 반복하여 올린다.

　　⑤ 선장은 기관장과 협의하여 필요하다고 판단되고 수심과 수역이 허락할 경우 적당한 장소에 투묘한다.
　　⑥ 사고발생 사실을 알리고, 본선에서의 수리가 불가능할 경우 가까운 연안국에 구조요청을 실시한다.

(1) 시동시 비상 운전

제어장소를 변경하는 스위치는 선교와 기관제어실에 있으며, 동시에 두 곳에서 조종되지 않도록 만들어져 있다. 주기관의 시동실패는 대형 사고를 유발할 수 있어서 주의하여 한다. 시동실패인 경우 선교 또는 기관제어실 제어일 경우에는 즉시 그 원인을 해결하든지 아니면 Control Mode Select 스위치의 제어 장소를 변경하여 시동하여야 한다.

제어장소	제어기능	안전장치 기능
선 교	자동기동 및 정지 전·후진 속도제어	자동 비상정지 수동 비상정지 자동감속
기관제어실	자동/수동 기동 및 정지 자동/수동 전·후진 속도제어	자동 비상정지 수동 비상정지 자동/수동 감속
엔진측	수동기동 및 정지 수동 전·후진 속도제어 연료제어	자동 비상정지 수동 비상정지

(2) 운전 중 비상운전

항해중 급정지 또는 급후진이 지령되었을 경우 → 선조치 후보고
　① 주기 텔레그래프를 신속히 응답하고 지령대로 신속히 응한다.
　② 조작 시간을 기록한다.
　③ 기관장, 1등기관사에게 연락을 취한다.
　④ 다음의 명령에 응할 수 있도록 만반의 준비를 한다.
　⑤ 선교에 연락하여 그 사유를 알아본다.

(3) 사고로 인한 비상운전시 일반적인 주의사항

　① 보조블로어의 스위치가 자동으로 되어 있는지를 확인해야 한다.
　② 감통운전으로 연료유온도와 냉각수온도는 정상 운전시와 동일하게 유지한다.
　③ 감통운전시 실린더유 공급률은 최소로 조정해야 한다.

④ 시동밸브로 가는 공기라인과 제어공기관을 분해하여 막는다.
⑤ 실린더의 배기 온도를 주의해서 관찰해야 한다.
⑥ 배기가스의 색을 계속적으로 관찰해야 한다.
⑦ 과급기의 서징이 계속적으로 발생되지 않도록 조종한다.
⑧ 감통운전시는 시동에 어려움이 따를 수 있으므로 가능하면 연속 운전을 한다.

03 발전기 고장 및 정전시 응급조치

① 다른 발전기를 운전하여 전원 공급 준비를 한다.
② 각종 보기의 스위치를 내려 전원 투입시 과부하를 방지한다.
③ 전원 복구 후 선교에 상황을 통보한다.
④ 보기들을 차례로 운전한다.
⑤ 주기관 시동준비가 되면 선교에 알린 후 시동한다.
⑥ 고장원인을 파악한다.

제5장 기출 및 예상문제

01 침수에 대한 응급처치 방법으로 적절하지 않은 것은?
① 배수를 위하여 발전기의 운전에 노력한다.
② 방수가 도저히 불가능할 경우는 수밀문을 닫아 침수 구획을 폐쇄한다.
③ 선체상의 침수부를 확인하고 상황을 판단하여 상사에게 보고한다.
④ 선체에 큰 파공이 생겼을 때는 선박 내측에서 방수매트를 대고 지주로 지지한다.

02 침수에 대한 방지대책을 열거하였다. 틀린 항목은?
① 선외개구, 해수파이프 및 밸브 박스의 부식에 신경을 쓴다.
② 선저 폐수 상태를 항상 확인한다.
③ 선미관 글랜드의 누설은 무시한다.
④ 킹스톤 밸브 개폐를 확실히 한다.

03 선박이 좌초하였을 때 가장 먼저 취해야 할 행동은?
① 신속히 펌프를 동원하여 배수한다.
② 선장에게 보고한다.
③ 피해 장소와 정도를 확인한다.
④ 침수 개소를 막는 공작을 한다.

04 기관실이 일부 침수했을 때 침수를 막기 위해 사용하는 응급조치용 장비가 아닌 것은?
① 그리스   ② 쐐기
③ 시멘트   ④ 방수매트

Answer   01. ④   02. ③   03. ③   04. ①

05 구명정 훈련요령으로 틀린 것은?
① 각자 배치장소를 사전 확인한다.
② 옷을 적게 입고 집합한다.
③ 정장은 인원을 확인한다.
④ 휴대품을 지참하고 신속히 집합한다.

06 선박의 침수예방을 위해 해야 할 일이 아닌 것은?
① 비상조치 요령의 숙달
② 방수 및 배수 훈련의 철저
③ 선내 소독 철저
④ 방수장비의 종류와 배치장소 파악

07 기관실에 해수가 조금씩 침수할 때의 조치 중 가장 바람직하지 못한 것은?
① 퇴선을 서두른다.
② 침수장소를 파악한다.
③ 침수정도를 파악한다.
④ 펌프로 배수한다.

08 일반적으로 비상 선저 폐수관이 연결되는 펌프는?
① 선저 폐수 펌프
② 윤활유 펌프
③ 연료 펌프
④ 주 냉각 해수 펌프

09 침수부를 확인할 때 유의사항 중 가장 거리가 먼 것은?
① 침수원인
② 침수구의 크기와 깊이
③ 침수 행위자
④ 침수량

Answer 05. ② 06. ③ 07. ① 08. ① 09. ③

해사관계법령

01 선박의 입항 및 출항 등에 관한 법률

(1) 항로 사용의 원칙

① 관리청은 무역항의 수상구역등에서 선박교통의 안전을 위하여 필요한 경우에는 무역항과 무역항의 수상구역 밖의 수로를 항로로 지정·고시할 수 있다.

② 우선피항선 외의 선박은 무역항의 수상구역등에 출입하는 경우 또는 무역항의 수상구역등을 통과하는 경우에는 지정·고시된 항로를 따라 항행하여야 한다. 다만, 해양사고를 피하기 위한 경우 등 해양수산부령으로 정하는 사유가 있는 경우에는 그러하지 아니하다.

(2) 항로에서의 정박 금지

① 선장은 항로에 선박을 정박 또는 정류시키거나 예인되는 선박 또는 부유물을 내버려두어서는 아니 된다. 다만, 다음의 어느 하나에 해당하는 경우는 그러하지 아니하다.
  ㉠ 해양사고를 피하기 위한 경우
  ㉡ 선박의 고장이나 그 밖의 사유로 선박을 조종할 수 없는 경우
  ㉢ 인명을 구조하거나 급박한 위험이 있는 선박을 구조하는 경우
  ㉣ 제41조에 따른 허가를 받은 공사 또는 작업에 사용하는 경우

② 위 ①의 ㉠부터 ㉢까지의 사유로 선박을 항로에 정박시키거나 정류시키려는 자는 그 사실을 관리청에 신고하여야 한다. 이 경우 ㉡에 해당하는 선박의 선장은 조종불능선 표시를 하여야 한다.

(3) 항로에서의 항법

① 모든 선박은 항로에서 다음 각 호의 항법에 따라 항행하여야 한다.
  ㉠ 항로 밖에서 항로에 들어오거나 항로에서 항로 밖으로 나가는 선박은 항로를 항행하는 다른 선박의 진로를 피하여 항행할 것

　　ⓒ 항로에서 다른 선박과 나란히 항행하지 아니할 것
　　ⓒ 항로에서 다른 선박과 마주칠 우려가 있는 경우에는 오른쪽으로 항행할 것
　　② 항로에서 다른 선박을 추월하지 아니할 것. 다만, 추월하려는 선박을 눈으로 볼 수 있고 안전하게 추월할 수 있다고 판단되는 경우에는 「해사안전법」 제67조 제5항 및 제71조에 따른 방법으로 추월할 것
　　⑰ 항로를 항행하는 위험물운송선박(선박 중 급유선은 제외한다) 또는 흘수제약선(吃水制約船)의 진로를 방해하지 아니할 것
　　ⓗ 범선은 항로에서 지그재그(zigzag)로 항행하지 아니할 것
　② 관리청은 선박교통의 안전을 위하여 특히 필요하다고 인정하는 경우에는 ①에서 규정한 사항 외에 따로 항로에서의 항법 등에 관한 사항을 정하여 고시할 수 있다. 이 경우 선박은 이에 따라 항행하여야 한다.

(4) 방파제 부근에서의 항법

무역항의 수상구역등에 입항하는 선박이 방파제 입구 등에서 출항하는 선박과 마주칠 우려가 있는 경우에는 방파제 밖에서 출항하는 선박의 진로를 피하여야 한다.

(5) 부두등 부근에서의 항법

선박이 무역항의 수상구역등에서 해안으로 길게 뻗어 나온 육지 부분, 부두, 방파제 등 인공시설물의 튀어나온 부분 또는 정박 중인 선박(이하에서 "부두등"이라 한다)을 오른쪽 뱃전에 두고 항행할 때에는 부두등에 접근하여 항행하고, 부두등을 왼쪽 뱃전에 두고 항행할 때에는 멀리 떨어져서 항행하여야 한다.

(6) 예인선 등의 항법

　① 예인선이 무역항의 수상구역등에서 다른 선박을 끌고 항행할 때에는 해양수산부령으로 정하는 방법에 따라야 한다.
　　⊙ 예인선의 선수(船首)로부터 피(被)예인선의 선미(船尾)까지의 길이는 200미터를 초과하지 아니할 것. 다만, 다른 선박의 출입을 보조하는 경우에는 그러하지 아니하다.
　　ⓒ 예인선은 한꺼번에 3척 이상의 피예인선을 끌지 아니할 것
　② 범선이 무역항의 수상구역등에서 항행할 때에는 돛을 줄이거나 예인선이 범선을 끌고 가게 하여야 한다.

(7) 진로방해의 금지

　① 우선피항선은 무역항의 수상구역등이나 무역항의 수상구역 부근에서 다른 선박의 진로를 방해하여서는 아니 된다.

② 공사 등의 허가를 받은 선박과 선박경기 등의 행사를 허가받은 선박은 무역항의 수상구역등에서 다른 선박의 진로를 방해하여서는 아니 된다.

(8) 속력 등의 제한
① 선박이 무역항의 수상구역등이나 무역항의 수상구역 부근을 항행할 때에는 다른 선박에 위험을 주지 아니할 정도의 속력으로 항행하여야 한다.
② 해양경찰청장은 선박이 빠른 속도로 항행하여 다른 선박의 안전 운항에 지장을 초래할 우려가 있다고 인정하는 무역항의 수상구역등에 대하여는 관리청에 무역항의 수상구역등에서의 선박 항행 최고속력을 지정할 것을 요청할 수 있다.
③ 관리청은 ②에 따른 요청을 받은 경우 특별한 사유가 없으면 무역항의 수상구역등에서 선박 항행 최고속력을 지정·고시하여야 한다. 이 경우 선박은 고시된 항행 최고속력의 범위에서 항행하여야 한다.

(9) 항행 선박 간의 거리
무역항의 수상구역등에서 2척 이상의 선박이 항행할 때에는 서로 충돌을 예방할 수 있는 상당한 거리를 유지하여야 한다.

02 해사안전법

(1) 선박의 등화 및 형상물 - 항행 중인 동력선
① 항행 중인 동력선은 다음의 등화를 표시하여야 한다.
  ㉠ 앞쪽에 마스트등 1개와 그 마스트등보다 뒤쪽의 높은 위치에 마스트등 1개. 다만, 길이 50미터 미만의 동력선은 뒤쪽의 마스트등을 표시하지 아니할 수 있다.
  ㉡ 현등 1쌍(길이 20미터 미만의 선박은 이를 대신하여 양색등을 표시할 수 있다)
  ㉢ 선미등 1개
② 수면에 떠있는 상태로 항행 중인 해양수산부령으로 정하는 선박은 ①에 따른 등화에 덧붙여 사방을 비출 수 있는 황색의 섬광등 1개를 표시하여야 한다.
③ 수면비행선박이 비행하는 경우에는 ①에 따른 등화에 덧붙여 사방을 비출 수 있는 고광도 홍색 섬광등 1개를 표시하여야 한다.
④ 길이 12미터 미만의 동력선은 ①에 따른 등화를 대신하여 흰색 전주등 1개와 현등 1쌍을 표시할 수 있다.
⑤ 길이 7미터 미만이고 최대속력이 7노트 미만인 동력선은 ①이나 ④에 따른 등화를 대신하여 흰색 전주등 1개만을 표시할 수 있으며, 가능한 경우 현등 1쌍도 표시할 수 있다.

⑥ 길이 12미터 미만인 동력선에서 마스트등이나 흰색 전주등을 선수와 선미의 중심선상에 표시하는 것이 불가능할 경우에는 그 중심선 위에서 벗어난 위치에 표시할 수 있다. 이 경우 현등 1쌍은 이를 1개의 등화(燈火)로 결합하여 선수와 선미의 중심선상 또는 그에 가까운 위치에 표시하되, 그 표시를 할 수 없을 경우에는 될 수 있으면 마스트등이나 흰색 전주등이 표시된 선으로부터 가까운 위치에 표시하여야 한다.

03 선박안전법

선박안전법은 선박의 감항성(堪航性) 유지 및 안전운항에 필요한 사항을 규정함으로써 국민의 생명과 재산을 보호함을 목적으로 한다.

(1) 적용 선박

선박안전법은 원칙적으로 모든 한국 선박에 적용된다. 다음에 해당되는 선박에 대하여는 적용하지 아니한다.
① 군함 및 경찰용 선박
② 노, 상앗대, 페달 등을 이용하여 인력만으로 운전하는 선박
③ 어선법에 따른 어선
④ ①, ② 및 ③ 외의 선박으로서 대통령령으로 정하는 선박

(2) 선박 복원성 기준

① **복원성** : 수면에 평형상태로 떠 있는 선박이 파도·바람 등 외력에 의하여 기울어졌을 때 원래의 평형상태로 되돌아오려는 성질
② **복원성 시험**
  ㉠ 경사시험
    상갑판에 일정한 중량물을 옆 방향으로 이동시켜 경사각을 측정하고, 모든 사용 상태에서의 선박의 무게중심 위치를 산정하기 위하여 필요한 사항을 측정
  ㉡ 동요시험
    사람의 이동 등의 방법에 의하여 선박을 횡요(rolling)시켜 시행하되 모든 사용 상태에서 선박의 횡요주기를 산정하기 위해 필요한 사항을 측정

(3) 복원성의 유지

다음의 어느 하나에 해당하는 선박소유자[해당 선박에 대한 정당한 권원을 가지고 점유 또는 사용하는 자를 포함한다] 또는 해당 선박의 선장은 해양수산부장관이 정하여 고시하는 기준에 따라 복원성을 유지하여야 한다. 다만, 예인·해양사고구조·준설 또는 측량에 사

용되는 선박 등 해양수산부령으로 정하는 선박에 대하여는 그러하지 아니하다.
① 여객선
② 선박길이가 12미터 이상인 선박

(4) 무선설비

다음에 해당하는 선박소유자는 「해상에서의 인명안전을 위한 국제협약」에 따른 세계 해상조난 및 안전제도의 시행에 필요한 무선설비를 갖추어야 한다. 이 경우 무선설비는 「전파법」에 따른 성능과 기준에 적합하여야 한다.
① 국제항해에 취항하는 여객선
② 위의 선박 외에 국제항해에 취항하는 총톤수 300톤 이상의 선박

(5) 항행상의 안전 조건

① 만재흘수선의 표시
  선박이 안전하게 항해할 수 있는 적재한도(積載限度)의 흘수선으로서 여객이나 화물을 승선 또는 적재하고 안전하게 항해할 수 있는 최대한도를 나타내는 선
  ㉠ 국제항해에 취항하는 선박
  ㉡ 해양수산부령으로 정하는 방법에 따른 선박의 길이가 12미터 이상인 선박
  ㉢ 선박길이가 12미터 미만인 선박으로서 다음의 어느 하나에 해당하는 선박
    • 여객선
    • 위험물을 산적하여 운송하는 선박
      ➜ 만재흘수선 결정요소 : 예비부력, 능파선, 강도

② 항해구역
  한국 선박이 항행할 수 있는 해면을 평수·연해·근해·원양의 4종으로 나누어 이를 항해구역이라고 하며 선박검사증서에 기재

③ 최대승선인원의 산정
  최대승선인원은 여객, 선원 및 임시승선자별로 다음의 기준에 따라 산정한다.
    ㉠ 승선인원에 산입되지 않는 사람
      • 선내 관람과 관련하여 승선하는 사람, 하역·수리작업·해상공사 등을 위한 작업원 또는 선원 교대자 등으로서 해당 선박의 정박 중에만 승선하는 자
      • 선박의 입항, 출항 및 정박 중에 관련 업무를 수행하기 위하여 승선하는 도선사, 운항관리자, 세관공무원, 검역공무원, 선박검사관 및 선박검사원 등
      • 1세 미만인 유아
    ㉡ 여객실, 선원실, 그 밖의 최대승선인원을 산정하는 장소에 화물을 적재한 경우에는 그 화물이 차지하는 장소에 상응하는 인원 수를 제외하고 산정

ⓒ 국제항해에 종사하지 아니하는 선박의 경우 1세 이상 12세 미만인 자는 2명을 1명으로 산정

(6) 항행상의 위험 방지

① 하역설비(하역장치 및 하역장구)

하역장치란 마스트, 포스트, 데릭 붐 및 선체 구조 등에 항구적으로 부착된 것으로, 화물을 올리거나 내리는 데 사용되는 기계적인 장치(해당 선박 안의 특정한 물건만 올리거나 내리는 데 사용되는 것을 제외). 하역장구란 하역장치의 부속품이나 하역장치에 붙여서 사용하는 것

② 하역설비의 제한하중 등 확인

1톤 이상의 화물의 하역에 사용되는 하역설비에 대하여 제한하중, 제한각도 또는 제한반지름(제한하중 등)을 확인

ⓐ 데릭장치 : 제한하중 및 제한각도
ⓑ 지브크레인 : 제한하중 및 제한반지름
ⓒ 그 밖의 하역장치 : 제한하중
ⓓ 하역장치에 처음으로 사용되는 하역장구와 용접 등에 의하여 수리를 한 하역장구 : 제한하중

(7) 선박의 검사

① 검사의 종류

ⓐ 정기검사 : 선박소유자는 선박을 최초로 항해에 사용하는 때 또는 선박검사증서의 유효기간이 만료된 때에는 선박시설과 만재흘수선에 대하여 해양수산부령으로 정하는 바에 따라 해양수산부장관의 검사를 받아야 한다.

ⓑ 중간검사 : 선박소유자는 정기검사와 정기검사의 사이에 해양수산부령으로 정하는 바에 따라 해양수산부장관의 검사를 받아야 한다.

ⓒ 임시검사 : 선박소유자는 다음의 어느 하나에 해당하는 경우에는 해양수산부령으로 정하는 바에 따라 해양수산부장관의 검사를 받아야 한다.

- 선박시설에 대하여 해양수산부령으로 정하는 개조 또는 수리를 행하고자 하는 경우
- 선박검사증서에 기재된 내용을 변경하고자 하는 경우. 다만, 선박소유자의 성명과 주소, 선박명 및 선적항의 변경 등 선박시설의 변경이 수반되지 아니하는 경미한 사항의 변경인 경우에는 그러하지 아니하다.
- 선박의 용도를 변경하고자 하는 경우
- 선박의 무선설비를 새로이 설치하거나 이를 변경하고자 하는 경우

- 해양사고 등으로 선박의 감항성 또는 인명안전의 유지에 영향을 미칠 우려가 있는 선박시설의 변경이 발생한 경우
- 해양수산부장관이 선박시설의 보완 또는 수리가 필요하다고 인정하여 임시검사의 내용 및 시기를 지정한 경우
- 만재흘수선의 변경 등 해양수산부령으로 정하는 경우

ㄹ) **임시항해검사** : 정기검사를 받기 전에 임시로 선박을 항해에 사용하고자 하는 때 또는 국내의 조선소에서 건조된 외국선박의 시운전을 하고자 하는 경우에는 선박소유자 또는 선박의 건조자는 해당선박에 요구되는 항해능력이 있는지에 대하여 해양수산부령으로 정하는 바에 따라 해양수산부장관의 검사를 받아야 한다.

ㅁ) **특별검사** : 해양수산부장관은 선박의 구조·설비 등의 결합으로 인하여 대형 해양사고가 발생한 경우 또는 유사사고가 지속적으로 발생한 경우에는 해양수산부령으로 정하는 바에 따라 관련되는 선박의 구조·설비 등에 대하여 검사를 할 수 있다.

② 선박검사 후 선박의 상태유지 : 선박소유자는 건조검사 또는 선박검사를 받은 후 해당선박의 구조배치·기관·설비 등의 변경을 하여서는 아니 된다.

(8) 항만국 통제(Port State Control, PSC)

항만국 통제는 국제협약기준 준수 여부를 엄격히 확인, 기준 미달시 수리 등 필요한 시정조치와 출항 정지 등 강력한 통제를 행함으로써 자국 연안에서의 해양 사고를 예방하고 해운 산업을 보호하고자 하는 제도

(9) 선박검사증서 및 국제협약검사증서의 유효기간

① 선박검사증서의 유효기간은 5년으로 한다.
② 국제협약검사증서의 유효기간은 다음의 구분에 따른다. 다만, 해당 선박에 대하여 임시변경증 또는 임시항해검사증서를 발급받은 경우 그 유효기간은 해당 임시변경증 또는 임시항해검사증서에 기재된 유효기간으로 한다.
　ㄱ) 여객선안전검사증서·원자력여객선안전검사증서 및 원자력화물선안전검사증서 : 1년
　ㄴ) 그밖의 국제협약검사증서 : 5년

제6장 기출 및 예상문제

01 여객과 화물을 함께 운반하는 선박은?
① 자동차 운반선　　　② 화객선
③ 유조선　　　　　　 ④ 화물선

02 선원의 근무시간 및 근로계약과 선장의 직무와 권한 등을 규정한 법은?
① 선박직원법　　　　② 근로기준법
③ 선원법　　　　　　④ 고용계약법

03 해기사 면허증의 유효기간은?
① 3년　　　　　　　② 4년
③ 5년　　　　　　　④ 6년

04 다음 중 선박안전법의 적용을 받는 선박은?
① 군함
② 경찰용 선박
③ 총톤수 5톤 이상의 선박
④ 노, 상앗대, 페달 등을 이용하여 인력만으로 운전하는 선박

05 선박안전법에 규정된 여객선이란 몇 명 이상의 여객을 태울 수 있는 선박을 말하는가?
① 12인　　　　　　　② 13인
③ 20인　　　　　　　④ 30인

Answer　01. ②　02. ③　03. ③　04. ③　05. ②

06 기관과 선박 설비 전반에 대하여 매 5년마다 받는 선급 검사는?
① 임시검사　　　　　　　② 정기검사
③ 제조검사　　　　　　　④ 중간검사

07 기관실 선저폐수의 배출 기준과 거리가 먼 것은?
① 선박의 항해 중에 배출할 것
② 배출되는 기름의 유분이 15[ppm] 이하일 것
③ 육지로부터 15해리 이상 떨어진 곳에서 배출할 것
④ 기름오염방지설비의 작동 중에 배출할 것

08 해양환경관리법의 제정 목적과 관계없는 것은?
① 불법어로 단속　　　　　② 해양 오염물질 제거
③ 해양환경 보전　　　　　④ 선박으로부터의 기름 배출규제

09 해기사가 될 수 있는 최저 연령은?
① 15세　　　　　　　　　② 16세
③ 17세　　　　　　　　　④ 18세

10 기관부의 해양사고와 관계없는 것은?
① 태풍으로 인한 부두시설 파손
② 기관 당직 중 기관원의 부상
③ 기관 고장
④ 기관실의 화재발생

11 해양사고의 조사 및 심판에 관한 법률상 징계의 종류가 아닌 것은?
① 면허취소　　　　　　　② 업무정지
③ 견책　　　　　　　　　④ 권고

Answer 06. ② 07. ③ 08. ① 09. ④ 10. ① 11. ④

제 4 편 모의고사

모의고사 제1회

01 항해 중 기관사관의 당직교대 요령으로 옳은 것은?

> 후직자는 당직교대 (A)분 전에 (B)에 도착하여 (C)에 교대한다.

	A	B	C
①	15,	선교,	정각
②	15,	기관실,	정각
③	5,	기관실,	정각
④	5,	기관장실,	정각

02 다음 중 기관장 또는 기관사에게 즉시 보고하여야 할 사항에 해당하지 않는 항목은?
① 선장의 명령
② 당직항해사로부터 통보된 모든 사항
③ 기관의 주요부에 이상이 생긴 때의 상황
④ 기관의 중요부에 이상이 생길 우려가 있을 때의 상황

03 다음 중 당직기관사가 유의사항으로 틀린 것은?
① 통풍과 환기상태에 유의한다.
② 기관실 내의 보안과 빌지상태에 주의한다.
③ 기관의 효율을 최대로 유지하고 고장을 미연에 방지하도록 노력한다.
④ 급박한 사태가 생긴 때에는 즉시 기관장에게 보고하고나서 조처를 취한다.

04 다음 중 이중저의 기능과 관계없는 것은?
① 밸러스트의 적재
② 연료유 저장
③ 침수방지
④ 화물의 적재

05 다음 중 특수 업무선이 아닌 것은?
① 어선
② 탱커선
③ 실습선
④ 해난구조선

06 전기 화재의 발생 위험도가 높은 경유는 다음 중 어느 것인가?
① 전기 부하가 큰 기기일수록
② 사용 전압이 높을수록
③ 전선 규격에 비해 전류량이 많을수록
④ 전기 부하가 장시간 걸릴수록

07 입거 중이 아니면 불가능한 작업이 아닌 것은?
① 선저밸브 점검
② 보일러 수저 방출관 수리
③ 스턴튜브 패킹 신환
④ 선저밸브 박스 외관 점검 손질

08 유조선으로서 선저폐수배출방지장치를 설치하지 않아도 되는 선박의 최저 톤수는?
① 총톤수 50톤 미만의 유조선
② 총톤수 100톤 미만의 유조선
③ 총톤수 150톤 미만의 유조선
④ 총톤수 200톤 미만의 유조선

09 급유작업 중에 선박부근에서 기름이 발견되었을 때 먼저 취할 행동은?
① 선장에게 알린다.
② 급유를 중단한다.
③ 터미널 감독관에게 보고한다.
④ 당직사관에게 알린다.

10 해양환경관리법상 선박으로부터 대량의 기름이 배출된 경우의 응급처치로 부적당한 방법은?

① 배출된 기름의 회수조치
② 기름처리 약제의 살포에 의한 배출기름의 제거조치
③ 배출된 기름을 태워서 확산을 방지하는 조치
④ 당해선박의 다른 유조로 기름을 이적하는 조치

11 ( )안에 들어갈 말로 알맞은 것은?

> "슬러지"라 함은 연료유 또는 윤활유를 청정할 때 생기거나 ( )에서 기름의 누출 등에 의하여 생기는 유성 잔유물로서 연료유 또는 윤활유로서 재사용할 수 ( ) 것을 말한다.

① 화물구역-있는　　　② 화물구역-없는
③ 기관구역-있는　　　④ 기관구역-없는

12 다음 중 해양오염방지관리인이 될 수 없는 사람은?

① 1등 항해사　　　② 2등 항해사
③ 통신장　　　　　④ 기관장

13 냉매액으로 인한 동상에 대한 응급처치 중 틀린 것은?

① 동상부근을 다량의 냉수로 씻는다.
② 레몬쥬스나 20%초산액으로 씻어도 좋다.
③ 씻은 후에는 바로 연고를 바른다.
④ 동상부근을 헝겊으로 덮고 지오유산나트륨 포화액으로 습포한다.

14 냉매액이 다량 온 몸에 쏟아졌을 때의 응급처치법으로서 잘못된 것은?

① 재빨리 옷을 벗긴다.
② 찬물로 환부를 씻어낸다.
③ 상해부에 암모니아 용액을 바른다.
④ 환자를 따뜻하게 안정 보호시킨다.

15 사람이 가진 전 혈액량의 얼마 이상이 출혈되면 생명에 위협을 느끼게 되어 심한 경우 사망하게 되는가?

① 전 혈액량의 1/12 이상
② 전 혈액량의 1/3 이상
③ 전 혈액량의 1/4 이상
④ 전 혈액량의 1/5 이상

16 다음 중 붕대의 목적이 아닌 것은?

① 상처의 드레싱과 부목을 유지시킨다.
② 기형을 정형시킨다.
③ 상처의 건조를 방지시킨다.
④ 효과를 나타내어 지혈작용을 한다.

17 면허갱신을 위하여 면허의 유효기간 중에 그 면허에 적합한 선박직원으로 승무하여야 하는가?

① 1년
② 2년
③ 3년
④ 4년

18 해양사고의 조사 및 심판에 관한 법률의 목적은?

① 해양사고를 야기시킨 해기사, 도선사의 징계
② 해기사의 지도와 자질향상
③ 해양사고 원인규명으로 해양사고 발생방지에 기여
④ 해양사고사건에 대한 손해배상심판

19 선원법상 선박승무원 중 해원이 아닌 사람은?

① 기관장
② 사무장
③ 통신장
④ 선장

20 선원법상 선원에 해당되는 자는?

① 선장, 해원, 예비원
② 해원, 직원, 부원
③ 선장, 직원, 부원
④ 직원, 부원, 예비원

21 기관실 내 침수에 대한 응급처치가 아닌 것은?
① 침수부를 확인하여 빌지를 배출한다.
② 침수사고에 대해 상사에 보고한다.
③ 선교에 보고하고 명령을 기다린다.
④ 작은 침수경우는 목전, 쐐기를 박는다.

22 기관실 내 침수사고 발생시 응급처치로서 적절하지 않은 것은?
① 침수를 확인하는 즉시 선교에 알린다.
② 침수파공부의 규모에 적당한 방수조치를 취한다.
③ 방수가 곤란할 경우에는 침수량을 감소시키는 수단을 강구한다.
④ 감전사고를 방지하기 위하여 침수발견 즉시 발전기를 정지시킨다.

23 한냉지 정박시의 당직기관사의 주의사항으로 틀린 것은?
① 빌지밸브는 개방한다.
② 냉각수 온도에 유의한다.
③ 보기의 드레인을 배출시킨다.
④ 기관실의 온도는 20도 이상으로 유지한다.

24 비상용 디젤기관의 작동상태를 확인할 시기와 운전시간은?
① 매월 1회 1시간   ② 매주 1회 2시간
③ 매주 1회 1시간   ④ 매월 1회 2시간

25 정상작동 중인 기관을 즉시 정지시켜야 할 경우에 대한 설명으로 틀린 것은?
① 타코메타가 고장났을 때
② 운동부에 이상한 소리가 날 때
③ 베어링부가 발열하여 흰 연기가 날 때
④ 급히 회전수가 저하하여 그 원인이 불투명할 때

6급 해기사(기관사) 문제집

정답

01	02	03	04	05	06	07	08	09	10	11	12	13	14	15	16	17	18	19	20
②	②	④	④	①	③	④	①	②	③	④	③	③	③	②	④	①	③	④	③

21	22	23	24	25
③	④	①	③	①

모의고사 제1회 **473**

제4편 모의고사 제2회

01 다음 각 실 중 그 출입문이 수밀문이 아닌 것은?
① 선장실　　　　　　② 기관실
③ 선수 갑판 창고　　 ④ 선미측 터널

02 여객과 화물을 함께 운반하는 선박은?
① 여객선　　　　　　② 화객선
③ 자동차 도선　　　 ④ 화물선

03 다음 중 입거해야만 행하는 검사가 아닌 것은?
① 선저　　　　　　　② 프로펠러
③ 보일러　　　　　　④ 선외 배출 밸브

04 입거 중 하지 않아도 될 일은?
① 시체스트의 소재　　　　　② 선미관의 패킹 신환
③ 주기 터닝 장치의 개방검사　④ 선저 밸브 개방, 검사 수리

05 산소가 결핍될 우려가 있는 장소에서 작업하는 경우 주의사항이 아닌 것은?
① 작업은 꼭 2인 이상이 해야 한다.
② 작업하는 자와 연락을 위해서 감시원을 배치한다.
③ 산소량을 검지기구로 측정하여 안전을 확인한다.
④ 작업시에는 가스등 같은 것으로 조명하여 행동하기 쉽게 한다.

06 황천 항해시 디젤기관에 있어서의 처치법으로 적합하게 기술한 것은?
① 조속기의 감도를 낮추어서 공전을 방지하는 것이 좋다.
② 공전이 심하여지면 수동으로 조종핸들을 가감하여 기관의 급회전을 피하여도 좋다.
③ 황천 중은 긴급한 상황이므로 위험회전수의 해당여부는 고려하지 않아도 좋다.
④ 공전으로 인한 선체저항이 증가하면 기관회전수는 저절로 낮아지므로 이를 보상하여 조종핸들을 올려 줄 필요가 있다.

07 기관실 무인화선의 당직자에 관한 설명 중 틀린 것은?
① 무인화 실시 전에 무인화 점검표에 의해 점검하고 기관장에게 보고한다.
② 무인화 운전 중 기관 경보장치의 가청 범위를 벗어나서는 안 된다.
③ 무인화 중 기관 이상시 적절한 조치를 취하고 기관장에게 보고할 필요가 없다.
④ 무인화를 중단하여야 하는 경우에는 기관장과 당직 항해사에게 보고하고 무인화를 중단할 수 있다.

08 선내에 배치하는 기관 비품의 내용과 수량을 결정하는 요소가 아닌 것은?
① 항행구역
② 기관의 종류
③ 선체의 구조
④ 선박의 용도

09 기관실에 화재가 발생하여 진화하지 못할 경우 제일 먼저 행하는 것은?
① 전기를 차단하고 나온다.
② 인화 물질을 제거하고 나온다.
③ 고가의 물품을 가지고 나온다.
④ 공기탱크의 공기를 빼고 기관일지를 가지고 나온다.

10 유조선 이외의 선박의 기름기록부의 기재사항이 아닌 것은?
① 오염된 물밸러스트의 배출
② 화물유의 선내에서의 이송
③ 선저폐수의 선박외로의 처분
④ 연료유탱크에서 물밸러스트의 적재

11 피예인선 기름기록부의 기재, 보관 등은 누가 하는가?
① 선장
② 기관장
③ 기름배출장치 관리인
④ 선박소유자

12 기름기록부를 선내에 비치하지 않아도 좋은 선박은 어느 것인가?
① 총톤수 120톤 유조선
② 총톤수 200톤의 겸용선
③ 총톤수 350톤 어선
④ 총톤수 100톤인 선박으로 피예인선인 경우

13 기름기록부의 보존기간은 최종기록일로부터 얼마 동안인가?
① 12개월
② 24개월
③ 36개월
④ 48개월

14 수밀격벽이 사용되는 목적은?
① 여객거주 구역을 보호하는 것
② 물을 저장하기 위한 것
③ 물탱크의 기밀을 유지하는 것
④ 선박의 안전을 위하여 수밀구역으로 나눈 것

15 선박안전법의 목적으로 옳은 것은?
① 선박의 감항성 유지, 안전운항에 필요한 사항을 규정
② 선박의 국적을 표시, 지위 향상 도모
③ 선박의 감항성 유지, 선박직원의 자격을 명시
④ 선박의 만재흘수선 표시, 화물의 파손 방지

16 여객선의 경우 정기검사에 합격한 후 몇 개월 이내에 1종 중간검사를 받아야 하는가?
① 6개월 ② 12개월
③ 24개월 ④ 36개월

17 선박검사 신청의무자가 아닌 사람은?
① 선박 관리인 ② 선박 차용인
③ 기관장 ④ 선박 소유자

18 선박의 신규등록을 신청할 때 누구에게 해야 하는가?
① 해양수산부장관
② 부산 지방 해양수산청장
③ 목포 지방 해양수산청장
④ 당해 선박의 선적항을 관할하는 지방 해양수산청장

19 선박안전법상 18구의 수역을 말하는 항해구역은?
① 근해구역 ② 연해구역
③ 평수구역 ④ 원양구역

20 하기만재흘수선의 표시는?
① S ② W
③ WNA ④ F

21 임시검사와 관계가 없는 것은?
① 임시로 여객을 운송할 때
② 새로이 무선 설비를 설치할 때
③ 새로이 무선 전화를 설치할 때
④ 새로이 만재흘수선을 표시할 때

22 가장 정밀하게 검사하는 것은?
　① 정기검사　　　　　　② 임시검사
　③ 중간검사　　　　　　④ 특별검사

23 화재의 분류에서 전기화재는 어디에 해당하는가?
　① A급 화재　　　　　　② B급 화재
　③ C급 화재　　　　　　④ D급 화재

24 해양에 대량의 기름이 배출되는 경우 신고할 사항 중 적당하지 않은 것은?
　① 기름 배출량
　② 기름 배출장소
　③ 기름 배출일시
　④ 기름 배출방지 관리인 성명

25 해양사고의 조사 및 심판에 관한 법률상 징계의 종류가 아닌 것은?
　① 면허취소　　　　　　② 업무정지
　③ 견책　　　　　　　　④ 권고

정답

01	02	03	04	05	06	07	08	09	10	11	12	13	14	15	16	17	18	19	20
④	②	③	③	④	②	③	④	②	④	④	③	④	①	④	③	④	③	④	①

21	22	23	24	25
③	①	③	④	④

모의고사 제3회

01 매 항해의 끝에 기관 일지에서 중요사항을 발췌 작성하여 선주 또는 용선자에게 제출하는 서류는?

① 벨북 ② 기관 일지
③ 기관 적요일지 ④ 기관 당직일지

02 기관실 침수 사고시 대량의 물을 배출하기 위하여 사용하기에 적합하지 않은 것은?

① G.S펌프 ② 밸라스트펌프
③ 주해수펌프 ④ 비상소화펌프

03 산소결핍이 우려되는 장소에서 작업을 할 경우의 주의사항이다. 틀린 것은?

① 반드시 둘 이상으로 행동하여야 한다.
② 작업하는 자와의 연락을 위해 감시원을 배치한다.
③ 작업자가 신체 이상을 호소할 경우 소금을 복용시킨다.
④ 환기할 수 없는 경우는 호흡보호구를 착용한다.

04 국제특별해역만을 항해하는 선박은 유분농도가 ( ) 이상 초과하는 경우에는 그 배출을 자동적으로 정지할 수 있어야 하는가?

① 5ppm ② 10ppm
③ 15ppm ④ 50ppm

05 당직기관사의 일반적인 주의사항이 아닌 것은?

① 당직원의 능률향상에 노력한다.
② 각부간의 연락을 긴밀히 한다.
③ 선내 각부의 제반 작업을 알고 있어야 한다.
④ 당직중은 자기 책임이므로 모든 사고는 자기가 해결하도록 한다.

06 해상에 클린 밸러스트(Clean ballast)를 배출하여도 좋은 기름의 농도는?

① 100ppm ② 50ppm
③ 15ppm   ④ 10ppm

07 다음 중 기름의 해양 배출이 허용되는 것은?

① 항내에서 15ppm 이상의 유분농도의 처리수로 배출할 경우
② 선박의 안전 확보나 인명구조를 위하여 부득이한 기름의 배출
③ 기관실 기기를 수리 후 기관실의 탱크 용량(Tank capacity)이 적기 때문에 해양으로 버리는 경우
④ 육지로부터 12마일 이내에서 100ppm(2종) 유수분리기를 사용하여 기관실 빌지를 배출할 경우

08 해양환경관리법에서의 폐기물에 해당되지 않는 것은?

① 재   ② 분뇨
③ 알코올   ④ 수저토사

09 다음 중 오염 방제 자재 및 약제가 아닌 것은?

① 오일팬스
② 유흡착제
③ 유수경계면 검출기
④ 유처리제

10 다음 중 지혈대를 사용할 때 가장 적합한 곳은?

① 가까운 지압점
② 출혈지점에서 심장쪽으로 약 5cm되는 곳
③ 출혈지점
④ 무조건 심장에 가까운 지점

11 다음 중 화상의 분류와 그 증상의 연결이 적합한 것은 어느 것인가?

① 1도화상-수포성
  2도화상-홍반성
  3도화상-괴사성

② 1도화상-수포성
  2도화상-괴사성
  3도화상-홍반성

③ 1도화상-괴사성
  2도화상-수포성
  3도화상-홍반성

④ 1도화상-홍반성
  2도화상-수포성
  3도화상-괴사성

12 항해 중 발전기가 급정지한 때의 당직 기관사가 처치해야 할 사항으로 적합하지 않거나 관계가 적은 것은?

① 주기의 회전수를 낮추거나 일시정지한다.
② 전동보기의 기동기 중 자동적으로 전로가 열리지 않는 구조로 된 것은 그 핸들을 정지 위치에 되돌린다.
③ 조타기의 전원을 확보하거나 비상운전 조치한다.
④ 선교에 고장 상황을 알린다.

13 선내 침수사고를 예방하기 위한 유의사항이 아닌 것은?

① 항상 빌지의 상태를 확인한다.
② 콘덴서의 누설에 주의한다.
③ 스턴튜브, 글랜드 등의 누설에 주의한다.
④ 선외 개구의 밸브 박스와 해수관의 부식 등에 대하여 평소에 주의한다.

14 다음 중에서 선박의 안전성과 직접적인 관련이 없는 것은?
① 선수탱크 ② 침전탱크
③ 이중저탱크 ④ 밸러스트 탱크

15 연소(화재)의 3요소는?
① 연료, 산소, 열 ② 연료, 공기, 물
③ 산소, 수소, 연료 ④ 종이, 나무, 산소

16 선박의 기관실과 같은 밀실에서 소규모의 가솔린 화재가 발생하였다. 가장 적합한 소화기는?
① 분수소화기 ② 분말소화기
③ 사염화탄소 소화기 ④ 분무소화기

17 선내에서 로즈박스(Rose box)를 설치하는 장소는?
① 빌지 웰
② 기관의 윤활유 펌프 흡입구
③ 밸러스트 펌프의 흡입구
④ 보일러 드럼내의 증기 배출구

18 해양사고의 조사 및 심판에 관한 법률상의 해양사고로 정의될 수 없는 것은?
① 타선박의 표류를 인지한 사고
② 선박의 운용과 관련하여 선박이나 육상시설·해상시설이 손상된 사고
③ 선박의 구조·설비 또는 운용과 관련하여 사람이 사망 또는 실종되거나 부상을 입은 사고
④ 선박이 멸실·유기되거나 행방불명된 사고

19 선박이 입거하여 중요한 작업에 해당하지 않는 것은?
① 선저도장 ② 선체의 수리
③ 선체의 개조 ④ 선내비품 점검

20 기관장의 직무와 그의 책임에 대한 설명으로 틀린 것은?
① 기관부 노무관리의 방침, 총괄에 임한다.
② 선장의 유고시 선장의 임무를 대행한다.
③ 기관부의 각종 비품과 유류, 그밖의 소모품의 관리 보관
④ 기관부 관계의 제보고, 문서의 결재 등 사무처리 전반의 책임자가 된다.

21 ( )안에 알맞은 말은?

> 국제해상인명안전협약(SOLAS)에 의거 "일반선박에서는 ( )개월을 넘지 않는 간격으로 소집과 훈련을 실시한다."

① 1개월　　　　② 2개월
③ 3개월　　　　④ 4개월

22 더운 곳이 아닌 해상에서 구명정에 탄 조난자가 생명을 잃기 쉬운 가장 위험한 악조건은?
① 식량부족(배고픔)　　② 식수부족(갈증)
③ 수면부족(수면)　　　④ 체온저하(추위)

23 다음 중 배의 흘수 조정과 직접 관계가 없는 것은?
① 이중저 밸러스트 탱크　② 선수탱크
③ 선미탱크　　　　　　　④ 세트링 탱크

24 전기 화재에 사용할 수 없는 소화제는?
① 이산화탄소　　② 분말 소화제
③ 할론　　　　　④ 포말 소화제

25 다음 중 승선계약이 종료한 경우가 아닌 것은?
① 선박이 침몰 또는 멸실하였을 때
② 선박이 운항에 견디지 못하게 되었을 때
③ 선박의 존부가 3개월간 불분명할 때
④ 선박이 인명의 구조에 종사했을 때

온라인 강의 에듀마켓

정답

01	02	03	04	05	06	07	08	09	10	11	12	13	14	15	16	17	18	19	20
③	④	③	③	④	③	②	③	③	②	④	③	②	②	①	②	①	①	④	②

21	22	23	24	25
①	④	④	④	④

모의고사 제4회

01 산소가 결핍될 우려가 있는 장소에서 작업하는 경우 주의사항으로 틀린 것은?
① 작업 전 유해공기의 농도가 기준농도를 넘어가지 않도록 충분히 환기를 한다.
② 호흡용 보호구 등 안전장비를 착용한다.
③ 관리감독자 및 근로자가 충분히 안전작업요령을 숙지할 수 있도록 조치한다.
④ 작업시 가스 등과 같은 것으로 조명하여 행동하기 쉽게 한다.

02 연료저장 탱크 내부에 점검을 위하여 들어가는 경우의 재해 방지 대책으로 틀린 것은?
① 화학섬유 의류는 되도록 착용을 금지한다.
② 탱크내부에 들어갈 때는 구명줄을 사용한다.
③ 내부 철판의 점검을 위하여 망치로 두드린다.
④ 보호구가 없는 전등은 사용하여서는 안 된다.

03 당직 기관사의 일반적인 주의사항이 아닌 것은?
① 당직원의 능률향상에 노력한다.
② 각부간의 연락을 긴밀히 한다.
③ 선내 각부의 제반작업을 알고 있어야 한다.
④ 당직중은 자기 책임이므로 모든 사고는 자기가 해결하도록 한다.

04 우리나라 해양환경관리법에서 기름기록부에 관한 사항으로 틀린 것은?
① 기름기록부는 선박 내에 보관하여야 한다.
② 기름기록부는 최종의 기재한 날로부터 3년간 보존해야 한다.
③ 기름기록부는 각 페이지에 당해작업의 책임자의 서명이 있어야 한다.
④ 기름기록부에 관한 각국의 국내법의 규정은 외국선박에는 적용하지 않는다.

05 당직 중 기관사고가 발생할 시 당직 기관사의 보고 순서는?
① 선장에게 보고하고 기관장에게 보고한다.
② 선장에게 보고하고 당직항해사에게 통지한다.
③ 기관장에게 보고하고 당직항해사에게 통지한다.
④ 당직항해사에게 통지하고 기관장에게 보고한다.

06 선박이 상가시에 해야 할 일이 아닌 것은?
① 중량물이 이동하지 않게 묶는다.
② 예비품 상황을 파악해둔다.
③ 선저 밸브를 개방하여 한다.
④ 추진 축계의 커플링을 풀어 놓는다.

07 해양오염방지증서를 교부하는 경우는?
① 임시검사에 합격한 때
② 정기검사에 합격한 때
③ 중간검사에 합격한 때
④ 특별검사에 합격한 때

08 유조선에서 기름기록부의 기재사항이 아닌 것은?
① 화물유의 양하
② 화물유의 적하
③ 잔유물의 처리
④ 빌지의 통상배출

09 선박에서 생긴 빌지를 선외로 배출시킬 때 해양오염 방지와 관련하여 가동시켜야 하는 것은?
① 유냉각기
② 유청정기
③ 오일필터
④ 유수분리기

10 배출 금지 해역에서 야기되는 기름 유출은 다음 중 어느 것에 기록해야 하는가?
① 기관일지
② 기름기록부
③ 공용 항해 일지
④ 벨북(Bell book)

11 일반적인 경우 응급처치의 구명 4단계라 하는 것은?

① 상처보호, 부목, 체온유지, 인공호흡
② 기도유지, 지혈, 쇼크예방과 처치, 상처보호
③ 쇼크예방과 처치, 기도유지, 지혈, 외상처치
④ 지혈, 인공호흡, 체온유지, 쇼크예방과 처치

12 선내에서의 침수에 대한 응급 처치법으로 부적절한 것은?

① 상사에게 보고한다.
② 발견한 자가 즉시 처치에 임한다.
③ 침수 장소와 그 원인을 확인한다.
④ 빌지가 격증하면 즉시 배출작업을 실시한다.

13 항해 중 급히 정지 또는 후진이 지령되었을 때 당직기관사는 신속히 주기를 조작하여 지령에 응한 후 누구에게 보고하여야 하는가?

① 선장
② 기관장
③ 일등항해사
④ 당직항해사

14 선박의 기관실 침수 방지 대책에 대한 설명으로 틀린 것은?

① 모든 선저밸브를 폐쇄한다.
② 해수밸브나 관계통의 부식파공에 유의한다.
③ 해수 스트레이너의 취급, 정비시 유의한다.
④ 방수 기자재의 정비, 보관에 유의한다.

15 선체침수시의 배수용 펌프와 관계없는 것은?

① 청수펌프
② 빌지펌프
③ 잡용펌프
④ 밸러스트펌프

16 다음은 선박의 기관실에 설치된 고정식 탄산가스 소화장치에 대한 설명으로 틀린 것은?
① 가스량의 85%를 2분 내에 방출할 수 있어야 한다.
② 제어장치는 기관실 외부에서 쉽게 조작할 수 있어야 한다.
③ 기관실이 개방된 상태에서 더 유효하다.
④ 보통 탄산가스 저장실이 별도로 설치되어 있다.

17 선박 소방설비 규칙에서 소방장치의 종류에 속하지 않는 것은?
① 고정식 가압수 분무 장치
② 고정식 포말 소화장치
③ 고정식 증기 소화장치
④ 급수펌프

18 소방원장구인 라이프 라인(Life Line)의 설명 중 틀린 것은?
① 소방원과 보조원이 상호 연락하는 신호줄
② 개방 갑판에서 선내 어느 구석에도 도달할 수 있도록 충분히 길 것
③ 벨트 등에 쉽게 걸 수 있도록 스냅 후크가 달려 있어야 한다.
④ 다루기 쉽도록 부드러운 섬유질이어야 한다.

19 정기검사, 중간검사의 기관에 대한 수검준비사항은 어느 법규에 정하여져 있는가?
① 선박직원법　　　　　② 선박안전법 시행령
③ 강선구조규칙　　　　④ 선박안전법 시행규칙

20 (　) 안에 올바르지 않은 것은?

"선박시설"이라 함은 (　)·(　)·(　)·(　) 등 선박에 설치되어 있거나 설치될 각종 설비로서 해양수산부령이 정하는 것을 말한다.

① 선체　　　　　　　　② 기관
③ 부선　　　　　　　　④ 배수설비

21 비상 배치표에 포함되어야 할 사항 중 관계 없는 것은?
① 여객의 소집
② 통신장비의 사용
③ 구명정의 준비 및 진수
④ 검사 및 정비 기록일지

22 규정상 소화용 펌프로 용인되지 않는 것은?
① 잡용수펌프
② 위생수펌프
③ 밸러스트펌프
④ 주기관 냉각수펌프

23 유조선의 기름기록부에 기재할 사항이 아닌 것은?
① 화물유를 선박에 싣는 것
② 화물창의 세정
③ 연료유의 선박 안에서의 수급
④ 선박평형수의 배출

24 다음 중 쇼크시의 처치방법으로 잘못된 것은?
① 옷을 풀어서 호흡이 잘 되도록 도와준다.
② 의식이 회복되면 차나 물을 마시게 하고 보온한다.
③ 환자의 머리를 몸보다 높게 눕히고 다리를 체위보다 낮게 한다.
④ 계속적으로 인사불성인 경우 신체이상 유무를 확인하여 의료인에게 연락한다.

25 뇌에 충분한 혈액이 공급되지 못하여 일어나는 일시적인 무의식상태를 나타내는 말은?
① 수면
② 혼수
③ 전간
④ 졸도

정답

01	02	03	04	05	06	07	08	09	10	11	12	13	14	15	16	17	18	19	20
④	③	④	④	④	②	②	④	④	②	②	②	④	①	①	④	④	④	④	③

21	22	23	24	25
②	④	③	③	②

제4편 모의고사 제5회

01 황천항해시 디젤기관에 있어서의 처치법으로 적절한 것은?
① 조속기의 감도를 낮추어서 공전을 방지하는 것이 좋다.
② 공전이 심하여지면 수동으로 조종핸들을 가감하여 기관의 급회전을 피하여도 좋다.
③ 황천중은 긴급한 상황이므로 위험회전수의 해당여부는 고려하지 않아도 좋다.
④ 공전으로 인한 선체저항이 증가하면 기관회전수는 저절로 낮아지므로 이를 보상하여 조종핸들을 올려 줄 필요가 있다.

02 기관적요일지란 무엇인가?
① 기관의 수리사항을 요점별로 정리 기록한 것
② 기관일지를 간소화해서 매일 기관장에게 보고하는 일지
③ 매 항마다 항해 종료후 선주에게 보고하는 기관운전 보고서
④ 기관자의 지시사항을 매일 기록해 놓은 일지

03 당직기관사가 항해당직 종료시에 기관장에게 보고하여야 할 사항으로 틀린 것은?
① 연료소비량 및 현재보유량
② 주기의 평균 매분회전수 및 항주거리
③ 조타기의 운전상태
④ 통신기의 작동상태

04 항해 중 당직 교대시에 특별히 확인해야 할 사항과 관계 없는 것은?
① 주기관, 보조기계의 운전상태
② 기관부 직원과 부원의 승하선
③ 기관 명령부 및 기관일지의 기재사항
④ 기관 관계(관계)의 각종 경보 장치와 통신장치의 상태

05 유조선이 항해 중 기름의 배출금지 규제를 받지 않는 조건 중 옳지 않은 것은?
① 유분의 순간배출율이 1해리당 60리터 이하일 것
② 1회의 항해중에 배출되는 유분이 화물적재 용적의 30,000분의 1이하로 한다.
③ 배출은 모든 국가의 영해의 기선으로부터 12해리 이상 떨어진 곳에서 행한다.
④ 기름의 배출중에는 국토해양부령이 정하는 해양오염방지 장치를 작동시킬 것

06 항해 당직중의 기관사의 임무가 아닌 것은?
① 주기의 운전 상태 감시
② 브릿지와의 긴밀한 연락
③ 각종 탱크 및 빌지의 상태확인
④ 선박 내의 통신상태의 점검 및 보수

07 해양오염 방지장치 중 기름받이의 기준이 아닌 것은?
① 재질은 금속재질로 할 것
② 선박의 경사에도 넘치거나 흐르지 않는 구조일 것
③ 설치장소는 기름이 새어나올 우려가 있는 각종기기나 탱크의 바닥
④ 탱크의 에어밴트에는 반드시 기름받이가 있어야 한다.

08 클린 밸러스트(Clean Ballast)는 유분의 함유량이 얼마 미만인가?
① 5ppm
② 15ppm
③ 50ppm
④ 100ppm

09 입항시 해양경찰이 본선에 승선하여 오염방지에 관한 검사를 하려고 한다. 당직기관사의 행동으로 가장 적절한 것은?
① 기관장이 부재중임으로 돌려보낸다.
② 본선 정비작업이 바쁘기 때문에 거절한다.
③ 오염방지에 관한 필요한 검사에 응한다.
④ 선장이나 기관장이 도착시까지 기다리게 한다.

10 제2도 화상이란?

① 심한 열에 근육 및 신경까지 손상된 것
② 태양열에 장시간 노출되어 등이 붉게 된 것
③ 불꽃에 타서 피부 및 진피, 근육 등 괴사된 상태
④ 여러 가지 열에 의해 화상시 물집이 생긴 것을 말함

11 감전사고시에 가장 먼저 취하여야 할 조치는?

① 전원스위치를 차단한다.
② 피해자를 감전부로부터 떼어낸다.
③ 구조자가 고무장갑 및 고무화를 착용하고 전선을 제거한다.
④ "감전 사고"라고 큰 소리로 외쳐서 다른 사람에게 알린다.

12 기관실의 침수원인이 틀린 것은?

① 선미관에서의 누설
② 기관실 개구부에서의 해수침입
③ 해수관 계통의 부식 또는 파공
④ 햇치 코오밍부에서의 해수침입

13 기관실 내 침수사고 발생시 응급조치로서 적절하지 않는 것은?

① 침수를 확인하는 즉시 선교에 알린다.
② 침수파공부의 규모에 적당한 방수조치를 취한다.
③ 방수가 곤란할 경우에는 침수량을 감소시키는 수단을 강구한다.
④ 감전사고를 방지하기 위해 침수발견 즉시 발전기를 정지시킨다.

14 항해 중 급정지나 후진의 명령이 선교에서 내려졌을 때 당직기관사가 먼저 해야 할 일은?

① 기관장에게 알린다.
② 기관부원을 비상소집한다.
③ 선교에 연락, 확인한다.
④ 즉각 명령에 응한다.

15 고정식 CO_2 소화장치는 아래 항 중에서 어떤 장치를 해야 하는가?
① 수동식 경보장치
② 일반 경보장치
③ 경보장치가 필요 없다.
④ 가스 방출 전에 울리는 자동경보장치

16 유류화재에는 사용가능하나 전기화재에는 사용해서는 안되는 소화기는?
① 물 소화기　　② 포말소화기
③ 탄산가스소화기　　④ 분말소화기

17 선박에서 Fire Station이란?
① 소화지휘본부
② 소화장구를 넣어두는 창고
③ 소화전과 소화장구를 비치한 일정장소
④ 소화용 펌프가 운전되는 곳

18 대량의 기름을 배출한 때에 신고자로 틀린 항목은?
① 배출된 기름이 적재되어 있던 선박의 선장이나 시설의 관리자
② 선박 또는 시설의 종사자가 아닌 자로서 기름의 배출원인이 되는 행위자
③ 기름이 해면에 퍼져 있는 것을 발견한 자
④ 배출방제시설을 한 자

19 선장이 선내에 갖추어 두어야 할 서류가 아닌 것은?
① 선박국적증서
② 선원명부
③ 항해일지
④ 선주에 관한 서류

20 선박국적증서의 기재사항이 아닌 것은?
① 선박번호　　　　　　② 호출 부호
③ 기관의 종류와 수　　 ④ 선장명령

21 다음 중 승선시 전임자와 사무인계를 할 경우에 유의해야 할 사항이 아닌 것은?
① 사무인계는 세부에 걸쳐 문서로서 행한다.
② 인계 완료후에는 전임자와 후임자가 기명날인한다.
③ 인계 완료후에도 1개월 동안은 전임자가 책임을 진다.
④ 담당기기 등에 대하여서는 납득할 때까지 현장설명을 받는다.

22 화재 방지 대책으로 적합하지 않은 것은?
① 인화물질의 배치에 유의한다.
② 자동 경보 장치를 설비한다.
③ 소화 설비를 정비하여 둔다.
④ 인화 물질을 선내에 싣지 않는다.

23 총톤수 10,000톤 이상의 선박은 유수분리장치를 통하여 해양에 배출되는 유분의 농도가 몇 ppm 미만이 되는 유수분리장치를 설치하여야 하는가?
① 15ppm　　　　　　② 20ppm
③ 30ppm　　　　　　④ 100ppm

24 쟁의행위를 제한할 수 없는 경우는?
① 선주가 없을 때
② 선박이 항해 중일 때
③ 선박이 외국항에 있을 때
④ 선박에 위해를 줄 염려가 있을 때

25 선원수첩의 발급권자는?
① 영사 ② 도지사
③ 광역시장 ④ 해양수산청장

정답

01	02	03	04	05	06	07	08	09	10	11	12	13	14	15	16	17	18	19	20
②	③	④	②	③	④	②	③	④	①	④	②	④	④	②	②	④	④	④	④

21	22	23	24	25
③	④	①	①	④

기출문제

기출문제는 수험생의 기억에 의존하여 복원한 것임을 공지합니다. 이 점에 관하여 양지하여 주실 것을 부탁드리며 다만, 그 내용과 정답에는 오류가 없음을 알려드립니다.

2023년도 정기 제4회 해기사 시험
(6급 기관사)

1 제1과목[기관1]

01 디젤기관의 연료유 분무에 필요한 조건이 아닌 것은?
① 무화   ② 관통
③ 응집   ④ 분포

02 디젤기관의 실린더 착화순서에 대한 설명으로 옳지 않은 것은?
① 회전력이 균일하도록 정한다.
② 크랭크축에 과도한 비틀림 응력이 발생하지 않도록 정한다.
③ 가능한 한 바로 옆 실린더에서 연속해서 착화되도록 한다.
④ 메인 베어링에 무리한 힘이 가해지지 않도록 정한다.

03 디젤기관에서 "피스톤이 상사점에 있을 때의 압축부피와 피스톤이 하사점에 있을 때의 실린더 부피를 알면 (   )을(를) 계산할 수 있다."에서 (   )에 알맞은 것은?
① 압축비   ② 체적효율
③ 충전효율   ④ 지시마력

04 디젤기관의 실린더 헤드에 설치되지 않는 것은?
① 배기밸브   ② 연료분사밸브
③ 안전밸브   ④ 팽창밸브

05 디젤기관에서 실린더 라이너의 마멸량 계측에 가장 적합한 공구는?
① 버니어 캘리퍼스
② 외경 마이크로미터
③ 틈새 게이지
④ 내경 마이크로미터

06 4행정 사이클 디젤기관에서 실린더 라이너가 많이 마멸되었을 때 일어나는 현상이 아닌 것은?
① 출력의 감소
② 불완전 연소
③ 조속기의 작동 불량
④ 크랭크실 내의 윤활유 오손

07 디젤기관에서 연소실을 형성하며 실린더 라이너 내를 왕복 운동하여 새로운 공기를 흡입하고 압축하는 부품은?
① 피스톤
② 크로스헤드
③ 커넥팅 로드
④ 실린더 헤드

08 디젤기관에서 피스톤링이 실린더 라이너 내벽에 미치는 단위면적당 압력은?
① 장력
② 면압
③ 양력
④ 항력

09 디젤기관에서 크랭크핀 베어링의 발열 원인으로 옳지 않은 것은?
① 윤활유의 압력이 너무 낮을 때
② 연료유에 불순물이 많이 포함되어 있을 때
③ 윤활유에 불순물이 많이 포함되어 있을 때
④ 크랭크핀과 베어링 메탈의 간격이 부적당할 때

10 디젤기관에서 크랭크암 개폐작용의 원인이 아닌 것은?
① 메인 베어링의 불균일한 마멸
② 기관베드의 변형
③ 메인 베어링의 과도한 틈새
④ 기관의 저부하 운전

11 디젤기관의 운전 중 즉시 정지해야 할 경우가 아닌 것은?
① 운동부에 이상한 소리가 날 때
② 시동공기의 압력이 떨어질 때
③ 실린더의 안전밸브가 작동할 때
④ 냉각수가 공급되지 않을 때

12 디젤기관에서 노킹이 발생하는 경우가 아닌 것은?
① 착화성이 좋지 않은 연료유를 사용할 때
② 기관의 냉각수 온도가 너무 낮을 때
③ 연료유의 분사시기가 너무 빠를 때
④ 기관의 윤활유 온도가 높을 때

13 디젤 주기관이 과부하로 운전될 때의 배기 색깔은?
① 연한 백색   ② 연한 황색
③ 무색   ④ 흑색

14 디젤기관에서 후연소가 길어질 때 발생하는 현상으로 옳은 것은?
① 배기색이 좋아진다.   ② 압축압력이 높아진다.
③ 소기온도가 낮아진다.   ④ 배기온도가 높아진다.

15 보슈식 연료분사펌프의 구성 요소가 아닌 것은?
① 조정래크   ② 스필밸브
③ 토출밸브   ④ 플런저

16 디젤기관의 윤활유 계통도로 옳은 것은?
① 섬프탱크 → 냉각기 → 여과기 → 윤활유펌프 → 여과기 → 기관
② 섬프탱크 → 윤활유펌프 → 여과기 → 냉각기 → 여과기 → 기관
③ 섬프탱크 → 여과기 → 윤활유펌프 → 여과기 → 냉각기 → 기관
④ 섬프탱크 → 여과기 → 냉각기 → 윤활유펌프 → 여과기 → 기관

17 배기가스 보일러에서 연소가스가 통과하는 전열면에 부착된 그을음과 재를 제거하기 위한 것은?

① 수저방출 ② 수면방출
③ 수트 블로어 ④ 보일러 수처리

18 보일러 절탄기에 대한 설명으로 옳은 것을 모두 고른 것은?

> ㉠ 전열면의 부식을 방지한다.
> ㉡ 급수를 예열하는 장치이다.
> ㉢ 배기가스의 폐열을 이용한다.
> ㉣ 연소실의 통풍 효과가 좋아진다.

① ㉠, ㉡ ② ㉠, ㉣
③ ㉡, ㉢ ④ ㉢, ㉣

19 추력칼라가 1개이고 여러 개의 부채꼴 추력패드가 있는 스러스트 베어링은?

① 말굽형 ② 개방형
③ 미첼형 ④ 보통형

20 중간축에 대한 설명으로 옳지 않은 것은?

① 추력축과 프로펠러축을 연결한다.
② 주기관의 회전력을 프로펠러축에 전달한다.
③ 프로펠러의 추진력을 추력축에 전달한다.
④ 선미관 베어링이 중간축을 지지한다.

21 회전하는 나선형 추진기의 날개 배면에서 수압 차이에 의해 발생된 기포가 파괴되면서 추진기 표면을 두드리는 현상은?

① 공동현상 ② 수격현상
③ 서징현상 ④ 노킹현상

22 날개의 각도를 변화시켜 배의 전진, 정지 및 후진이 가능한 프로펠러는?
① 가변 피치 프로펠러 ② 고정 피치 프로펠러
③ 가변 분사 프로펠러 ④ 고정 분사 프로펠러

23 연료유의 비중은 보통 몇 [℃]를 기준으로 표시하는가?
① 10[℃] ② 15[℃]
③ 20[℃] ④ 25[℃]

24 윤활유의 기능 중 마찰열을 제거하는 작용은?
① 기밀작용 ② 방청작용
③ 청정작용 ④ 냉각작용

25 윤활유가 구비해야 할 조건으로 옳지 않은 것은?
① 산화가 잘 되지 않을 것
② 인화점이 낮을 것
③ 점도가 적당할 것
④ 부식성이 없을 것

정답

01	02	03	04	05	06	07	08	09	10	11	12	13	14	15	16	17	18	19	20
③	③	①	④	④	③	①	②	②	④	②	④	②	④	②	③	③	③	③	④

21	22	23	24	25
①	①	②	④	②

2 제2과목 [기관2]

01 원심펌프에서 회전체의 무게를 지지하고 회전체가 일정한 위치에서 회전하도록 하는 것은?
① 케이싱
② 베어링
③ 마우스링
④ 안내 날개

02 기계식 실은 펌프에서 어떤 역할을 하는가?
① 축의 진동방지
② 누설방지
③ 회전저항 감소
④ 펌프의 임펠러 보호

03 기어펌프에 대한 설명으로 옳지 않은 것은?
① 임펠러를 회전시켜 유체를 이송한다.
② 점도가 높은 유체를 이송하는 데 적합하다.
③ 왕복펌프에 비해 고속으로 회전할 수 있다.
④ 헬리컬 기어펌프는 평 기어펌프에 비해 기어의 맞물림 상태가 좋다.

04 열교환기를 형상에 따라 분류할 경우 그 종류가 아닌 것은?
① 판형 열교환기
② 원통다관식 열교환기
③ 플로트식 열교환기
④ 코일식 열교환기

05 왕복펌프의 송출측에 공기실을 설치하는 주된 이유는?
① 송출유량을 균일하게 하기 위해
② 송출측에 일정한 압력의 공기를 공급하기 위해
③ 송출측 유체에 포함된 공기를 제거하기 위해
④ 펌프의 흡입압력을 균일하게 하기 위해

06 유청정기의 역할은?
① 기름 내 수분과 불순물의 제거
② 기름의 점도 증가
③ 수분과 기름의 혼합
④ 기름의 점도 감소

07 윤활유를 이송하는 데 적합한 펌프는?
① 원심펌프
② 프로펠러펌프
③ 제트펌프
④ 기어펌프

08 유압회로에서 여과기에 자석을 설치하는 이유는?
① 기름 중의 먼지를 제거하기 위해
② 기름 중의 철분을 제거하기 위해
③ 기름의 점성을 높이기 위해
④ 기름의 산화작용을 방지하기 위해

09 조타장치의 구성 요소 중 브리지에 설치되는 장치는?
① 조종장치
② 원동기
③ 추종장치
④ 타장치

10 전동 유압식 조타장치의 운전 중 수시로 점검해야 할 사항이 아닌 것은?
① 이상음 발생 여부
② 작동유의 양
③ 작동유의 비중
④ 작동유의 누설

11 선창 내에 화물을 싣기 위한 가장 큰 창구를 무엇이라 하는가?
① 해치
② 갑판
③ 갱웨이
④ 선교

12 해수를 채우거나 비워서 선박의 흘수와 경사를 조절하는 탱크는?
① 밸러스트 탱크 ② 세틀링 탱크
③ 서비스 탱크 ④ 빌지 탱크

13 조타장치에서 유압식 조종장치의 작동 중 계통 내에 공기가 있을 경우 일어나는 현상으로 옳은 것은?
① 조종장치의 기능이 향상된다.
② 계통 내 유압유의 점도가 감소한다.
③ 운동의 전달이 신속하지 않게 된다.
④ 작동하는 힘은 커지지만 전달이 부정확하다.

14 해양오염방지장치에 포함되지 않는 설비는?
① 기름여과장치 ② 폐유소각장치
③ 분뇨처리장치 ④ 유청정장치

15 선박의 선수 또는 선미 수면 아래에 옆방향으로 터널을 설치하고 그 내부에 프로펠러가 있어서 선수나 선미가 옆으로 움직이도록 하기 위해 사용되는 것은?
① 사이드 스러스트 ② 윈드라스
③ 무어링 윈치 ④ 캡스턴

16 기름여과장치에서 물과 기름의 경계면을 감지하기 위해 필요한 것은?
① 유속검출기 ② 점도검출기
③ 유면검출기 ④ 공기검출기

17 오수처리장치에서 에어레이션 송풍기의 주된 역할은?
① 오수의 배출 ② 탱크 내부의 악취 제거
③ 박테리아의 배양 ④ 탱크 내부의 공기 제거

18 오수처리장치를 구성하는 탱크가 아닌 것은?
① 폭기탱크　　　　　　　② 침전탱크
③ 멸균탱크　　　　　　　④ 슬롭탱크

19 유청정기 또는 기름여과장치에서 나온 슬러지를 처리하기 위한 장치는?
① 폐유소각기　　　　　　② 분뇨처리장치
③ 배기보일러　　　　　　④ 절탄기

20 콜레서 필터 방식의 기름여과장치에서 물속의 기름을 분리하는 원리는?
① 필터의 화학적 작용으로 분리한다.
② 필터에서 기름 성분을 합착시켜 분리한다.
③ 필터에 고전압을 걸어서 분리한다.
④ 필터 속의 액체에 원심력을 가하여 분리한다.

21 냉동장치를 운전하기 전에 취해야 할 조치사항으로 옳지 않은 것은?
① 냉매량을 확인한다.
② 윤활유의 양을 확인한다.
③ 압축기의 송출밸브를 잠근다.
④ 응축기에 냉각수를 공급한다.

22 증기 압축식 냉동장치의 압축기가 기동되지 않는 경우의 원인으로 옳은 것은?
① 냉매량이 많은 경우
② 고압 스위치가 작동된 경우
③ 냉매에 기름이 섞여 있는 경우
④ 냉각수 온도가 낮은 경우

23 증기 압축식 냉동장치에서 주위로부터 열을 흡수하여 냉매액을 기화시키는 장치는?
① 압축기 ② 응축기
③ 증발기 ④ 팽창밸브

24 증기 압축식 냉동장치의 유분리기에서 분리된 기름이 보내어지는 곳은?
① 액분리기 ② 슬러지 탱크
③ 수액기 ④ 압축기 크랭크실

25 공기조화장치의 구성 요소에 속하지 않는 것은?
① 열원장치 ② 공기조화기
③ 가압장치 ④ 열운반 장치

정답

01	02	03	04	05	06	07	08	09	10	11	12	13	14	15	16	17	18	19	20
②	②	①	③	①	①	④	②	①	③	①	①	③	④	①	③	③	④	①	②

21	22	23	24	25
③	②	③	④	④

3 제3과목[기관3]

01 전기에서 사용되는 단위가 아닌 것은?
① [Ah]　　② [MPa]
③ [mV]　　④ [kVA]

02 "교류가 시간에 따라 크기와 방향이 한 번 완전히 변화하여 처음의 상태에 이르기까지 사이클이라 하며 ( ) 동안에 반복되는 사이클 수를 ( )라 한다."에서 ( )에 각각 알맞은 것은?
① 1초, 주기　　② 1초, 주파수
③ 1분, 주기　　④ 1분, 주파수

03 10[F], 20[F], 30[F] 콘덴서를 병렬로 연결하면 합성정전용량은 몇 [F]인가?
① 20[F]　　② 40[F]
③ 60[F]　　④ 80[F]

04 동일한 전구 2개를 병렬로 연결하여 방안에 불을 켤 때의 설명으로 옳지 않은 것은?
① 방의 밝기는 1개만 켤 때보다 2개 모두 켤 때가 더 밝아진다.
② 전체 부하저항은 1개만 켤 때보다 2개 모두 켤 때가 더 커진다.
③ 소비전력은 1개만 켤 때보다 2개 모두 켤 때가 더 커진다.
④ 전체 부하전류는 1개만 켤 때보다 2개 모두 켤 때가 더 커진다.

05 도선에 단위시간당 흐르는 전하량을 무엇이라고 하는가?
① 저항　　② 전류
③ 전압　　④ 전력

06 3상 교류에서 상을 구분하는 문자 표시가 아닌 것은?
① K　　② R
③ S　　④ T

07 3상 Y결선된 회로에서 상전압이 100[V]이면 선간전압은 몇 [V]인가?
① 100[V] ② 100√2 [V]
③ 100√3 [V] ④ 200[V]

08 100[Ω]의 저항에 5[A]의 전류가 흐른다면 저항에 걸리는 전압은 몇 [V]인가?
① 2[V] ② 5[V]
③ 15[V] ④ 50[V]

09 3상 브러시리스 동기발전기의 설명으로 옳은 것은?
① 브러시와 슬립링이 모두 있는 동기발전기
② 브러시가 없고 슬립링이 있는 동기발전기
③ 브러시가 있고 슬립링이 없는 동기발전기
④ 브러시와 슬립링이 모두 없는 동기발전기

10 1호기와 2호기의 동기발전기 두 대를 병렬운전 중 1호기의 유효전력[W] 지시값을 더 증가시키려면 어떻게 하여야 하는가?
① 1호기의 속도 증가 ② 2호기의 속도 증가
③ 1호기의 계자 증가 ④ 2호기의 계자 증가

11 전선 재료의 구비 조건으로 옳지 않은 것은?
① 도전율이 클 것
② 가공과 접속이 쉬울 것
③ 저항값이 클 것
④ 내식성이 클 것

12 전선의 재료로 가장 많이 사용되는 것은?
① 금 ② 은
③ 철 ④ 구리

13 동기발전기에서 계자에 직류전류를 공급하는 장치는?
① 여자기   ② 스파이더
③ 회전자   ④ 고정자

14 전기기기의 권선 또는 배선 등에서 누전이 발생되는지를 표시해 주는 장치는?
① 퓨즈   ② 전류계
③ 표시등   ④ 접지등

15 교류발전기로부터 공급된 피상전력 중에서 유효전력으로 사용된 비율을 무엇이라 하는가?
① 역률   ② 유전율
③ 도전율   ④ 비유전율

16 전기기기의 절연저항을 측정하는 계측기는?
① 전력계   ② 전류계
③ 전압계   ④ 메거

17 단상 유도전동기의 기동 시에 많이 사용되는 것은?
① 콘덴서   ② 사이리스터
③ 변압기   ④ 트랜지스터

18 발전기 원동기에서 거버너의 주된 역할은?
① 연료유의 온도 조정
② 원동기의 회전수 조정
③ 윤활유의 압력 조정
④ 냉각수의 압력 조정

19 바늘이 있는 아날로그 멀티 테스터로 측정할 수 없는 것은?
① 교류 전압
② 교류 주파수
③ 저항
④ 직류 전류

20 납축전지의 평상 시 충전방식으로 가장 적합한 것은?
① 균등충전
② 보충충전
③ 부동충전
④ 급속충전

21 축전지에서 화학적 에너지가 전기적 에너지로 변환되는 과정은?
① 방전
② 충전
③ 단전
④ 변전

22 납축전지의 주요 구성 요소가 아닌 것은?
① 중극판
② 양극판
③ 음극판
④ 격리판

23 납축전지에서 충전 상태를 확인하는 방법으로 옳은 것은?
① 축전지의 전압을 측정한다.
② 부하 전류를 측정한다.
③ 절연저항을 측정한다.
④ 전해액의 온도를 측정한다.

24 N형 반도체의 다수 반송자(캐리어)는?
① 양자
② 전자
③ 중성자
④ 정공

25 전류가 잘 통하는 물질을 무엇이라 하는가?

① 도체　　　　　　　　② 절연체
③ 반도체　　　　　　　④ 부도체

01	02	03	04	05	06	07	08	09	10	11	12	13	14	15	16	17	18	19	20
②	②	③	②	②	①	③	④	④	①	③	④	①	④	①	④	①	②	②	③

21	22	23	24	25
①	①	①	②	①

4 제4과목[직무일반]

01 기관일지의 취급요령으로 옳지 않은 것은?
① 기관일지는 매당직 기관장이 확인 서명한다.
② 기재가 끝난 기관일지는 일정 기간 보관한다.
③ 대형 사고로 퇴선 시 기관일지를 가지고 퇴선해야 한다.
④ 기관의 운전상태와 기관실 내 주요 작업내용을 기재한다.

02 선박이 항해 중 동일한 시간에 기관에 의해 나아간 거리가 200마일이고 실측 거리가 180마일 일 때 선박의 슬립은 얼마인가?
① 1[%]
② 5[%]
③ 10[%]
④ 20[%]

03 용접작업을 할 경우의 안전 보호구가 아닌 것은?
① 보호 안경
② 가죽 장갑
③ 용접 케이블
④ 안전모와 안전화

04 감전사고 방지를 위한 주의사항으로 옳지 않은 것은?
① 누전 개소가 있는지를 확인한다.
② 전기기기의 외함을 접지시키다.
③ 전기용접 시 보호구를 착용한다.
④ 전원을 차단하지 않고 퓨즈를 교환한다.

05 기관실 윤활유 파이프는 일반적으로 어떤 색으로 표시하는가?
① 흰색
② 검은색
③ 붉은색
④ 노란색

06 선박에서 연료유의 수급 전 조치사항으로 옳지 않은 것은?
① 연료유 저장 탱크의 잔량 확인
② 주기관 연료유 배관 계통의 점검
③ 연료유 수급 관련 밸브 및 배관의 점검
④ 갑판에서 선외로 통하는 배수구의 폐쇄

07 선박 안의 일상생활에서 생기는 분뇨의 배출해역별 처리기준 및 방법으로 (   )에 각각 알맞은 것은?

> 영해기선으로부터 (㉠)해리를 넘는 거리에서 지방해양수산청장이 형식승인한 분뇨마쇄소독장치를 사용하여 마쇄하고 소독한 분뇨를 선박이 (㉡)노트 이상의 속력으로 항해하면서 서서히 배출할 수 있다. 다만, 국내항해에 종사하는 총톤수 400톤 미만 선박의 경우에는 영해기선으로부터 (㉢)해리 이내의 해역에 배출할 수 있다.

① ㉠ 3, ㉡ 4, ㉢ 3
② ㉠ 12, ㉡ 3, ㉢ 12
③ ㉠ 4, ㉡ 3, ㉢ 4
④ ㉠ 12, ㉡ 4, ㉢ 12

08 운전중인 디젤기관에서 대기오염을 감소시키기 위한 방법이 아닌 것은?
① 완전연소
② 불필요한 공회전 감소
③ 과부하 운전
④ 저유황 연료유의 사용

09 해양환경관리법령상 총톤수 50톤 이상 100톤 미만의 유조선이 아닌 선박이 비치해야 할 폐유저장용기의 용량은?
① 50리터
② 100리터
③ 150리터
④ 200리터

10 해양환경관리법상 부정기선으로 국내항해에만 종사하는 선박에서 수급한 연료유가 소모될 때까지의 기간이 1년 미만인 경우 연료유 견본을 보관하는 기간으로 옳은 것은?
① 1개월
② 3개월
③ 6개월
④ 1년

11 유성찌꺼기에 대한 설명으로 가장 적절한 것은?
① 선박의 밑바닥에 고인 액상 유성혼합물
② 시동용 공기탱크로부터 드레인된 배출물
③ 연료유 또는 윤활유를 청정할 때 생기는 폐유
④ 살아 있는 동물이 들어 있는 장소로부터의 배출물

12 화재로 화상을 입었을 때의 응급처치 방법으로 옳지 않은 것은?
① 화상 부위를 냉각시킨다.
② 화상 부위의 감염을 방지한다.
③ 필요하면 심폐소생술을 실시한다.
④ 옷을 입은 채로 화상을 입었을 경우에는 신속히 옷을 벗긴다.

13 성인의 정상적인 호흡은 1분간에 몇 회 정도인가?
① 1~6회
② 12~18회
③ 24~30회
④ 40~60회

14 기관실 침수 시의 응급조치로 옳지 않은 것은?
① 빌지펌프를 운전하여 배수시킨다.
② 침수규모에 따라 적절한 방수조치를 취한다.
③ 주발전기와 비상발전기를 즉시 병렬시킨다.
④ 침수 상태를 확인하여 즉시 선내에 침수사고를 알린다.

15 항해 중 선내 소화·방수 부서 배치 훈련 시의 주의사항으로 옳지 않은 것은?
① 각자의 배치 장소에 신속하게 집합한다.
② 지휘자의 지시에 따라 임무를 신속하게 수행한다.
③ 기관실에는 당직부원 한 사람만 남기고 모두 집합한다.
④ 안전모와 훈련 복장을 착용하고 필요한 장비를 지참하여 집합한다.

16 기관실 침수 예방을 위해 입거수리 중 선박에서의 점검사항이 아닌 것은?
① 시체스트의 부식 상태
② 주기관 청수 냉각기의 냉각관 부식 상태
③ 해수 윤활식 선미관의 글랜드 패킹의 마모 상태
④ 수면 아래에 설치된 선외밸브의 부식 상태

17 선박에 설치되는 방수 설비가 아닌 것은?
① 수밀격벽 ② 이중저
③ 수밀문 ④ 빌지펌프

18 B급 화재를 일으키는 것은?
① 나무 ② 종이
③ 경유 ④ 전기

19 전기설비에 의한 화재의 예방 조치로 옳지 않은 것은?
① 정격 규격 이상의 퓨즈를 사용할 것
② 규정 용량 이상의 부하를 걸지 말 것
③ 전기 접점 등에서 스파크가 발생하지 않도록 할 것
④ 위험물 보관장소 내에서는 방폭형 전기기기를 사용할 것

20 기관실 화재의 초기 진화방법으로 가장 유효한 것은?
① 휴대용 소화기 사용
② 비상 차단밸브로 연료유 공급 차단
③ 고정식 이산화탄소 소화장치 사용
④ 고정식 고팽창식 포말 소화장치 사용

21 유류화재에 많이 사용되며 유류의 표면을 거품으로 덮어 화재의 확산을 막는 데 가장 효과적인 소화기는?

① 포말 소화기　　② 이산화탄소 소화기
③ 분말 소화기　　④ 물 소화기

22 선원법상 선원이 직무상 부상을 당하거나 질병에 걸린 때에는 그 부상이나 질병이 치유될 때까지 선박소유자가 비용을 지급하는 것을 무엇이라 하는가?

① 일시보상　　② 요양보상
③ 장해보상　　④ 유족보상

23 선박설비기준상 닻줄(묘쇄) 1련의 길이는 몇 [m]인가?

① 27.5[m]　　② 32.5[m]
③ 37.5[m]　　④ 42.5[m]

24 선박안전법상 호수, 하천 및 항내의 수역은?

① 평수구역　　② 연해구역
③ 근해구역　　④ 원양구역

25 기관구역 기름기록부의 기록사항 중 연료유 또는 벌크상태 윤활유의 수급에 관한 기록부호는?

① C　　② D
③ E　　④ H

정답

01	02	03	04	05	06	07	08	09	10	11	12	13	14	15	16	17	18	19	20
①	③	③	④	④	②	①	③	④	③	③	④	②	③	③	②	④	③	①	①

21	22	23	24	25
①	②	①	①	④